计算机技术开发与应用丛书

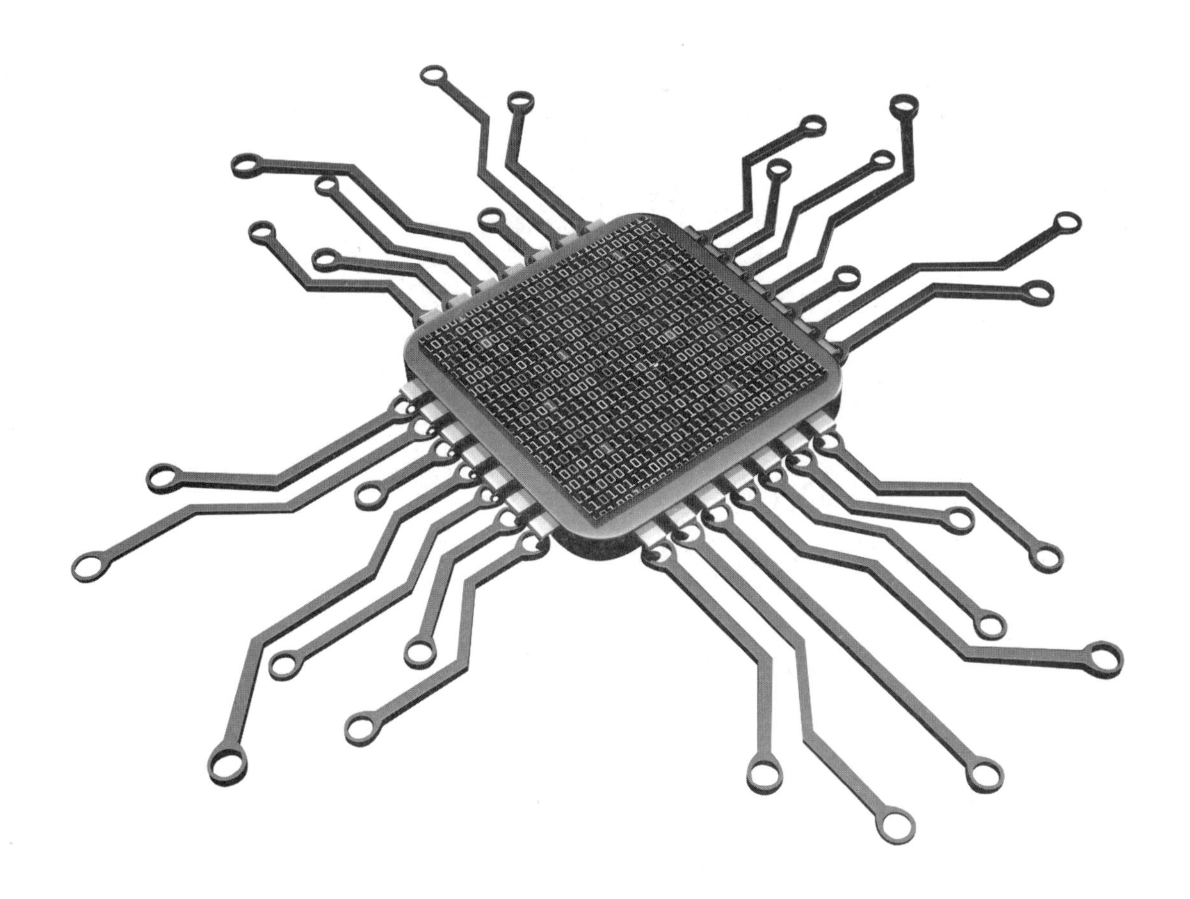

UVM芯片验证技术案例集

马 骁 ◎ 编著

清華大學出版社
北京

内容简介

本书是基于UVM验证方法学的针对芯片验证实际工程场景的技术专题工具书，包括对多种实际问题场景下的解决专题，推荐作为UVM的进阶教材进行学习。

不同于带领读者学习UVM的基础用法，本书包括多个专题，每个专题专注解决一种芯片验证场景下的工程问题，相关技术工程师可以快速参考并复现解决思路和步骤，实用性强。本书详细描述了每个专题要解决的问题、背景、解决的思路、基本原理、步骤，并给出了示例代码以供参考。

本书适合具备一定基础的相关专业的在校大学生或者相关领域的技术工程人员进行阅读学习，书中针对多种芯片验证实际工程场景给出了对应的解决方法，具备一定的工程参考价值，并且可以作为高等院校和培训机构相关专业的教学参考书。

图书在版编目(CIP)数据

UVM芯片验证技术案例集/马骁编著. —北京：清华大学出版社，2024.4
(计算机技术开发与应用丛书)
ISBN 978-7-302-65854-2

Ⅰ. ①U… Ⅱ. ①马… Ⅲ. ①芯片－验证 Ⅳ. ①TN43

中国国家版本馆CIP数据核字(2024)第060779号

责任编辑：赵佳霓
封面设计：吴 刚
责任校对：时翠兰
责任印制：沈 露

出版发行：清华大学出版社
网 址：https://www.tup.com.cn，https://www.wqxuetang.com
地 址：北京清华大学学研大厦A座 **邮 编**：100084
社 总 机：010-83470000 **邮 购**：010-62786544
投稿与读者服务：010-62776969，c-service@tup.tsinghua.edu.cn
质量反馈：010-62772015，zhiliang@tup.tsinghua.edu.cn
课件下载：https://www.tup.com.cn，010-83470236
印 装 者：三河市铭诚印务有限公司
经 销：全国新华书店
开 本：186mm×240mm **印 张**：28 **字 数**：632千字
版 次：2024年5月第1版 **印 次**：2024年5月第1次印刷
印 数：1～2000
定 价：119.00元

产品编号：104342-01

前言

PREFACE

20世纪90年代末，相关硬件语言和验证方法学库文件不断发展，开始解决抽象和可扩展性问题。e语言带来了随机约束验证特性，并且通过eRM验证方法引出了代理和功能覆盖的关键概念，但所有这些特性都和特定的EDA软件进行了捆绑。不久后，SystemVerilog语言从Vera和Superlog演变而来，并与Verilog进行了合并。

2006年，西门子EDA发布了AVM作为开源类库。它最初是SystemC TLM标准的SystemVerilog实现，但很快发展为支持标准化测试平台的方法。随后，西门子EDA和Cadence合作开发了OVM，并于2008年1月OVM首次发布。这是一个开源的SystemVerilog类库，结合了eRM和AVM的功能特性，创建了一种被用户社区认为是可行的方法，因为他们不再被迫使用被捆绑的特定EDA软件。随着多家公司开始提供验证IP (VIP)，OVM的使用开始增加。

2010年4月，Accellera VIP互操作性技术委员会投票决定将在OVM的基础上进一步推进以制定验证方法学的行业标准，于是Synopsys、西门子EDA、Cadence及用户社区一起努力创建了UVM，该UVM主要基于OVM，并补充了对运行阶段(Run-time Phases)、寄存器包(Register Package)和TLM2的支持。

接过AVM和OVM的接力棒，UVM被开发为一个开源的SystemVerilog库，旨在使其可以在任何支持IEEE 1800 SystemVerilog标准的EDA仿真平台上运行——此举旨在促进仿真验证平台形成一个统一的生态环境。如今，基于UVM的VIP及UVM的仿真环境可以在不同EDA仿真平台之间轻松迁移。拥有行业标准方法带来了许多优势，其中最重要的是验证团队可以专注于开发验证环境和测试用例，而不必从头开始开发基于项目或公司的方法和测试平台基础设施，从而大大提升了效率。

而在验证实际工作场景中，存在着诸多需要解决的工程问题，因此本书基于芯片验证中广泛使用的UVM验证方法学，给出了针对具体问题的解决方法以供相关工程技术人员或相关专业在校生参考和学习。

本书内容

本书是基于UVM验证方法学的针对芯片验证实际工程场景的技术专题工具书，包括对多种实际问题场景下的解决专题，推荐作为UVM的进阶教材进行学习。

第1章介绍可重用的UVM验证环境，给出了搭建可重用环境的思路和方法。

第2～4章介绍待测设计(DUT)与测试平台连接的方法。

第 5 章介绍在测试平台中进行配置对象的快速配置和传递的方法。

第 6 章对 reactive slave 方式验证给出了分析和验证环境搭建的方法。

第 7 章和第 8 章介绍对于激励控制的方法。

第 9 章和第 10 章介绍对于记分板的快速实现方法。

第 11 章介绍对于固定延迟输出结果的 RTL 接口信号的监测方法。

第 12 章介绍监测和控制 DUT 内部信号的方法。

第 13 章介绍向基于 UVM 的验证环境中传递设计参数的方法。

第 14 章介绍验证平台和设计之间连接集成的改进方法。

第 15 章和第 16 章介绍事务级数据的调试追踪和对 layered protocol 设计验证的简便方法。

第 17 章介绍应用于 VIP 的访问者模式方法。

第 18 章介绍设置 UVM 目标 phase 的额外等待时间的方法。

第 19 章介绍基于 UVM 验证平台的仿真结束机制。

第 20 章介绍记分板和断言检查相结合的验证方法。

第 21 章介绍支持错误注入测试的验证平台的搭建方法。

第 22 章介绍一种基于 bind 的 ECC 存储注错测试方法。

第 23 章介绍在验证环境中使用枚举型变量的改进方法。

第 24 章和第 25 章介绍基于 UVM 的 SVA 封装、调试和控制的方法。

第 26～28 章介绍多种对于芯片复位的测试方法。

第 29 章介绍对参数化类的压缩处理方法。

第 30 章介绍基于 UVM 的中断处理方法。

第 31 章和第 32 章介绍提高覆盖率代码的可重用方法。

第 33～36 章介绍基于 UVM 的多种场景下的随机约束方法。

第 37 章介绍支持动态地址映射的寄存器建模方法。

第 38 章和第 39 章介绍对寄存器突发访问的建模方法。

第 40 章介绍对于寄存器间接访问的建模方法。

第 41 章介绍对于 UVM 存储建模的优化方法。

第 42 章介绍对片上存储空间动态管理的方法。

第 43 章介绍简便灵活的寄存器覆盖率统计收集方法。

第 44 章模拟真实环境下寄存器重配置验证的方法。

第 45 章介绍在 UVM 环境中使用 C 语言对寄存器进行读写访问的方法。

第 46 章介绍提高对寄存器模型建模代码可读性的方法。

第 47 章介绍兼容 UVM 的供应商存储 IP 的后门访问方法。

第 48 章介绍应用于芯片领域的代码仓库管理方法。

第 49 章介绍 DPI 多线程仿真加速的方法。

第 50 章介绍基于 UVM 验证平台的硬件仿真加速技术。

本书特色

(1) 不同于带领读者学习 UVM 的基础用法，本书分为多个专题，每个专题专注于解决一种芯片验证场景下的工程问题，相关技术工程师可以快速参考并复现解决思路和步骤，实用性强。

(2) 本书详细描述了每个专题要解决的问题、背景、解决的思路、基本原理和步骤，并给出了示例代码以供参考。

读者对象

(1) 具备一定基础的相关专业的在校大学生。

(2) 相关领域的技术工程人员。

学习建议

(1) 本书由一个个较为独立的技术专题组成，需要读者具备一定的技术基础，包括 SystemVerilog、UVM 及一些硬件常识。

(2) 可以按照章节顺序进行学习，也可根据兴趣或实际工程需要选择部分章节进行学习。

(3) 本书中的代码示例部分，有部分代码是伪代码，仅作为示例进行讲解，需要读者在理解的基础上自行进行工程实践应用，以应对不同项目中存在的技术问题。扫描目录上方二维码可下载本书源码。

由于编者水平有限，本书难免存在不足之处，恳请读者给予批评指正。

编　者

2024 年 1 月

目录

CONTENTS

本书源码

第 1 章　可重用的 UVM 验证环境 …… 1

1.1　背景技术方案及缺陷 …… 1

1.1.1　现有方案 …… 1

1.1.2　主要缺陷 …… 2

1.2　解决的技术问题 …… 2

1.3　提供的技术方案 …… 2

1.3.1　结构 …… 4

1.3.2　原理 …… 4

1.3.3　优点 …… 6

1.3.4　具体步骤 …… 6

第 2 章　interface 快速声明、连接和配置传递的方法 …… 15

2.1　背景技术方案及缺陷 …… 15

2.1.1　现有方案 …… 15

2.1.2　主要缺陷 …… 16

2.2　解决的技术问题 …… 16

2.3　提供的技术方案 …… 16

2.3.1　结构 …… 16

2.3.2　原理 …… 17

2.3.3　优点 …… 22

2.3.4　具体步骤 …… 22

第 3 章　在可重用验证环境中连接 interface 的方法 …… 29

3.1　背景技术方案及缺陷 …… 29

3.1.1 现有方案 …… 29
3.1.2 主要缺陷 …… 29
3.2 解决的技术问题 …… 29
3.3 提供的技术方案 …… 29
3.3.1 结构 …… 29
3.3.2 原理 …… 30
3.3.3 优点 …… 31
3.3.4 具体步骤 …… 31

第4章 支持结构体端口数据类型的连接 interface 的方法 …… 37

4.1 背景技术方案及缺陷 …… 37
4.1.1 现有方案 …… 37
4.1.2 主要缺陷 …… 37
4.2 解决的技术问题 …… 37
4.3 提供的技术方案 …… 38
4.3.1 结构 …… 38
4.3.2 原理 …… 38
4.3.3 优点 …… 38
4.3.4 具体步骤 …… 39

第5章 快速配置和传递验证环境中配置对象的方法 …… 42

5.1 背景技术方案及缺陷 …… 42
5.1.1 现有方案 …… 42
5.1.2 主要缺陷 …… 42
5.2 解决的技术问题 …… 43
5.3 提供的技术方案 …… 43
5.3.1 结构 …… 43
5.3.2 原理 …… 43
5.3.3 优点 …… 47
5.3.4 具体步骤 …… 47

第6章 对采用 reactive slave 方式验证的改进方法 …… 54

6.1 背景技术方案及缺陷 …… 54
6.1.1 现有方案 …… 54
6.1.2 主要缺陷 …… 57
6.2 解决的技术问题 …… 57

6.3 提供的技术方案 …… 57
6.3.1 结构 …… 57
6.3.2 原理 …… 57
6.3.3 优点 …… 58
6.3.4 具体步骤 …… 58

第7章 应用 sequence 反馈机制的激励控制方法 …… 60

7.1 背景技术方案及缺陷 …… 60
7.1.1 现有方案 …… 60
7.1.2 主要缺陷 …… 61
7.2 解决的技术问题 …… 61
7.3 提供的技术方案 …… 61
7.3.1 结构 …… 61
7.3.2 原理 …… 62
7.3.3 优点 …… 63
7.3.4 具体步骤 …… 63

第8章 应用 uvm_tlm_analysis_fifo 的激励控制方法 …… 69

8.1 背景技术方案及缺陷 …… 69
8.1.1 现有方案 …… 69
8.1.2 主要缺陷 …… 69
8.2 解决的技术问题 …… 69
8.3 提供的技术方案 …… 69
8.3.1 结构 …… 69
8.3.2 原理 …… 70
8.3.3 优点 …… 71
8.3.4 具体步骤 …… 71

第9章 快速建立 DUT 替代模型的记分板标准方法 …… 77

9.1 背景技术方案及缺陷 …… 77
9.1.1 现有方案 …… 77
9.1.2 主要缺陷 …… 77
9.2 解决的技术问题 …… 78
9.3 提供的技术方案 …… 78
9.3.1 结构 …… 78
9.3.2 原理 …… 78

9.3.3 优点 …… 79
9.3.4 具体步骤 …… 79

第 10 章 支持乱序比较的记分板的快速实现方法 …… 84

10.1 背景技术方案及缺陷 …… 84
10.1.1 现有方案 …… 84
10.1.2 主要缺陷 …… 84
10.2 解决的技术问题 …… 84
10.3 提供的技术方案 …… 85
10.3.1 结构 …… 85
10.3.2 原理 …… 86
10.3.3 优点 …… 86
10.3.4 具体步骤 …… 87

第 11 章 对固定延迟输出结果的 RTL 接口信号的 monitor 的简便方法 …… 95

11.1 背景技术方案及缺陷 …… 95
11.1.1 现有方案 …… 95
11.1.2 主要缺陷 …… 97
11.2 解决的技术问题 …… 97
11.3 提供的技术方案 …… 97
11.3.1 结构 …… 97
11.3.2 原理 …… 97
11.3.3 优点 …… 97
11.3.4 具体步骤 …… 98

第 12 章 监测和控制 DUT 内部信号的方法 …… 100

12.1 背景技术方案及缺陷 …… 100
12.1.1 现有方案 …… 100
12.1.2 主要缺陷 …… 101
12.2 解决的技术问题 …… 102
12.3 提供的技术方案 …… 102
12.3.1 结构 …… 102
12.3.2 原理 …… 102
12.3.3 优点 …… 103
12.3.4 具体步骤 …… 103

第 13 章　向 UVM 验证环境中传递设计参数的方法 …… 107
13.1　背景技术方案及缺陷 …… 107
13.1.1　现有方案 …… 107
13.1.2　主要缺陷 …… 108
13.2　解决的技术问题 …… 109
13.3　提供的技术方案 …… 109
13.3.1　结构 …… 109
13.3.2　原理 …… 110
13.3.3　优点 …… 110
13.3.4　具体步骤 …… 111
第 14 章　对设计与验证平台连接集成的改进方法 …… 116
14.1　背景技术方案及缺陷 …… 116
14.1.1　现有方案 …… 116
14.1.2　主要缺陷 …… 117
14.2　解决的技术问题 …… 118
14.3　提供的技术方案 …… 118
14.3.1　结构 …… 118
14.3.2　原理 …… 118
14.3.3　优点 …… 119
14.3.4　具体步骤 …… 119
第 15 章　应用于路由类模块设计的 transaction 调试追踪和控制的方法 …… 123
15.1　背景技术方案及缺陷 …… 123
15.1.1　现有方案 …… 123
15.1.2　主要缺陷 …… 124
15.2　解决的技术问题 …… 125
15.3　提供的技术方案 …… 125
15.3.1　结构 …… 125
15.3.2　原理 …… 125
15.3.3　优点 …… 127
15.3.4　具体步骤 …… 127
第 16 章　使用 UVM sequence item 对包含 layered protocol 的 RTL 设计进行验证的简便方法 …… 132
16.1　背景技术方案及缺陷 …… 132

16.1.1 现有方案 …… 132
16.1.2 主要缺陷 …… 133
16.2 解决的技术问题 …… 133
16.3 提供的技术方案 …… 133
16.3.1 结构 …… 133
16.3.2 原理 …… 134
16.3.3 优点 …… 134
16.3.4 具体步骤 …… 134

第17章 应用于VIP的访问者模式方法 …… 138

17.1 背景技术方案及缺陷 …… 138
17.1.1 现有方案 …… 138
17.1.2 主要缺陷 …… 141
17.2 解决的技术问题 …… 141
17.3 提供的技术方案 …… 141
17.3.1 结构 …… 141
17.3.2 原理 …… 142
17.3.3 优点 …… 142
17.3.4 具体步骤 …… 142

第18章 设置UVM目标phase的额外等待时间的方法 …… 146

18.1 背景技术方案及缺陷 …… 146
18.1.1 现有方案 …… 146
18.1.2 主要缺陷 …… 148
18.2 解决的技术问题 …… 149
18.3 提供的技术方案 …… 149
18.3.1 结构 …… 149
18.3.2 原理 …… 150
18.3.3 优点 …… 150
18.3.4 具体步骤 …… 150

第19章 基于UVM验证平台的仿真结束机制 …… 151

19.1 背景技术方案及缺陷 …… 151
19.1.1 现有方案 …… 151
19.1.2 主要缺陷 …… 151
19.2 解决的技术问题 …… 151

19.3 提供的技术方案 …… 152
19.3.1 结构 …… 152
19.3.2 原理 …… 152
19.3.3 优点 …… 153
19.3.4 具体步骤 …… 153

第 20 章 记分板和断言检查相结合的验证方法 …… 155

20.1 背景技术方案及缺陷 …… 155
20.1.1 现有方案 …… 155
20.1.2 主要缺陷 …… 156
20.2 解决的技术问题 …… 157
20.3 提供的技术方案 …… 157
20.3.1 结构 …… 157
20.3.2 原理 …… 157
20.3.3 优点 …… 158
20.3.4 具体步骤 …… 158

第 21 章 支持错误注入验证测试的验证平台 …… 162

21.1 背景技术方案及缺陷 …… 162
21.1.1 现有方案 …… 162
21.1.2 主要缺陷 …… 162
21.2 解决的技术问题 …… 162
21.3 提供的技术方案 …… 163
21.3.1 结构 …… 163
21.3.2 原理 …… 163
21.3.3 优点 …… 163
21.3.4 具体步骤 …… 163

第 22 章 一种基于 bind 的 ECC 存储注错测试方法 …… 166

22.1 背景技术方案及缺陷 …… 166
22.1.1 现有方案 …… 166
22.1.2 主要缺陷 …… 167
22.2 解决的技术问题 …… 168
22.3 提供的技术方案 …… 168
22.3.1 结构 …… 168
22.3.2 原理 …… 168

22.3.3 优点 …… 169
22.3.4 具体步骤 …… 169

第23章 在验证环境中更优的枚举型变量的声明使用方法 …… 171

23.1 背景技术方案及缺陷 …… 171
23.1.1 现有方案 …… 171
23.1.2 主要缺陷 …… 173
23.2 解决的技术问题 …… 173
23.3 提供的技术方案 …… 174
23.3.1 结构 …… 174
23.3.2 原理 …… 174
23.3.3 优点 …… 174
23.3.4 具体步骤 …… 174

第24章 基于UVM方法学的SVA封装方法 …… 176

24.1 背景技术方案及缺陷 …… 176
24.1.1 现有方案 …… 176
24.1.2 主要缺陷 …… 180
24.2 解决的技术问题 …… 180
24.3 提供的技术方案 …… 180
24.3.1 结构 …… 180
24.3.2 原理 …… 181
24.3.3 优点 …… 181
24.3.4 具体步骤 …… 181

第25章 增强对SVA调试和控制的方法 …… 183

25.1 背景技术方案及缺陷 …… 183
25.1.1 现有方案 …… 183
25.1.2 主要缺陷 …… 183
25.2 解决的技术问题 …… 183
25.3 提供的技术方案 …… 184
25.3.1 结构 …… 184
25.3.2 原理 …… 184
25.3.3 优点 …… 185
25.3.4 具体步骤 …… 185

第 26 章　针对芯片复位测试场景下的验证框架 …… 190
26.1　背景技术方案及缺陷 …… 190
26.1.1　现有方案 …… 190
26.1.2　主要缺陷 …… 190
26.2　解决的技术问题 …… 191
26.3　提供的技术方案 …… 191
26.3.1　结构 …… 191
26.3.2　原理 …… 191
26.3.3　优点 …… 193
26.3.4　具体步骤 …… 194
第 27 章　采用事件触发的芯片复位测试方法 …… 209
27.1　背景技术方案及缺陷 …… 209
27.1.1　现有方案 …… 209
27.1.2　主要缺陷 …… 209
27.2　解决的技术问题 …… 209
27.3　提供的技术方案 …… 210
27.3.1　结构 …… 210
27.3.2　原理 …… 210
27.3.3　优点 …… 210
27.3.4　具体步骤 …… 211
第 28 章　支持多空间域的芯片复位测试方法 …… 224
28.1　背景技术方案及缺陷 …… 224
28.1.1　现有方案 …… 224
28.1.2　主要缺陷 …… 224
28.2　解决的技术问题 …… 224
28.3　提供的技术方案 …… 224
28.3.1　结构 …… 224
28.3.2　原理 …… 225
28.3.3　优点 …… 225
28.3.4　具体步骤 …… 225
第 29 章　对参数化类的压缩处理技术 …… 241
29.1　背景技术方案及缺陷 …… 241

29.1.1 现有方案 …… 241
29.1.2 主要缺陷 …… 245
29.2 解决的技术问题 …… 247
29.3 提供的技术方案 …… 247
29.3.1 结构 …… 247
29.3.2 原理 …… 247
29.3.3 优点 …… 248
29.3.4 具体步骤 …… 248

第30章 基于UVM的中断处理技术 …… 252

30.1 背景技术方案及缺陷 …… 252
30.1.1 现有方案 …… 252
30.1.2 主要缺陷 …… 253
30.2 解决的技术问题 …… 253
30.3 提供的技术方案 …… 253
30.3.1 结构 …… 253
30.3.2 原理 …… 253
30.3.3 优点 …… 256
30.3.4 具体步骤 …… 256

第31章 实现覆盖率收集代码重用的方法 …… 260

31.1 背景技术方案及缺陷 …… 260
31.1.1 现有方案 …… 260
31.1.2 主要缺陷 …… 262
31.2 解决的技术问题 …… 262
31.3 提供的技术方案 …… 263
31.3.1 结构 …… 263
31.3.2 原理 …… 263
31.3.3 优点 …… 263
31.3.4 具体步骤 …… 263

第32章 对实现覆盖率收集代码重用方法的改进 …… 266

32.1 背景技术方案及缺陷 …… 266
32.1.1 现有方案 …… 266
32.1.2 主要缺陷 …… 266
32.2 解决的技术问题 …… 266

32.3 提供的技术方案 …… 266
32.3.1 结构 …… 266
32.3.2 原理 …… 267
32.3.3 优点 …… 267
32.3.4 具体步骤 …… 267

第33章 针对相互依赖的成员变量的随机约束方法 …… 271

33.1 背景技术方案及缺陷 …… 271
33.1.1 现有方案 …… 271
33.1.2 主要缺陷 …… 273
33.2 解决的技术问题 …… 273
33.3 提供的技术方案 …… 274
33.3.1 结构 …… 274
33.3.2 原理 …… 274
33.3.3 优点 …… 275
33.3.4 具体步骤 …… 275

第34章 对随机约束程序块的控制管理及重用的方法 …… 277

34.1 背景技术方案及缺陷 …… 277
34.1.1 现有方案 …… 277
34.1.2 主要缺陷 …… 280
34.2 解决的技术问题 …… 280
34.3 提供的技术方案 …… 280
34.3.1 结构 …… 280
34.3.2 原理 …… 281
34.3.3 优点 …… 282
34.3.4 具体步骤 …… 282

第35章 随机约束和覆盖组同步技术 …… 286

35.1 背景技术方案及缺陷 …… 286
35.1.1 现有方案 …… 286
35.1.2 主要缺陷 …… 289
35.2 解决的技术问题 …… 289
35.3 提供的技术方案 …… 289
35.3.1 结构 …… 289
35.3.2 原理 …… 290

35.3.3 优点 …… 290
35.3.4 具体步骤 …… 290

第 36 章 在随机约束对象中实现多继承的方法 …… 292

36.1 背景技术方案及缺陷 …… 292
36.1.1 现有方案 …… 292
36.1.2 主要缺陷 …… 294
36.2 解决的技术问题 …… 294
36.3 提供的技术方案 …… 294
36.3.1 结构 …… 294
36.3.2 原理 …… 294
36.3.3 优点 …… 294
36.3.4 具体步骤 …… 295

第 37 章 支持动态地址映射的寄存器建模方法 …… 297

37.1 背景技术方案及缺陷 …… 297
37.1.1 现有方案 …… 297
37.1.2 主要缺陷 …… 298
37.2 解决的技术问题 …… 299
37.3 提供的技术方案 …… 299
37.3.1 结构 …… 299
37.3.2 原理 …… 299
37.3.3 优点 …… 299
37.3.4 具体步骤 …… 299

第 38 章 对寄存器突发访问的建模方法 …… 307

38.1 背景技术方案及缺陷 …… 307
38.1.1 现有方案 …… 307
38.1.2 主要缺陷 …… 307
38.2 解决的技术问题 …… 308
38.3 提供的技术方案 …… 308
38.3.1 结构 …… 308
38.3.2 原理 …… 308
38.3.3 优点 …… 310
38.3.4 具体步骤 …… 310

第 39 章　基于 UVM 存储模型的寄存器突发访问的建模方法 …… 327
39.1　背景技术方案及缺陷 …… 327
39.1.1　现有方案 …… 327
39.1.2　主要缺陷 …… 327
39.2　解决的技术问题 …… 327
39.3　提供的技术方案 …… 327
39.3.1　结构 …… 327
39.3.2　原理 …… 327
39.3.3　优点 …… 329
39.3.4　具体步骤 …… 329
第 40 章　寄存器间接访问的验证模型实现框架 …… 334
40.1　背景技术方案及缺陷 …… 334
40.1.1　现有方案 …… 334
40.1.2　主要缺陷 …… 335
40.2　解决的技术问题 …… 335
40.3　提供的技术方案 …… 335
40.3.1　结构 …… 335
40.3.2　原理 …… 336
40.3.3　优点 …… 337
40.3.4　具体步骤 …… 337
第 41 章　基于 UVM 的存储建模优化方法 …… 343
41.1　背景技术方案及缺陷 …… 343
41.1.1　现有方案 …… 343
41.1.2　主要缺陷 …… 344
41.2　解决的技术问题 …… 345
41.3　提供的技术方案 …… 345
41.3.1　结构 …… 345
41.3.2　原理 …… 345
41.3.3　优点 …… 346
41.3.4　具体步骤 …… 346
第 42 章　对片上存储空间动态管理的方法 …… 353
42.1　背景技术方案及缺陷 …… 353

42.1.1 现有方案 …… 353
42.1.2 主要缺陷 …… 355
42.2 解决的技术问题 …… 357
42.3 提供的技术方案 …… 358
42.3.1 结构 …… 358
42.3.2 原理 …… 358
42.3.3 优点 …… 363
42.3.4 具体步骤 …… 363
42.3.5 算法性能测试 …… 364
42.3.6 备注 …… 365

第 43 章 简便且灵活的寄存器覆盖率统计收集方法 …… 366

43.1 背景技术方案及缺陷 …… 366
43.1.1 现有方案 …… 366
43.1.2 主要缺陷 …… 369
43.2 解决的技术问题 …… 369
43.3 提供的技术方案 …… 369
43.3.1 结构 …… 369
43.3.2 原理 …… 370
43.3.3 优点 …… 370
43.3.4 具体步骤 …… 371

第 44 章 模拟真实环境下的寄存器重配置的方法 …… 373

44.1 背景技术方案及缺陷 …… 373
44.1.1 现有方案 …… 373
44.1.2 主要缺陷 …… 373
44.2 解决的技术问题 …… 374
44.3 提供的技术方案 …… 374
44.3.1 结构 …… 374
44.3.2 原理 …… 374
44.3.3 优点 …… 375
44.3.4 具体步骤 …… 375

第 45 章 使用 C 语言对 UVM 环境中寄存器的读写访问方法 …… 377

45.1 背景技术方案及缺陷 …… 377
45.1.1 现有方案 …… 377

45.1.2 主要缺陷 …… 377
45.2 解决的技术问题 …… 378
45.3 提供的技术方案 …… 378
45.3.1 结构 …… 378
45.3.2 原理 …… 378
45.3.3 优点 …… 379
45.3.4 具体步骤 …… 379

第 46 章 提高对寄存器模型建模代码可读性的方法 …… 385

46.1 背景技术方案及缺陷 …… 385
46.1.1 现有方案 …… 385
46.1.2 主要缺陷 …… 387
46.2 解决的技术问题 …… 387
46.3 提供的技术方案 …… 387
46.3.1 结构 …… 387
46.3.2 原理 …… 388
46.3.3 优点 …… 388
46.3.4 具体步骤 …… 388

第 47 章 兼容 UVM 的供应商存储 IP 的后门访问方法 …… 392

47.1 背景技术方案及缺陷 …… 392
47.1.1 现有方案 …… 392
47.1.2 主要缺陷 …… 397
47.2 解决的技术问题 …… 398
47.3 提供的技术方案 …… 398
47.3.1 结构 …… 398
47.3.2 原理 …… 399
47.3.3 优点 …… 399
47.3.4 具体步骤 …… 399
47.3.5 备注 …… 402

第 48 章 应用于芯片领域的代码仓库管理方法 …… 404

48.1 背景技术方案及缺陷 …… 404
48.1.1 现有方案 …… 404
48.1.2 主要缺陷 …… 405
48.2 解决的技术问题 …… 406

48.3 提供的技术方案 …… 406
48.3.1 结构 …… 406
48.3.2 原理 …… 407
48.3.3 优点 …… 408
48.3.4 具体步骤 …… 408

第49章 DPI多线程仿真加速技术 …… 412

49.1 背景技术方案及缺陷 …… 412
49.1.1 现有方案 …… 412
49.1.2 主要缺陷 …… 414
49.2 解决的技术问题 …… 414
49.3 提供的技术方案 …… 414
49.3.1 结构 …… 414
49.3.2 原理 …… 414
49.3.3 优点 …… 415
49.3.4 具体步骤 …… 415

第50章 基于UVM验证平台的硬件仿真加速技术 …… 418

50.1 背景技术方案及缺陷 …… 418
50.1.1 现有方案 …… 418
50.1.2 主要缺陷 …… 418
50.2 解决的技术问题 …… 418
50.3 提供的技术方案 …… 418
50.3.1 结构 …… 418
50.3.2 原理 …… 419
50.3.3 优点 …… 420
50.3.4 具体步骤 …… 420

第1章

可重用的UVM验证环境

1.1 背景技术方案及缺陷

1.1.1 现有方案

通常验证开发人员在对RTL进行验证时，广泛使用的验证方法学是UVM(Universal Verification Methodology)，它是一套基于TLM(Transaction-level Methodology)通信开发的验证平台。简单来说，它是一个类库文件，可以帮助验证开发人员很容易地搭建可配置可重用的验证环境。这套方法学已经把很多底层的接口封装成了一个个对象，开发者只需按照语法规则来使用即可。

一个基于UVM验证平台的典型架构，如图1-1所示。

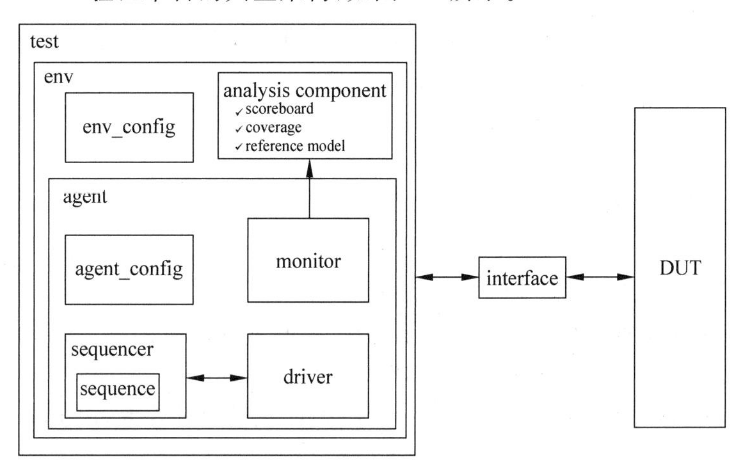

图1-1　UVM验证平台的典型架构

图中中英文对照如下：

- test 测试用例
- env 验证环境
- agent 代理

- agent_config 代理配置
- sequencer 序列器
- sequence 序列
- analysis component 分析组件
- monitor 监测器
- driver 驱动器
- interface 接口
- DUT 待测设计

理论上只有 UVM 的 agent、scoreboard 和基本的 transaction 及包含测试内容的 sequence 和 sequence library 需要修改，其他的代码几乎可以被重用。

这套 UVM 验证方法学，不仅使代码得以重用，还规范了 SystemVerilog 代码编写的框架，使代码易于理解和维护。

1.1.2 主要缺陷

虽然 UVM 验证方法学在一定程度上提升了代码的可重用性、易读性和可维护性，但是在使用该方法学来做实际的工程项目时，尤其是验证团队对于比较复杂的 RTL 进行验证时，存在以下一些缺陷：

(1) 需要手动去编写一个个组件或对象类文件，费时费力。

(2) 虽然已经有了一套 UVM 框架，但团队中每个人的代码书写习惯存在差异，当出现问题时还是较难定位。

(3) 当对复杂 RTL 验证时，需要将已有的代码进行重用，但是由于没有遵照统一的可重用结构，所以实际上可重用的过程存在诸多问题。

以上缺陷影响了项目推进的进度。

1.2 解决的技术问题

解决 1.1.2 节提到的缺陷问题，并且实现以下目标：

(1) 快速使用 UVM 搭建可重用的验证环境，提升开发效率。

(2) 规范 UVM 开发框架，方便团队协作和项目管理。

进一步提升代码的可重用性、易读性及可维护性，从而提升效率，加快项目推进的进度。

1.3 提供的技术方案

实现思路如下：

(1) 利用脚本提取适合目标项目的可重用的验证环境的基本框架，以尽可能地减少具有通用性和重复性的开发工作，从而提升开发效率。

（2）由于在一个复杂的 RTL 设计中还有各种各样的子设计模块，因此脚本生成的这套可重用的验证环境需要充分考虑到通用性、兼容性及易用性，并且需要提供简明的使用说明文档。

原先的 UVM 使用过程示意图如图 1-2 所示。

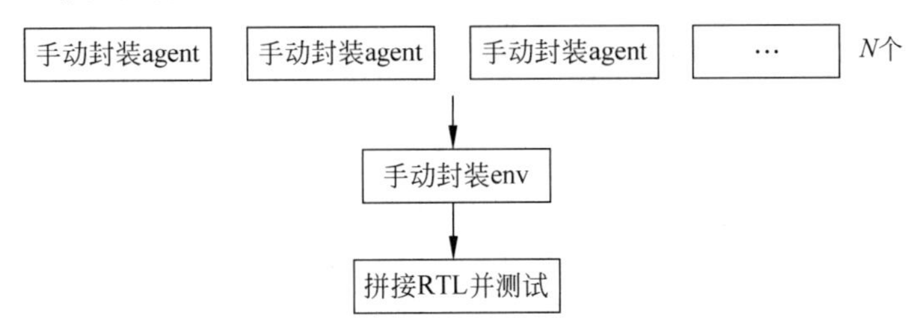

图 1-2　原先的 UVM 使用过程示意图

此时所有的代码都由手工编写完成。

提供技术方案的 UVM 使用过程示意图如图 1-3 所示。

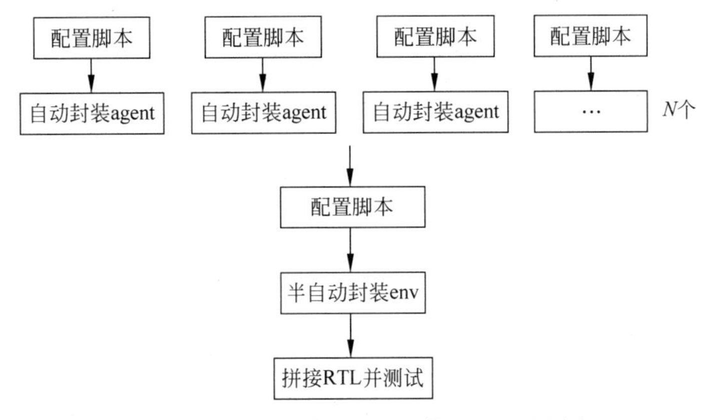

图 1-3　本章节方案的 UVM 使用过程示意图

此时会先通过简单地配置一下脚本来自动将同一组接口信号封装成 agent，然后通过配置脚本来半自动地完成对顶层 env 的封装。这里的半自动指的是只会帮助完成对底层 agent 的声明例化及一些模板类文件框架的编写，其中 reference model 及分析组件等留给使用者根据具体的 RTL 设计模块来编写，但也已经比原先方式的效率提升很多。

所以理论上通过配置脚本可以实现对原先 UVM 验证环境的封装、规范和自动化，从而大大提升开发效率，加快项目进度。

注意：这里几乎不需要手写一行代码，这是基于以下两条原则进行的。

（1）仅对单方向输入/输出端口进行 interface 建模且 RTL 的前序模块和后序模块的交接 interface 部分应该尽可能“干净”的原则。

（2）对于各自负责前序模块和后序模块的验证人员来讲，两边可以互不影响地进行验证平台的开发。

对于输入/输出端口需要在同一个 interface 中实现的情况，需要手动修改 Clocking block 中的数据成员。另外对于一些时序要求较为复杂的 interface，也可以对脚本自动生成后的 agent 里的组件进行手动修改封装以适应项目需求。

1.3.1 结构

脚本主要分为两部分：

(1) 对脚本进行配置，从而产生 protocol UVC，用于将 interface 封装成 agent。

(2) 对脚本进行配置，从而产生 layered UVC，用于例化包含上一步产生的 protocol UVC 及其他的 layered UVC，从而实现对已有代码的重用。

整体结构示意图如图 1-4 所示。

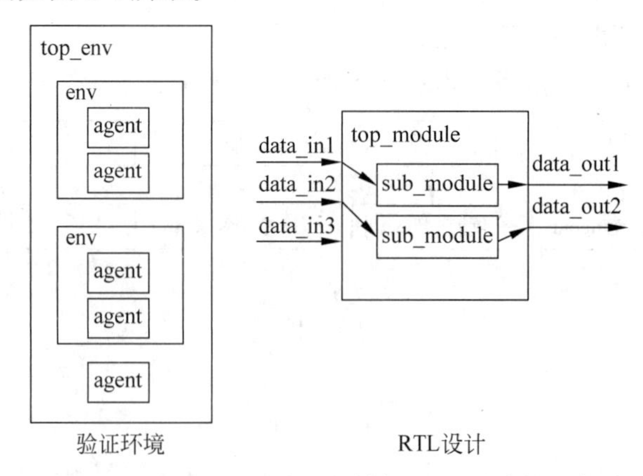

图 1-4 可重用 UVM 验证环境与 RTL 设计的示意图

图 1-4 中左边为验证环境的结构，右边为所对应的 RTL 设计的结构，两者的对应关系如下：

(1) agent 与 interface 一一对应，例如左边的 agent 对应于右边的 data_in 和 data_out。

(2) env 与 sub_module 一一对应，例如左边的 env 对应于右边的 sub_module。

通过类似 RTL 层层例化的方式，可以利用脚本搭建起可重用的验证环境。

1.3.2 原理

首先来对 RTL 设计模块的行为功能进行抽象，如图 1-5 所示。

由图 1-5 会发现每个 RTL 设计模块都由以下三部分组成：

(1) 输入端接口，用于获取外部的输入激励，如图 1-5 所示的 data_in。

(2) 行为功能，用于对输入激励进行相应的逻辑运算，如图 1-5 所示的 module 模块内部的运算逻辑(包括组合和时序逻辑电路)。

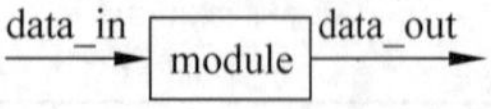

data_in
module
data_out

图 1-5 RTL 设计模块的抽象图

(3) 输出端接口，用来将运算后的结果输出，如图 1-5 所示的 data_out。

再对基于 TLM 通信的可重用 UVM 验证环境的结构进行

分析，然后主要对上述3个抽象的部分进行建模：

（1）输入端接口，可以将 interface 封装成 agent 来建模。

（2）行为功能，可以用 reference model 来建模。

（3）输出端接口，同样可以将 interface 封装成 agent 来建模。

如果还是以上述 RTL 设计为例，则通常验证开发人员使用 UVM 搭建的相应的验证环境的结构类似下面这样，如图 1-6 所示。

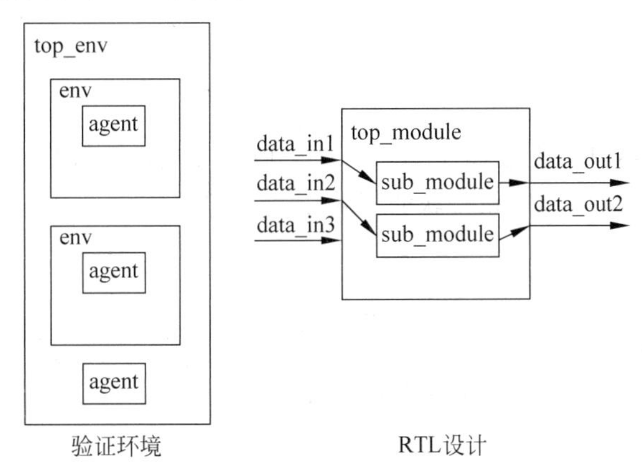

图 1-6　常见的可重用 UVM 验证环境与 RTL 设计的示意图

但要注意此时左边的验证环境中的 agent 将包括输入和输出端 interface，以及对应的 driver、monitor 和 sequencer。

此时至少需要手动编写如下的类文件：

- interface
- transaction
- monitor
- driver
- sequencer
- agent
- config
- sequence
- reference model
- 分析组件及其他一些测试环境所需要的类

可以看到，这里需要手动编写的类文件非常多，而且输入/输出端接口的代码混合到了一起，代码在写法上还是相对比较自由的，不利于在更顶层的验证环境中进行代码的重用。

因此，需要来对上面的类文件进行分层，将 interface 独立封装成 agent，此时该 agent 不涉及具体模块的行为功能。

那么通过配置脚本可以生成 protocol UVC 对应的类文件，即将 interface 封装成 agent

相关联的 class：

- interface
- transaction
- monitor
- driver
- sequencer
- agent
- agent_config
- sequence

然后通过配置脚本可以生成 layered UVC 对应的类文件，即将行为功能和分析组件及上述 protocol UVC 封装成 env 相关联的 class：

- env
- env_config
- reference model
- 分析组件及其他一些测试环境所需要的类

1.3.3 优点

通过配置 protocol UVC 和 layered UVC 的脚本文件，最终实现了以下几点。

(1) 几乎不需要修改任何一行代码就可以实现对 interface 的封装，即将其封装成 agent，那么不再需要去手动编写相应的 driver、monitor、sequencer 等类了，并且可以很容易地对其 agent 封装进行重用。只要配置好相应的 active 模式，还可以灵活地对 sequence 和 sequence library 实现代码重用，基本解决了需要手动去编写一个个组件或对象类文件导致的费时费力的问题。

(2) 在已有的 UVM 验证方法学框架的基础上，通过配置脚本实现了对原有框架的二次封装，对使用 UVM 进行了进一步的团队规范和统一，从而尽可能地减少了由于团队成员代码书写习惯的差异而导致的项目管理中出现的调试困难的问题。

(3) 由于通过配置脚本已经规范好了 UVM 的验证环境，因此团队成员之间进行相互沟通及配合会更加流畅，代码的可重用也会更加容易。

因此可以大大提升开发人员的工作效率，起到加速项目进度的作用，从而保证芯片项目的流片时间。

1.3.4 具体步骤

第 1 步，生成 protocol UVC，即通过配置. yml 脚本文件实现对 interface 的自动封装(封装为 agent)。

. yml 脚本文件的大致内容如下：

```
//xxx.yml 文件
name : xxx
fields :
    -
        name   : field1_name
        width  : num1
    -
        name   : field2_name
        width  : num2
    -
        ...
```

由于这里主要是对 interface 进行封装，所以需要配置 interface 上的数据成员和位宽，如果位宽 width 为参数，则需要支持传递位宽 width 为字符串类型。

配置完成后，通过 Python 脚本命令实现对 protocol UVC 的自动生成，例如可以通过如下命令实现。

```
env_gen xxx.yml /protocol_uvc/xxx_folder_path
```

这样就可以在上述 xxx_folder_path 下生成如下的 agent 封装文件，其文件目录结构如下：

```
|-- xxx_folder_path
    |-- xxx_uvc_interface.svh
    |-- xxx_uvc_trans.svh
    |-- xxx_uvc_sequence.svh
    |-- xxx_uvc_driver.svh
    |-- xxx_uvc_monitor.svh
    |-- xxx_uvc_sequencer.svh
    |-- xxx_uvc_agent_config.svh
    |-- xxx_uvc_agent.svh
    |-- xxx_uvc_pkg.sv
    |-- xxx_uvc_desc.yml
```

上述封装好的 class 文件有一些要点。

(1) interface 中需要使用 clocking block 来尽可能地避免仿真过程中可能发生的竞争冒险。

在理想情况下会在图中两条虚线处进行驱动或者采样，从而尽可能地避免竞争冒险，如图 1-7 所示。

图中中英文对照如下：

- clock 时钟
- signal sampled here 表示在此处采样
- signal driven here 表示在此处驱动
- input skew 输入偏斜

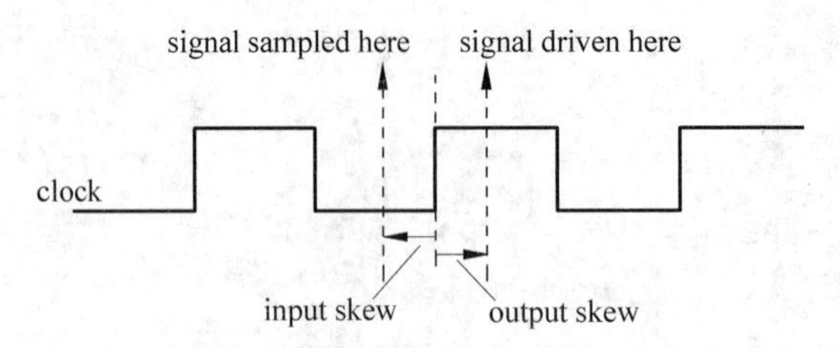

图 1-7　在带时钟偏斜的上升沿处采样和驱动的时序图

■ output skew 输出偏斜

SystemVerilog 考虑到了这一点，可以参考寄存器时序逻辑运行的方式，即对所有的输出端都进行寄存，以此来尽可能地避免验证环境中的竞争冒险。因为毕竟建立时间和保持时间等时序方面的验证不该由功能验证人员来负责，即在默认情况下，功能验证人员要假定该 RTL 将来综合后的电路在时序上没有问题，因此需要利用 Clocking blocks 来构造一个理想的驱动和采样 interface 的环境，代码如下：

```
interface xxx_if (input clk, input rst);
    logic [num1 - 1:0] field1_name;
    logic [num2 - 1:0] field2_name;
    ...

    clocking drv @(posedge clk iff(!rst));
        default input #1step output `Tdrive;
        output field1_name;
        output field2_name;
        ...
    endclocking

    clocking mon @(posedge clk iff(!rst));
        default input #1step output `Tdrive;
        input field1_name;
        input field2_name;
        ...
    endclocking

    task initialize();
        field1_name <= 'dx;
        field1_name <= 'dx;
        ...
    endtask
endinterface
```

最佳采样 DUT interface 端数据的时间是刚好在下一个时钟跳变沿改变输出端数据之前进行采样，这时应该是最稳定的时候，这里的 input 使用了 #1step 的延迟，即相当于仿真时间精度。

最佳驱动时间 `Tdrive 应该是在时钟跳变沿之前的 10%～20%，因为那个时候激励也最稳定，要在 DUT 采样 interface 之前预留一些时间。另外在理想的前端功能仿真环境下，将此时延统一设置为＃1step也是可行的。

通过将interface中的数据成员全部列在Clocking block的drv和mon里，方便配置脚本实现后面driver和monitor代码的自动化，即做到几乎不需要修改任何一行代码。在实际项目中，建议对于interface中彼此没有关联的信号进一步分开并封装成独立的agent，而不是将所有的接口信号全部写到一个interface里。

（2）driver的驱动部分需要采用非阻塞try_next_item及非阻塞赋值的方式来编写，代码如下：

```
task run_phase(uvm_phase phase);
    vif.initialize();
    forever begin
        seq_item_port.try_next_item(req);
        if(req!= null)begin
            @(vif.drv)
            vif.drv.field1_name <= req.field1_name;
            vif.drv.field2_name <= req.field2_name;
            ...
            seq_item_port.item_done();
        end
        else begin
            @(vif.drv)
            vif.initialize();
        end
    end
endtask : run_phase
```

使用非阻塞的方式是为了避免在有效req请求发送完之后，可能由于仿真还没有结束，但验证环境中的总线上的请求有效信号依然为高，而错误地认为依然在发送请求，因此，在没有获得有效req请求时，调用interface的initialize接口来将总线上信号复位。

注意：一般来讲，对valid有效信号复位为非有效，对其余数据信号复位为不定态，实际工程中需要EDA工具支持对不定态的检查。

（3）monitor依然需要使用clocking block及阻塞赋值的方式来编写，代码如下：

```
task run_phase(uvm_phase phase);
    forever begin
        tr = xxx_trans::type_id::create("tr");
        @(vif.mon)
        tr.field1_name = vif.mon.field1_name;
        tr.field2_name = vif.mon.field2_name;
        ...
    end
endtask : run_phase
```

第2步，生成layered UVC，即通过配置.yml脚本文件实现对上述agent的半自动封装（封装为env）。

.yml 脚本文件的大致内容如下：

```
//xxx.yml 文件
name         : xxx
layered_uvc  :
    -
        path  : uvc_path1
        yaml  : yaml_path1
        num   : num1
    -
        path  : uvc_path2
        yaml  : yaml_path2
        num   : num2
    -
        ...
```

由于这里需要对第 1 步的 agent 进行封装，因此需要指定例化包含的 agent 的所在路径，.yml 配置文件的所在路径，以及需要例化包含的数量。

配置完成后，类似第 1 步的方式，可以通过 Python 脚本命令实现对 layered UVC 的自动产生：

```
env_gen xxx.yml /layered_uvc/xxx_folder_path
```

同样可以在指定目录 xxx_folder_path 下产生如下的 env 封装文件，其文件目录结构如下：

```
|-- xxx_folder_path
    |-- xxx_uvc_coverage.svh
    |-- xxx_uvc_model.svh
    |-- xxx_uvc_scoreboard.svh
    |-- xxx_uvc_env_config.svh
    |-- xxx_uvc_env.svh
    |-- xxx_uvc_pkg.sv
    |-- xxx_uvc_desc.yml
    |-- tb
    | |-- tb_xxx_uvc_env.sv
    | |-- tb_xxx_uvc_test.sv
    | |-- tb_xxx_uvc_testbench.sv
    | |-- tb_xxx_uvc_pkg.sv
```

上面产生的 env 文件中将例化包含之前通过 yml 文件封装好的 agent，除此之外还例化包含了一些分析组件，如覆盖率组件、参考模型及记分板等，并且定义了一些通用的 TLM 通信连接，开发人员可以根据项目的实际情况，灵活地使用。

以上就是使用配置脚本的两个步骤。

下面以一个实际的例子来进行简单说明。top 模块中包含子模块 A、B 和 C，包括 4 个

interface，分别是①、②、③、④，如图 1-8 所示。

验证人员的目标为完成对 top 作为 RTL 的验证工作，但为了保证项目的进度，在设计人员的 RTL 还没有完成时，验证的工作就已经开始了。

可以看到这里的 interface①、②、③其实都属于模块 A 的 interface，但是为了后期管理方便和避免重复工作，这里至少会把 interface 按照与其他模块的接口进行划分，例如这里就将模块 A 的 interface 划分成了①、②、③。

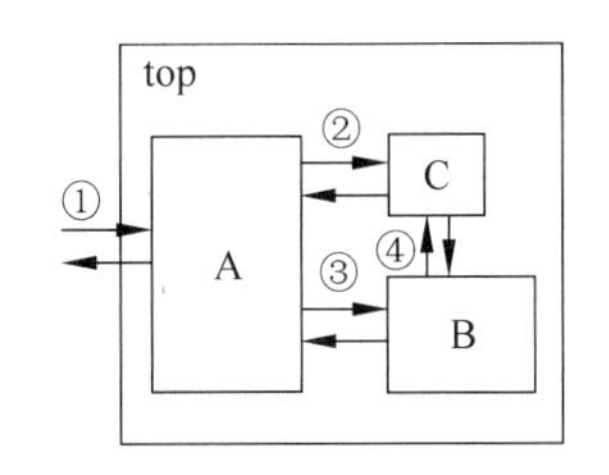

图 1-8 包含 A、B、C 共 3 个子模块的 RTL 设计

简单小结下此时验证人员面临的情况：

(1) RTL 还没有完成，即此时还没有 RTL，可能需要验证人员去写一个能够驱动 interface 的 RTL model。

(2) 该 RTL(这里的 top 模块)包含多个子模块 A、B 和 C，以及内部有多个 interface，包括①、②、③、④。

(3) 该 RTL 对外的 interface 只有一个，即①，但根据其内部的子模块，将其涉及的 interface 进行了划分，而不是放到一个 interface 里，这样做的好处前面已经解释过了。

下面来一步一步搭建对上述 RTL 设计的验证环境。

首先分析该 RTL 的 interface 功能连接和依赖关系，整个 RTL 的 req 请求激励都来自 interface①的输入端，由 interface①的输入引出一连串的 interface②、③、④上的时序功能交互。假如经过分析后(具体项目具体分析)，发现模块 B 是其中依赖关系相对较弱的地方，即 interface③和④相对独立，则先从模块 B 入手。

第 1 步，使用前面的 protocol UVC 的配置脚本，将 interface③和④各自封装成两个独立的 agent。

这一步比较简单，直接用. yml 配置文件配置 interface 中信号名称和位宽即可自动生成，验证人员几乎不需写一行代码。

第 2 步，使用前面的 layered UVC 的配置脚本，例化包含上一步建立好的两个 agent，从而实现对其代码的重用。

这里的重点是编写 reference_model 和 RTL_model。由于当前还没有 RTL，又要确保 env 能够先运行起来，所以需要搭建环境。

注意：图中没有画出来的组件或对象，不代表就没有，只是省略了，下同。

子模块 B 的验证平台结构示意图如图 1-9 所示。

reference_model 和 RTL_model 建议分两个 class 来写，区别在于 ref_model 不用将结果驱动到 interface，而 RTL_model 则需要，其中很多代码是重复的，写完一个之后，写另一个应该会很快。

可以通过传递仿真参数 DV_ONLY 来切换是带 RTL 还是 RTL_model 来仿真。

写一些简单的 sequence 来做 env 的初步调试。

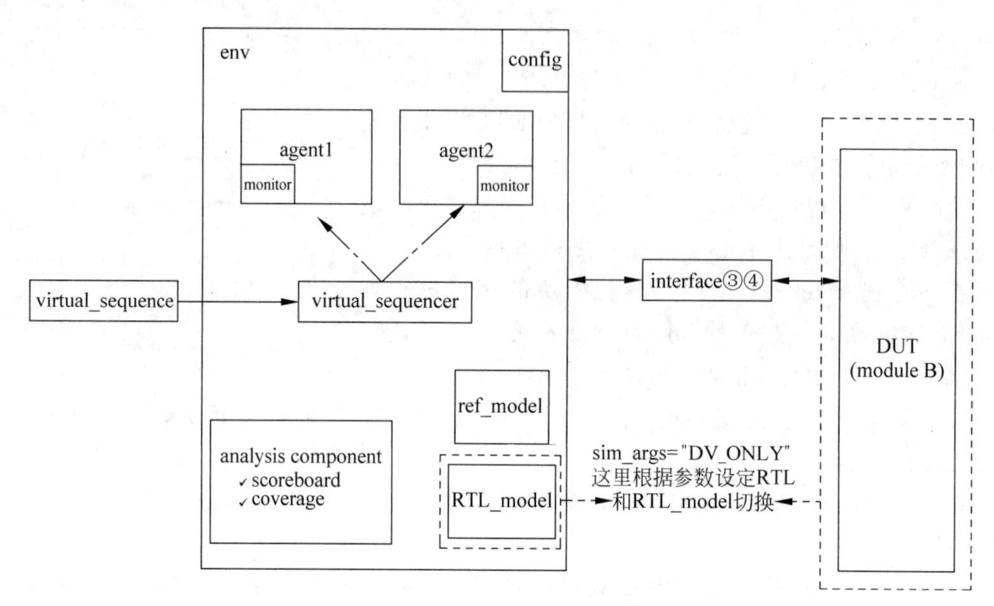

图 1-9　子模块 B 的验证平台结构示意图

注意：这里不使用 virtual_sequence 也是可以的，直接在 test 里启动对应 agent 的 sequence 即可。

第 3 步，使用前面的 protocol UVC 的配置脚本，将 interface②封装成 agent。

类似第 1 步，不再赘述。

注意：这是为后面开始搭建对子模块 C 的验证环境做准备工作的。

第 4 步，使用前面的 layered UVC 的配置脚本，例化包含第 2 步建立好的 env 及第 3 步建立好的 agent，从而实现对其代码的重用。

另外验证人员至少还需要完成以下工作：

(1) 类似第 2 步的过程，只不过这一步编写的 env 将对第 2 步建立好的 env 及第 3 步建立好的 agent 进行配置、例化和连接，其他不再赘述。

(2) 将 interface④对应的 agent 配置成 passive 模式，因为这里不需要将激励驱动到 interface④上，将 interface②和③对应的 agent 配置成 active 模式。

(3) 这一步的 reference_model 和 RTL_model 只需写子模块 C 的对应部分就可以了。

子模块 B 和 C 的验证平台结构示意图如图 1-10 所示。

第 5 步，类似第 3 步，使用前面的 protocol UVC 的配置脚本，将 interface①封装成 agent。

第 6 步，类似第 4 步，使用前面的 layered UVC 的配置脚本，例化包含第 4 步建立好的 env 及第 5 步建立好的 agent，从而实现对其代码的重用。

子模块 A 和 B、C(top 模块)的验证平台结构示意图如图 1-11 所示。

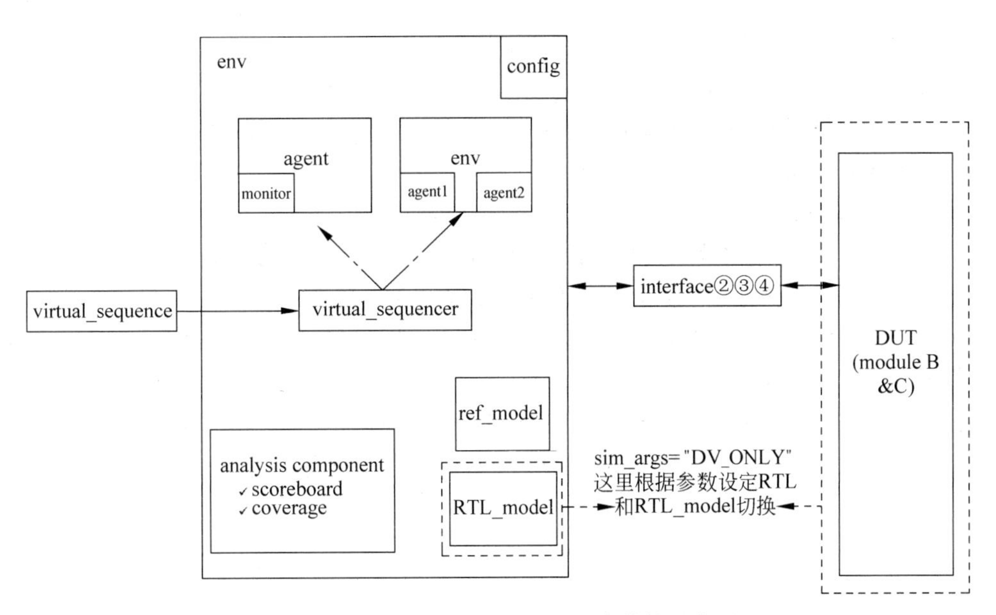

图 1-10　子模块 B 和 C 的验证平台结构示意图

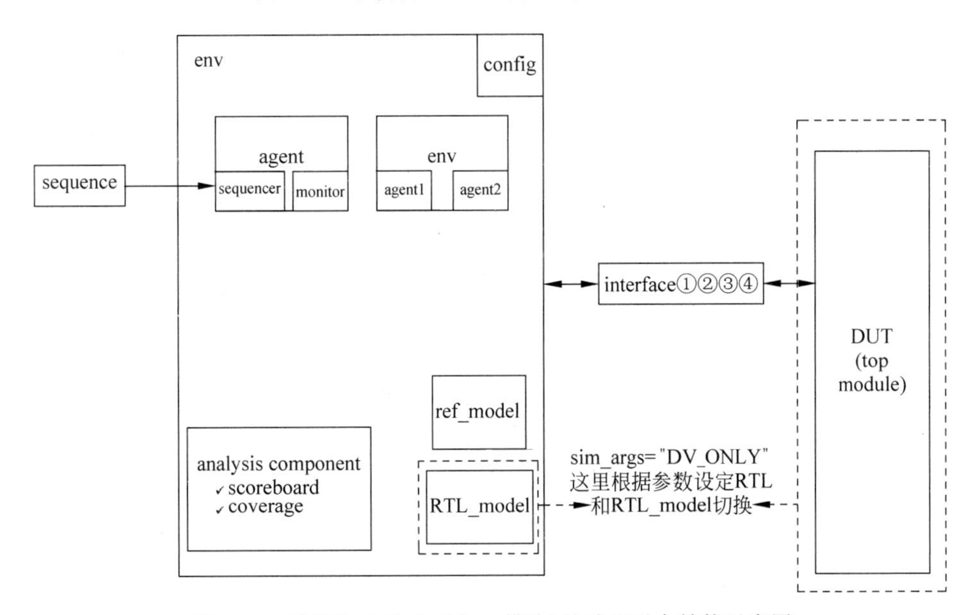

图 1-11　子模块 A 和 B、C(top 模块)的验证平台结构示意图

另外验证人员至少还需要完成以下工作：

将 interface①封装成 agent，并将其配置成 active 模式，同时将其余的 interface 都配置成 passive 模式。

类似地，这一步编写的 env 将对第 4 步建立好的 env 及 interface①封装的 agent 进行配置、例化和连接，其他不再赘述。

另外这里不再需要使用 virtual sequence。

这一步的 reference_model 和 RTL_model 只需写子模块 A 的对应部分就可以了。

通过以上步骤，就像搭积木似的，使用自动化的配置脚本，一层层搭建起来了一个完整的可重用的验证环境。

最后来总结一下：

第 1 步，使用配置脚本将 RTL 设计模块中涉及的输入/输出接口封装成 agent。

此时对开发人员来讲，可以做到几乎不需要写一行代码。

第 2 步，使用配置脚本对第 1 步封装好的 agent 进行例化包含，并且脚本还自动生成了一些分析组件等类文件。

此时对开发人员来讲，大部分的开发和验证调试工作会在这一步完成，包括编写分析组件进行功能特性覆盖收集及功能正确性分析，在 tb 文件夹下编写测试用例等工作。

第2章

interface快速声明、连接和配置传递的方法

2.1 背景技术方案及缺陷

2.1.1 现有方案

通常验证开发人员在对 RTL 进行验证时，广泛使用的验证方法学是 UVM，它是一套基于 TLM 通信开发的验证平台。简单来说，它是一个类库文件，可以帮助验证开发人员很容易地搭建可配置可重用的验证环境。这套方法学已经把很多底层的接口封装成了一个个对象，开发者只需按照语法规则来使用。

一个基于 UVM 验证平台的典型架构示意图如图 2-1 所示。

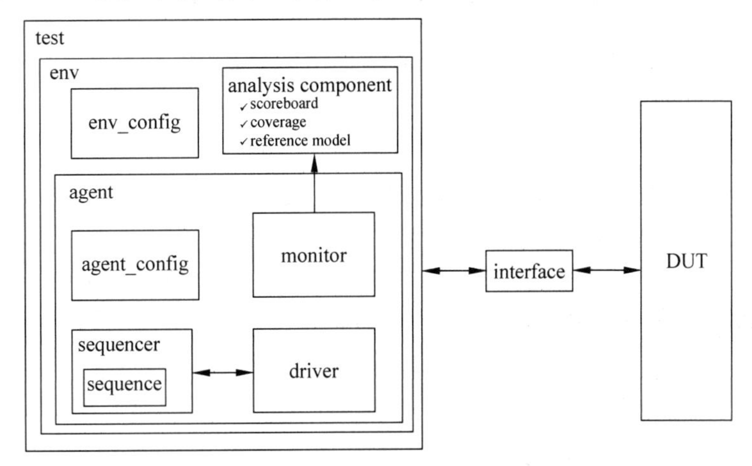

图 2-1　UVM 验证平台的典型架构示意图

可以看到会通过 interface 将 DUT 连接到验证平台。此时，通常验证开发人员需要在 top 模块中完成以下 3 件事：

(1) 声明 interface。

(2) 将 interface 连接到 DUT。

(3) 通过 set config_db 向 env 传递 interface。

2.1.2 主要缺陷

采用上述现有的方案对于简单的 RTL 设计是可行的，但是如果 RTL 层次比较多，在比较复杂的情况下，在 top 中对所有的 interface 进行声明、连接和配置传递，则事情将会变得异常麻烦。困难主要有以下 3 点：

(1) 往往一个复杂的芯片的内部会由成百上千个子模块组成，那么对应的 interface 也会达到成百上千个，在顶层环境里只声明 interface 就需要至少上千次，很容易遗漏而出错。

(2) 这样一个复杂的芯片的内部由成百上千个子模块组成，其内部模块的例化路径层次冗长复杂，非常容易在 interface 连接和配置传递的过程中产生人为错误。

(3) 如果在验证平台的顶层对其层次之下的所有 interface 进行声明、连接和配置传递，则将存在大量的重复性工作，影响开发效率。

以上这 3 点使代码显得非常臃肿，而且很容易导致遗漏或配置错误，从而给后续的验证工作制造麻烦，最终影响工程进度。所以需要有一种自动化且可重用的方式来完成上面的工作。

2.2 解决的技术问题

避免 2.1.2 节中的缺陷问题，并且实现以下目标：

(1) 实现对复杂 RTL 设计中涉及的 interface 的快速声明、连接和配置传递，以提升验证平台的开发效率。

(2) 实现对验证平台的 interface 的声明、连接和配置传递的代码可重用，降低重复性开发工作。

(3) 规范 UVM 开发框架，方便团队协作和项目管理。

从而进一步提升代码的可重用性、易读性及可维护性，从而提升效率，加快项目推进的进度。

2.3 提供的技术方案

2.3.1 结构

主要分为两个可重用验证环境的代码封装：

(1) 对 interface 封装的 agent。本身不具备功能，仅对 interface 的行为进行驱动和监测。

该封装部分对应的 package 将包含 define 宏函数文件，用于封装 agent 部分对应 interface 的声明、连接和配置代码。

(2) 对底层 agent 和 env 封装的 env 还会包含一些分析组件，如 scoreboard、coverage 等，这是一个完整的 RTL 设计模块的验证平台。

类似地，该封装部分对应的 package 将包含 define 宏函数文件，用于封装 env 部分对应底层 agent 和 env 中所有的 interface 的声明、连接和配置代码。

整体结构示意图如图 2-2 所示。

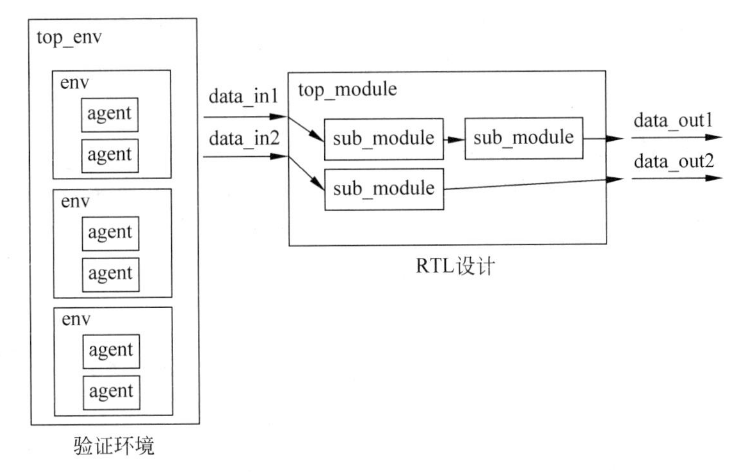

图 2-2　可重用 UVM 验证环境与 RTL 设计的示意图

图 2-2 中左边为验证环境的结构，右边为所对应的 RTL 设计的结构，两者的对应关系如下：

agent 与 interface 一一对应，例如左边的 agent 对应于右边的 data_in 和 data_out。

env 与 sub_module 一一对应，例如左边的 env 对应于右边的 sub_module。

以类似搭积木的方式，每个层次封装宏函数以供更底层来调用，从而屏蔽当前层次的 interface 声明、连接和配置的细节以实现代码的可重用。

2.3.2　原理

首先从图 2-1 的 UVM 验证平台的典型架构可以知道需要通过 interface 来完成对 RTL 设计和验证平台的连接。

然后对 RTL 设计模块的行为功能进行抽象，如图 2-3 所示。

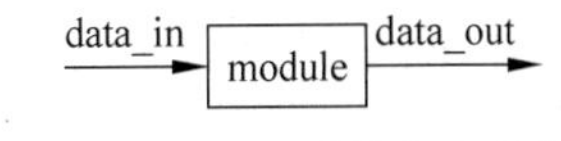

图 2-3　RTL 设计模块的抽象图

由图 2-3 会发现每个 RTL 设计模块都由以下三部分组成：

(1) 输入端接口，用于获取外部的输入激励，如图 2-3 所示的 data_in。

(2) 行为功能，用于对输入激励进行相应的逻辑运算，如图 2-3 所示的 module 模块内部的运算逻辑(包括组合和时序逻辑电路)。

(3) 输出端接口，用来将运算后的结果输出，如图 2-3 所示的 data_out。

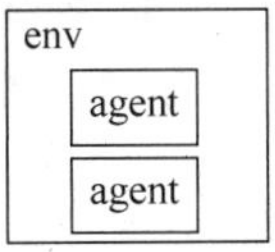

然后会对上面 3 个抽象部分做如下验证环境的封装，如图 2-4 所示。

图 2-4　RTL 设计模块对应的验证环境的封装

（1）将输入端 data_in 的 interface 封装成 agent。

（2）将输出端 data_out 的 interface 封装成 agent。

上面封装的 agent 主要完成两件事：

agent 封装组件里的 monitor 监测采样 interface 的信号，封装成 transaction 以传递给验证环境，以供后续组件处理。

agent 封装组件里的 driver 获得 interface 句柄，然后将需要的激励 transaction 驱动到 interface 上，作为后续模块的输入激励。

（3）将上面两个 agent 封装在 env 里，并在该层次下编写 reference model 和一些分析组件，并开始编写测试用例，以便对该 RTL 设计模块做验证。

但在验证平台的 top 模块里需要完成对 data_in 和 data_out 对应的 interface 的声明、连接和配置传递，代码如下：

```
module top;
    import  uvm_pkg::*;
    import  xxx_pkg::*;
    ...

    tb_rtl_inst_top rtl_inst_top();
    tb_env_inst_top env_inst_top();

    initial begin
      run_test();
    end
endmodule : top

module tb_rtl_inst_top;
    logic clk;
    logic rst;
    logic[4:0] data_in;
    logic[4:0] data_out;

    //例化 RTL 设计
    rtl_top dut (
        .clk(clk),
        .rst(rst),
        .data_in(data_in),
        .data_out(data_out)
    );
endmodule : tb_rtl_inst_top

module tb_env_inst_top;
    import uvm_pkg::*;

    //声明 interface
     data_in_interface data_in_intf;
     data_out_interface data_out_intf;
```

```
    //连接 interface
    initial begin
        force top.rtl_inst_top.data_in = data_in_intf.data_in;
        force data_out_intf.data_out = top.rtl_inst_top.data_out;
    end

    //配置传递 interface
    initial begin
        uvm_config_db#(virtual data_in_interface)::set(null,"uvm_test_top.env.m_data_in_
uvc*","vif",top.env_inst_top.data_in_intf);
        uvm_config_db#(virtual data_out_interface)::set(null,"uvm_test_top.env.m_data_
out_uvc*","vif",top.env_inst_top.data_out_intf);
    end
endmodule : tb_env_inst_top
```

可以看到 top 模块中例化包含了两个 module，一个是 rtl_inst_top，用来例化 RTL 设计，另一个是 env_inst_top，用来对所有的 interface 进行声明、连接和配置传递。

当前 RTL 设计模块只有一个层次，是最简单的情况，如果是像图 2-2 中那样呢？

那么在验证平台的 top 模块里需要完成对所有底层 agent 所封装的 interface 进行声明、连接和配置传递，代码如下：

```
module top;
    import uvm_pkg::*;
    import xxx_pkg::*;
    ...

    tb_rtl_inst_top rtl_inst_top();
    tb_env_inst_top env_inst_top();

    initial begin
      run_test();
    end
endmodule : top

module tb_rtl_inst_top;
    logic clk;
    logic rst;
    logic[4:0] data_in1;
    logic[4:0] data_in2;
    logic[4:0] data_out1;
    logic[4:0] data_out2;

    //例化 RTL 设计
    rtl_top dut (
        .clk(clk),
        .rst(rst),
        .data_in1(data_in1),
        .data_in2(data_in2),
        .data_out1(data_out1),
```

```
        .data_out2(data_out2)
    );
endmodule : tb_rtl_inst_top

module tb_env_inst_top;
    import uvm_pkg::*;

    //声明 interface
     data_in_interface  sub_module1_data_in_intf;
     data_out_interface sub_module1_data_out_intf;
     data_in_interface  sub_module2_data_in_intf;
     data_out_interface sub_module2_data_out_intf;
     data_in_interface  sub_module3_data_in_intf;
     data_out_interface sub_module3_data_out_intf;

    //连接 interface
    initial begin
        force top.rtl_inst_top.dut.sub_module1.data_in = sub_module1_data_in_intf.data_in;
        force sub_module1_data_out_intf.data_out = top.rtl_inst_top.dut.sub_module1.data_out;
        force top.rtl_inst_top.dut.sub_module2.data_in = sub_module2_data_in_intf.data_in;
        force sub_module2_data_out_intf.data_out = top.rtl_inst_top.dut.sub_module2.data_out;
        force top.rtl_inst_top.dut.sub_module3.data_in = sub_module3_data_in_intf.data_in;
        force sub_module3_data_out_intf.data_out = top.rtl_inst_top.dut.sub_module3.data_out;
    end

    //配置传递 interface
    initial begin
        uvm_config_db#(virtual data_in_interface)::set(null,"uvm_test_top.env.m_env[0].
m_data_in_uvc*","vif",top.env_inst_top.sub_module1_data_in_intf);
        uvm_config_db#(virtual data_out_interface)::set(null,"uvm_test_top.env.m_env[0].
m_data_out_uvc*","vif",top.env_inst_top.sub_module1_data_out_intf);
        uvm_config_db#(virtual data_in_interface)::set(null,"uvm_test_top.env.m_env[1].
m_data_in_uvc*","vif",top.env_inst_top.sub_module2_data_in_intf);
        uvm_config_db#(virtual data_out_interface)::set(null,"uvm_test_top.env.m_env[1].
m_data_out_uvc*","vif",top.env_inst_top.sub_module2_data_out_intf);
        uvm_config_db#(virtual data_in_interface)::set(null,"uvm_test_top.env.m_env[2].
m_data_in_uvc*","vif",top.env_inst_top.sub_module3_data_in_intf);
        uvm_config_db#(virtual data_out_interface)::set(null,"uvm_test_top.env.m_env[2].
m_data_out_uvc*","vif",top.env_inst_top.sub_module3_data_out_intf);
    end
endmodule : tb_env_inst_top
```

可以看到，在顶层对 interface 进行声明、连接和配置传递已经有点麻烦了。

那么如果 RTL 设计层次非常复杂呢，如图 2-5 所示。

如果此时在验证平台的 top 模块里继续对所有底层 agent 所封装的 interface 进行声

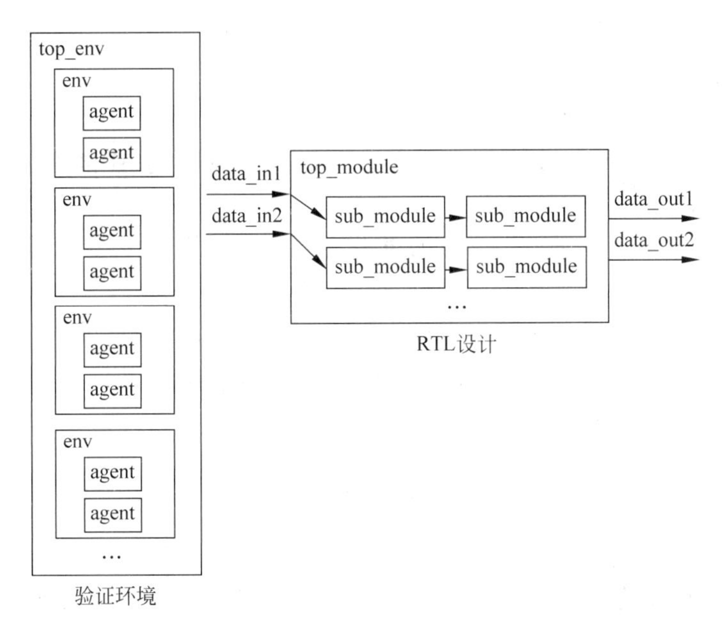

图 2-5 较为复杂的 RTL 设计及其对应的验证环境示意图

明、连接和配置传递，则会发现事情会变得非常棘手，路径层次和代码语句会变得非常冗长复杂，很容易出错。在一个复杂的 RTL 设计模块中，这几乎是不可能完成的工作。

因此需要对上述 interface 的连接配置进行层层封装以屏蔽对于 interface 的连接配置细节，便于在顶层进行调用。

即顶层只要调用下一层封装好的宏函数即可，如图 2-6 所示。

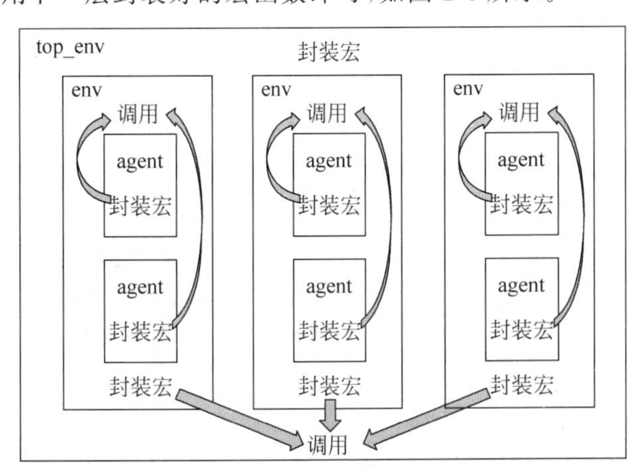

图 2-6 宏函数调用来实现 interface 声明、连接和配置传递的原理图

这里的宏函数已经完成了对其底层所例化包含的所有的 interface 的声明、连接和配置传递，从而很好地屏蔽了底层的细节，使在验证平台的 top 模块里不需要知道如何对底层所有的 interface 进行连接配置，而只需知道其下一层如何工作。

2.3.3 优点

优点如下：

(1) 实现了对复杂RTL设计中涉及的interface的快速声明、连接和配置传递，提升了验证平台的开发效率。

(2) 实现了对验证平台的interface的声明、连接和配置传递的代码可重用，降低了重复性开发工作。

(3) 给顶层重用的封装宏函数只有两个参数，在搭建验证平台时RTL还没有完成的情况下，那么DUT新增的下一层级的例化名称是需要手动指定的，其他都可以根据一开始配置的脚本自动产生。

(4) 规范了UVM开发框架，方便团队协作和项目管理。

因此提升了开发人员的工作效率，起到了加速项目进度的作用，从而保证芯片项目的流片时间。

2.3.4 具体步骤

基本思路是通过宏函数来对每层验证环境中的interface连接配置进行封装，然后在更顶层调用下一层封装好的宏函数，以此来完成对底层interface的连接配置。

下面以图2-2为例，对整个工作流程进行详细论述。

图2-2的RTL设计由3个同样完成加1功能的子模块例化而成，其子模块sub_module的RTL代码如下：

```
module sub_module(
      clk,
      reset,
      data_in,
      data_out
);
     input clk;
     input reset;
     input[4:0] data_in;
     output reg[4:0] data_out;

     always@(posedge clk) begin
         if(reset)
             data_out <= 0;
         else
             data_out <= data_in + 'd1;
     end
endmodule
```

top_module的RTL代码如下：

```
module top_module(
      clk,
      reset,
      data_in1,
      data_in2,
      data_out1,
      data_out2
);
     input clk;
     input reset;
     input[4:0] data_in1;
     input[4:0] data_in2;
     output reg[4:0] data_out1;
     output reg[4:0] data_out2;

     wire[4:0] data_out1_wire;

     sub_module module1(
         .clk      (clk),
         .reset    (reset),
         .data_in  (data_in1),
         .data_out (data_out1_wire)
     );
     sub_module module2(
         .clk      (clk),
         .reset    (reset),
         .data_in  (data_out1_wire),
         .data_out (data_out1)
     );
     sub_module module3(
         .clk      (clk),
         .reset    (reset),
         .data_in  (data_in2),
         .data_out (data_out2)
     );
endmodule
```

第 1 步，在底层(每层都要)的 agent 或者 env 封装的 package 里新增 define 文件。

首先将 sub_module 的两个输入/输出端口 data_in 和 data_out 分别封装成独立的 agent，这一步验证开发人员通常会通过对脚本进行配置来自动实现。

然后需要在该层次的 package 文件里新增 define 文件，package 文件的代码如下：

```
//data_in_pkg.sv 文件
package data_in_pkg;
     import uvm_pkg::*;
     ...

     `include "data_in_defines.svh"
     `include "data_in_trans.svh"
```

```
    `include "data_in_driver"
    `include "data_in_sequencer.svh"
    `include "data_in_sequence.svh"
    `include "data_in_monitor.svh"
    `include "data_in_coverage.svh"
    `include "data_in_agent_config.svh"
    `include "data_in_agent.svh"
endpackage

//data_out_pkg.sv 文件
package data_out_pkg;
    import uvm_pkg::*;
    ...

    `include "data_out_defines.svh"
    `include "data_out_trans.svh"
    `include "data_out_driver"
    `include "data_out_sequencer.svh"
    `include "data_out_sequence.svh"
    `include "data_out_monitor.svh"
    `include "data_out_coverage.svh"
    `include "data_out_agent_config.svh"
    `include "data_out_agent.svh"
endpackage
```

以上是对于 interface 封装成 agent 一般需要包含的类文件，可以看到 define 文件也同样被包含在 package 文件里。

第 2 步，在该 define 文件中新增连接配置 interface 的宏，即用于对更底层已经写好的用于连接配置 interface 的宏进行封装。

以输入端口 data_in 为例，首先来看 interface，代码如下：

```
//data_in_interface.sv 文件
interface data_in_interface(input clk, input rst);
logic[4:0] data_in;

    clocking drv @(posedge clk iff(!rst));
        default input #1step output `Tdrive;
        output data_in;
    endclocking

    clocking mon @(posedge clk iff(!rst));
        default input #1step output `Tdrive;
        input data_in;
    endclocking
endinterface
```

然后来看 define 文件里定义的宏函数，代码如下：

```
//data_in_defines.svh 文件
`define data_in_create_inf(inst_name,dut_path,env_path = "",is_active) \
    data_in_interface inst_name(clk,rst); \
    initial begin \
        if(is_active == 'd1) begin \
            force dut_path.data_in = inst_name.data_in; \
        end \
        else begin \
            force inst_name.data_in = dut_path.data_in; \
        end \
    end \
\
initial begin \
        uvm_config_db #(virtual data_in_interface)::set(null,env_path,`"vif`",top.env_
inst_top.inst_name); \
    end \
```

和输入端口类似，输出端口的 interface 和 define 文件的代码如下：

```
//data_out_interface.sv 文件
interface data_out_interface(input clk,input rst);
    logic[4:0] data_out;

    clocking drv @(posedge clk iff(!rst));
        default input #1step output `Tdrive;
        output data_out;
    endclocking

    clocking mon @(posedge clk iff(!rst));
        default input #1step output `Tdrive;
        input data_out;
    endclocking
endinterface

//data_out_defines.svh 文件
`define data_out_create_inf(inst_name,dut_path,env_path = "",is_active) \
data_out_interface inst_name(clk,rst); \
initial begin \
        if(is_active == 'd1) begin \
            force dut_path.data_out = inst_name.data_out; \
        end \
        else begin \
            force inst_name.data_out = dut_path.data_out; \
        end \
    end \
\
initial begin \
        uvm_config_db #(virtual data_out_interface)::set(null,env_path,`"vif`",top.env_
inst_top.inst_name); \
    end \
```

可以看到，这里的 interface 都只有一个数据成员，这里仅作为示例，实际上一个 RTL 设计的输入/输出端口有很多。这里将输入和输出端口分开，即分别写成独立的 interface 并封装成独立的 agent，这是为后期配置脚本自动化来考虑的。

可以看到，在 define 文件里，首先对当前 interface 进行声明，然后通过 is_active 参数来指定 interface 连接方向，从而判断其是否需要由 env 来通过 sequence 驱动给 DUT，即该 interface 对应的 agent 封装是否为 active 模式。因为在顶层验证环境中，需要清楚地知道并配置好当前已有的 agent 的 active 模式，从而确定环境中哪些 interface 上的信号是由 env 中的 sequence 来驱动的(此时 is_active 为 1)，哪些是由 DUT 来驱动的(此时 is_active 为 0)。

而这里的 is_active 是可以在配置脚本来生成 env 时就获知的，因此可以由脚本自动完成对封装好的宏函数的参数设置。这也是为什么如果要达到全自动化脚本配置，则需要将 interface 中的数据成员限定为单一方向的原因之一。另一个原因是为了实现驱动和采样的自动化，即 interface 中 drv 和 mon 这两个 clocking block 会把 interface 中所有的数据成员都包含进来，不会出现输入/输出端口混在一起的情况，那么后面在 driver 或 monitor 中来使用这两个 clocking block 时，就不需要修改 interface 中的代码了，可以直接使用，从而提升开发效率。

当然也可以选择手工封装此宏函数，那么就不存在上述的使用限制了，由负责该 agent 或 env 封装的验证人员手动封装好 interface 的连接配置宏，以便在更顶层的 env 中使用。

注意：这里对于输出端口也设置了 is_active，这是因为对于后续模块来讲，这里的输出端口就变成了后续模块的输入端口，具体取决于待验证的 RTL 设计。

第 3 步，在当前层次的上一层 env 中调用第 2 步封装好的用于连接配置 interface 的宏函数。

然后需要在更顶层的 env 中对输入/输出端口这两个 interface 的 agent 封装进行例化，从而建立对 sub_module 的 env。

和之前一样，还是会在 tb_env_inst_top 模块中对 interface 进行声明、连接和配置传递，代码如下：

```
module tb_env_inst_top;
    import uvm_pkg::*;
    //对输入/输出端 interface 进行声明、连接和配置传递
`data_in_create_inf(data_in_intf,top.rtl_inst_top,"uvm_test_top.env.m_data_in_uvc*",1)
`data_out_create_inf(data_out_intf,top.rtl_inst_top,"uvm_test_top.env.m_data_out_uvc*",
0)
endmodule : tb_env_inst_top
```

可以看到，直接调用之前封装好的宏即可，而且对宏函数的调用和参数设置完全可以由脚本来自动完成。

第 4 步，重复第 1 步到第 3 步，进行层层宏函数的封装和调用，从而实现对一个复杂验证环境下的 interface 的声明连接和配置。

下面继续以图2-2为例，重复第1步到第3步以搭建top_module对应的env。

第1步，在底层(每层都要)的agent或者env封装的package里新增define文件。

在sub_module的env中，除了使用其底层agent中封装好的interface宏函数外，还需要封装好本层次中的宏函数以供更顶层的env(top_module对应的env)来调用。

因此在sub_module对应的env的package封装中，同样需要新增define文件，代码如下：

```
//sub_module_pkg.sv 文件
package sub_module_pkg;
    import uvm_pkg::*;
    import data_in_pkg::*;
    import data_out_pkg::*;
    ...

    `include "sub_module_defines.svh"
    `include "sub_module_env_config.svh"
    `include "sub_module_env.svh"
endpackage
```

第2步，在该define文件中新增连接配置interface的宏，即对更底层已经写好的用于连接配置interface的宏进行封装。

在之前的第3步里讲了如何在sub_module对应的env中使用在底层封装好的interface连接配置宏函数，现在来看如何封装以供更顶层来使用，代码如下：

```
//sub_module_defines.svh 文件
  `define sub_module_create_inf_active(sub_path,env_path = "") \

`data_in_create_inf(sub_path``_data_in_intf,top.rtl_inst_top.dut.sub_path,{``env_path``,
`"m_data_in_uvc*`"},1) \

`data_out_create_inf(sub_path``_data_out_intf,top.rtl_inst_top.dut.sub_path,{``env_path``,
`"m_data_out_uvc*`"},0) \

  `define sub_module_create_inf(sub_path,env_path = "") \

`data_in_create_inf(sub_path``_data_in_intf,top.rtl_inst_top.dut.sub_path,{``env_path``,
`"m_data_in_uvc*`"},0) \

`data_out_create_inf(sub_path``_data_out_intf,top.rtl_inst_top.dut.sub_path,{``env_path``,
`"m_data_out_uvc*`"},0) \
```

可以看到，封装了两个宏函数，对应于该层env被更顶层例化包含的两种使用模式，其中第1种使用模式对应的sub_module的输入端口是由sequence激励来驱动的，第2种使用模式对应的sub_module的输入端口则是由前序模块的输出端口来驱动的，一般来讲，是前序RTL模块或者其对应的RTL模型。

一般所有的env都只有上面这两种使用模式，因为只有是否被前序模块驱动或者被

env 中的 sequence 激励来驱动这两种情况。

具体顶层使用哪个宏函数，可以在顶层配置脚本时通过参数指定，也可以由验证人员手动选择进行调用，因为其作为更顶层的 env 的开发者，必须清楚其要例化包含的底层 agent 对应的 active 模式。

另外可以看到这里给顶层重用的封装宏函数只有两个参数，在搭建验证平台及 RTL 还没有完成的情况下，DUT 新增的下一层级的例化名称（sub_path 对应于 RTL 中的 module1、module2 或 module3，另外 top_module 的例化名默认为 dut）是需要手动指定的，其他都可以根据一开始配置的脚本自动产生。

第 3 步，在当前层次的上一层 env 中调用第 2 步封装好的用于连接配置 interface 的宏函数。

现在来建立 top_module 对应的 env，同样会在这一层次的 tb_env_inst_top 模块中使用上一步封装好的宏函数来完成对 interface 的声明、连接和配置传递，代码如下：

```
module tb_env_inst_top;
    import uvm_pkg::*;
    //对输入/输出端 interface 进行声明、连接和配置传递

`sub_module_create_inf_active(module1,"uvm_test_top.env.m_sub_module[0]")
`sub_module_create_inf(module2,"uvm_test_top.env.m_sub_module[1]")
`sub_module_create_inf_active(module3,"uvm_test_top.env.m_sub_module[2]")
endmodule : tb_env_inst_top
```

同样可以直接调用之前封装好的宏，当然也可以由脚本来自动完成。

从之前的图 2-2 可知，module1 和 module3 的输入端口都将由 sequence 激励来驱动，而 module2 作为 module1 的后续模块，其输入端由 module1 的输出端来驱动，因此其应该调用宏 sub_module_create_inf，而不是 sub_module_create_inf_active，即要注意例化包含的可重用验证环境内部 agent 的使用模式。

在 top_module 层对应的 env 下封装宏函数，代码如下：

```
//top_module_defines.svh 文件
  `define top_module_create_inf_active(sub_path,env_path = "") \
`sub_module_create_inf_active(sub_path.module1,{``env_path``,`".m_sub_module[0]*`"}) \
`sub_module_create_inf(sub_path.module2,{``env_path``,`".m_sub_module[1]*`"}) \
`sub_module_create_inf_active(sub_path.module3,{``env_path``,`".m_sub_module[2]*`"}) \

  `define top_module_create_inf(sub_path,env_path = "") \
`sub_module_create_inf(sub_path.module1,{``env_path``,`".m_sub_module[0]*`"}) \
`sub_module_create_inf(sub_path.module2,{``env_path``,`".m_sub_module[1]*`"}) \
`sub_module_create_inf(sub_path.module3,{``env_path``,`".m_sub_module[2]*`"}) \
```

即不断重复第 1 步到第 3 步，层层封装和复用，以实现 interface 的自动声明、连接和配置传递，从而提升开发效率，加快项目进度。当然以上还可以通过脚本实现，即实现 interface 连接配置部分代码的自动化，从而进一步提升开发效率。

第3章

在可重用验证环境中连接 interface 的方法

3.1 背景技术方案及缺陷

3.1.1 现有方案

本章要解决的问题和2.1.1节相同，但是解决的方法不同，因此部分内容可以参考2.1.1节。一般来讲本章的方法会更加简洁，但并不绝对，取决于具体的项目和应用场景。

3.1.2 主要缺陷

除了2.1.2节描述的缺陷以外，再补充以下两条：

(1) 需要手动或者通过脚本实现对DUT模块中所有的interface的信号连接，对于层次复杂的设计模块，这种方法非常麻烦，并且容易出错。

(2) 在设计的模块中，常常存在主从模块，并且有的模块的输入接口需要由验证环境来负责驱动，有的则需要由前序设计模块来驱动，因此，在interface信号连接的过程中还需要根据端口的方向特性进行连接。对于复杂的设计模块来讲，往往有成百上千个接口信号，这样一一区分接口的信号连接方向往往容易导致错误，影响开发效率。

3.2 解决的技术问题

和2.2节相同。

3.3 提供的技术方案

3.3.1 结构

和2.3.1节相同，本质上解决的是同一问题，只是本章更进一步，简化了在上面的代码中连接interface的部分，可以说不用去手动进行连接了。

3.3.2 原理

原理如下：

（1）对DUT内部的interface进行封装，然后通过interface bind对其在DUT内部进行连接，并且通过UVM的配置数据库向验证环境进行传递，从而完成interface的声明、连接和配置传递。

（2）使用宏函数进行层层封装，从而实现验证环境中interface声明、连接和配置传递的可重用性。

具体如图3-1所示，可以和现有方案的图2-1进行比较，发现interface连接直接在DUT内部完成，但是为了保证设计和验证工作相互不产生影响，不会去修改设计的代码，而会在验证环境中实现这一目标。

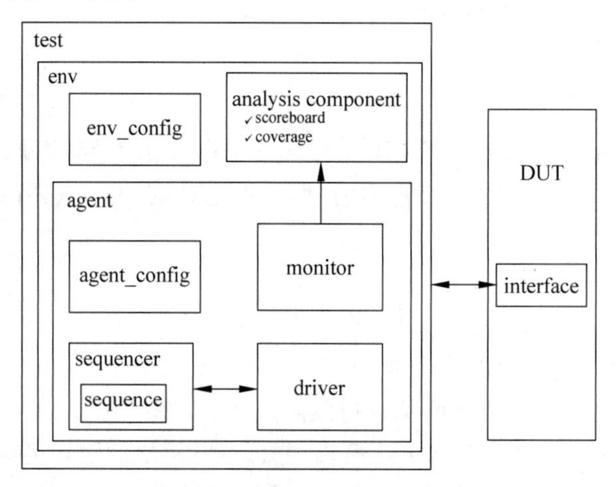

图3-1　本章连接interface示例图

具体分为以下4个步骤：

第1步，改变interface中信号的声明方式，即将其中的logic类型的成员写到端口声明列表内。

第2步，新增interface_wrapper.sv文件以完成对RTL设计模块中包含的interface的声明和配置传递。

第3步，在该层次下的top模块中，使用在interface_wrapper中封装好的set_vif方法进行配置传递，并且通过bind语句完成interface的连接。

注意： 上面步骤中会穿插使用一些宏函数实现连接interface在验证环境中的可重用。

接着重复第2步和第3步以搭建更多层次的验证环境。

此时，你会发现不需要再通过此前的force或者assign语句手动连接interface了（因为bind语句已经帮你完成了），而且不用管此前interface的连接方向（因为VCS在运行时会根据驱动的情况自动转换方向）。

利用上述思路，同样可以通过脚本实现对 interface 连接配置部分代码的自动化，从而进一步提升开发效率，加快项目进度。

3.3.3 优点

优点如下：

(1) 实现了对复杂 RTL 设计中涉及的 interface 的快速声明、连接和配置传递，提升验证平台的开发效率。

(2) 实现了对验证平台的 interface 的声明、连接和配置传递的代码可重用，降低了重复性开发工作。

(3) 不再需要手动或者通过脚本实现对 DUT 模块中所有的 interface 的信号连接，因为可以利用 VCS 在运行时根据驱动的情况自动转换方向的特性，从而降低了代码量，提高了开发效率。

(4) 消除了设计主从模块及模块输入接口驱动源的不同而导致的需要根据端口的方向特性进行连接的复杂性，从而进一步提升了开发效率。

(5) 规范了 UVM 开发框架，方便团队协作和项目管理。

因此提升了开发人员的工作效率，起到了加速项目进度的作用，从而保证芯片项目的流片时间。

3.3.4 具体步骤

下面以图 2-2 为例，对整个工作流程进行详细论述。

图 2-2 的 RTL 设计由 3 个同样完成加 1 功能的子模块例化而成，其子模块 sub_module 的 RTL，代码如下：

```
module sub_module(
     clk,
     reset,
     data_in,
     data_out
);
    input clk;
    input reset;
    input[4:0] data_in;
    output reg[4:0] data_out;

    always@(posedge clk) begin
        if(reset)
            data_out <= 0;
        else
            data_out <= data_in + 'd1;
    end
endmodule
```

top_module 的 RTL,代码如下:

```
module top_module(
      clk,
      reset,
      data_in1,
      data_in2,
      data_out1,
      data_out2
);
    input clk;
    input reset;
    input[4:0] data_in1;
    input[4:0] data_in2;
    output reg[4:0] data_out1;
    output reg[4:0] data_out2;

    wire[4:0] data_out1_wire;

    sub_module module1(
        .clk      (clk),
        .reset    (reset),
        .data_in  (data_in1),
        .data_out (data_out1_wire)
    );
    sub_module module2(
        .clk      (clk),
        .reset    (reset),
        .data_in  (data_out1_wire),
        .data_out (data_out1)
    );
    sub_module module3(
        .clk      (clk),
        .reset    (reset),
        .data_in  (data_in2),
        .data_out (data_out2)
    );
endmodule
```

第 1 步,改变 interface 中信号的声明方式,即将其中的 logic 类型的成员写到端口声明列表内。

改变在最底层的 agent 里的 interface,代码如下:

```
//原先的方式
interface demo_uvc_interface (
    input clk,
    input rst);

    logic[4:0] data;
    ...
```

```
endinterface

//修改后的方式
interface demo_uvc_interface (
    input clk,
    input rst,
    input[4:0] data);

    ...
endinterface
```

第 2 步，新增 interface_wrapper.sv 文件以完成对 RTL 设计模块中包含的 interface 的声明和配置传递。

来到 sub_module 对应的验证环境这一层次，新增 demo_env_interface_wrapper.sv 文件，代码如下：

```
//demo_env_interface_wrapper.sv
interface demo_env_interface_wrapper();
    import uvm_pkg::*;
    import demo_env_pkg::*;

    parameter rtl_params1 = 1;
    parameter rtl_params2 = 1;

    demo_uvc_interface intf0(.clk(sub_module.clk),.rst(sub_module.reset),.data(sub_
module.data_in));
    demo_uvc_interface intf1(.clk(sub_module.clk),.rst(sub_module.reset),.data(sub_
module.data_out));

    function void set_vif(string path);
        if(path == "this")begin
            uvm_config_db#(virtual demo_uvc_interface)::set(null,"uvm_test_top.env.m_
demo_uvc[0]*","vif",intf0);
            uvm_config_db#(virtual demo_uvc_interface)::set(null,"uvm_test_top.env.m_
demo_uvc[1]*","vif",intf1);
        end
        else begin
            uvm_config_db#(virtual demo_uvc_interface)::set(null,{"uvm_test_top.env.",
path,".m_demo_uvc[0]*"},"vif",intf0);
            uvm_config_db#(virtual demo_uvc_interface)::set(null,{"uvm_test_top.env.",
path,".m_demo_uvc[1]*"},"vif",intf1);
        end
    endfunction
endinterface
```

第 3 步，在该层次下的 top 模块中，使用在 interface_wrapper 中封装好的 set_vif 方法进行配置传递，并且通过 bind 语句完成 interface 的连接。

由于首先会对 sub_module 进行验证，因此可以在其对应的验证环境中使用上一步在 interface_wrapper 中封装好的 set_vif 方法进行配置传递，并且可以通过 bind 语句完成

interface 的连接,代码如下：

```
//原先的方式
module tb_env_inst_top;
    ...
    demo_uvc_interface intf0(clk,rst);
    demo_uvc_interface intf1(clk,rst);
    initial begin
        force `TB_TOP.rtl_inst_top.data_in = intf0.data;
        force  intf1.data = `TB_TOP.rtl_inst_top.data_out;
    end
endmodule

//修改后的方式
module tb_env_inst_top;
    ...
    initial begin
        `TB_TOP.rtl_inst_top.dut.intf_wrapper.set_vif("this");
    end
endmodule
```

另外在同层次下的 tb_rtl_inst_top.sv 文件里对 interface 进行连接,代码如下：

```
//原先的方式
module tb_rtl_inst_top;
    ...
    sub_module dut(
        .clk(clk),
        .reset(rst),
        .data_in(data_in),
        .data_out(data_out)
    );
endmodule

//修改后的方式
module tb_rtl_inst_top;
    ...
    sub_module dut();
    bind sub_module demo_env_interface_wrapper intf_wrapper();
endmodule
```

为了实现 bind interface 代码的可重用,还需要新增 demo_env_interface_bind.sv 文件,代码如下：

```
//demo_env_interface_bind.sv
`ifndef DEMO_ENV_BIND_SV
`define DEMO_ENV_BIND_SV
    bind sub_module demo_env_interface_wrapper intf_wrapper();
`endif
```

并且在 demo_env_defines.sv 文件里新增配置宏,代码如下：

```
//demo_env_defines.sv
`define demo_env_set_vif(sub_path,env_path = "") \
`TB_TOP.rtl_inst_top.dut.sub_path.intf_wrapper.set_vif(env_path); \
```

接着重复第 2 步和第 3 步以搭建更多层次的验证环境。

重复第 2 步，新增 interface_wrapper.sv 文件以完成对 RTL 设计模块中包含的 interface 的声明和配置传递。

接着来到 top_module 对应的验证环境这一层次，新增 demo_env_top_interface_wrapper.sv 文件，代码如下：

```
//demo_env_top_interface_wrapper.sv
interface demo_env_top_interface_wrapper();
    import uvm_pkg::*;

    demo_uvc_interface intf0(.clk(top_module.clk),.rst(top_module.reset),.data(top_
module.data_in1));
    demo_uvc_interface intf1(.clk(top_module.clk),.rst(top_module.reset),.data(top_
module.data_in2));
    demo_uvc_interface intf2(.clk(top_module.clk),.rst(top_module.reset),.data(top_
module.data_out1));
    demo_uvc_interface intf3(.clk(top_module.clk),.rst(top_module.reset),.data(top_
module.data_out2));

    function void set_vif(string path);
    endfunction
endinterface
```

注意：(1) 这里 interface 端口将被连接到 top_module 上。

(2) set_vif 为空函数，因为 top_module 没有单独的 interface，所以只负责例化连接子模块 sub_module，如果本层次有单独新增的 interface，则此函数不为空，写法类似之前 demo_env_interface_wrapper 中的 set_vif 函数。

重复第 3 步，在该层次下的 top 模块中，使用在 interface_wrapper 中封装好的 set_vif 方法进行配置传递，并且通过 bind 语句完成 interface 的连接。

然后会对 top_module 进行验证，那么可以在其对应的验证环境中使用在 sub_module 对应的验证环境中封装好的配置宏进行配置传递，并且通过 bind 语句完成 interface 的连接，代码如下：

```
module tb_env_inst_top;
    ...
    initial begin
        `demo_env_set_vif(module1,"m_demo_env[0]")
        `demo_env_set_vif(module2,"m_demo_env[1]")
        `demo_env_set_vif(module3,"m_demo_env[2]")
    end
endmodule
```

为了实现 bind interface 代码的可重用，还需要新增 demo_env_interface_bind.sv 文件，代码如下：

```
//demo_env_top_interface_bind.sv
`ifndef DEMO_ENV_TOP_BIND_SV
`define DEMO_ENV_TOP_BIND_SV
    bind top_module demo_env_top_interface_wrapper intf_wrapper();
`endif
`include "demo_env_interface_bind.sv"
```

并且在 demo_env_defines.sv 文件里新增配置宏，代码如下：

```
//demo_env_top_defines.sv
`define demo_env_top_set_vif(sub_path,env_path = "") \
`demo_env_set_vif(sub_path.module1,{``env_path``,`".m_demo_env[0]`"}) \
`demo_env_set_vif(sub_path.module2,{``env_path``,`".m_demo_env[1]`"}) \
`demo_env_set_vif(sub_path.module3,{``env_path``,`".m_demo_env[2]`"}) \
```

另外在同层次下的 tb_rtl_inst_top.sv 文件里对 interface 进行连接，代码如下：

```
module tb_rtl_inst_top;
    ...
    top_module dut();
    `include "demo_env_top_interface_bind.sv"
endmodule
```

即不断重复第 2 步到第 3 步，层层封装和复用，以实现 interface 的自动声明、连接和配置传递，从而提升开发效率，加快项目进度。当然以上还可以通过脚本实现，即实现 interface 连接配置部分代码的自动化，从而进一步提升开发效率。

第4章 支持结构体端口数据类型的连接 interface 的方法

4.1 背景技术方案及缺陷

4.1.1 现有方案

现有方案即第3章给出的方案。

而本章给出的方案是在第3章的基础上进一步支持 RTL 设计端口数据类型为结构体(struct)的方法。

4.1.2 主要缺陷

在 interface 中使用 struct 数据类型进行设计和验证的好处有很多。

(1) 可以大大减少连接性的代码量。

一个中等规模大小的 SoC 内部很容易就有超过2500个不同的信号端口,那么一行代码用于声明 wire 线网型变量,一行代码用于连接信号的源端,一行代码用于连接信号的终端,这样光连接内部这些错综复杂的端口就需要写至少2500×3=7500行代码。如果使用结构体将彼此之间有关联的信号端口组合到一起,则会大大降低代码量。

(2) 将彼此之间有关联的信号端口组合到一起,易于开发者理解,从而方便开发和调试。

(3) 使用定义好的 struct 端口数据类型,可以规范化地命名和重用,方便项目管理。

(4) 可以很容易地在 struct 数据类型里增减数据信号成员,方便在开发过程中进行调整。

可惜 VCS 在仿真时不支持 struct 端口数据类型的自动连接方向的转换,那么就会导致现有的连接 interface 的可重用方案变得不再可行。

因此,需要解决这一问题,以对原先的方案进行改进,使其对 RTL 设计中端口类型为 struct 结构体类型进行兼容。

4.2 解决的技术问题

对第3章的方案进行改进,使其对 RTL 设计中端口类型为 struct 结构体类型进行兼容,即达到 VCS 在仿真时支持 struct 端口数据类型的自动连接方向的转换的效果,使现有的连接 interface 的可重用方案依然可行。

芯片验证人员在开发验证平台时同时具有连接 interface 方案和使用 struct 结构体进行设计和验证的优点，最终达到提升开发效率的目的，以加速项目进度，缩短项目工期。

4.3 提供的技术方案

4.3.1 结构

和 2.3.1 节相同，只不过图 2-2 中的 data_in 和 data_out 的数据类型为 struct 而不再是 logic。

4.3.2 原理

VCS 只支持对 wire logic 类型的端口数据类型在仿真时的自动连接方向的转换，因此只要在 DUT 外层封装一层 dut_wrapper，然后通过 wire 连线到 DUT，即可完成将 logic 数据类型转换为 packed struct 数据类型，从而使原有方案继续可行，即实现了其对 RTL 设计中端口类型为 struct 结构体类型的兼容。

该端口类型的转换，需要做到不修改 RTL 设计代码，确保设计人员和验证人员的工作没有交叉，降低出错的可能性。

具体如图 4-1 所示，可以和现有方案的图 2-1 进行比较，可以看到在图 2-1 的基础上封装了一层 wrapper，通过 wire 连线连接到 packed struct 数据类型端口，以实现端口类型的转换，同样为了保证设计和验证工作相互不产生影响，整个过程中不会去修改设计的代码，而是会在验证环境实现这一目标。

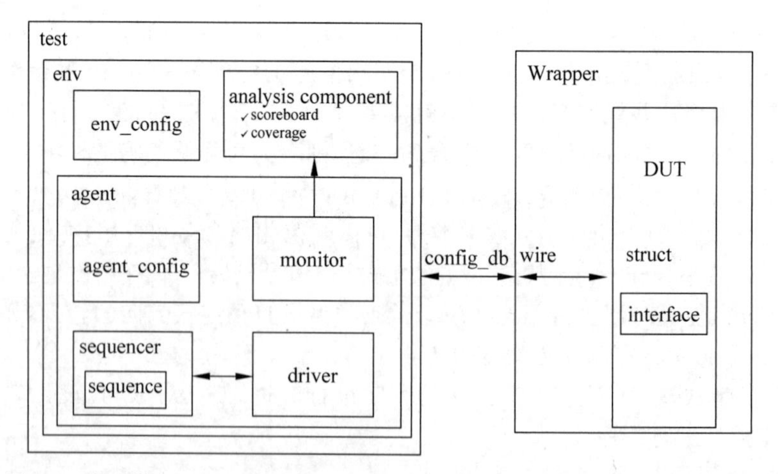

图 4-1 在连接 interface 的基础上支持 DUT 端口数据类型为结构体的示意图

4.3.3 优点

（1）在保留了现有连接 interface 优点的同时，增加了对 RTL 设计的 struct 结构体端口数据的兼容。

（2）同时具备在 interface 中使用 struct 数据类型进行设计和验证的好处：

- 可以大大减少连接性的代码量。
- 将彼此之间有关联的信号端口组合到一起，易于开发者理解，从而方便开发和调试。
- 使用定义好的 struct 端口数据类型，可以规范化地命名和重用，方便项目管理。
- 可以很容易地在 struct 数据类型里增减数据信号成员，方便在开发过程中进行调整。

综上，提升了开发人员的工作效率，起到了加速项目进度的作用，从而保证芯片项目的流片时间。

4.3.4　具体步骤

下面以图 2-2 中的 sub_module 模块验证为例，对整个工作流程进行详细论述。

第 1 步，新增 dut_wrapper.sv 文件，在其中例化 DUT 并通过 wire 类型进行端口连接，代码如下：

```
//sub_module.sv
typedef struct packed{
    logic[4:0] r;
    logic[4:0] g;
    logic[4:0] b;
}data_s;

module sub_module(
     clk,
     reset,
     data_in,
     data_out
);
    input clk;
    input reset;
    input data_s data_in;
    output data_s data_out;

    always@(posedge clk) begin
        if(reset) begin
            data_out.r <= 0;
            data_out.g <= 0;
            data_out.b <= 0;
        end
        else begin
            data_out.r <= data_in.r + 'd1;
            data_out.g <= data_in.g + 'd1;
            data_out.b <= data_in.b + 'd1;
        end
    end
endmodule
```

新增 dut_wrapper 文件，对上面的 DUT 进行封装，代码如下：

```
//sub_module_wrapper.sv
module sub_module_wrapper(
     clk,
     reset,
     data_in,
     data_out
);
    input wire clk;
    input wire reset;
    input wire[14:0] data_in;
    output[4:0] data_out;

    sub_module dut(
        .clk(clk),
        .reset(reset),
        .data_in(data_in),
        .data_out(data_out)
    );
endmodule
```

第 2 步，在原先的 interface 中声明结构体变量，然后连接 interface 的数据端口，以便后面将该数据端口上的数据驱动到 interface 或者监测采集该 interface 上的信号，代码如下：

```
//demo_uvc_interface.sv
interface demo_uvc_interface (
    input clk,
    input rst,
    input[14:0] data);

    wire data_s drv_data;
    data_s mon_data;

    assign data = drv_data;
    assign mon_data = data;

    clocking drv @(posedge clk);
        default input #1step output `Tdrive;
        output  drv_data
    endclocking

    clocking mon @(posedge clk);
        default input #1step output `Tdrive;
        input  mon_data
    endclocking
endinterface
```

第 3 步，修改在 interface_wrapper 中的 interface 声明时将 DUT 模块指定为 dut_wrapper，代码如下：

```
//demo_env_interface_wrapper.sv
interface demo_env_interface_wrapper();
    import uvm_pkg::*;

    demo_uvc_interface intf0(.clk(sub_module_wrapper.clk),.rst(sub_module_wrapper.reset),
.data(sub_module_wrapper.data_in));
    demo_uvc_interface intf1(.clk(sub_module_wrapper.clk),.rst(sub_module_wrapper.reset),
.data(sub_module_wrapper.data_out));

    function void set_vif(string path);
        if(path == "this")begin
            uvm_config_db#(virtual demo_uvc_interface)::set(null,"uvm_test_top.env.m_
demo_uvc[0]*","vif",intf0);
            uvm_config_db#(virtual demo_uvc_interface)::set(null,"uvm_test_top.env.m_
demo_uvc[1]*","vif",intf1);
        end
        else begin
            uvm_config_db#(virtual demo_uvc_interface)::set(null,{"uvm_test_top.env.",
path,".m_demo_uvc[0]*"},"vif",intf0);
            uvm_config_db#(virtual demo_uvc_interface)::set(null,{"uvm_test_top.env.",
path,".m_demo_uvc[1]*"},"vif",intf1);
        end
    endfunction
endinterface
```

第 4 步，在该层次下的 top 模块中，将 dut 模块修改例化为 dut_wrapper 及将 bind 语句连接到指定的 dut 模块并修改例化为 dut_wrapper，代码如下：

```
module tb_rtl_inst_top;
    ...
    sub_module_wrapper dut();
    bind sub_module_wrapper demo_env_interface_wrapper intf_wrapper();
endmodule
```

只要进行以上 4 步，就可以实现 VCS 对 RTL 设计中端口类型为 struct 结构体类型的兼容，从而使现有的 bind interface 的可重用方案依然可行。

对于 top_module 验证环境的 struct 端口类型的兼容的修改步骤和上面类似，这里不再赘述。

第5章 快速配置和传递验证环境中配置对象的方法

5.1 背景技术方案及缺陷

5.1.1 现有方案

通常验证开发人员在对 RTL 进行验证时，广泛使用的验证方法学是 UVM，它是一套基于 TLM 通信开发的验证平台。简单来说，它是一个类库文件，可以帮助验证开发人员很容易地搭建可配置可重用的验证环境。这套方法学已经把很多底层的接口封装成了一个个对象，开发者只需按照语法规则来使用。一个基于 UVM 验证平台的典型架构示意图如图 1-1 所示。

在验证平台中的每个 UVC(Universal Verification Component)都会有其对应的配置对象，用于对该 UVC 进行配置。例如图 1-1 中的 agent 中对应的 agent_config，以及 env 中对应的 env_config。在开始运行测试用例之前，通常验证开发人员需要对整个验证环境进行配置，即至少需要完成对这里的 agent_config 和 env_config 的配置。

现有的方案是在顶层验证环境中对其下所有层次对应的配置对象进行声明、例化、配置和传递。

5.1.2 主要缺陷

采用上述现有的方案对于简单的 RTL 设计是可行的，但是如果 RTL 层次比较多，在比较复杂的情况下，也就意味着在对应的验证环境比较复杂的情况下，在顶层验证环境中对其下所有层次对应的配置对象进行声明、例化、配置和传递将会变得异常麻烦。困难主要来自以下 3 点：

(1) 往往一个复杂的芯片的内部会由成百上千个子模块组成，那么对应的可重用 UVC 环境也会达到成百上千个，在顶层验证环境里只声明其层次之下所有的 UVC 对应的配置对象就需要至少上千次，很容易遗漏。

(2) 这样一个复杂的芯片内部由成百上千个子模块组成，其对应的验证环境内部的例化路径层次冗长复杂，很容易在配置和传递配置对象的过程中产生人为错误。

（3）如果在顶层验证环境中对其下所有层次对应的配置对象进行声明、例化、配置和传递，则将存在大量的重复性工作，影响开发效率。

以上这3点使代码非常臃肿，而且很容易导致遗漏或配置错误，从而给后续的验证工作造成麻烦，最终影响工程进度。所以需要有一种可重用的方式来完成上面的工作。

5.2　解决的技术问题

避免5.1.2节中提到的缺陷问题并实现以下目标：

（1）实现对复杂验证环境中对其下所有层次对应的配置对象进行声明、例化、配置和传递的代码可重用，降低重复性开发工作，提升验证平台的开发效率。

（2）规范UVM开发框架，方便团队协作和项目管理。

从而进一步提升代码的可重用性、易读性及可维护性，加快项目推进的进度。

5.3　提供的技术方案

5.3.1　结构

主要分为两个可重用验证环境的代码封装：

（1）对interface封装的agent。本身不具备功能，仅对interface的行为进行驱动和监测。

该封装部分对应的package将包含agent_config配置对象文件，用于配置agent的active模式和是否支持覆盖率收集。

（2）对底层agent和env封装的env。还会包含一些分析组件，如scoreboard、coverage等，这是一个完整的RTL设计模块的验证平台。

类似地，该封装部分对应的package将包含env_config文件，一般用于配置其底层agent的active模式和是否支持覆盖率收集，以及是否支持RTL模式，即RTL设计对应的参考模型的运算结果是否会被驱动到对应的interface上。

整体结构示意图如图2-2所示。

图2-2中左边为验证环境的结构，右边为所对应的RTL设计的结构，两者的对应关系如下：

agent与interface一一对应，例如左边的agent对应于右边的data_in和data_out。

env与sub_modul一一对应，例如左边的env对应于右边的sub_module。

以类似搭积木的方式，每层env都会在其对应的配置对象里对其下一层进行声明、例化、配置和封装，然后在当前层次的验证环境里调用该配置封装方法来完成配置，从而屏蔽其底层的配置细节，实现代码的重用。

5.3.2　原理

首先参考2.3.2节的前半部分内容。

然后在顶层验证环境里完成对其下所有层次对应的配置对象的声明、例化和配置，代码如下：

```
class sub_module_env_config extends uvm_object;
    ...
    data_in_agent_config data_in_agent_cfg;
    data_out_agent_config data_out_agent_cfg;
    bit add_rtl_model = 0;

    function new(string name = "sub_module_env_config");
        super.new(new);
        data_in_agent_cfg = data_in_agent_config::type_id::create("data_in_agent_cfg");
        data_out_agent_cfg = data_out_agent_config::type_id::create("data_out_agent_
cfg");
    endfunction
endclass : sub_module_env_config

class sub_module_env extends uvm_env;
    ...
    sub_module_env_config cfg;
    data_in_agent m_data_in_uvc;
    data_out_agent m_data_out_uvc;

    function new(string name = "sub_module_env",uvm_component parent);
        super.new(new,parent);
    endfunction

    virtual function void build_phase(uvm_phase phase);
        m_data_in_uvc = data_in_agent::type_id::create("m_data_in_uvc",this);
        m_data_out_uvc = data_out_agent::type_id::create("m_data_out_uvc",this);
        cfg = sub_module_env_config::type_id::create("cfg");
        cfg.data_in_agent_cfg.active = UVM_ACTIVE;
        cfg.data_in_agent_cfg.func_cov_en = 0;
        cfg.data_out_agent_cfg.active = UVM_PASSIVE;
        cfg.data_out_agent_cfg.func_cov_en = 0;

        uvm_config_db#(data_in_agent_config)::set(this,"m_data_in_uvc*","cfg",cfg.data_
in_agent_cfg);

        uvm_config_db#(data_out_agent_config)::set(this,"m_data_out_uvc*","cfg",cfg.
data_out_agent_cfg);
    endfunction
endclass : sub_module_env
```

可以看到在 sub_module_env_config 中例化时包含了其下一层配置对象，然后在顶层验证环境 sub_module_env 中对底层的配置对象进行逐一配置和传递。

当前 RTL 设计模块只有一个层次，是最简单的情况，如果是像图 2-2 中那样呢？代码如下：

```
class top_module_env_config extends uvm_object;
    ...
    sub_module_env_config sub_module_env_cfg1;
```

```
    sub_module_env_config sub_module_env_cfg2;
    sub_module_env_config sub_module_env_cfg3;
    bit add_rtl_model = 0;

    function new(string name   = "top_module_env_config");
        super.new(new);
        sub_module_env_cfg1  = sub_module_env_config::type_id::create("sub_module_env_
cfg1");
        sub_module_env_cfg2  = sub_module_env_config::type_id::create("sub_module_env_
cfg2");
        sub_module_env_cfg3  = sub_module_env_config::type_id::create("sub_module_env_
cfg3");
    endfunction
endclass : top_module_env_config

class top_module_env extends uvm_env;
    ...
    top_module_env_config cfg;
    sub_module_env m_env1;
    sub_module_env m_env2;
    sub_module_env m_env3;

    function new(string name = "top_module_env",uvm_component parent);
        super.new(new,parent);
    endfunction

    virtual function void build_phase(uvm_phase phase);
        m_env1 = sub_module_env::type_id::create("m_env1",this);
        m_env2 = sub_module_env::type_id::create("m_env2",this);
        m_env3 = sub_module_env::type_id::create("m_env3",this);

        cfg = top_module_env_config::type_id::create("cfg");
        cfg.sub_module_env_cfg1.data_in_agent_cfg.active = UVM_ACTIVE;
        cfg.sub_module_env_cfg1.data_in_agent_cfg.func_cov_en = 0;
        cfg.sub_module_env_cfg1.data_out_agent_cfg.active = UVM_PASSIVE;
        cfg.sub_module_env_cfg1.data_out_agent_cfg.func_cov_en = 0;
        cfg.sub_module_env_cfg2.data_in_agent_cfg.active = UVM_PASSIVE;
        cfg.sub_module_env_cfg2.data_in_agent_cfg.func_cov_en = 0;
        cfg.sub_module_env_cfg2.data_out_agent_cfg.active = UVM_PASSIVE;
        cfg.sub_module_env_cfg2.data_out_agent_cfg.func_cov_en = 0;
        cfg.sub_module_env_cfg3.data_in_agent_cfg.active = UVM_ACTIVE;
        cfg.sub_module_env_cfg3.data_in_agent_cfg.func_cov_en = 0;
        cfg.sub_module_env_cfg3.data_out_agent_cfg.active = UVM_PASSIVE;
        cfg.sub_module_env_cfg3.data_out_agent_cfg.func_cov_en = 0;

        uvm_config_db#(data_in_agent_config)::set(this,"m_env1.m_data_in_uvc*","cfg",
cfg.sub_module_env_cfg1.data_in_agent_cfg);
        uvm_config_db#(data_out_agent_config)::set(this,"m_env1.m_data_out_uvc*",
"cfg",cfg.sub_module_env_cfg1.data_out_agent_cfg);
        uvm_config_db#(data_in_agent_config)::set(this,"m_env2.m_data_in_uvc*","cfg",
cfg.sub_module_env_cfg2.data_in_agent_cfg);
```

```
        uvm_config_db#(data_out_agent_config)::set(this,"m_env2.m_data_out_uvc*",
"cfg",cfg.sub_module_env_cfg2.data_out_agent_cfg);
        uvm_config_db#(data_in_agent_config)::set(this,"m_env3.m_data_in_uvc*","cfg",
cfg.sub_module_env_cfg3.data_in_agent_cfg);
        uvm_config_db#(data_out_agent_config)::set(this,"m_env3.m_data_out_uvc*",
"cfg",cfg.sub_module_env_cfg3.data_out_agent_cfg);
    endfunction

endclass : top_module_env
```

可以看到，在顶层 env 里对底层的配置对象进行逐一配置和传递已经比较麻烦了。

如果 RTL 设计层次非常复杂呢？如图 2-5 所示。此时，如果在验证平台的 top 模块里继续对所有底层的配置对象逐一进行配置和传递，则会发现事情会变得非常棘手，路径层次和代码语句会变得非常冗长复杂，很容易出错。这在一个复杂的 env 中几乎是不可能完成的工作。

因此需要对上述底层的配置对象的配置和传递进行层层封装，从而屏蔽底层可重用环境的配置细节，以便于对本层及顶层进行调用。

即顶层只要调用下一层封装好的宏函数即可，如图 5-1 所示。

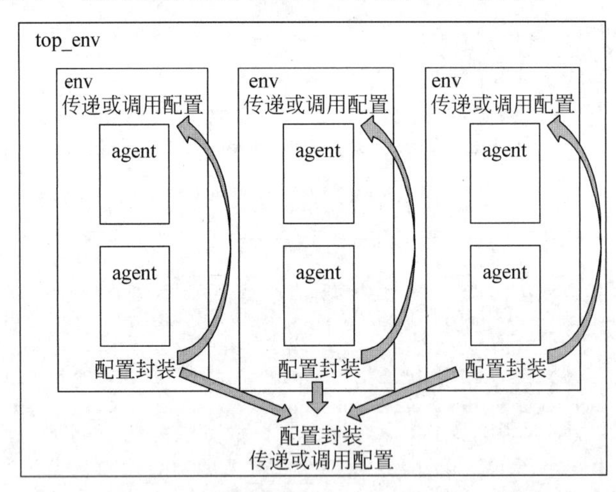

图 5-1　快速配置和传递配置对象的原理图

从图 5-1 中可知，在每层 env 中需要完成两件事：

(1) 配置封装。调用下一层环境中的配置封装方法来完成对本层的配置封装。

(2) 传递或调用配置。从 config_db 中得到上一层由 set 传递过来的配置对象，如果没有得到，则自行例化并调用下一层的配置封装方法进行配置，从而屏蔽底层 env 的配置细节。

通过上述方法很好地屏蔽了底层的细节，使在顶层验证环境里不需要知道如何对底层所有的 UVC 可重用环境进行配置，而只需知道其下一层如何配置，这也正是实现的原理。

总结一下，即在每个可重用 UVC 对应的配置对象中对下一层次所对应的配置对象进行声明、例化和配置的封装，然后在当前层次的 env 中调用封装好的 config 方法来配置并通过 config_db 来将对应的配置对象传递给下一层，从而完成对验证环境中所有层次对应的配置对象的声明、例化和配置。

5.3.3 优点

通过层层例化和封装配置的方法实现了对验证环境中所有可重用 UVC 配置对象的配置传递，实现了该部分代码可重用。

因此，提升了开发人员的工作效率，起到了加速项目进度的作用，从而保证芯片项目的流片时间。

5.3.4 具体步骤

下面以图 2-2 为例，对整个工作流程进行详细论述。

图 2-2 的 RTL 设计由 3 个同样完成加 1 功能的子模块例化而成。

先从最底层的 interface 封装 agent 开始。

第 1 步，在 env 对应的配置对象里声明和例化下一层配置对象并且封装对应的 config 方法。

首先会将 sub_module 的两个输入/输出端口 data_in 和 data_out 分别封装成独立的 agent，这一步验证开发人员通常会通过对脚本进行配置来自动实现。

由于 agent 是对 interface 的封装，其配置选项一般有两个，分别是 active 和 func_cov_en，一般不会在这一层进行测试验证，因为其仅是对 interface 的封装，并不是对一个具体的 RTL 设计的验证环境，因此不需要在最底层 UVC(agent 这里)封装对应的 config 方法。

第 2 步，在底层(每层都要)的 agent 或者 env 里声明并从 config_db 里得到对应的配置对象以供在该层次进行使用，如果没有得到，就例化一个对应的配置对象并且调用封装好的 config 方法对其进行配置。

注意：这里如果没有得到本层次对应的配置对象，就例化并配置，这是为了使用该层次来做顶层的验证环境，从而对相应的 RTL 设计模块进行验证测试。

代码如下：

```
class data_in_agent extends uvm_agent;
    data_in_sequencer        sequencer;
    data_in_driver           driver;
    data_in_monitor          monitor;
    data_in_coverage         coverage;
    data_in_agent_config     data_in_agent_cfg;
    …

    virtual function void build_phase();
   if(!uvm_config_db#(data_in_agent_config)::get(
```

```
            this,
            "",
            "cfg",
            data_in_agent_cfg))begin
            data_in_agent_cfg =
              data_in_agent_config::type_id::create("data_in_agent_cfg");
             data_in_agent_cfg.active = UVM_ACTIVE;
             data_in_agent_cfg.func_cov_en = 0;
        end
            if(data_in_agent_cfg.active == UVM_ACTIVE) begin
                sequencer = data_in_sequencer::type_id::create("sequencer",this);
                driver = data_in_driver::type_id::create("driver",this);
            end
            monitor = data_in_monitor::type_id::create("monitor",this);
        endfunction
    endclass : data_in_agent
```

可以看到,在底层 agent 里首先从 config_db 里得到对应的配置对象以供在该层次进行使用,如果没有得到,就例化一个对应的配置对象并且对其进行配置。

data_out_agent 与此类似,这里不再赘述。

第 3 步,重复第 1 步到第 2 步,进行配置对象的层层封装,从而实现对一个复杂验证环境中所有层次对应的配置对象的声明、例化和配置。

重复第 1 步,在 env 对应的配置对象里声明和例化下一层配置对象并且封装对应的 config 方法。

然后来看其上一层 env,即 sub_module 对应的验证环境。对其配置对象进行封装,代码如下:

```
    class sub_module_env_config extends uvm_object;
        ...
        data_in_agent_config data_in_agent_cfg;
        data_out_agent_config data_out_agent_cfg;
        bit add_rtl_model = 0;

        function new(string name = "sub_module_env_config");
            super.new(new);
            data_in_agent_cfg = data_in_agent_config::type_id::create("data_in_agent_cfg");
            data_out_agent_cfg = data_out_agent_config::type_id::create("data_out_agent_
    cfg");
        endfunction

        function void config(cfg_mode_enum cfg_mode);
            case(cfg_mode)
                ACTIVE_DV_ONLY_MODE:begin
                    data_in_agent_cfg.active = UVM_ACTIVE;
                    data_in_agent_cfg.func_cov_en = 0;
                    data_out_agent_cfg.active = UVM_PASSIVE;
                    data_out_agent_cfg.func_cov_en = 0;
```

```
                add_rtl_model = 1;
            end
            PASSIVE_DV_ONLY_MODE:begin
                data_in_agent_cfg.active = UVM_PASSIVE;
                data_in_agent_cfg.func_cov_en = 0;
                data_out_agent_cfg.active = UVM_PASSIVE;
                data_out_agent_cfg.func_cov_en = 0;
                add_rtl_model = 1;
            end
            ACTIVE_RTL_MODE:begin
                data_in_agent_cfg.active = UVM_ACTIVE;
                data_in_agent_cfg.func_cov_en = 0;
                data_out_agent_cfg.active = UVM_PASSIVE;
                data_out_agent_cfg.func_cov_en = 0;
                add_rtl_model = 0;
            end
            PASSIVE_RTL_MODE:begin
                data_in_agent_cfg.active = UVM_PASSIVE;
                data_in_agent_cfg.func_cov_en = 0;
                data_out_agent_cfg.active = UVM_PASSIVE;
                data_out_agent_cfg.func_cov_en = 0;
                add_rtl_model = 0;
            end
        endcase
    endfunction
endclass : sub_module_env_config
```

可以看到,在 sub_module 对应的 env 配置对象里,例化了下一层 agent 对应的配置对象,然后该层次的 env 开发人员提供了 4 种封装好的配置模式,用枚举数据类型 cfg_mode_enum 来表示。

(1) ACTIVE_DV_ONLY_MODE：输入端口激励需要由 env 这边的 sequence 给出,并且带上 RTL model,即将 reference model 运算的结果驱动到输出端 interface 上。

(2) PASSIVE_DV_ONLY_MODE：输入端口激励由前序 RTL 或 RTL model 给出,并且带上 RTL model,即将 reference model 运算的结果驱动到输出端 interface 上。

(3) ACTIVE_RTL_MODE：输入端口激励需要由 env 这边的 sequence 给出,并且不带上 RTL model,即由 reference model 运算的结果不会被驱动到输出端 interface 上。

(4) PASSIVE_RTL_MODE：输入端口激励由前序 RTL 或 RTL model 给出,并且不带上 RTL model,即由 reference model 运算的结果不会被驱动到输出端 interface 上。

注意：

(1) 这里的配置模式仅作示例,在实际项目中的配置模式可能远不止这几种,需要该可重用 env 的开发者提供配置说明,描述该可重用环境可以被配置为哪些模式。

(2) 也可以将配置模式分为独立的类来写,这样后面如果有新增或改动,则直接对该类进行继承即可。

(3) 在顶层 env 中,也可以调用 randomize()方法,用来自动完成对所有底层的配置对象中带有rand关键字数据成员的随机化。

重复第2步，在底层(每层都要)的agent或者env里声明并从config_db里得到对应的配置对象以供在该层次进行使用，如果没有得到，就例化一个对应的配置对象并且调用封装好的config方法对其进行配置。

然后来看如何在sub_module对应的env里使用config封装方法来完成对底层可重用UVC的配置和传递，代码如下：

```
class sub_module_env extends uvm_env;
    ...
    sub_module_env_config cfg;
    data_in_agent m_data_in_uvc;
    data_out_agent m_data_out_uvc;

    function new(string name = "sub_module_env",uvm_component parent);
        super.new(new,parent);
    endfunction

    virtual function void build_phase(uvm_phase phase);
        m_data_in_uvc = data_in_agent::type_id::create("m_data_in_uvc",this);
        m_data_out_uvc = data_out_agent::type_id::create("m_data_out_uvc",this);
        if(!uvm_config_db#(sub_module_env_config)::get(this,"","cfg",cfg))begin
            cfg = sub_module_env_config::type_id::create("cfg");
            cfg.config(ACTIVE_DV_ONLY_MODE);
        end

        uvm_config_db#(data_in_agent_config)::set(this,"m_data_in_uvc*","cfg",cfg.data_
in_agent_cfg);
        uvm_config_db#(data_out_agent_config)::set(this,"m_data_out_uvc*","cfg",cfg.
data_out_agent_cfg);
    endfunction
endclass : sub_module_env
```

可以看到，这里先得到更顶层(如果有)传递过来的配置对象，如果没有，就例化一个并调用配置对象里封装好的config方法，然后传递给下一层验证环境(这里的agent)。

然后重复第1步到第2步，进行配置对象的层层封装，从而实现对一个复杂验证环境中所有层次对应的配置对象的声明、例化和配置。

继续重复第1步到第2步。

继续重复第1步，在env对应的配置对象里声明和例化下一层配置对象并且封装对应的config方法。

接着来看其更上一层env，即top_module对应的验证环境。对其配置对象进行封装，代码如下：

```
class top_module_env_config extends uvm_object;
    ...
    sub_module_env_config sub_module_env_cfg1;
```

```
    sub_module_env_config sub_module_env_cfg2;
    sub_module_env_config sub_module_env_cfg3;
    bit add_rtl_model = 0;

    function new(string name = "top_module_env_config");
        super.new(new);
        sub_module_env_cfg1 = sub_module_env_config::type_id::create("sub_module_env_
cfg1");
        sub_module_env_cfg2 = sub_module_env_config::type_id::create("sub_module_env_
cfg2");
        sub_module_env_cfg3 = sub_module_env_config::type_id::create("sub_module_env_
cfg3");
    endfunction

    function void config(cfg_mode_enum cfg_mode);
        case(cfg_mode)
            ACTIVE_DV_ONLY_MODE:begin
                sub_module_env_cfg1.config(ACTIVE_DV_ONLY_MODE);
                sub_module_env_cfg2.config(PASSIVE_DV_ONLY_MODE);
                sub_module_env_cfg3.config(ACTIVE_DV_ONLY_MODE);
                add_rtl_model = 1;
            end
            PASSIVE_DV_ONLY_MODE:begin
                sub_module_env_cfg1.config(PASSIVE_DV_ONLY_MODE);
                sub_module_env_cfg2.config(PASSIVE_DV_ONLY_MODE);
                sub_module_env_cfg3.config(PASSIVE_DV_ONLY_MODE);
                add_rtl_model = 1;
            end
            ACTIVE_RTL_MODE:begin
                sub_module_env_cfg1.config(ACTIVE_RTL_MODE);
                sub_module_env_cfg2.config(PASSIVE_RTL_MODE);
                sub_module_env_cfg3.config(ACTIVE_RTL_MODE);
                add_rtl_model = 0;
            end
            PASSIVE_RTL_MODE:begin
                sub_module_env_cfg1.config(PASSIVE_RTL_MODE);
                sub_module_env_cfg2.config(PASSIVE_RTL_MODE);
                sub_module_env_cfg3.config(PASSIVE_RTL_MODE);
                add_rtl_model = 0;
            end
        endcase
    endfunction
endclass : top_module_env_config
```

可以看到,调用下一层的验证环境来对本层次的配置模式进行封装,同样封装在对应层次配置对象的 config 方法里。

继续重复第 2 步,在底层(每层都要)的 agent 或者 env 里声明并从 config_db 里得到对应的配置对象以供在该层次进行使用,如果没有得到,就例化一个对应的配置对象并且调用封装好的 config 方法对其进行配置。

然后来看如何在 top_module 对应的 env 里使用这个 config 封装方法来完成对底层可重用 UVC 的配置和传递，代码如下：

```
class top_module_env extends uvm_env;
    ...
    top_module_env_config cfg;
    sub_module_env m_env1;
    sub_module_env m_env2;
    sub_module_env m_env3;

    function new(string name = "top_module_env",uvm_component parent);
        super.new(new,parent);
    endfunction

    virtual function void build_phase(uvm_phase phase);
        m_env1 = sub_module_env::type_id::create("m_env1",this);
        m_env2 = sub_module_env::type_id::create("m_env2",this);
        m_env3 = sub_module_env::type_id::create("m_env3",this);

        if(!uvm_config_db#(top_module_env_config)::get(this,"","cfg",cfg))begin
            cfg = top_module_env_config::type_id::create("cfg");
            cfg.config(ACTIVE_DV_ONLY_MODE);
        end

        uvm_config_db#(sub_module_env_config)::set(this,"m_env1 * ","cfg",cfg.sub_module_
env_cfg1);
        uvm_config_db#(sub_module_env_config)::set(this,"m_env2 * ","cfg",cfg.sub_module_
env_cfg2);
        uvm_config_db#(sub_module_env_config)::set(this,"m_env3 * ","cfg",cfg.sub_module_
env_cfg3);
    endfunction
endclass : top_module_env
```

对比之前使用的配置方法，这里简化了很多，而且很方便地屏蔽了底层的配置细节，只需配置其下一层可重用环境的配置对象。

另外利用上述思路，同样可以通过脚本实现对一个复杂验证环境中所有层次对应的配置对象的声明、例化和配置传递的自动化，从而进一步提升开发效率，加快项目进度。

最后总结一下，具体分为以下 4 个步骤：

第 1 步，在 env 对应的配置对象里声明和例化下一层配置对象并且封装对应的 config 方法。

注意：在 agent 中不需要进行封装，因为这里 agent 是对 interface 的封装，其配置选项一般有两个，一个是 active，用于指定其是否带驱动部分；另一个是 func_cov_en，用于指定其是否支持覆盖率收集。

第 2 步，在底层（每层都要）的 agent 或者 env 里声明并从 config_db 里得到对应的配置对象以供在该层次进行使用，如果没有得到，就例化一个对应的配置对象并且调用封装好的

config 方法对其进行配置。

注意：这里如果没有得到本层次对应的配置对象，就例化并配置，这是为了使用该层次来做顶层的验证环境，从而对相应的 RTL 设计模块进行验证测试。

重复第 1 步到第 2 步，进行配置对象的层层封装，从而实现对一个复杂验证环境中所有层次对应的配置对象的声明、例化和配置。

第6章 对采用 reactive slave 方式验证的改进方法

6.1 背景技术方案及缺陷

6.1.1 现有方案

一个非常常见的 RTL 设计模块的交互过程示意图如图 6-1 所示。

主动发起动作的 master 根据 req 请求，运算输出结果 rslt，而被动响应动作的 slave 接收 rslt 作为输入，然后将 rsp 响应返回给 master，接着 master 根据 slave 的 rsp 响应再做相应的运算。

如果要验证 RTL 设计是右边的 slave，则如图 6-2 所示。

图 6-1 常见的 RTL 设计模块交互示意图　　图 6-2 DUT 是 slave 的交互示意图

此时相对较为简单，可以基于 UVM 方法学搭建如下的验证平台，如图 6-3 所示。

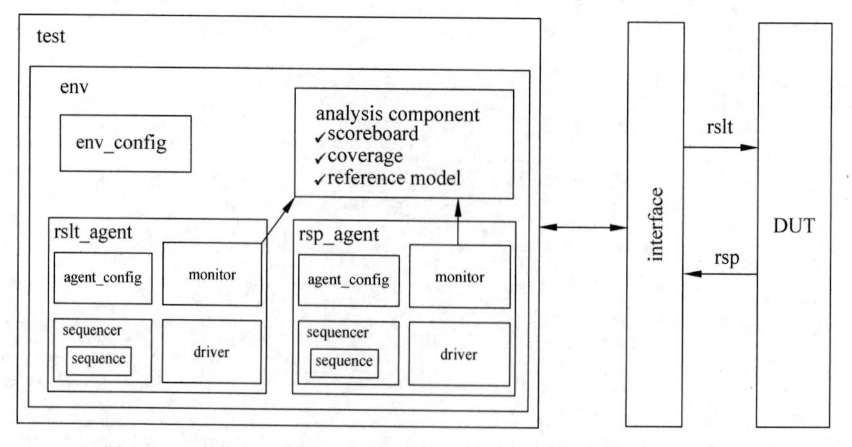

图 6-3 基于 UVM 方法学搭建的针对 DUT 是 slave 的验证平台

这里可以搭建一个典型的基于 UVM 方法学的验证平台。出于方便对大型芯片项目的管理需要和验证环境的搭建的代码可重用性角度的考虑，将接口 rslt 和 rsp 分别封装成一个 agent，其中 rslt_agent 被配置为 active 模式，然后编写 rslt_agent 的 sequence 输入激励并通过 rslt_agent 的 sequencer 和 driver 将激励发送和驱动到 rslt interface 上，然后 DUT 根据该输入激励进行运算并将结果输出到 rsp interface 上，此时，rsp_agent 的 monitor 会监测到 rsp interface 上的信号结果，封装成 transaction 并广播给分析组件。

注意：这里 rsp_agent 因为不需要驱动激励，所以会被配置成 passive 模式。同时验证环境中的参考模型也会根据同样的激励运算出相应的期望结果，也通过通信端口传递给分析组件。最终分析比较 DUT 实际运算的结果和参考模型运算出来的期望结果，以判断逻辑功能的正确性。

验证 RTL 设计是左边的 master 如图 6-4 所示。

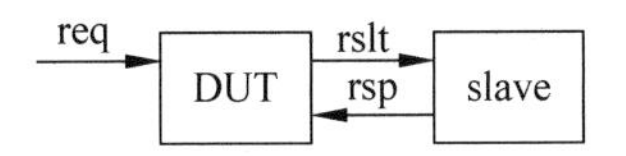

图 6-4　DUT 是 master 的交互示例图

这种情况相对复杂一些，现有的方案基于 UVM 方法学并采用 reactive slave 来搭建验证平台，如图 6-5 所示。

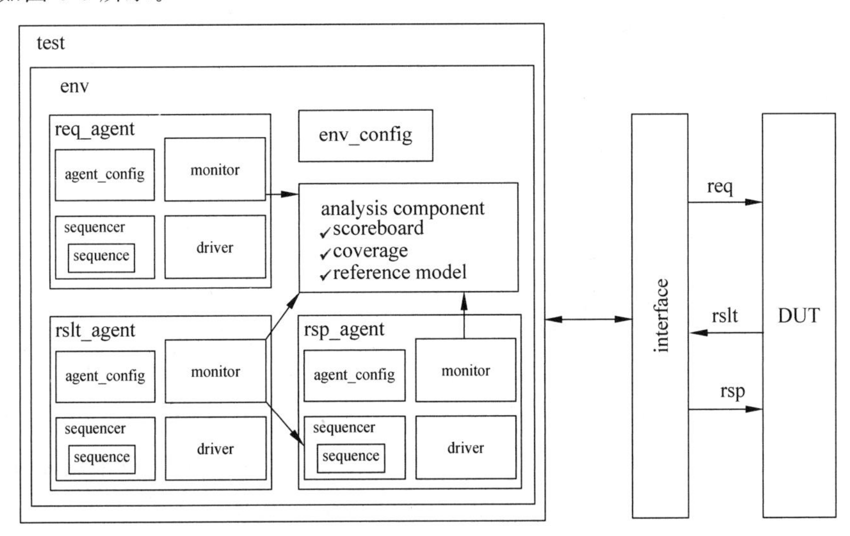

图 6-5　方案一：基于 UVM 方法学并采用 reactive slave 方式搭建的针对 DUT 是 master 的验证平台

这里依然基于 UVM 方法学来搭建验证平台，只是这次 DUT 是 master 模块，而不再是 slave。

同样可以看到，将 3 个 interface，即 req、rslt 和 rsp 分别封装成了 req_agent、rslt_agent 和 rsp_agent，它们分别工作在 active、passive 和 active 模式下。

首先，req_agent 工作在 active 模式，然后编写 req_agent 的 sequence 输入激励并通过

req_agent 的 sequencer 和 driver 将激励发送和驱动到 req interface 上，接着 DUT 根据该输入激励进行运算并将结果输出到 rslt interface 上。此时，req_agent 中的 monitor 会把输入激励广播给参考模型，用来计算期望结果。

rslt_agent 工作在 passive 模式，其上的 monitor 监测到 rslt interface 信号结果，封装成 transaction 并向外广播，此时主要广播给分析组件和 rsp_agent 中的 sequencer，广播给分析组件主要用于对结果进行分析比较，而广播给 rsp_agent 中的 sequencer 则是为了在其中产生用来响应的 reactive slave sequence 激励，此时 rsp_agent 工作在 active 模式，它会根据 rslt 接口信号作为输入激励，对 master 模块(待测的 DUT)的动作进行响应，此时通过在 sequencer 里产生相应的响应 sequence，并发送和驱动到 rsp interface 上，以给 DUT 作为信号输入。

注意：两个 agent 之间的通信端口连接在 env 层次中完成。

除了上述采用 reactive slave 的方式来对 DUT 是 master 的情况进行验证以外，还有一种常用的 proactive master 方式的验证方案，如图 6-6 所示。

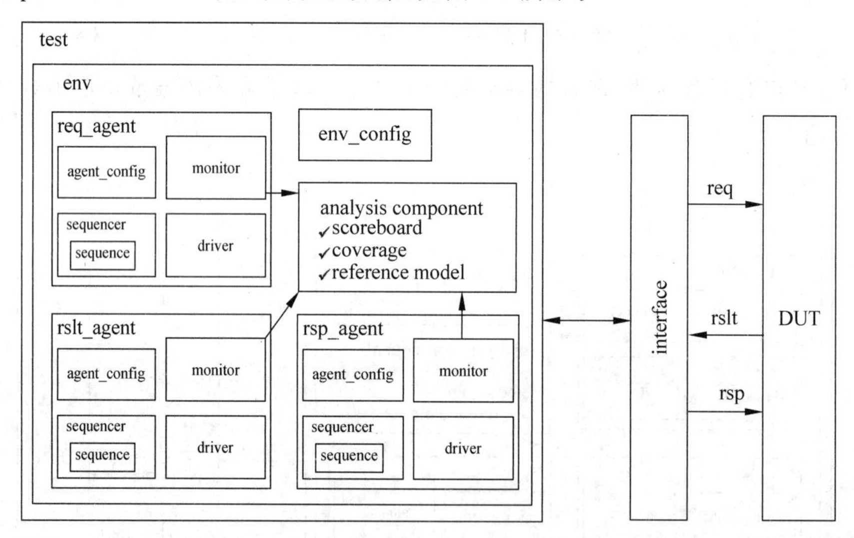

图 6-6　方案二：基于 UVM 方法学并采用 proactive master 方式的针对 DUT 是 master 的验证平台

这种方案与上一种采用 reactive slave 方案的主要区别在于它不再采用 reactive slave 的方式，而是采用 proactive master 的方式。这里同样可以看到，将 3 个 interface，即 req、rslt 和 rsp 分别封装成了 req_agent、rslt_agent 和 rsp_agent，但与之前有所不同，它们分别工作在 active、passive 和 passive 模式下。

同样，首先 req_agent 工作在 active 模式，编写 req_agent 的 sequence 输入激励并通过 req_agent 的 sequencer 和 driver 将激励发送和驱动到 req interface 上，然后 DUT 根据该输入激励进行运算并将结果输出到 rslt interface 上。此时，req_agent 中的 monitor 会把输入激励广播给参考模型，用来计算期望结果。

rslt_agent 工作在 passive 模式，其上的 monitor 监测到 rslt interface 信号结果，封装成 transaction 并向外广播，此时主要广播给分析组件和参考模型。

此时会把 rsp interface 的句柄通过 UVM 配置数据库传递给参考模型，然后参考模型根据 req_agent 和 rslt_agent 中 monitor 广播过来的 transaction 激励运算出 rsp interface 上的响应结果，此时再通过获取的 rsp interface 句柄驱动给 DUT，从而完成交互。

这时 rsp_agent 工作在 passive 模式，只负责监测 rsp interface 上的信号并封装成 transaction，以广播给分析组件。

6.1.2 主要缺陷

方案一的主要缺陷如下：

可重用性较差。因为 interface 所对应的 agent 彼此之间相互关联，如上面的 rslt_agent 中的 monitor 需要与 rsp_agent 中的 sequencer 进行通信，需要在验证环境中进行连接，并且在 rsp_agent 中需要实现部分产生 reactive slave sequence 的逻辑，以上这些会导致逻辑划分不清，使两个 agent 不能被有效地封装成独立的 package，从而对验证环境的可重用性造成不良影响。

方案二的主要缺陷如下：

(1) 对 master 的响应输出比较固定，不够灵活，即缺少对 sequence 的随机约束控制，不能很好地实现错误注入以对 DUT 进行更完善的验证。

(2) 需要从顶层通过 UVM 配置数据库向参考模型传递 interface 句柄，不可用连接 interface 解决，需要单独指定路径传递，较为麻烦，损害了代码的可重用性。

6.2 解决的技术问题

避免 6.1.2 节提到的缺陷问题，并且在提高验证质量的同时提升了验证环境的可重用性。

6.3 提供的技术方案

6.3.1 结构

由于是在方案二的基础上的改进，因此本方案的结构和其一样，如图 6-6 所示，这里不再赘述。

6.3.2 原理

原理如下：

(1) 上面的方案二其实避免了方案一中的缺陷，但是有其自身的缺陷，因此，只要解决方案二中存在的缺陷问题就可以达到目的。

(2) 避免在参考模型中直接获取 interface 来将响应结果直接驱动给 DUT，而是构造响应 sequence 并在参考模型中启动来完成对响应结果的驱动。这样就不再需要在顶层模块中通过配置数据库向下传递 interface，也就不需要再单独指定 interface 传递路径，也可以更好地利用 SystemVerilog 的随机约束对 sequence 进行错误注入，以便更完善地对 DUT 进行验证。

这里主要用到的原理是 UVM 中的 sequence 机制和基于 SystemVerilog 的随机约束。

6.3.3 优点

优点如下：

(1) 修改原先在参考模型中直接获取 interface 来将响应结果直接驱动给 DUT，而是构造响应 sequence 并在参考模型中启动来完成对响应结果的驱动。

(2) 不再需要在顶层模块中通过 UVM 配置数据库向下传递 interface，即不再需要单独指定 interface 传递路径，同时不再需要在参考模型中获取该 interface。

(3) 可以方便地利用 SystemVerilog 的随机约束对 sequence 进行错误注入，以便更完善地对 DUT 进行验证。

6.3.4 具体步骤

第 1 步，搭建如图 6-6 所示的验证平台，并做好配置和连接工作。

具体参考图 6-6 及相应的描述部分，这里不再赘述。

第 2 步，编写 rsp_agent 中用来响应的 sequence，代码如下：

```
//rsp_sequence.sv
class rsp_sequence extends uvm_sequence #(rsp_transaction);
    rsp_transaction trans;
    ...

    function config(rsp_transaction trans_in);
        this.trans = new("trans");
        this.trans.copy(trans_in);
    endfunction

    virtual task body();
        start_item(this.trans);
        finish_item(this.trans);
    endtask
endclass
```

可以看到，在 config 方法中对要发送的 trans 激励进行实例化和配置，然后在 body 方法中启动。

第 3 步，在参考模型中获取 rslt_agent 中的 monitor 广播过来的 transaction 数据，然后进行逻辑运算并配置和启动上一步编写的 rsp_sequence，从而使其在 rsp_agent 中的

sequencer 和 driver 上进行传递和驱动，最终完成对 DUT 作为 master 动作的响应，代码如下：

```
//reference_model.sv
class reference_model extends uvm_component;
    uvm_blocking_get_port#(rslt_transaction) rslt_port;
    rsp_sequence rsp_seq;
    ...

    task run_phase(uvm_phase phase);
        rslt_transaction rslt;
        rsp_transaction rsp;

        rsp = new("rsp");
        fork
            //调用 predict_rsp 的方法计算 rsp 响应的期望结果并配置启动 rsp_seq 以驱动
//到 interface
            forever begin
                rslt_port.get(rslt);
                rsp = predict_rsp(rslt);
                assert(rsp.randomize() with{...});
                rsp_seq = new("rsp_req");
                rsp_seq.config(rsp);
                rsp_seq.start(rsp_agent.sqr);
            end
            ...
        join
    endtask
endclass
```

可以很轻松地在 rsp_transaction 中编写随机约束，从而在调用 randomize 时对其进行随机错误注入，从而完善对 DUT 的验证，而这在方案二中实现起来比较麻烦。

第 7 章

应用 sequence 反馈机制的激励控制方法

7.1 背景技术方案及缺陷

7.1.1 现有方案

通常验证开发人员为了对 RTL 设计(图中的 DUT)进行验证,需要给它施加相应的输入激励,然后监测及比较其输出的结果是否符合预期,而验证人员往往会希望能够根据 DUT 内部的状态来决定下一步给其施加什么样的激励,因此在 sequence 就需要知道 DUT 内部的状态,从而可以在 sequence 内部根据 DUT 内部的状态产生下一步的 sequence_item。

而现有实现的方法有以下两种,分别如图 7-1 和图 7-2 所示。

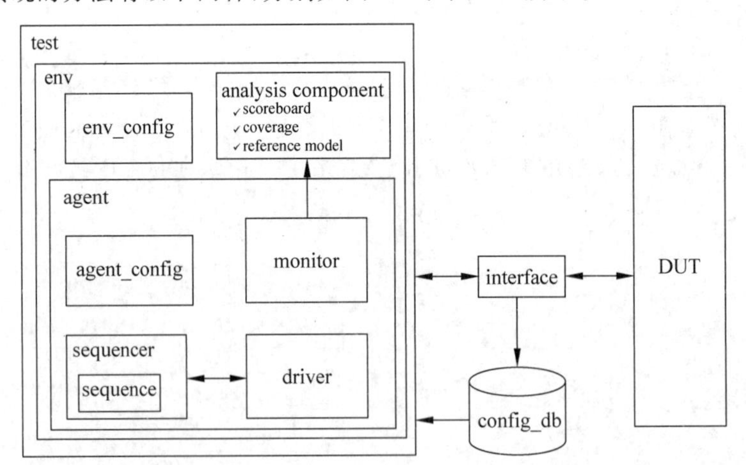

图 7-1　现有的应用 sequence 反馈机制的激励控制实现方法(第 1 种)

图 7-1 是第 1 种实现方法,即将 DUT 中的内部状态信号封装成 interface,然后通过 config_db 向验证环境进行传递,此时由于 sequence 激励会被挂载到对应的 sequencer 上,因此在 sequence 里可以获得 DUT 内部状态信号的 virtual interface 句柄,sequence 可以监测 interface 上的值,从而最终在其内部实现根据 DUT 内部状态信号来决定下一步给 DUT 施加什么样的激励。

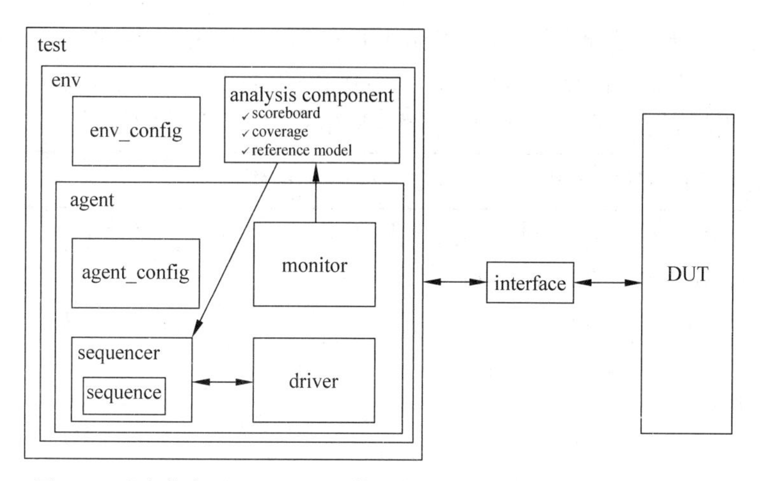

图 7-2　现有的应用 sequence 反馈机制的激励控制实现方法(第 2 种)

图 7-2 是第 2 种实现方法,由于为了验证 DUT 运算功能的正确性,通常会编写相应的参考模型,然后给两者施加同样的激励来比较两者的输出结果,如果一致,则认为功能是符合预期的,否则可能是哪里出了问题,需要进一步调试确定。简单来讲,参考模型中通常也会有一份与 DUT 中相对应的内部状态信号,可以直接将参考模型的句柄传递给 sequencer,同样由于 sequence 是挂载在 sequencer 上的,因此 sequence 可以获得参考模型的句柄,这样最终就可以根据参考模型对应的 DUT 内部状态信号来决定下一步给 DUT 施加什么样的激励了。

7.1.2　主要缺陷

采用上述两种方法是可行的,但本节将利用 UVM 的 sequence 的反馈机制给出一种新的实现方法。

这种新的方法的本身与之前两种现有的实现方法之间并没有孰优孰劣之说,在实际的芯片验证工作中,可以视 DUT 的情况和验证人员的工作习惯进行灵活选择。

7.2　解决的技术问题

给出一种应用 sequence 反馈机制的激励控制方法,从而实现根据 DUT 内部状态动态地产生 sequence 激励,以便在实际的芯片验证工作中为验证人员提供更多的实现方法。

7.3　提供的技术方案

7.3.1　结构

考虑举例的代表性,这里以精准匹配模块作为 DUT 为例进行说明。

首先简单介绍精准匹配模块，其用于完成 key（图 7-3 中的 addr）和 pointer（图 7-3 中的 data）之间的映射，在以太网交换芯片中常常会例化使用该模块。这里为了示例，可以简单地将精准匹配模块理解为一个字典型数据库，具有基本的写和读功能。

注意：对于精准匹配来讲，这里的读操作意味着删除操作。

对该 DUT 进行抽象后得到其框图如图 7-3 所示。

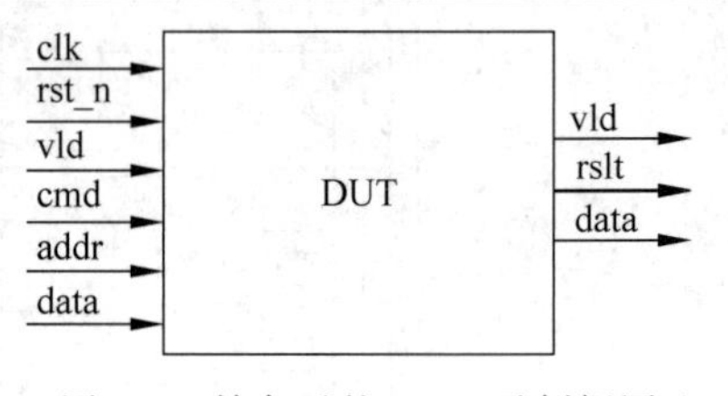

图 7-3 抽象后的 DUT 示例框图

可以看到其输入端口有以下几种。

- clk：时钟信号。
- rst_n：低电平复位信号。
- vld：数据有效信号。
- cmd：

  1'b0：写请求信号。

  1'b1：读请求信号。
- addr：地址信号。
- data：数据信号。

可以看到其输出端口有以下几种。

- vld：数据有效信号。
- rslt：请求执行成功与否信号。

  1'b0：执行失败。

  1'b1：执行成功。
- data：之前读请求所对应的数据。

然后搭建其对应的验证平台，这里基于典型 UVM 的验证平台，如图 1-1 所示。

7.3.2 原理

UVM 的组件 sequencer 与 driver 之间的通信机制如图 7-4 所示。

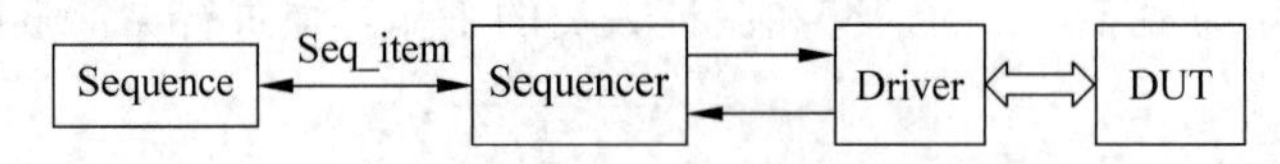

图 7-4 现有的应用 sequence 反馈机制的激励控制实现方法（第 2 种）

Sequence 机制提供了一种 sequence→sequencer→driver 的单向数据传输机制，但是在复杂的验证平台中，sequence 需要根据 driver 的反馈来决定接下来要发送的 sequence_item（前面说的输入激励）。换言之，sequence 需要得到 driver 的一个反馈，恰好 sequence 机制提供了对这种反馈的支持，它允许 driver 将一个 response 返给 sequence。

那么，利用上述 UVM 的 sequence 机制，将 DUT 的内部状态信息通过 response 由 driver 返给 sequence，这样就可以实现对输入激励的产生和控制。

下面来看这两者预先定义好的数据端口成员。

uvm_driver 类的数据端口成员有 uvm_seq_item_pull_port #（REQ，RSP） seq_item_ port；

用来与 sequencer 对应的 export 端口进行连接通信。

uvm_sequencer 类的数据端口成员有 uvm_seq_item_pull_imp #（REQ，RSP，this_type）seq_item_export；

用来与 driver 相对应的端口进行连接通信。

两者的端口连接如图 7-5 所示。

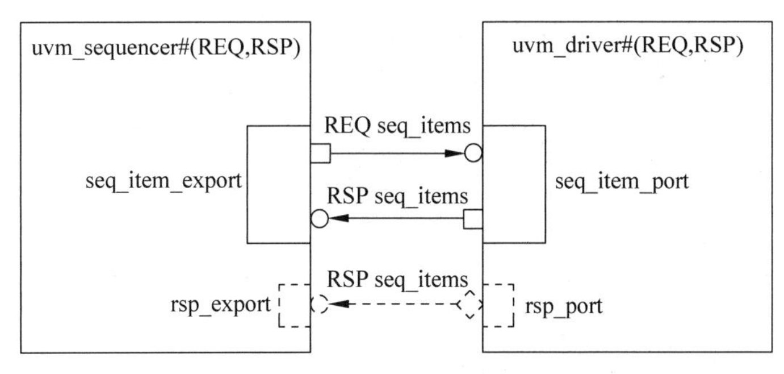

图 7-5　sequencer 和 driver 的端口连接图

可以看到，sequencer 和 driver 之间的通信是通过 TLM 双向端口 seq_item_port 和 seq_item_export 来完成的。通过这两个端口可以完成激励请求数据 REQ sequence_item 及反馈数据 RSP sequence_item 的通信传输，从而实现 sequencer 将 sequence 里产生的 sequence_item 发送给 driver，然后待 driver 处理完后给 sequencer 返回一个 response，最终 sequence 通过 get_response()方法进行接收，即 sequence 会通过接收的这个 response 获取 DUT 的内部状态信息。

注意：

（1）sequencer 和 driver 是一对一连接以进行通信的，不能将多个 sequencer 连接到一个 driver 上，也不能将一个 sequencer 连接到多个 driver 上，这也是为什么一般 agent 会对一个 sequencer 和一个 driver（当然还有 monitor）进行连接和封装，从而完成对一种通信协议的封装。

（2）sequencer 和 driver 之间的通信端口，除了这里用到 seq_item_export 和 seq_item_port 端口之外，还有一些端口在图 7-5 中用虚线进行了表示，这是一个单向通信端口，由于这里用不到，因此这里不对其进行介绍。

7.3.3　优点

因为本章给出的方法与之前的两种现有方法没有孰优孰劣之分，因此不存在特别的优点，主要是在实际的芯片验证工作中为验证人员提供了更多选择。

7.3.4　具体步骤

第 1 步，编写上述 DUT 所需要的 interface 和 transaction。

这里将 DUT 的输入/输出端口分成两个 interface 来编写，并在其中增加 clocking block 以方便后面进行驱动和监测，代码如下：

```
//demo_in_interface.sv
interface demo_in_interface(input clk, input rst_n);
    logic vld;
    logic cmd;
    logic[2:0] addr;
    logic[2:0] data;

    clocking drv @(posedge clk);
        default input #1step output `Tdrive;
        output vld;
        output cmd;
        output addr;
        output data;
    endclocking

    clocking mon @(posedge clk);
        default input #1step output `Tdrive;
        input vld;
        input cmd;
        input addr;
        input data;
    endclocking
endinterface

//demo_out_interface.sv
interface demo_out_interface(input clk, input rst_n);
    logic vld;
    logic rslt;
    logic[2:0] data;

    clocking drv @(posedge clk);
        default input #1step output `Tdrive;
        output vld;
        output rslt;
        output data;
    endclocking

    clocking mon @(posedge clk);
        default input #1step output `Tdrive;
        input vld;
        input rslt;
        input data;
    endclocking
endinterface
```

相应地，编写上面两个 interface 所对应的 transaction，代码如下：

```
//demo_in_transaction.sv
class demo_in_transaction extends uvm_sequence_item;
```

```
        rand bit   vld;
        rand bit   cmd;
        rand bit[2:0]   addr;
        rand bit[2:0]   data;

    function new(string name = "");
        super.new(name);
    endfunction : new

    `uvm_object_utils_begin(sequence_item)
      `uvm_field_int(vld, UVM_ALL_ON)
      `uvm_field_int(cmd, UVM_ALL_ON)
      `uvm_field_int(addr, UVM_ALL_ON)
      `uvm_field_int(data, UVM_ALL_ON)
    `uvm_object_utils_end
endclass

//demo_out_transaction.sv
class demo_out_transaction extends uvm_sequence_item;
        rand bit   vld;
        rand bit   rslt;
        rand bit[2:0]   data;

    function new(string name = "");
        super.new(name);
    endfunction : new

    `uvm_object_utils_begin(sequence_item)
      `uvm_field_int(vld, UVM_ALL_ON)
      `uvm_field_int(rslt, UVM_ALL_ON)
      `uvm_field_int(data, UVM_ALL_ON)
    `uvm_object_utils_end
endclass
```

第 2 步，编写激励 sequence 及其内部带反馈的任务。

对于该 DUT 的测试激励作如下产生和控制（仅用于示例说明）：

（1）先发送写请求，将其内部的存储空间写满，直到发生写失败，即存储空间已经被写满，此时监测总共写入的 data 数量和预期是否一致，从而帮助判断存储空间和写请求操作是否执行成功。

（2）发送读请求，将之前写入的 data 读出（删除），直到发生读（删除）失败，即存储空间已经被清空，此时监测总共写入的 data 数量和预期是否一致，并且监测比较读出的 data 与之前写入的是否一致，从而帮助判断读写功能是否正确。

可以看到下面的 sequence 中主要通过 write_until_full 和 read_until_empty 这两个任务来完成对激励的产生和控制，其中输出的队列 data_q 分别代表写入 DUT 内部存储的数据，和读（删除）DUT 内部存储的数据，可以用来比较两者是否一致。同样输出的 num 分别代表写满存储和读（删除）空存储的数量，也可以用来比较两者是否一致，从而帮助判断

DUT 功能的正确性。

其中 write 和 read 这两个任务内部用到了 get_response，用于获取来自 driver 的反馈，该 response 包含了 DUT 输出端的数据，从而可以获得运算后的结果，包括运算是否成功，以及读出的数据。

代码如下：

```
//demo_sequence.sv
class demo_sequence extends uvm_sequence #(demo_in_transaction,demo_out_transaction);
  ...

  task body();
      write_until_full(req);
      read_until_empty(req);
  endtask : body

   task write;
      input demo_in_transaction tr;
      input bit[2:0] addr;

      start_item(tr);
       if (!(tr.randomize() with {tr.vld == 'b1; tr.cmd == 'b0;tr.addr == addr;}))
          `uvm_fatal("body","randomize failed")
      finish_item(tr);
      get_response(rsp);
      `uvm_info("body", $sformatf("Get response : %s", rsp.sprint()), UVM_HIGH)
   endtask

   task write_until_full;
      input demo_in_transaction tr;
      output bit[2:0] num;
      output bit[2:0] data_q[ $ ];

      num = 'd0;
      `uvm_info("body", "starting write_until_full", UVM_HIGH)
      while (rsp.rslt) begin
          write(tr,num);
          data_q.push_back(tr.data);
          num++;
      end
  endtask

   task read;
       input demo_in_transaction tr;
       input bit[2:0] addr;

       start_item(tr);
       if (!(tr.randomize() with {tr.vld == 'b1; tr.cmd == 'b1;tr.addr == addr;}))
          `uvm_fatal("body","randomize failed")
       finish_item(tr);
```

```
        get_response(rsp);
        `uvm_info("body", $sformatf("Get response : %s", rsp.sprint()), UVM_HIGH)
    endtask

    task read_until_empty;
        input demo_in_transaction tr;
        output bit[2:0] num;
        output bit[2:0] data_q[$];

        bit[2:0] num = 'd0;
        `uvm_info("body", "starting read_until_empty", UVM_HIGH)
        while (rsp.rslt) begin
            read(tr,num);
            data_q.push_back(rsp.data);
            num++;
        end
    endtask
endclass
```

这一步包含以下4个小步骤：

(1) 调用 start_item()以开启传送。

开启对 sequence_item 的传送。

(2) 对 sequence_item 进行约束控制和调整。

一般通过随机或直接设定值实现。

(3) 调用 finish_item()以等待完成。

完成 finish_item()调用，它会阻塞，直到 driver 完成了对其的传输。

(4) 调用 get_response()以等待反馈。

get_response()将会阻塞，直到从 sequencer 那里得到有效的反馈信息。

第3步，编写带反馈的 driver。

这里通过在每个 sequence_item 中加入 id 域来解决 req 请求和 rsp 反馈数据的一一对应问题，即 id 域用来标识 sequence_item 和所对应的 sequence，这里的关键是设置 set_id_info()函数，它用来将 req 的 id 域信息复制到 rsp 中，从而告知 sequencer 将与 req 对应的 response 返给相应的 sequence，代码如下：

```
//demo_driver.sv
class demo_driver extends uvm_driver        #(demo_in_transaction,demo_out_transaction);
    virtual demo_in_interface vif_in;
    virtual demo_out_interface vif_out;
    ...

    task run_phase(uvm_phase phase);
        forever begin
            seq_item_port.get_next_item(req);
            drive_item(req,rsp);
            rsp.set_id_info(req);
```

```
            seq_item_port.item_done(rsp);
        end
    endtask : run_phase

    task drive_item(input demo_in_transaction tr,output demo_out_transaction rsp);
        demo_out_transaction resp = demo_out_transaction::type_id::create("resp");
        vif_in.drv.vld  <= tr.vld;
        vif_in.drv.cmd  <= tr.cmd;
        vif_in.drv.addr <= tr.addr;
        vif_in.drv.data <= tr.data;
        @vif_out.mon;
        resp.vld  = vif_out.mon.vld;
        resp.rslt = vif_out.mon.rslt;
        resp.data = vif_out.mon.data;
        rsp = resp;
    endtask
endclass
```

这一步包含以下3个小步骤：

(1) 调用get_next_item()以发起对sequence_item的获取。

调用get_next_item方法，从sequencer那获取sequence_item。

(2) 将sequence_item驱动给DUT。

调用drive_item方法将事务级激励转换成信号级激励，并驱动给DUT。

(3) 调用put_response()或直接调用item_done(rsp)，在完成本次sequence_item的驱动的同时放置反馈。

根据需要，将response信息返回给sequence，然后sequence可以通过get_response()获取该response信息。sequence调用finish_item()来等待driver调用item_done()，此时通过这样的握手协议完成了一次对sequence_item的发送和驱动，然后如此循环，直到将sequence里产生的所有sequence_item都传送并驱动给DUT。

第8章 应用 uvm_tlm_analysis_fifo 的激励控制方法

8.1 背景技术方案及缺陷

8.1.1 现有方案

和 7.1.1 节相同，这里不再赘述。

8.1.2 主要缺陷

采用现有方案是可行的，但本章节将应用 UVM 的 uvm_tlm_analysis_fifo 给出一种新的实现方法，与第 7 章不同的地方主要在于不再借助 UVM 的 sequence 反馈机制实现对激励的产生和控制，而是采用 uvm_tlm_analysis_fifo 结合 UVM 组件之间的通信和配置数据库实现同样的目的。

注意：这些实现方法之间并不存在孰优孰劣之说，在实际的芯片验证工作中，可以视 DUT 的情况和验证人员的工作习惯进行灵活选择。

8.2 解决的技术问题

应用 uvm_tlm_analysis_fifo 结合 UVM 组件之间的通信和配置数据库的激励控制方法，从而实现根据 DUT 内部状态动态地产生 sequence 激励，以便在实际的芯片验证工作中为验证人员提供更多的实现方法。

8.3 提供的技术方案

8.3.1 结构

将 uvm_tlm_analysis_fifo 添加到 env 中，并且通过 UVM 组件通信端口获取 monitor 广播过来的 transaction 数据，这些 transaction 包含着 DUT 的状态信息，然后将这些

transaction 传给 sequence，从而最终实现 sequence 对输入激励的产生和控制，如图 8-1 所示。

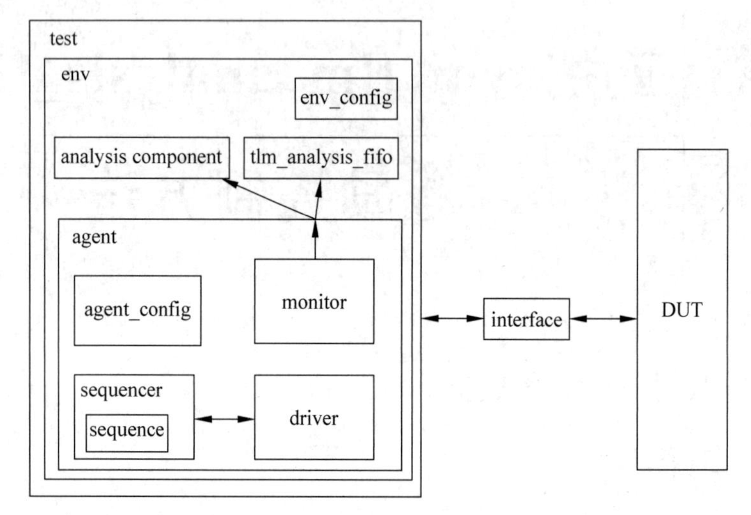

图 8-1 应用 uvm_tlm_analysis_fifo 的 UVM 验证平台

和 7.3.1 节一样，考虑到举例的代表性，本章还以精准匹配模块作为 DUT 为例进行说明，并且还是基于典型 UVM 的验证平台进行搭建验证环境，但从图 8-1 中可以看到，这里在 env 中增加了 uvm_tlm_analysis_fifo，用于通信连接，并使用 UVM 配置数据库进行传递。

8.3.2 原理

主要的实现原理是 UVM 的 FIFO 通信，其原理图如图 8-2 所示。

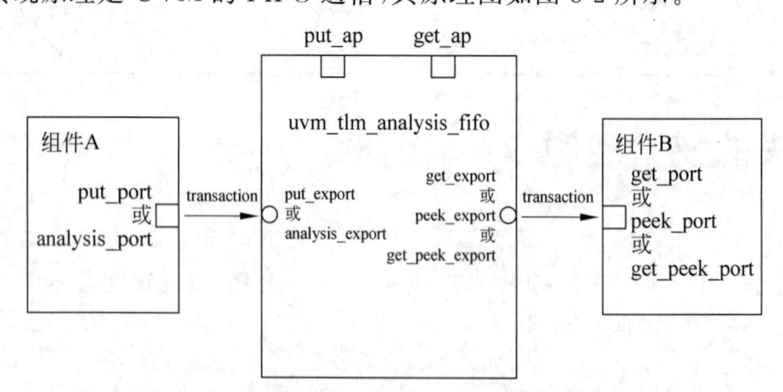

图 8-2 uvm_tlm_analysis_fifo 通信的原理图

图 8-2 中"圆形"和"方形"表示通信端口，可以使用这些端口及其接口方法完成组件 A 和组件 B 之间的通信，因此 uvm_tlm_analysis_fifo 主要起到一个数据暂存和通信连接的作用。

整体分为两个过程：

(1) 组件 A 和 FIFO 通过 put 系列端口进行连接。组件 A 调用 put 系列端口相关的接口方法(put、try_put、can_put)将 transaction 数据发送给 FIFO,然后 FIFO 利用其内部实现的 put 系列接口方法来接收组件 A 发送的数据并缓存到 FIFO 里,同时利用 put_ap 端口将接收的数据向外广播。

(2) 组件 B 和 FIFO 通过 get 或 peek 系列端口进行连接。组件 B 调用 get 或 peek 系列方法来从 FIFO 中获取 transaction 数据,然后 FIFO 利用其内部实现的 get 或 peek 系列接口方法来将缓存中的数据取出并传给组件 B,同时利用 get_ap 端口将从缓存中取出的数据向外广播。

8.3.3　优点

因为本章给出的方法与之前的两种现有方法没有孰优孰劣之分,因此不存在特别的优点,主要是在实际的芯片验证工作中为验证人员提供更多的选择。

8.3.4　具体步骤

第 1 步,编写上述 DUT 所需要的 interface 和 transaction。

这里将 DUT 的输入/输出端口分成两个 interface 来编写,并在其中增加 clocking block 以方便后面进行驱动和监测,代码如下:

```
//demo_in_interface.sv
interface demo_in_interface(input clk, input rst_n);
    logic vld;
    logic cmd;
    logic[2:0] addr;
    logic[2:0] data;

    clocking drv @(posedge clk);
        default input #1step output `Tdrive;
        output vld;
        output cmd;
        output addr;
        output data;
    endclocking

    clocking mon @(posedge clk);
        default input #1step output `Tdrive;
        input vld;
        input cmd;
        input addr;
        input data;
    endclocking
endinterface

//demo_out_interface.sv
interface demo_out_interface(input clk, input rst_n);
```

```
    logic vld;
    logic rslt;
    logic[2:0] data;

    clocking drv @(posedge clk);
        default input #1step output `Tdrive;
        output vld;
        output rslt;
        output data;
    endclocking

    clocking mon @(posedge clk);
        default input #1step output `Tdrive;
        input vld;
        input rslt;
        input data;
    endclocking
endinterface
```

相应地，编写上面两个 interface 所对应的 transaction，代码如下：

```
//demo_in_transaction.sv
class demo_in_transaction extends uvm_sequence_item;
     rand bit  vld;
     rand bit  cmd;
     rand bit[2:0]  addr;
     rand bit[2:0]  data;

   function new(string name = "");
      super.new(name);
   endfunction : new

   `uvm_object_utils_begin(sequence_item)
    `uvm_field_int(vld, UVM_ALL_ON)
    `uvm_field_int(cmd, UVM_ALL_ON)
    `uvm_field_int(addr, UVM_ALL_ON)
    `uvm_field_int(data, UVM_ALL_ON)
   `uvm_object_utils_end
endclass

//demo_out_transaction.sv
class demo_out_transaction extends uvm_sequence_item;
     rand bit  vld;
     rand bit  rslt;
     rand bit[2:0]  data;

   function new(string name = "");
      super.new(name);
   endfunction : new

   `uvm_object_utils_begin(sequence_item)
```

```
        `uvm_field_int(vld, UVM_ALL_ON)
        `uvm_field_int(rslt, UVM_ALL_ON)
        `uvm_field_int(data, UVM_ALL_ON)
    `uvm_object_utils_end
endclass
```

第2步，在monitor里采样DUT输出端口信号并封装成transaction数据，从而获取DUT内部状态信息，然后通过monitor的通信端口将封装好的transaction数据广播出去，代码如下：

```
//demo_monitor.sv
class demo_monitor extends uvm_monitor;
    virtual demo_out_interface vif;
    uvm_analysis_port #(sequence_item) ap;
    ...

    function void build_phase(uvm_phase phase);
        ...
        ap   = new("ap",this);
    endfunction : build_phase

    task run_phase(uvm_phase phase);
        demo_out_transaction tr;
        forever begin
            @vif.mon;
            tr.vld  = vif_out.mon.vld;
            tr.rslt = vif_out.mon.rslt;
            tr.data = vif_out.mon.data;
            ap.write(tr);
        end
    endtask
endclass
```

第3步，在验证环境里声明例化uvm_tlm_analysis_fifo，并将其连接到monitor的通信端口，用来暂存广播过来的transaction数据，然后将uvm_tlm_analysis_fifo通过config_db向验证平台的其他组件和对象进行传递，代码如下：

```
//demo_env.sv
class demo_env extends uvm_env;
    agent         agent_h;
    coverage      coverage_h;
    scoreboard    scoreboard_h;

    uvm_tlm_analysis_fifo #(demo_out_transaction) rsp_tlm_af;
    ...

    function void build_phase(uvm_phase phase);
        agent_h       = agent::type_id::create ("agent_h",this);
        coverage_h    = coverage::type_id::create ("coverage_h",this);
        scoreboard_h  = scoreboard::type_id::create("scoreboard_h",this);
```

```
        rsp_tlm_af    = new("rsp_tlm_af", this);
        uvm_config_db #(uvm_tlm_analysis_fifo #(demo_out_transaction))::set(null, "",
"rsp_tlm_af", rsp_tlm_af);
        ...
    endfunction : build_phase

    function void connect_phase(uvm_phase phase);
        agent_h.ap.connect(rsp_tlm_af.analysis_export);
        ...
    endfunction : connect_phase
endclass
```

第 4 步，编写 sequence 的父类 sequence_base，在其中通过 config_db 获取 tlm_analysis_fifo 的句柄，然后调用 uvm_tlm_analysis_fifo 的 get 方法获取 fifo 中的 response，即之前 monitor 广播过来的 transaction 数据，接着触发 event 事件，代码如下：

```
//demo_seq_base.sv
class demo_seq_base extends uvm_sequence #(demo_in_transaction,demo_out_transaction);
    demo_in_transaction tr = fifo_trans::type_id::create("tr");
    demo_out_transaction rsp;
    uvm_tlm_analysis_fifo #(demo_out_transaction) rsp_tlm_af;
    event rsp_tlm_af_event;
    ...

    virtual task pre_start();
        super.pre_start();
        if (!uvm_config_db #(uvm_tlm_analysis_fifo #(demo_out_transaction))::get(null,
"", "rsp_tlm_af", rsp_tlm_af))
        `uvm_fatal(get_type_name(),"The response uvm_tlm_analysis_fifo must be set!")
        fork
            forever begin
                rsp_tlm_af.get(rsp);
                ->rsp_tlm_af_event;
                `uvm_info(get_type_name(), $sformatf("Get response : %s", rsp.sprint()),
UVM_HIGH)
            end
        join_none
    endtask
endclass
```

第 5 步，在 sequence 里使用触发的 event 事件和 fifo 里的 response 反馈数据，然后根据反馈数据来对激励进行产生和控制。

同样对于该 DUT 的测试激励作如下产生和控制(仅用于示例说明)：

(1) 先发送写请求，将其内部的存储空间写满，直到发生写失败，即存储空间已经被写满，此时监测总共写入的 data 数量和预期是否一致，从而帮助判断存储空间和写请求操作是否执行成功。

(2) 发送读请求，将之前写入的 data 读出(删除)，直到发生读(删除)失败，即存储空间已经被清空，此时监测总共写入的 data 数量和预期是否一致，并且监测比较读出的 data 与之前写入的是否一致，从而帮助判断读写功能是否正确。

可以看到下面的 sequence 中主要通过 write_until_full 和 read_until_empty 这两个 task 来完成对激励的产生和控制，其中输出的队列 data_q 代表写入 DUT 内部存储的数据和读（删除）DUT 内部存储的数据，可以用来比较两者是否一致。同样输出的 num 代表写满存储和读（删除）空存储的数量，也可以用来比较两者是否一致，从而帮助判断 DUT 功能的正确性。

其中，write 和 read 这两个 task 内部用到了 @rsp_tlm_af_event，用于同步父类 sequence_base 以获取 fifo 中的 transaction 数据，该 transaction 包含了 DUT 输出端的数据，从而可以获得运算后的结果，包括运算是否成功，以及读出的数据，代码如下：

```
//demo_sequence.sv
class demo_sequence extends demo_seq_base;
   ...

   task body();
       write_until_full(req);
       read_until_empty(req);
   endtask : body

    task write;
       input demo_in_transaction tr;
       input bit[2:0] addr;

       start_item(tr);
        if (!(tr.randomize() with {tr.vld == 'b1; tr.cmd == 'b0;tr.addr == addr;}))
           `uvm_fatal("body","randomize failed")
       finish_item(tr);
       @rsp_tlm_af_event;
    endtask

    task write_until_full;
       input demo_in_transaction tr;
       output bit[2:0] num;
       output bit[2:0] data_q[ $ ];

       num = 'd0;
       `uvm_info("body", "starting write_until_full", UVM_HIGH)
        while (rsp.rslt) begin
            write(tr,num);
            data_q.push_back(tr.data);
            num++;
        end
    endtask

    task read;
        input demo_in_transaction tr;
```

```
        input bit[2:0] addr;

        start_item(tr);
        if (!(tr.randomize() with {tr.vld == 'b1; tr.cmd == 'b1;tr.addr == addr;}))
            `uvm_fatal("body","randomize failed")
        finish_item(tr);
        @rsp_tlm_af_event;
    endtask

    task read_until_empty;
       input demo_in_transaction tr;
       output bit[2:0] num;
       output bit[2:0] data_q[ $ ];

        bit[2:0] num = 'd0;
        `uvm_info("body", "starting read_until_empty", UVM_HIGH)
        while (rsp.rslt) begin
            read(tr,num);
            data_q.push_back(rsp.data);
            num++;
        end
    endtask
endclass
```

第9章 快速建立DUT替代模型的记分板标准方法

9.1 背景技术方案及缺陷

9.1.1 现有方案

通常芯片的验证工作会在设计人员提供已经成熟稳定且自测成功的RTL设计代码之后开始进行，一个基于UVM验证平台的典型架构示意图如图1-1所示。

通常验证开发人员会通过interface来完成设计人员提供的RTL设计（图1-1中的DUT）和左边验证环境的连接，然后验证人员会根据设计文档提取对应RTL设计的功能特性列表，最后依据功能特性的要求撰写对应的测试用例并进行仿真验证。

9.1.2 主要缺陷

采用上述方案是一般的做法，但如果项目工期紧张，在验证人员有限的情况下则会希望以如图9-1所示芯片设计和芯片验证的工作同步进行，而不是以如图9-2所示的流水线顺序方式来推进项目进度。

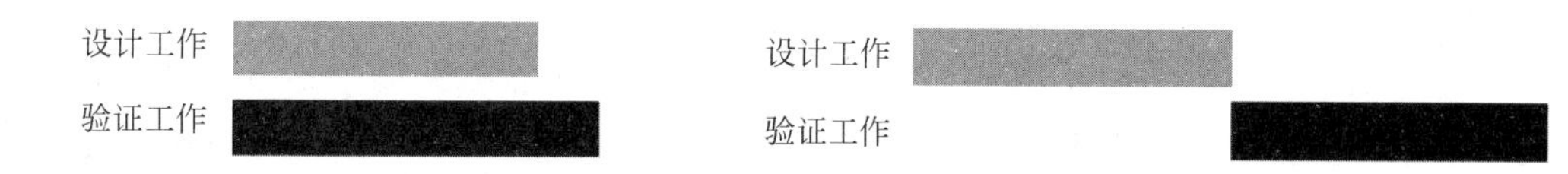

图9-1 设计和验证工作以同步方式并行进行　　图9-2 一般的设计和验证工作以流水线方式顺序进行

显然图9-1所示的并行的同步工作方式可以大大缩短项目工期，提升项目进度。因为采用这种方式，芯片的验证人员不需要等待设计人员的RTL设计完成就可以着手开展验证工作了。

相反，如图9-2所示的以流水线顺序推进项目的方式的缺陷非常明显，即会使项目工期较长，影响芯片产品推向市场的时间，很可能错过市场的窗口期，在瞬息万变的信息化产业里错失良机，为公司团队带来损失。

而现有的建立DUT模型的方法是单独写一个模块，用来模拟RTL设计，但同时还需要编写参考模型来做功能检查，效率比较低，因为需要写两份代码。

所以需要有一种快速建立DUT的模型的方法，以替代设计人员所提供的RTL，以使在设计人员还没提供给验证人员待验证的RTL时，验证人员就可以提前开展并完成绝大部分验证工作。

9.2 解决的技术问题

解决的技术问题如下：

(1) 实现快速对DUT进行替代建模，以使验证人员的工作可以提前开展，即与设计人员的工作并行推进，从而缩短项目工期。

(2) 实现一种由配置选项控制的融合参考模型，DUT替代模型，并加入记分板(Scoreboard)检查机制的组件结构，以简化验证人员的工作，从而进一步提升验证工作效率，加快项目推进的进度。

9.3 提供的技术方案

9.3.1 结构

通常验证开发人员为了检查DUT功能的正确性，需要编写参考模型（图9-3中的Predictor），然后会将同样的激励发送给参考模型和DUT，然后各自运算后被送到比较器（图中的Evaluator）进行比较，即通过比较运算结果是否一致来判断DUT功能的正确性，如图9-3所示。

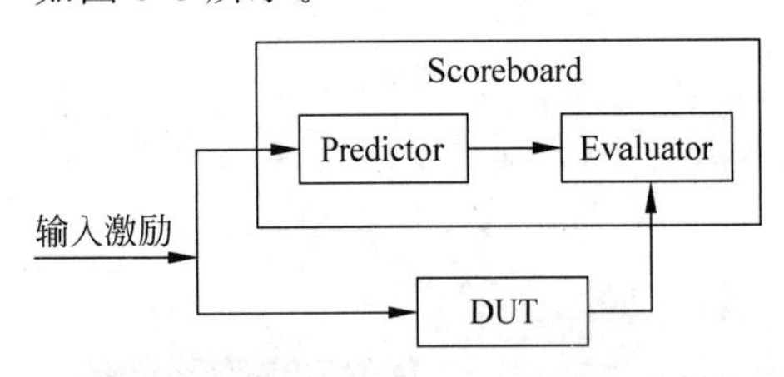

图 9-3 记分板(Scoreboard)的组成结构

那么能否利用已经写好的参考模型，既可以用作DUT的替代模型用于前期替代DUT来搭建验证环境，又可以用作参考模型来对运算结果进行检查呢？

经过分析比较会发现，参考模型和DUT的区别主要在于，参考模型不会将运算完的结果驱动到interface上，而DUT会将运算完的结果驱动到interface，因此，可以通过在参考模型中获取interface的句柄，然后将运算结果驱动到interface就可以实现对DUT的替代。

9.3.2 原理

通过配置选项来切换是否要将参考模型的运算结果驱动到interface上，并且加入比较器的部分，从而简化对记分板的开发，提升验证工作效率，如图9-4所示。

参考模型和DUT都会根据输入的激励来完成运算，并各自输出相应的结果，只不过DUT会将结果直接输出到interface上，而参考模型则会输出抽象的transaction事务级数据。那么，如果参考模型能够获得interface的句柄，然后将运算结果transaction的事务级

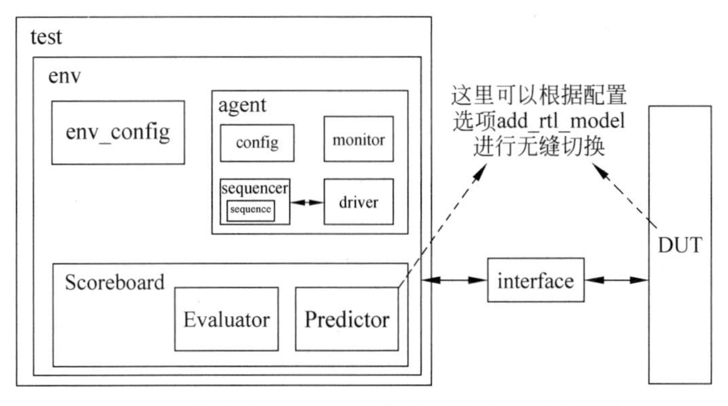

图 9-4　快速建立 DUT 替代模型的验证平台结构

数据驱动到 interface 上，实际上就实现了和 DUT 一样的功能，即完成了快速建立 DUT 替代模型的目标。

9.3.3　优点

优点如下：

(1) 将参考模型和 DUT 替代模型通过配置选项进行无缝切换，从而实现一份代码两重作用，即实现了代码的重用，提升了开发效率。

(2) 将参考模型和记分板以一种简明的方式在验证组件记分板里实现，简化了验证平台组件中的端口的连接，即简化了组件之间的通信，从而实现在模块级的验证工作中，进一步提升了开发效率。

(3) 规范了用于记分板中顺序的结果比较和乱序的结果比较的通用结构。

(4) 可以根据需要实现部分 RTL 和 RTL 的替代模型一起仿真运行的目的，从而起到缩短工期，提升项目推进进度的作用。

9.3.4　具体步骤

由于常见的记分板中比较器分为顺序的结果比较和乱序的结果比较，因此下面分别针对两种比较应用的场景给出两种不同的应用结构。

1. 顺序结果比较的记分板结构

第 1 步，声明 uvm_blocking_get_port 端口 req_port 和 rslt_port，用于分别接收来自输入/输出 interface 上监视到的输入激励 transaction_req 和 DUT 运算的结果 transaction_rslt。需要在验证环境里使用 fifo 完成 monitor 与 scoreboard 的 TLM 通信连接。

第 2 步，从 uvm_config_db 配置数据库里获取配置对象 cfg，并根据配置选项 add_rtl_model 来选择是否继续获取输出端驱动的 interface。

第 3 步，编写并调用 predictor 的方法计算期望结果，并写入期望队列。

第 4 步，根据配置选项决定是否将运算得到的期望结果驱动到输出端 interface 上，从而快速建立 DUT 的替代模型。

第 5 步，根据配置选项来对运算的期望结果和 DUT 实际输出的结果进行比较。

第 6 步，最终期望队列应该为空，如果不为空，则报错。

代码如下：

```
class in_order_scoreboard extends uvm_scoreboard;
    `uvm_component_utils(in_order_scoreboard)
    uvm_blocking_get_port #(transaction_req) req_port;
    uvm_blocking_get_port #(transaction_rslt) rslt_port;

    virtual rslt_interface vif;
    config_object cfg;

    function new(string name = "in_order_scoreboard",uvm_component parent = null);
        super.new(name, parent);
    endfunction

    function void build_phase(uvm_phase phase);
        req_port = new("req_port", this);
        rslt_port = new("rslt_port", this);

        if(!uvm_config_db#(config_object)::get(this,"","cfg",this.cfg))begin
            `uvm_fatal(this.get_name(),"config not found in config db")
        end
        if(cfg.add_rtl_model) begin
              if(!uvm_config_db#(virtual rslt_interface)::get(this,"","vif",this.
vif))begin
                `uvm_fatal(this.get_name(),"interface not found in config db")
            end
        end
    endfunction

    task run_phase(uvm_phase phase);
        transaction_req req;
        transaction_rslt exp;
        transaction_rslt act;
        transaction_rslt exp_q[$];

        exp = new("exp");
        fork
            //调用 predictor 的方法计算期望结果,并写入期望队列
            forever begin
                req_port.get(req);
                exp = predict_rslt(req);
                exp_q.push_back(exp);
            end
            //根据配置选项决定是否将运算得到的期望结果驱动到输出端 interface 上
            if(cfg.add_rtl_model) begin
                forever begin
                    @(vif.drv);
                    vif.drv.data <= exp.data;
                end
```

```
            end
            //根据配置选项来对运算的期望结果和 DUT 实际输出的结果进行比较
            if(!cfg.add_rtl_model) begin
                forever begin
                    rslt_port.get(act);
                    if(exp_q.size())begin
                        if(act.compare(exp_q.pop_front()))
                            `uvm_info(this.get_name,"PASS",UVM_LOW)
                        else
                            `uvm_error(this.get_name,"FAIL")
                    end
                    else
                        `uvm_error(this.get_name,"FAIL")
                end
            end
        join
    endtask

    function void check_phase(uvm_phase phase);
        if(exp_q.size())   `uvm_error(this.get_name,"FAIL")
    endfunction
endclass
```

2. 乱序结果比较的记分板结构

和上面的结构类似，增加了对 transaction 中的 id 进行查找的逻辑，其余基本一样。

第 1 步，声明 uvm_blocking_get_port 端口 req_port 和 rslt_port，用于分别接收来自输入/输出 interface 上监视到的输入激励 transaction_req 和 DUT 运算的结果 transaction_rslt。需要在验证环境里使用 fifo 完成 monitor 与 scoreboard 的 TLM 通信连接。

第 2 步，从 uvm_config_db 配置数据库里获取配置对象 cfg，并根据配置选项 add_rtl_model 来选择是否继续获取输出端驱动的 interface。

第 3 步，编写并调用 predictor 的方法计算期望结果，然后根据计算得到的 id 信息查找 DUT 实际运算结果 act_q 队列中是否存在对应的 transaction，如果存在，则根据配置选项进行比较，如果不存在，则将期望结果写入 exp_q 期望队列。

第 4 步，根据配置选项决定是否将运算得到的期望结果驱动到输出端 interface 上，从而快速建立 DUT 的替代模型。

第 5 步，根据配置选项来将运算的期望结果和 DUT 实际输出的结果进行比较，这里类似上面的第 3 步，根据 id 查找期望队列 exp_q 中是否存在对应的 transaction，如果存在，则根据配置选项进行比较，如果不存在，则将 DUT 的实际结果写入 act_q 实际结果队列。

第 6 步，最终检查上面两个队列是否为空，如果不为空，则报错。

代码如下：

```
class out_of_order_scoreboard extends uvm_scoreboard;
    `uvm_component_utils(out_of_order_scoreboard)
    uvm_blocking_get_port #(transaction_req) req_port;
```

```
    uvm_blocking_get_port#(transaction_rslt) rslt_port;

    virtual rslt_interface vif;
    config_object cfg;

    function new(string name = "out_of_order_scoreboard",uvm_component parent = null);
        super.new(name, parent);
    endfunction

    function void build_phase(uvm_phase phase);
        req_port = new("req_port", this);
        rslt_port = new("rslt_port", this);

        if(!uvm_config_db#(config_object)::get(this,"","cfg",this.cfg))begin
            `uvm_fatal(this.get_name(),"config not found in config db")
        end
        if(cfg.add_rtl_model) begin
              if(! uvm_config_db # (virtual rslt_interface):: get(this,"","vif", this.
vif))begin
                `uvm_fatal(this.get_name(),"interface not found in config db")
            end
        end
    endfunction

    task run_phase(uvm_phase phase);
        transaction_req req;
        transaction_rslt exp;
        transaction_rslt act;
        transaction_rslt exp_q[ $ ];
        transaction_rslt act_q[ $ ];
        transaction_rslt exp_tmp;
        transaction_rslt act_tmp;

        exp = new("exp");
        fork
            //调用predictor的方法计算期望结果,然后根据id查找结果决定进行比较还是写入
            //期望队列
            forever begin
                req_port.get(req);
                exp = predict_rslt(req);
                if(!cfg.add_rtl_model) begin
                    if(act_q.exists(exp.id))begin
                        act_tmp = find_by_id(exp.id);
                        if(act.compare(exp_tmp))
                            `uvm_info(this.get_name,"PASS",UVM_LOW)
                        else
                            `uvm_error(this.get_name,"FAIL")
                    end
                    else begin
                        exp_q.push_back(exp);
                    end
                end
```

```
                else begin
                    exp_q.push_back(exp);
                end
            end
            //根据配置选项决定是否将运算得到的期望结果驱动到输出端 interface 上
            if(cfg.add_rtl_model) begin
                forever begin
                    @(vif.drv);
                    vif.drv.data <= exp.data;
                end
            end
            //根据配置选项来对运算的期望结果和 DUT 实际输出的结果进行比较
            if(!cfg.add_rtl_model) begin
                forever begin
                    rslt_port.get(act);
                    if(exp_q.exists(act.id))begin
                        exp_tmp = find_by_id(act.id);
                        if(act.compare(exp_tmp))
                            `uvm_info(this.get_name,"PASS",UVM_LOW)
                        else
                            `uvm_error(this.get_name,"FAIL")
                     end
                     else begin
                         act_q.push_back(act);
                     end
                end
            end
        join
    endtask

    function void check_phase(uvm_phase phase);
        if(exp_q.size() || act_q.size())
            `uvm_error(this.get_name,"FAIL")
    endfunction
endclass
```

可以看到，通过上述方法可以快速建立 DUT 的替代模型，并且应用记分板的标准化方法，可以很方便地满足顺序结果和乱序结果的比较，从而提升验证效率，缩短芯片项目工期。

第10章

支持乱序比较的记分板的快速实现方法

10.1　背景技术方案及缺陷

10.1.1　现有方案

通常验证开发人员为了检查DUT功能的正确性，需要编写参考模型，然后会将同样的激励发送给参考模型和DUT，然后各自运算后被送到比较器进行比较，即通过比较运算结果是否一致，来判断DUT功能的正确性，如图9-3所示。

10.1.2　主要缺陷

通常验证开发人员为了验证芯片功能点的正确性，基本会使用上述记分板的结构实现对其进行检查，但是以上方案存在两个主要缺陷。

第1个缺陷：重复性编码导致的开发效率低的问题。

验证开发人员需要各自针对不同的项目及不同的模块开发各自的记分板组件来对芯片功能进行检查，一个复杂的RTL设计中通常含有大量的子模块，针对这些子模块分别编写记分板组件则存在大量的重复性编码工作，导致整个验证团队的开发效率变低，白白消耗了验证开发人员的时间和精力。

第2个缺陷：基于UVM验证方法学提供的记分板快速实现组件（uvm_algorithmic_comparator组件）存在使用的局限性。

为了解决上述问题，UVM验证方法学提供了一种记分板的快速实现方式，即通过uvm_algorithmic_comparator类实现，可以有效地提升验证开发人员的开发效率，但是仅支持参考模型运算的期望结果和实际结果的顺序比较检查，而在实际项目中，很多情况下需要进行乱序比较，因此具有其使用上的局限性。

10.2　解决的技术问题

避免上述缺陷：

（1）使用一种通用的记分板实现架构来避免重复性的编码工作，从而提升验证开发人员的工作效率。

(2) 在基于 UVM 验证方法学的基础上进行改进，实现既支持顺序的比较检查又支持乱序的比较检查，从而打破原本使用上的局限性。

10.3 提供的技术方案

10.3.1 结构

本章使用的记分板结构示意图如图 10-1 所示。

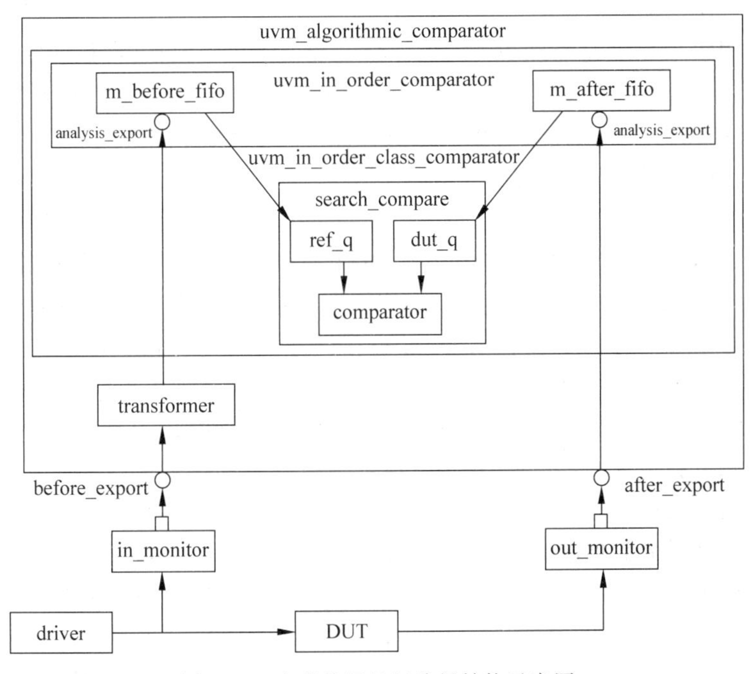

图 10-1　本章使用的记分板结构示意图

通过验证环境中的 driver 来驱动输入激励，从而施加给 DUT，与此同时通过 in_monitor 来监测输入接口上的信号并封装成事务数据，并将该事务数据广播给 UVM 提供的 uvm_algorithmic_comparator，然后会经由 transformer 组件通过 transform 方法来预测输出的期望结果，并写入 m_before_fifo 进行缓存。

DUT 通过对输入激励进行运算将结果信号输出到输出端口上，此时 out_monitor 监测输出接口上的信号并封装成事务数据，并将该事务数据广播给 UVM 提供的 uvm_algorithmic_comparator，此时将直接写入 m_after_fifo 进行缓存。

接着不断地从上述两个缓存 fifo 中获取事务数据，并调用支持乱序查找比较的算法 search_compare 来完成对转换器组件预测输出的期望结果和 DUT 实际输出结果的检查比较，在此过程中写入相应的缓存队列，从而判断 DUT 运算功能的正确性。

10.3.2 原理

在验证环境中，在记分板组件的组成结构中除了计算期望值的方法不一样以外，其剩余结构基本相同，因此可以使用一种通用的结构来减少重复性的编码工作，从而提升验证开发人员的工作效率。

UVM 提供了一个比较器 uvm_algorithmic_comparator 类，用于快速地实现记分板。该类 uvm_algorithmic_comparator 作为一个参数化的类，其接收以下 3 个参数。

(1) BEFORE：监测器监测到的待测设计输入端口的事务数据，其需要被预测转换为输出端口事务类型的期望结果。

(2) AFTER：监测器监测到的待测设计输出端口的事务数据，即被转换后的事务数据类型。需要在该事务数据类型里编写实现字符串转换方法 convert2string 和比较接口方法 do_compare 以供比较器调用来进行检查比较和打印操作。

(3) TRANSFORMER：一个包含用于根据输入激励计算期望结果的名称为 transform 方法的 UVM 组件。

上述比较器通过 TLM 通信端口来接收 DUT 输入和输出端的事务数据，然后以 DUT 输入端事务数据作为转换器的输入参数来计算期望结果，将期望结果存入 m_before_fifo 里，然后将 DUT 输出端事务数据存入 m_after_fifo 里。最后在 run phase 里分别从这两个缓存 fifo 里取出输出并进行比较。

但是上述方法仅支持顺序比较，如果要进行乱序比较，则需要从上述两个 fifo 里分别取出输入和输出端事务数据，然后分别调用支持乱序查找比较的算法 search_compare 来完成对转换器组件预测输出的期望结果和 DUT 实际输出结果的检查比较。

该乱序比较算法的原理图如图 10-2 所示。

首先通过两个并行线程来不断地从上述两个 fifo(图中的 before_fifo 和 after_fifo)中取期望结果的事务数据和实际 DUT 运算输出结果的事务数据。

然后在查找队列(图中的 search_q)里进行查找匹配，如果匹配成功，则代表比对通过(图 10-2 中的 search_q. match 进行匹配判断，如果匹配成功，则进入“是”分支继续执行)，则此时在查找队列里将该匹配到的事务数据删除(图 10-2 中的 search_q. delete)，如果没有匹配成功，则将未匹配到的事务数据写入保存队列(图 10-2 中的 save_q. push_back)，供之后的事务数据进行匹配。

不断重复上述过程，直到最后两边的队列都被匹配完毕。

最后检查这两个队列是否都已经被清空，如果是，则仿真通过，否则仿真失败。

10.3.3 优点

优点如下：

(1) 使用通用的记分板实现架构来避免重复性的编码工作，从而提升验证开发人员的工作效率。

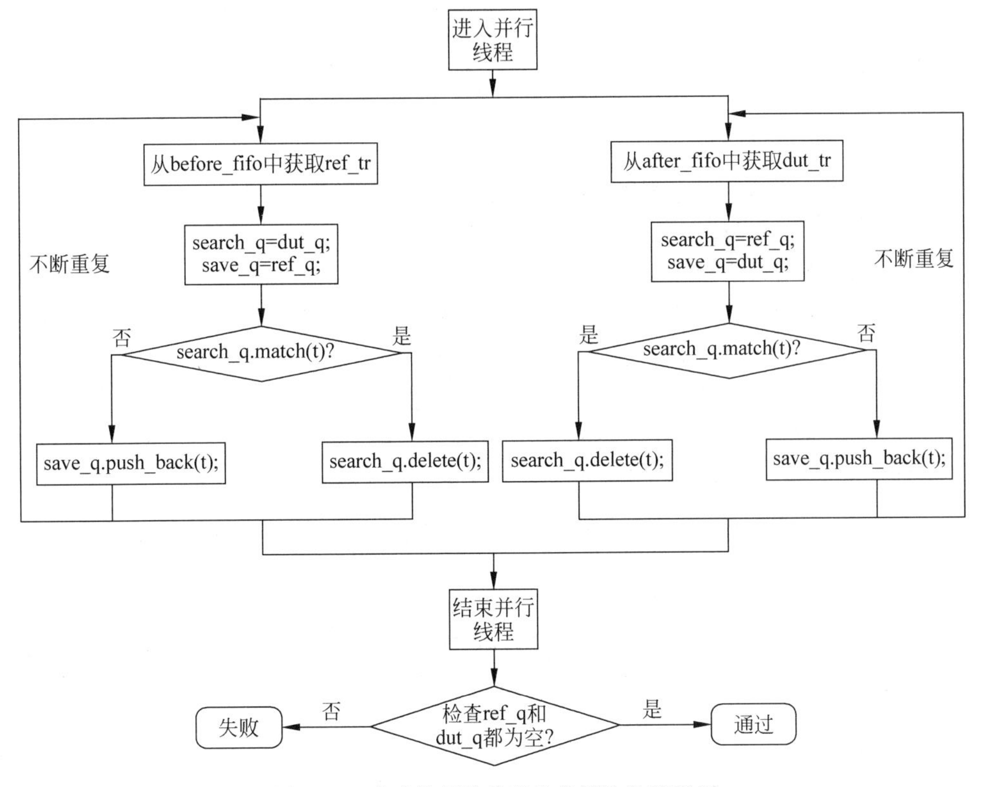

图 10-2 本章使用的乱序比较算法的原理图

(2) 在基于 UVM 验证方法学的基础上进行改进,实现既支持顺序的比较检查又支持乱序的比较检查,从而打破原本使用上的局限性。

(3) 本章的乱序比较算法无须匹配乱序标签 id 即可实现对乱序的比较,实现起来更加简单,而且该算法使用了双队列和双线程进行实现,查找比较的效率更高。

(4) 利用类的多态特性,与 UVM 方法学进行兼容,提供了对比较器工作模式的配置接口,可以根据实际项目情况灵活地进行配置,以快速实现记分板的顺序或乱序检查比较。

(5) 可以实现仅对有效输出事务数据进行检查比较,可以大大减少在验证环境中的无效事务数据,提升了仿真效率,对于大型复杂芯片的仿真验证场景比较有帮助。

10.3.4 具体步骤

第 1 步,对 UVM 提供的基类进行改造以支持乱序比较。

具体包括以下 5 个小步骤:

(1) 在 UVM 库类的全局定义文件 uvm_object_globals 中增加枚举数据类型 uvm_comparator_mode_enum,用于设定比较器的工作模式,其中默认为 UVM_COMPARATOR_IN_ORDER,即顺序比较模式,也可配置为乱序比较模式 UVM_COMPARATOR_OUT_OF_ORDER,代码如下:

```
//uvm_object_globals.svh
typedef enum bit { UVM_COMPARATOR_IN_ORDER = 0, UVM_COMPARATOR_OUT_OF_ORDER = 1 } uvm_
comparator_mode_enum;
```

（2）在比较器 uvm_algorithmic_comparator 中增加配置工作模式的接口方法，以供用户配置比较器的工作模式。另外需要改写广播端口的接收 write()方法以根据 transformer 输出转换的期望结果是否有效来将期望结果写入对应的缓存 m_before_fifo 中，这样可以减少验证环境中总体的有效事务数据数量，提升仿真效率，代码如下：

```
//uvm_algorithmic_comparator.svh
function void cfg_comparator_mode(uvm_comparator_mode_enum cfg_mode);
    comp.mode = cfg_mode;
endfunction

function void write(input BEFORE b);
    AFTER tr;
    bit vld;
    tr = m_transformer.transform(b,vld);
    if(vld)
      comp.before_export.write( tr );
endfunction
```

（3）在顺序比较器 uvm_in_order_comparator 中增加获取本地成员变量，即其父类 uvm_in_order_class_comparator 要用到的缓存 fifo（m_before_fifo 和 m_after_fifo）的接口方法，代码如下：

```
//class uvm_in_order_comparator in uvm_in_order_comparator.svh
function uvm_tlm_analysis_fifo #(T) get_before_fifo();
    return m_before_fifo;
endfunction

function uvm_tlm_analysis_fifo #(T) get_after_fifo();
    return m_after_fifo;
endfunction
```

（4）利用类的多态特性，在顺序比较器父类 uvm_in_order_class_comparator 中对其子类 uvm_in_order_comparator 的 run_phase 方法进行重写，从而实现对乱序比较功能的支持，同时对此前顺序比较功能进行兼容支持，可通过配置比较器的工作模式实现。事实上顺序比较是一种特殊情况下的乱序，因此当比较器被配置为乱序比较工作模式 UVM_COMPARATOR_OUT_OF_ORDER 之后，其既支持顺序的比较又支持乱序的比较。

在这里通过此前原理部分介绍过的乱序搜索比较算法 search_compare 实现快速的乱序比较，具体算法原理因为原理部分已经详细介绍过，所以这里不再赘述。

除此之外，利用 UVM 的 phase 机制，在其即将仿真结束的 check_phase 阶段对缓存的队列进行检查，这里通过断言实现，代码如下：

```
//uvm_in_order_class_comparator.svh
class uvm_in_order_class_comparator #( type T = int )
  extends uvm_in_order_comparator #( T ,
                                     uvm_class_comp #( T ) ,
                                     uvm_class_converter #( T ) ,
                                     uvm_class_pair #( T, T ) );

  typedef uvm_in_order_class_comparator #(T) this_type;

  `uvm_component_param_utils(this_type)

  uvm_comparator_mode_enum mode = UVM_COMPARATOR_IN_ORDER;
  T ref_q[ $ ];
  T dut_q[ $ ];

  const static string type_name = "uvm_in_order_class_comparator #(T)";

  function new( string name  , uvm_component parent);
    super.new( name, parent );
  endfunction

  virtual function string get_type_name ();
    return type_name;
  endfunction

  virtual task run_phase(uvm_phase phase);
    case(mode)
      UVM_COMPARATOR_IN_ORDER:begin
        super.run_phase(phase);
      end
      UVM_COMPARATOR_OUT_OF_ORDER:begin
        uvm_tlm_analysis_fifo #(T) before_fifo = get_before_fifo();
        uvm_tlm_analysis_fifo #(T) after_fifo = get_after_fifo();
        T ref_tr;
        T dut_tr;

        fork
          forever begin
            before_fifo.get(ref_tr);
            search_compare(ref_tr, dut_q, ref_q);
          end
          forever begin
            after_fifo.get(dut_tr);
            search_compare(dut_tr, ref_q, dut_q);
          end
        join
      end
    endcase
  endtask

  function void search_compare(T tr, ref T search_q[ $ ], ref T save_q[ $ ]);
```

```
    int indexes[ $ ];

    indexes = search_q.find_first_index(it) with (tr.compare(it));

    if (indexes.size() == 0) begin
      save_q.push_back(tr);
      `uvm_info("SEARCH_COMPARE", $ sformatf("not find in search_q, push back transaction is
 % s",tr.convert2string),UVM_LOW)
      return;
    end
    search_q.delete(indexes[0]);
    `uvm_info("SEARCH_COMPARE", $ sformatf("find in search_q, delete transaction is % s",tr.
convert2string),UVM_LOW)
  endfunction

  function void check_phase(uvm_phase phase);
    super.check_phase(phase);
    REF_Q_NOT_EMPTY_ERR : assert(ref_q.size() == 0) else
    `uvm_error("REF_Q_NOT_EMPTY_ERR", $sformatf("ref_q is not empty!!! It still contains % d
transactions! Please check!", ref_q.size()))
    DUT_Q_NOT_EMPTY_ERR : assert(dut_q.size() == 0) else
    `uvm_error("DUT_Q_NOT_EMPTY_ERR", $sformatf("dut_q is not empty!!! It still contains % d
transactions! Please check!", dut_q.size()))
  endfunction
endclass
```

(5) 在 DUT 的输出端监测器监测得到的事务数据类型中需要编写实现字符串转换方法 convert2string 及用于比较的 do_compare 方法，以便在上述搜索比较算法 search_compare 中使用，代码如下：

```
//out_trans.svh
class out_trans extends uvm_sequence_item;
    `uvm_object_utils(out_trans)

   rand logic vld_o;
   rand logic[3:0] result;

   function new(string name = "");
      super.new(name);
   endfunction : new

   function bit do_compare(uvm_object rhs, uvm_comparer comparer);
      out_trans RHS;
      bit     same;

      if (rhs == null)
        `uvm_fatal("RESULT TRANSACTION","Tried to do comparison to a null pointer");
      if (! $cast(RHS,rhs))
        same = 0;
      else
```

```
        same = super.do_compare(rhs, comparer) &&
                (RHS.vld_o == vld_o) &&
                (RHS.result == result);
      return same;
    endfunction : do_compare

    function string convert2string();
      string s;
      s = $sformatf("vld_o: %b, result : %0d",vld_o,result);
      return s;
    endfunction : convert2string
  endclass : out_trans
```

第 2 步，创建 transformer 组件，在其中实现 transform 方法，用于将输入激励的事务数据类型转换为期望的输出结果的事务数据类型。

这里 transform 方法包括输出一个比特的 vld 有效位信号，用于指示本次转换输出的期望结果是否会被写入比较器的 m_before_fifo 缓存中以进行检查比较，代码如下：

```
//transformer.svh
class transformer extends uvm_component;
  `uvm_component_utils(transformer)

  bit[3:0] result_q[ $ ];

  function new (string name, uvm_component parent);
    super.new(name, parent);
    for(bit[3:0] i = 1;i <= 'd10;i++)begin
      result_q.push_back(i);
    end
    result_q.shuffle();
  endfunction : new

  function out_trans transform(in_trans in_tr,output bit vld);
    out_trans out_tr;;
    out_tr = new("out_tr");

    if(in_tr.vld_i)begin
      if(result_q.size())begin
        out_tr.vld_o = 1;
        out_tr.result = result_q.pop_front();
      end
      else begin
        out_tr.vld_o = 0;
        out_tr.result = 0;
      end
    end
    else begin
      out_tr.vld_o = 0;
      out_tr.result = 0;
```

```
    end
    `uvm_info("TRANSFORMER", $sformatf("predict out trans is %s",out_tr.convert2string),
UVM_LOW)
    if(out_tr.vld_o)begin
      vld = 1;
      return out_tr;
    end
    else begin
      vld = 0;
      return null;
    end
  endfunction
endclass
```

第3步，在验证环境组件中快速实现记分板功能。

具体包括以下两个小步骤：

(1) 在验证环境组件中例化 transformer 和 uvm_algorithmic_comparator，在例化比较器时把转换器作为输入参数进行传入。

(2) 对监测器的广播端口与 uvm_algorithmic_comparator 的接收端口进行连接。

这里比较器的接收端口 before_export 用于接收 DUT 输入端口的事务数据，比较器的接收端口 after_export 用于接收 DUT 输出端口的事务数据，代码如下：

```
//env.svh
class env extends uvm_env;
  `uvm_component_utils(env)

  agent          agent_h;

  uvm_algorithmic_comparator #(in_trans, out_trans, transformer) comparator;
  transformer transf;

  function void build_phase(uvm_phase phase);
    agent_h    = agent::type_id::create ("agent_h",this);
    agent_h.is_active = UVM_ACTIVE;

    transf = new("transf",this);
    comparator = new("comparator",this, transf);
    comparator.cfg_comparator_mode(UVM_COMPARATOR_OUT_OF_ORDER);
  endfunction : build_phase

  function void connect_phase(uvm_phase phase);
    agent_h.in_ap.connect(comparator.before_export);
    agent_h.out_ap.connect(comparator.after_export);
  endfunction : connect_phase

  function new (string name, uvm_component parent);
    super.new(name,parent);
  endfunction : new
endclass
```

第 4 步，编写激励序列，然后在测试用例中启动，以此来对记分板功能进行验证测试，代码如下：

```
//random_sequence.svh
class random_sequence extends uvm_sequence #(in_trans);
   `uvm_object_utils(random_sequence)

   in_trans tr;

   function new(string name = "random_sequence");
      super.new(name);
   endfunction : new

   virtual task body();
      repeat (10) begin
         tr = in_trans::type_id::create("tr");
         tr.vld_i = 1;
         start_item(tr);
         finish_item(tr);
         `uvm_info("RANDOM SEQ", $sformatf("random tr: %s", tr.convert2string), UVM_LOW)
      end
      repeat (10) begin
         tr = in_trans::type_id::create("tr");
         start_item(tr);
         assert(tr.randomize());
         finish_item(tr);
         `uvm_info("RANDOM SEQ", $sformatf("random tr: %s", tr.convert2string), UVM_LOW)
      end
   endtask : body
endclass : random_sequence

//base_test.svh
class base_test extends uvm_test;
   `uvm_component_utils(base_test)
   env        env_h;

   function void build_phase(uvm_phase phase);
      env_h = env::type_id::create("env_h",this);
   endfunction : build_phase

   function void end_of_elaboration_phase(uvm_phase phase);
      uvm_top.print_topology();
   endfunction : end_of_elaboration_phase

   function new (string name, uvm_component parent);
      super.new(name,parent);
   endfunction : new
endclass
```

```
//demo_test.svh
class demo_test extends base_test;
   `uvm_component_utils(demo_test)

   random_sequence random_seq;

   function new(string name, uvm_component parent);
      super.new(name,parent);
      random_seq = random_sequence::type_id::create("random_seq");
   endfunction : new

   task main_phase(uvm_phase phase);
      phase.raise_objection(this);
      random_seq.start(env_h.agent_h.sequencer_h);
      #100;
      phase.drop_objection(this);
   endtask
endclass
```

等待仿真结束,最终可以看到仿真通过了。

第 11 章 对固定延迟输出结果的 RTL 接口信号的 monitor 的简便方法

11.1 背景技术方案及缺陷

11.1.1 现有方案

在做数字芯片验证时，常常会遇到有些 RTL 设计会在接收到有效的输入端 req 请求信号之后，经过固定的时钟延迟(latency)后输出相应的 rslt 结果，即对每个输入端 req 请求都需要固定的时钟周期(cycle)来运算并输出结果。

如图 11-1 所示，这是上述固定 latency 输出结果的 RTL 设计的简单示例框图，图 11-2 是该类 RTL 设计的时序示例图。

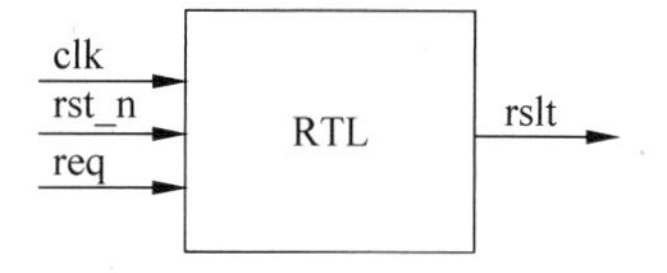

图 11-1 固定 latency 输出结果的 RTL 设计示例框图

该示例 RTL 设计非常简单，输入端口有时钟信号 clk，低电平有效复位信号 rst_n，请求信号 req，输出端结果 rslt 信号。

从图 11-2 中可以看到，在复位信号 rst_n 被拉高之后，开始发送 req 请求信号 req1、req2…req*n*，然后经过固定的时钟 latency(这里固定的 latency 为 4 个 cycle)之后运算完成并输出结果 rslt1、rslt2…rslt*n*。

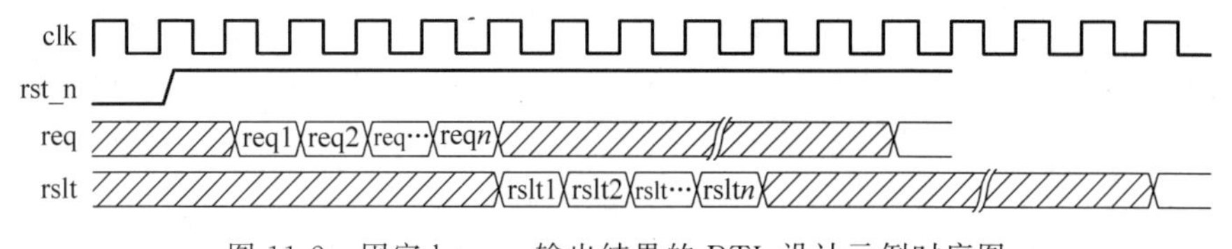

图 11-2 固定 latency 输出结果的 RTL 设计示例时序图

而在基于 UVM 的验证环境中，往往需要通过 monitor 来监测 interface 上的信号数据，然后封装成相应 transaction，并通过内部的通信端口将封装好的 transaction 发送给验证环境中需要对该数据进行处理或分析的组件或对象。

其中，对这种固定 latency 输出结果的 RTL 设计上 interface 信号的监测，常常需要保证在 transaction 中监测封装到的请求 req 信号和结果 rslt 信号要一一对应，即将两者的信号封装到同一个 transaction 中。

要实现上述目标，一般现有的方案是通过移位寄存实现的，即先定义一个较宽的数组或信号，然后对每个 cycle 进行移位，移位固定 latency 数量个 cycle 之后，同时采样当前的 req 和 rslt 信号，这样即可将请求和结果封装到同一个 transaction 中去。

以上面 RTL 设计为例，monitor 的具体实现，代码如下：

```
//demo_monitor.sv
class demo_monitor extends uvm_monitor;
    virtual demo_interface vif;
    uvm_analysis_port #(demo_trans) ap;
    demo_trans tr;
    demo_trans tr_q[$];
    ...

    task run_phase(uvm_phase phase);
        for(int i=0;i<5;i++) begin
            tr_q[i] = demo_trans::type_id::create($sformatf("tr_q[%d]",i));
        end

        fork
            shift_req;
            mon_trans;
        join_none
    endtask

    task shift_req;
        forever begin
            @(vif.mon);
            for(int i=4;i>0;i--)begin
                tr_q[i].copy(tr_q[i-1]);
            end
            tr_q[0].req = vif.mon.req;
        end
    endtask

    task mon_trans;
        forever begin
            @(vif.mon);
            tr_q[4].rslt = vif.mon.rslt;
            ap.write(tr_q[4]);
        end
    endtask
endclass
```

可以看到，这里主要分为以下 3 个步骤：

第 1 步，通过 shift_req 的 task 来对 interface 上的请求 req 信号进行移位寄存，将数据寄存在 tr_q 队列里。

第 2 步，通过 mon_trans 将运算结果 rslt 采样封装到固定 latency 之后的移位寄存请求

tr_q[4]里。

第 3 步,调用通信端口将监测封装好的 transaction 广播发送出去。

11.1.2 主要缺陷

通常验证开发人员对于固定 latency 输出结果的 RTL 设计上的 interface 信号的监测会采用上述方案,该方案可行,但编写起来比较麻烦,比较容易出错,具体体现在以下两个方面:

(1) 需要使用 for 循环语句来对移位寄存的 transaction 队列中的元素进行逐一实例化。

(2) 需要再次使用 for 循环语句来完成对请求 req 信号的移位寄存。

因此,需要一种更为简便的对固定延迟输出结果的 RTL 接口信号的监测方法,从而尽可能地简化 monitor 代码的编写,减少出错的可能性。

11.2 解决的技术问题

实现一种更为简便的对固定延迟输出结果的 RTL 接口信号的监测方法,从而尽可能地简化 monitor 代码的编写,减少出错的可能性。

11.3 提供的技术方案

11.3.1 结构

基于 UVM 验证方法学来搭建对 RTL 设计的验证平台,因此结构上并无改动。

UVM 验证平台的典型架构示意图如图 1-1 所示。

11.3.2 原理

monitor 的算法实现流程如图 11-3 所示。

通过一个单 bit 的同步信号 sync_bit 来对监测到的请求 req 信号进行延迟固定的 latency,随后由于 RTL 设计中的硬件是一个流水线的结构,不再需要进行延迟,因此会将 sync_bit 置为 1,随后从 trans_q 队列中取出之前被缓存的 transaction 并监测封装运算结果 rslt,最后利用通信端口对外进行广播。

11.3.3 优点

简化了对于固定 latency 输出结果的 RTL 设计上的 interface 信号的监测的原有方案,主要体现在以下两点:

(1) 利用队列数据类型及其内置方法,不再需要像原方案中使用 for 循环语句那样对移位寄存的 transaction 队列中的元素进行逐一实例化,从而简化代码的编写过程。

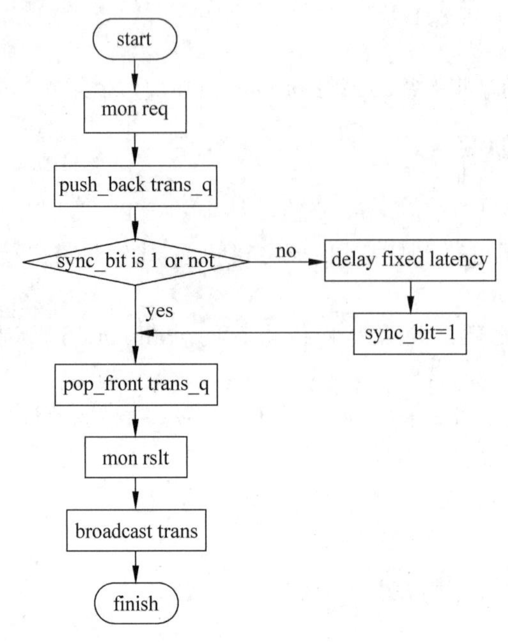

图 11-3　monitor 的算法实现流程图

（2）利用单 bit 数据类型的同步 sync_bit 进行同步，不再需要再次使用 for 循环语句来完成对请求 req 信号的移位寄存。

11.3.4　具体步骤

依然以图 11-1 中的 RTL 设计为例，来说明这种简便的 monitor 实现方法的具体步骤。

第 1 步，监测请求 req 信号并写入队列 trans_q。

第 2 步，判断单 bit 同步信号 sync_bit 的值，如果为 0，则延迟固定的 latency，如果为 1，则进入下一步。

第 3 步，从队列 trans_q 中取出之前被缓存的 trans 并监测封装运算结果 rslt。

第 4 步，将监测封装好的 transaction 利用通信端口对外进行广播，代码如下：

```
//demo_monitor.sv
class demo_monitor extends uvm_monitor;
    virtual demo_interface vif;
    uvm_analysis_port #(demo_trans) ap;
    demo_trans tr;
    demo_trans tr_q[ $ ];
    ...

    task run_phase(uvm_phase phase);
        fork
            mon_req;
            mon_rslt;
        join_none
    endtask
```

```
    task mon_req;
        forever begin
            tr = demo_trans::type_id::create("tr");
            @(vif.mon);
            tr.req = vif.mon.req;
            tr_q.push_back(tr);
        end
    endtask

    task mon_rslt;
        static bit sync_bit = 'b0;
        forever begin
            tr = demo_trans::type_id::create("tr");
            if(!sync_bit)begin
                repeat(5)begin
                    @(vif.mon);
                end
                sync_bit = 'b1;
            end
            else begin
                @(vif.mon);
            end
            tr = tr_q.pop_front();
            tr.rslt = vif.mon.rslt;
            ap.write(tr);
        end
    endtask
endclass
```

第 12 章

监测和控制 DUT 内部信号的方法

12.1 背景技术方案及缺陷

12.1.1 现有方案

在对 RTL 设计(DUT)做验证时,常常会有以下需求:

(1) 有时需要可以直接访问 RTL 设计的内部信号,以此来给定一个值,例如根据存储文件给内部存储赋初始值。

(2) 有些测试用例需要 force 内部信号进行人为错误注入的验证。

(3) 对 RTL 设计内部的一些信号增加一些断言以做细节性的检查验证。

(4) 有时需要动态监测 RTL 设计内部的信号值。

而要实现以上需求,即监测和控制 RTL 设计内部的信号,现有的方案是先将需要关注的 RTL 设计内部的信号连接到 interface 上,然后通过 interface 的相关接口方法实现监测和控制。

基于 UVM 实现上述目标的架构如图 12-1 所示。

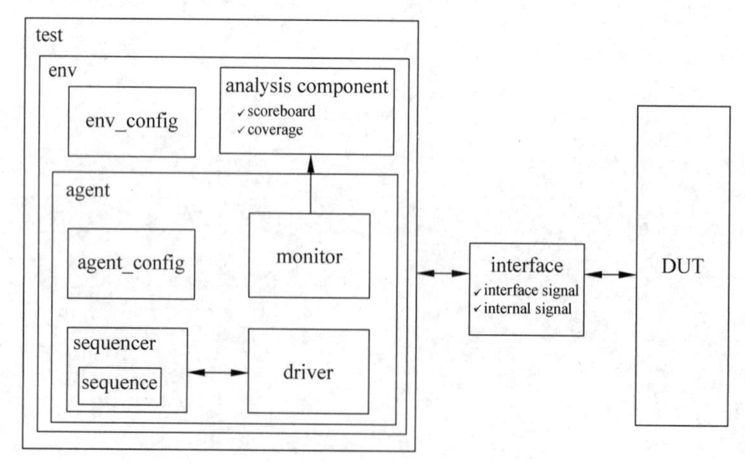

图 12-1　现有方案的架构图

代码如下:

```
//demo_interface.sv
interface demo_interface (
    input clk,
    input rst,
    input[4:0] interface_signal,
    input[4:0] internal_signal);

    task force_internal_signal(bit[3:0] data);
        internal_signal = data;
    endtask

    task release_internal_signal;
        release internal_signal;
    endtask

    ...
endinterface

//top.sv
module top;
    ...

    rtl_demo dut;
    demo_interface demo_intf;

    initial begin
        force dut.interface_signal = demo_intf.interface_signal;
        force dut.internal_signal = demo_intf.internal_signal;
    end
endmodule
```

可以看到，如果要监测 RTL 设计的内部信号，就可将相应的 internal_signal 写到 interface 上，在合适的时间将 RTL 设计的内部信号通过 driver 驱动到 interface 上即可。如果要控制 RTL 设计的内部信号，则可调用其内部的 force_internal_signal 和 release_internal_signal 方法。

12.1.2　主要缺陷

采用上述方案可行，但是主要存在以下一些缺陷：

(1) RTL 设计的内部信号和实际的输入/输出接口信号都通过 interface 实现，需要手动将 RTL 设计的内部信号与该 interface 的相关信号进行连接，如果 RTL 设计层次复杂，则会使后续的验证代码变得不可重用，从而降低了开发效率。

(2) 需要编写实现 RTL 设计的内部信号的 driver 和 monitor 逻辑，甚至在其对应的 transaction 中也要增加相应的信号成员，实现起来较为麻烦。

(3) 只是为了观测 RTL 设计的内部信号就将这些内部信号通过 interface 进行连接和实现，代码冗余笨重，不方便管理，也不符合原先 interface 的使用原则。

所以需要有一种更便捷的监测和控制 DUT 内部信号的方法，来避免出现上述问题。

12.2 解决的技术问题

在实现 12.1.1 节中描述的验证需求的同时，避免 12.1.2 节中提到的缺陷。

12.3 提供的技术方案

12.3.1 结构

DUT 的内部信号可以通过 interface wrapper 轻松获取，然后导入抽象类，并派生其子类，在其子类中重载接口方法，最后通过配置数据库向验证环境传递该子类，然后使验证环境中的组件或对象通过该子类的句柄调用之前重载的接口方法，从而最终实现在验证环境中对 RTL 设计的内部信号进行监测和控制。验证平台架构图如图 12-2 所示。

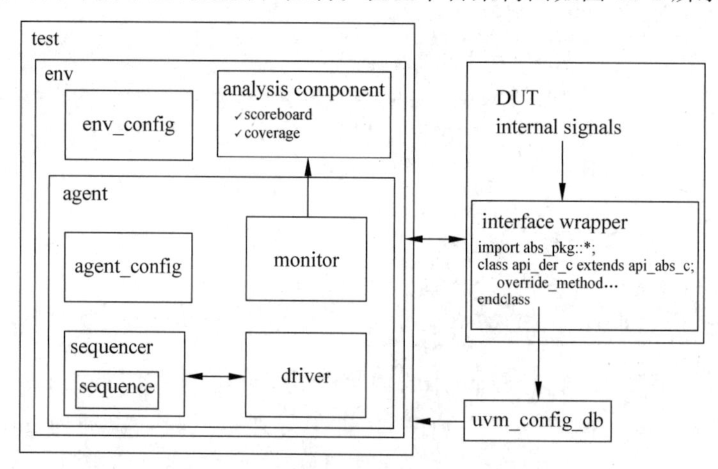

图 12-2 本章使用的验证平台架构图

12.3.2 原理

原理如下：

(1) 因为 interface wrapper 是通过 bind 直接与 DUT 进行绑定的，因此两者的作用域一致，通过 interface wrapper 可以很容易地获取 DUT，即 RTL 设计的内部信号。

(2) 因为需要对获取的 RTL 设计的内部信号进行监测和控制，所以可以通过编写接口方法实现。

(3) 由于验证和设计所在的作用域不一致，因此可以通过类的多态及 UVM 的配置数据库进行通信，这样就可以实现在验证环境的组件或对象中获取接口类的句柄，从而调用接口方法以实现对 RTL 设计的内部信号进行监测和控制。

12.3.3 优点

优点如下：

(1) 使用 interface wrapper 可以方便地获取 RTL 设计的内部信号，不用将其封装在 interface 和 transaction 中进行监测和控制，使开发工作量减少，其代码清晰整洁且易维护。

(2) 使用类的多态方法来完成设计和验证环境之间接口方法的同步，解决了原先设计和验证环境作用域不同的问题。

(3) 上述监测和控制 DUT 内部信号的方法可以很方便地被其他验证平台所重用，对于大型芯片项目的验证有参考意义。

12.3.4 具体步骤

第 1 步，产生抽象类，在该抽象类里定义一些纯虚方法供 interface wrapper 重载，然后将其封装到 package 里，代码如下：

```
//demo_abs_pkg.sv
package demo_abs_pkg;
    import uvm_pkg::*;

    virtual class api_abs_c extends uvm_object;
        function new(string name);
            super.new();
        endfunction

        pure virtual task force_internal_sig1(bit[3:0] data);
        pure virtual task release_internal_sig1;
        pure virtual task monitor_internal_sig(output logic[3:0] internal_sig1,output logic
[3:0] internal_sig2);
        pure virtual task wait_for_clk(int n);
    endclass
endpackage
```

可以看到定义了抽象类 api_abs_c，并在其中定义了 4 个纯虚方法。

第 2 步，在 interface wrapper 里导入上一步包含抽象类的 package，并继承上一步抽象类以派生子类，并在其中重载之前抽象类中定义的纯虚方法，即后面要用到的一些接口方法。该重载接口方法可以直接访问 RTL 设计中的内部信号。

首先来看 RTL 设计，代码如下：

```
//demo_rtl.sv
module demo_rtl(
    clk,
    reset,
    data_in,
    data_out);
```

```
    input clk;
    input reset;
    input[4:0] data_in;
    output reg[4:0] data_out;

    reg[3:0] internal_sig1 = 'd10;
    reg[3:0] internal_sig2 = 'd11;

    always@(posedge clk) begin
        if(reset)
            data_out <= 'd0;
        else
            data_out <= data_in + 'd1;
    end
endmodule
```

可以看到 RTL 设计中存在两个内部信号，分别是 internal_sig1 和 internal_sig2。然后来看 interface wrapper，代码如下：

```
//demo_interface_wrapper.sv
interface demo_interface_wrapper();
    import uvm_pkg::*;
    import demo_abs_pkg::*;
    ...

    class api_der_c extends api_abs_c;
        function new(string name = "");
            super.new(name);
        endfunction

        task force_internal_sig1(bit[3:0] data);
            demo_rtl.internal_sig1 = data;
        endtask

        task release_internal_sig1;
            release demo_rtl.internal_sig1;
        endtask

        task monitor_internal_sig;
            output logic[3:0] internal_sig1;
            output logic[3:0] internal_sig2;
            interna_sig1 = demo_rtl.internal_sig1;
            interna_sig2 = demo_rtl.internal_sig2;
        endtask

        task wait_for_clk(int n);
            repeat(n) begin
                @(posedge demo_rtl.clk);
            end
        endtask
    endclass
endinterface
```

可以看到在 interface wrapper 中，首先导入了上一步的抽象类所在的 package，然后派生其子类 api_der_c，并在其中重载用于监测和控制 RTL 设计内部信号的接口方法，包括以下几种。

（1）force_internal_sig1：用于将 RTL 设计中的内部信号 internal_sig1 强行赋值。

（2）release_internal_sig1：用于解除对 RTL 设计中的内部信号 internal_sig1 的强行赋值。

（3）monitor_internal_sig：用于监测 RTL 设计中的内部信号并输出。

（4）wait_for_clk：用于等待一定数量的时钟上升沿。

第 3 步，通过 config_db 传递在 interface wrapper 中定义好的派生类，参考代码如下：

```
//demo_interface_wrapper.sv 文件
interface demo_interface_wrapper();
      ...
      api_der_c api;

     function void set_vif();
         api = new("intf_wrapper_api");
uvm_config_db#(api_abs_c)::set(null,"*","intf_wrapper_api",api);
         ...
     endfunction
endinterface
```

第 4 步，在 transactor 中定义抽象类句柄 api，然后从 config_db 中获得上一步传递的派生类，然后在需要的地方调用 api 实现对 RTL 设计的内部信号进行监测和控制，代码如下：

```
//demo_transactor.sv
class demo_transactor extends uvm_component;
     ...
     api_abs_c api;
     logic[3:0] internal_sig1;
     logic[3:0] internal_sig2

     function void build_phase(uvm_phase phase);

         if(!uvm_config_db#(api_abs_c)::get(this,"","intf_wrapper_api",this.api))begin
             `uvm_fatal(this.get_name(),"ERROR -> intf_wrapper_api not find in config db")
         end
     endfunction

     task run_phase(uvm_phase phase);
         api.force_internal_sig1('d15);
         api.monitor_internal_sig(internal_sig1,internal_sig2);
         `uvm_info(this.get_name(), $sformatf("API monitor internal_sig1 is %d,internal_
sig2 is %d",internal_sig1,internal_sig2),UVM_LOW)
         api.wait_for_clk(100);
         api.force_internal_sig1('d13);
         api.monitor_internal_sig(internal_sig1,internal_sig2);
```

```
        `uvm_info(this.get_name(), $sformatf("API monitor internal_sig1 is %d,internal_
sig2 is %d",internal_sig1,internal_sig2),UVM_LOW)
        api.wait_for_clk(100);
    endtask
```

可以看到在 demo_transactor 中首先获取了 api 句柄,然后调用其中的接口方法来完成对 RTL 设计的内部信号进行监测和控制。

第13章 向UVM验证环境中传递设计参数的方法

13.1 背景技术方案及缺陷

13.1.1 现有方案

通常RTL设计中会存在一些设计参数，这些设计参数通常用于RTL内部的逻辑功能设计，而在验证环境中也需要用到这些设计参数，用来实现参考模型和一些检查逻辑，因此在实际的芯片验证工作中，往往需要将RTL设计中的这些设计参数传递到验证环境中以供使用，如图13-1所示。

图13-1 RTL设计向验证环境传递设计参数的示意图

当前RTL设计的参数传递的应用场景主要有以下3种。

(1) 应用场景1：RTL中需要使用的参数是固定的，但是还没有最终确定下来(通常是因为出于与其他模块的功能交互或者性能的考虑，导致设计参数还没有最终确定下来)，并且该参数只会被用于当前的设计模块中，即不会被当作IP来传递参数以例化多份来供不同的顶层模块使用。

(2) 应用场景2：与上面参数的使用场景相反，RTL中需要使用的参数是不固定的，即会被当作IP(Intellectual Property，知识产权，一种可以被商业化和重用的RTL设计代码)来传递参数以例化多份来供不同的顶层模块使用，那么设计人员通常会通过定义parameter参数的方式来传递。在顶层模块例化该RTL设计模块时，只需在例化时指定不同的参数。

(3) 应用场景3：RTL中需要使用的参数是不固定的，但该部分参数一般不会被例化多份，即不会在被用作IP时被设定成不同的参数值。

以上3种RTL设计参数传递的应用场景所对应的现有的向验证环境中进行参数传递的方案分别对应如下3种：

(1) 应用场景1所对应的现有方案：设计人员通常会通过定义宏参数的方式来传递该应用场景下的参数。该宏参数由于语法关系，对设计和验证环境都是全局可见的，因此在验证环境中可以直接使用由设计人员提供的该宏参数。

（2）应用场景2所对应的现有方案：对应的验证环境可以复制多份，在每个验证环境里定义同名但不同值的parameter参数，然后在顶层可重用验证环境中分别例化上面不同parameter参数的环境来使用。

（3）应用场景3所对应的现有方案：直接在验证环境中定义与设计中同名的parameter参数，然后在验证环境中使用即可。

13.1.2 主要缺陷

以上3种应用场景所对应的现有方案的主要缺陷如下。

应用场景1所对应的现有方案的主要缺陷：

（1）如前所述，由于设计参数还没有最终确定下来，随时可能会变动，如修改参数值，甚至会删除该define宏参数，而直接使用一个固定的数值。那么，原本在验证环境中使用的该宏参数就需要被全局修改或者删除，如果在验证环境的很多文件中使用了该宏参数，则一个一个手动确认并修改，工作量较大，从而降低设计和验证人员配合工作的效率，甚至会带来额外的验证调试问题，因此，在实际的验证工作中应该尽可能地避免这种效率较低的工作配合方式。

（2）在理想情况下，RTL设计通过与验证环境共享define宏参数定义的文件，从而实现传参，即验证环境里使用的define宏参数就是RTL设计定义好的，但是往往在RTL设计的define宏参数的名称和数值还没确定下来之前，验证人员就需要去搭建相应的验证环境，很可能验证人员定义的宏参数和设计人员后期所定义的不一致，因此就需要两边的define宏参数名称保持一致，但是事实上很难完全做到这一点，因此需要提供一种灵活的参数映射方式以进行参数化的传递，而且还要与RTL设计中的定义一样，从而避免参数名称定义的冲突，保证参数的唯一性。

（3）由于使用了过多的define宏参数，又由于宏参数分布在各个RTL设计的参数定义文件且是全局可见的关系，对于一个复杂的RTL设计来讲，很可能带来名称冲突而导致作用域不同的错误，给参数管理和调试过程增加了难度，因此应该尽量地避免使用宏参数，即前期可以使用宏参数作为过渡，后期待RTL设计逐渐成熟稳定之后，逐渐减少宏参数的使用，改为parameter参数定义的方式，此时验证环境中的该部分参数也需要相应地进行修改，因此从一开始，在验证环境中最好不要使用这种全局可见的define宏参数，改为另一种限制参数可见范围的参数方式，从而避免由于define宏参数的作用域过广带来的冲突问题。

应用场景2所对应的现有方案的主要缺陷：

由于对应的验证环境代码被复制成了多份，导致代码冗余量巨大，如果一个地方修改，则所有的被复制的代码的位置都需要被手动修改，代码维护的过程非常麻烦，不方便管理，从而降低了开发维护的效率，因此需要有一种只维护一份代码，却可以像IP设计那样达到根据不同的应用场景被传递不同的参数以例化多份的效果，这样就避免了上述代码冗余导致的维护过程困难的问题。

应用场景 3 所对应的现有方案的主要缺陷：

如果 RTL 设计中的 parameter 参数值被修改了，则其所对应的验证环境中的 parameter 参数也要手动进行修改。那么，很可能发生设计人员修改了某一个参数，但是忘记通知验证人员，从而导致验证人员在验证调试的过程中出现了问题，花费了大量调试的时间，结果却是由于设计和验证沟通没有同步的原因导致的，降低了开发的效率，因此需要一种使验证环境中的 parameter 参数自动与 RTL 设计参数同步的代码实现机制。

13.2 解决的技术问题

本节给出 3 种新的改进方案，解决上面描述的 3 种应用场景的现有方案所对应的主要缺陷。

13.3 提供的技术方案

13.3.1 结构

应用场景 1 所对应的改进方案结构示意图如图 13-2 所示。

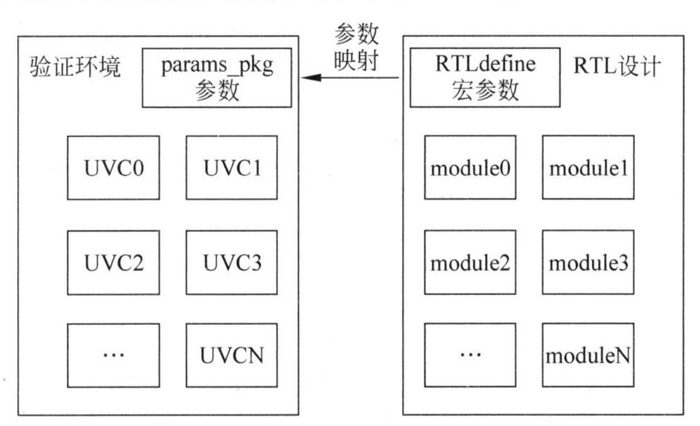

图 13-2 应用场景 1 所对应的改进方案结构

由于 define 宏参数是全局可见的，因此此时验证环境和 RTL 共用一套由设计人员提供的 define 宏参数定义文件，即以 RTL 设计为准，此时可以在验证环境中的每个 UVC 中新增 params_pkg. sv 文件，用于与 RTL 设计中 define 宏参数的一一映射。

应用场景 2 所对应的改进方案如图 13-3 所示。

对于在 RTL 设计中直接例化的 IP 所对应的验证环境来讲，可以通过编写参数化的类来解决，即将 RTL 设计所对应的 UVC 验证环境编写成参数化的类，供在不同的顶层验证环境中例化时指定不同的参数来使用。

应用场景 3 所对应的改进方案如图 13-4 所示。

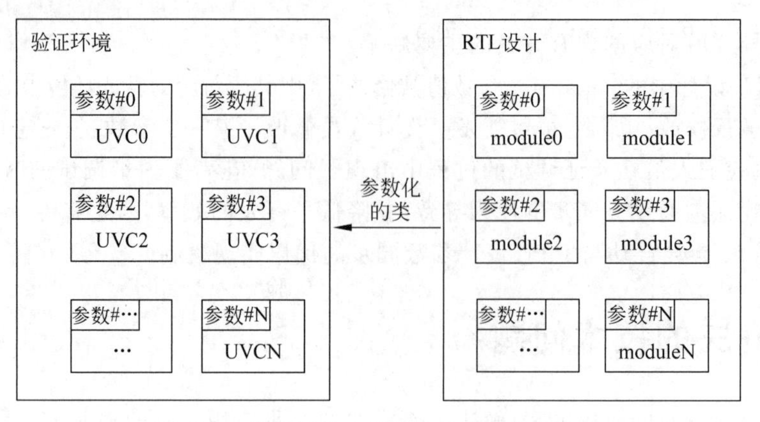

图 13-3 应用场景 2 所对应的改进方案结构

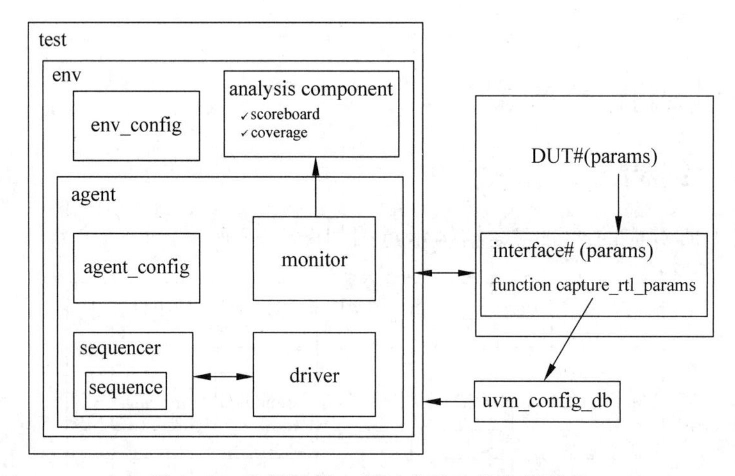

图 13-4 应用场景 3 所对应的改进方案结构

通过 interface wrapper 来定义相应的接口方法，用于获取 RTL 设计中的 parameter 参数，并将其封装到 struct 数据类型中，然后向验证环境中进行传递。

13.3.2 原理

原理如下：

(1) 利用 package 文件的作用域范围控制来避免 define 宏参数的全局范围，即作用域过广的问题。

(2) 利用参数化类的编写方式实现对 UVC 环境的例化传参。

(3) 利用 interface wrapper 的接口方法实现对 RTL 设计中 parameter 参数的自动获取。

13.3.3 优点

应用场景 1 所对应的方案改进点：

(1) 如前所述，由于设计参数还没有最终确定下来，随时可能会变动，如修改参数值，甚至会删除该 define 宏参数，而直接使用一个固定的数值。那么，采用改进后的方案后，原本需要在验证环境中使用的该宏参数就需要被全局修改或者删除，如果在验证环境的很多文件中使用了该宏参数，也不要紧。因为此时不再需要一个一个手动修改，只需确认并修改一个地方，即只修改 params_pkg.sv 文件中对应的映射参数即可，大大提升了开发效率。

(2) 在理想情况下，RTL 设计通过与验证环境共享 define 宏参数定义的文件，从而实现传参，即验证环境里使用的 define 宏参数就是 RTL 设计定义好的，但是往往在 RTL 设计的 define 宏参数的名称和数值还没确定下来之前，验证人员就需要去搭建相应的验证环境，很可能验证人员定义的宏参数和设计人员后期所定义的不一致，因此就需要两边的 define 宏参数名称保持一致，但是事实上很难完全做到这一点，但采用改进后的方案后，此时可以通过灵活的参数映射方式进行参数化的传递，即前期可以由验证人员根据设计文档的要求完成对 parameter 参数的定义，然后等 RTL 设计中 define 宏参数确定下来后做好同步，从而避免了参数名称定义的冲突，保证参数的唯一性。

(3) 由于使用了过多的 define 宏参数，又由于宏参数分布在各个 RTL 设计的参数定义文件且是全局可见的关系，对于一个复杂的 RTL 设计来讲，很可能带来名称冲突而导致作用域不同的错误，给参数管理和调试过程增加了难度，因此应该尽量避免使用宏参数，即前期可以使用宏参数作为过渡，后期待 RTL 设计逐渐成熟稳定之后，逐渐减少宏参数的使用，改为 parameter 参数定义的方式，此时验证环境中的该部分参数也需要相应地进行修改，因此从一开始，在验证环境中最好不要使用这种全局可见的 define 宏参数，改为另一种限制参数可见范围的参数方式，从而避免由于 define 宏参数的作用域过广带来的冲突问题。这里，采用改进后的方案后，改用 parameter 参数方式来与 define 宏参数这种全局可见的参数进行一一映射，从而避免了作用域过广所可能带来的参数冲突问题。

应用场景 2 所对应的方案改进点：

由于对应的验证环境代码被复制成了多份，导致代码冗余量巨大，如果一个地方修改，则所有的被复制的代码的位置都需要被手动修改，代码维护的过程非常麻烦，不方便管理，从而降低了开发维护的效率。采用改进后的方案，通过参数化类的方式可以实现只维护一份代码，却可以像 IP 设计那样达到根据不同的应用场景被传递不同的参数以例化多份的效果，从而避免了上述代码冗余导致的维护过程困难的问题。

应用场景 3 所对应的方案改进点：

如果 RTL 设计中的 parameter 参数值被修改了，则其所对应的验证环境中的 parameter 参数也要手动进行修改。那么，很可能发生设计人员修改了某一个参数，但是忘记通知验证人员，从而导致验证人员在验证调试的过程中出现了问题，花费了大量调试的时间，结果却是由于设计和验证沟通没有同步的原因导致的，降低了开发的效率。采用改进后的方案，通过 interface 中的接口方法自动与 RTL 设计参数进行同步，从而避免了上面的问题。

13.3.4　具体步骤

下面分别针对 3 种应用场景给出相应的改进方案的详细步骤：

1. 应用场景 1 所对应的改进方案

第 1 步，在底层 UVC 可重用环境中新增 params_pkg. sv 文件，并导入当前层次下的 uvc_pkg 中以供该层次验证环境使用，代码如下：

```
//demo_uvc_params_pkg.sv 文件
package demo_uvc_params_pkg;
    parameter params1 = `P1;
    parameter params2 = `P2;
endpackage
```

然后导入当前层次下的 uvc_pkg 中，代码如下：

```
//demo_uvc_pkg.sv
`include "demo_uvc_params_pkg.sv"
package demo_uvc_pkg;
    import demo_uvc_params_pkg::*;
    ...
endpackage
```

第 2 步，在更高层次 UVC 可重用环境中新增本层次所对应的 params_pkg. sv 文件，然后在当前层次下的 uvc_pkg 中导入之前底层的 uvc_pkg 及本层次下的 params_pkg 以供该层次验证环境使用，代码如下：

```
//demo_uvc_env_params_pkg.sv
package demo_uvc_env_params_pkg;
    parameter params3 = `P3;
    parameter params4 = `P4;
endpackage
```

然后将第 1 步的 uvc_pkg 和当前层次下 demo_uvc_env_params_pkg 导入 uvc_pkg 中，代码如下：

```
//demo_uvc_env_pkg.sv
`include "demo_uvc_env_params_pkg.sv"
`include "demo_uvc_pkg.sv"
package demo_uvc_env_pkg;
    import demo_uvc_env_params_pkg::*;
    import demo_uvc_pkg::*;
    ...
endpackage
```

2. 应用场景 2 所对应的改进方案

将原本非参数化的类修改为参数化的类。

第 1 步，修改非参数化类的编写和注册方式。

对于非参数化的类，使用宏 `uvm_component_utils 和 `uvm_object_utils 来注册 object 和 component。

对于参数化的类，使用宏`uvm_object_param_utils 和`uvm_component_param_utils 来

注册 object 和 component，代码如下：

```
//非参数化类的方式
class component_example extends uvm_component;
    `uvm_component_utils(component_example)
    ...
endclass
class object_example extends uvm_object;
    `uvm_object_utils(object_example)
    ...
endclass
//参数化类的方式
class component_example#(int params1, int params2) extends uvm_component;
    `uvm_component_param_utils(component_example#(params1,params2))
    ...
endclass
class object_example#(int params3, int params4) extends uvm_object;
    `uvm_object_param_utils(object_example#(params3,params4))
    ...
endclass
```

对于一个可重用 UVC，例如可封装成 agent，代码如下：

```
//agent_example.sv 文件
class agent_example#(int params1, int params2) extends uvm_agent;
    `uvm_component_param_utils(agent_example#(params1,params2))
    ...
endclass
```

第 2 步，在顶层验证环境中使用参数化的类，修改非参数化类的声明和实例化方式，代码如下：

```
class env_example extends uvm_env;
    `uvm_component_utils(env_example)
    agent_example#(1,2) agent;

    ...

    function void build_phase(uvm_phase phase);
        agent    = agent_example#(1,2)::type_id::create("agent",this);
    endfunction
endclass
```

3. 应用场景 3 所对应的改进方案

在第 3 章内容的基础上，通过 interface wrapper 来定义相应的接口方法，用于获取 RTL 设计中的 parameter 参数，并将其封装到 struct 数据类型中，然后向验证环境中进行传递。

第 1 步，在 interface wrapper 里声明 parameter 参数，并且名称和 RTL 设计中的名称保持一致，并且声明 struct 结构体变量，利用接口方法获取 RTL 设计中的参数并通过

UVM 配置数据库向验证环境传递。

首先来看 RTL 设计中的参数，代码如下：

```
//demo_rtl.sv
module demo_rtl(...);
    parameter rtl_params1  =  7;
    parameter rtl_params1  =  8;

    ...
endmodule
```

然后在 interface wrapper 中也定义同样名称的 parameter，但是具体数值可以不一致，因为下一步连接时可以指定参数连接，代码如下：

```
//demo_env_interface_wrapper.sv
interface demo_env_interface_wrapper();
    import uvm_pkg::*;
    import demo_env_pkg::*;

    parameter rtl_params1 = 1;
    parameter rtl_params2 = 1;

    rtl_params_t rtl_params;

    function void capture_rtl_params();
        rtl_params.rtl_params1 = rtl_params1;
        rtl_params.rtl_params2 = rtl_params2;
        uvm_config_db#(rtl_params_t)::set(null,"uvm_test_top.env*","rtl_params",rtl_
params)
    endfunction

...
endinterface
```

可以在 demo_env_pkg 里定义 rtl_params_t 结构体数据类型，代码如下：

```
//demo_env_pkg.sv
typedef struct packed{
    int rtl_params1;
    int rtl_params2;
} rtl_params_t;
```

注意：上述结构体变量的范围，如果不是在 interface wrapper 里导入已经在 demo_env_pkg 定义好的结构体变量，而是在 interface wrapper 里自行定义，则两者的范围是不一样的，EDA 工具会把两者同名的结构体变量当成两个不同的变量，因此会导致后面从 UVM 配置数据库获取变量时报错。

第 2 步，在连接 interface wrapper 时指定参数连接，代码如下：

```
//top.sv
module top;
    ...
demo_rtl dut();
    bind demo_rtl demo_env_interface_wrapper #(.rtl_params1(rtl_params1),.rtl_params2(rtl_
params2)) intf_wrapper();
endmodule
```

可以看到，这里在连接时将 RTL 设计中的参数指定给了 interface wrapper 中的参数。

第 3 步，在 top 的 run_test 语句之前，调用上一步的接口方法获取 RTL 设计中的 parameter 参数，代码如下：

```
//top.sv
module top;
    ...
    initial begin
        intf_wrapper.capture_rtl_params();
        run_test();
    end
endmodule
```

第 4 步，在验证环境里获取配置数据库里获取的 struct 结构体数据类型的 RTL 设计参数并根据需要使用该变量。

可以在验证环境的任意组件或对象中获取之前的 RTL 设计参数，代码如下：

```
rtl_params_t rtl_params;

if(!uvm_config_db#(rtl_params_t)::get(this,"","rtl_params",rtl_params))begin
    `uvm_fatal(this.get_name(),"rtl_params not found in config_db")
end
`uvm_info(this.get_name(), $sformatf("rtl_params1 is %d,rtl_params2 is %d",rtl_params.rtl_
params1,rtl_params.rtl_params2),UVM_LOW)
```

第14章 对设计与验证平台连接集成的改进方法

14.1 背景技术方案及缺陷

14.1.1 现有方案

在对DUT进行验证时，广泛使用UVM来搭建验证平台。基于该验证方法学，需要将该DUT连接集成到验证平台中以对其功能特性进行验证测试，往往会使用virtual interface的方式对两者进行连接，即使用virtual interface的方式连接DUT和验证平台，如图1-1所示。

从图1-1中可以看到，往往会通过interface将DUT连接到验证平台。此时，需要在顶层模块中完成以下几件事情：

(1) 声明interface。

(2) 将interface连接到DUT。

(3) 通过UVM的配置数据库set config_db向验证环境传递interface。

(4) 验证环境中的验证组件再从UVM的配置数据库中获得该interface，从而获取DUT上的信号。

下面来看现有方案的简单示例。首先来看interface，代码如下：

```
interface demo_interface (input clk, input rst);
    logic [num1 - 1:0] field1;
    logic [num2 - 1:0] field2;

    clocking drv @(posedge clk iff(!rst));
        default input #1step output `Tdrive;
        output field1;
        output field2;
    endclocking

    task initialize();
        field1 <= 'dx;
        field2 <= 'dx;
    endtask
    ...
endinterface
```

其中有两个数据信号成员，分别是 field1 和 field2。

然后来看对应的验证组件，以 driver 为例，代码如下：

```
class demo_driver extends uvm_driver#(item);
    virtual demo_interface vif;
    ...

    virtual function void build_phase(uvm_phase phase);
        if(!uvm_config_db#(virtual demo_interface)::get(this,"","vif",this.vif))
            `uvm_fatal(this.get_name(),"interface not found in config db!")
    endfunction

    virtual task run_phase(uvm_phase phase);
        vif.initialize();
        forever begin
            seq_item_port.try_next_item(req);
            if(req!= null)begin
                drive(req);
                seq_item_port.item_done();
            end
            else begin
                @(vif.drv)
                vif.initialize();
            end
        end
    endtask

    virtual task drive(input item req);
        @(vif.drv)
        vif.drv.field1 <= req.field1;
        vif.drv.field2 <= req.field2;
    endtask

endclass
```

首先在 build_phase 里从 UVM 的配置数据库中获得该 interface，然后在 run_phase 里首先对 interface 信号进行复位，接着不断获取 sequencer 过来的激励请求，如果为空，则继续进行复位操作，如果不为空，则将激励请求信号驱动到 interface 上，从而施加给 DUT 的输入端口。

14.1.2 主要缺陷

采用上述方案是最常见的做法，但是并不符合软件开发的松耦合的原则，因为这会将验证平台中的验证组件和 interface 形成紧耦合的关系。如果 interface 在开发过程中被修改，则与该接口紧耦合的很多验证组件代码相应地也需要进行修改。例如在 RTL 设计和验证的过程中，设计人员可能会修改部分 RTL 中的接口信号，那么验证人员开发的验证平台的代码也要同步进行修改，此时，验证人员通常可以采用如下两种方法同步：

(1) 直接去修改原先验证环境中的代码。

(2) 将原先验证环境中的代码整个复制下来,然后进行修改。

其中方法(1)永远只有一份最新的验证环境的代码,无法对以往的代码版本进行追溯。

其中方法(2)尽量不要在多个地方出现重复的代码是软件开发的原则,首先复制的过程可能会遗漏出错,其次万一需要对重复部分的代码进行修改,那么需要修改多个地方,烦琐且容易出错。

因此,以上两种方法既不方便代码管理,又显得非常笨拙。更优的做法是,提供一种类似软件版本管理的方式,对原先已经编写好的验证平台的代码进行复用,从而尽可能地降低将来代码管理的难度,同时提高验证人员开发工作的效率。

14.2 解决的技术问题

解决的技术问题如下:

(1) 解决验证平台中的验证组件和 interface 紧耦合所带来的问题。

(2) 加强对验证平台代码的管理,提高验证人员的开发效率。

14.3 提供的技术方案

14.3.1 结构

本章给出的设计与验证平台的连接结构示意图如图 14-1 所示。

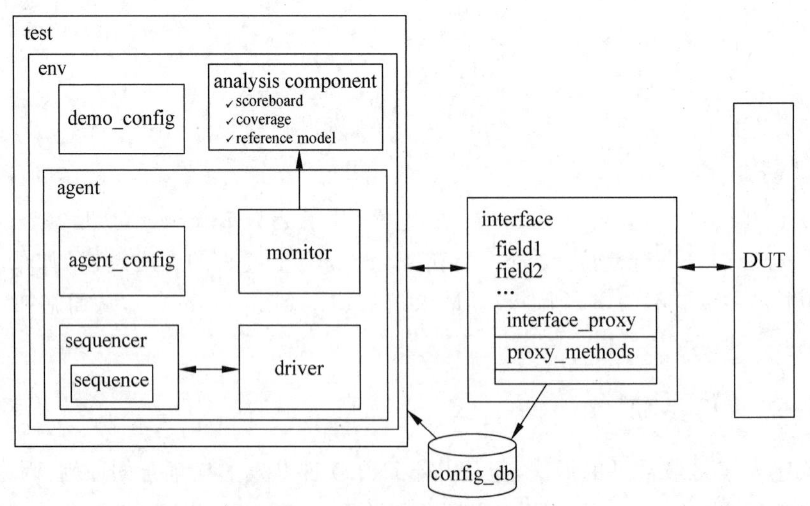

图 14-1 设计与验证平台的连接结构

14.3.2 原理

原理如下:

（1）将所有直接对 interface 的操作都改为通过其内部创建的接口代理实现。

（2）接口代理可以通过对接口代理的抽象模板类继承实现。

（3）通过 UVM 配置数据库将接口代理传递给验证平台上的验证组件。

（4）验证平台上的验证组件通过接口代理完成与 interface 相关的操作。

（5）将需要修改的验证组件作为父类，然后对其进行继承，在此基础上使用接口代理的方法进行新增修改，从而实现新的验证环境的代码版本。

14.3.3　优点

参考 14.2 节，这里不再赘述。

14.3.4　具体步骤

第 1 步，创建 interface 的代理模板类，该模板类必须被继承并实现其内部的纯虚方法。根据 interface 中已有的数据信号成员，实现相应的代理方法，用来设置和获取信号值。除此之外，还包括复位和时钟边沿等待的代理方法，根据具体项目中的接口协议，可以在这里增加更多的相应代理方法，代码如下：

```
virtual class interface_proxy_base;
    pure virtual function void initialize();
    pure virtual task wait_for_clk(int unsigned num_cycles = 1);
    pure virtual function logic [num1 - 1:0] get_field1();
    pure virtual function void set_field1(logic [num1 - 1:0] field1);
    pure virtual function logic [num2 - 1:0] get_field2();
    pure virtual function void set_field1(logic [num2 - 1:0] field2);
endclass
```

第 2 步，在 interface 中对上述 interface 的代理模板类进行继承并实现其内部的纯虚方法，然后声明并构造该接口代理，代码如下：

```
interface demo_interface (input clk, input rst);
    ...
    class demo_interface_proxy extends demo_pkg::interface_proxy_base;
        virtual function void initialize();
            field1 <= 'dx;
            field2 <= 'dx;
        endfunction

        virtual task wait_for_clk(int unsigned num_cycles = 1);
            repeat (num_cycles)
                @(drv);
        endtask

        virtual function logic [num1 - 1:0] get_field1();
            return drv.field1;
        endfunction
```

```
        virtual function void set_field1(logic [num1 - 1:0] field1);
            drv.field1 <= field1;
        endfunction

        virtual function logic [num2 - 1:0] get_field2();
            return drv.field2;
        endfunction

        virtual function void set_field2(logic [num2 - 1:0] field2);
            drv.field2 <= field2;
        endfunction
    endclass

    demo_interface_proxy proxy = new();
endinterface
```

第3步，在与该interface相关的验证组件中不再需要获取interface，而改为获取该interface中的代理，然后用该代理来完成对激励请求的驱动操作，代码如下：

```
class demo_driver extends uvm_driver #(item);
    demo_interface_proxy intf_proxy;
    ...

    virtual function void build_phase(uvm_phase phase);
        if(!uvm_config_db #(demo_interface_proxy)::get(this,"","proxy",this.intf_proxy))
            `uvm_fatal(this.get_name(),"interface proxy not found in config db!")
    endfunction

    virtual task run_phase(uvm_phase phase);
        intf_proxy.initialize();
        forever begin
            seq_item_port.try_next_item(req);
            if(req!= null)begin
                drive(req);
                seq_item_port.item_done();
            end
            else begin
                intf_proxy.wait_for_clk();
                intf_proxy.initialize();
            end
        end
    endtask

    virtual task drive(input item req);
        intf_proxy.wait_for_clk();
        intf_proxy.set_field1(req.field1);
        intf_proxy.set_field2(req.field2);
    endtask
endclass
```

通过以上3个步骤，已经完成了对之前方案的替代。

下面看个简单的例子：

如果设计人员向 RTL 设计的端口信号增加了一个数据信号成员 field3，则可以通过以下几个步骤更新验证环境的代码。

第 1 步，需要继承之前接口的代理模板类并新增针对新增成员 field3 操作代理的纯虚方法，从而形成新的代理模板类，代码如下：

```
virtual class interface_proxy_base_ext extends demo_pkg::interface_proxy_base;
    pure virtual function logic [num3 - 1:0] get_field3();
    pure virtual function void set_field3(logic [num3 - 1:0] field3);
endclass
```

第 2 步，在相应的 interface 中对上一步的代理模板类进行继承，然后新增实现上一步对新增成员 field3 操作的代理方法，代码如下：

```
interface demo_interface_ext (input clk, input rst);
    ...
    logic [num3 - 1:0] field3;

    class demo_interface_proxy_ext extends demo_pkg::interface_proxy_base_ext;
        virtual function void initialize();
            field1 <= 'dx;
            field2 <= 'dx;
            field3 <= 'dx;
        endfunction

        virtual task wait_for_clk(int unsigned num_cycles = 1);
            repeat (num_cycles)
                @(drv);
        endtask

        virtual function logic [num1 - 1:0] get_field1();
            return drv.field1;
        endfunction

        virtual function void set_field1(logic [num1 - 1:0] field1);
            drv.field1 <= field1;
        endfunction

        virtual function logic [num2 - 1:0] get_field2();
            return drv.field2;
        endfunction

        virtual function void set_field2(logic [num2 - 1:0] field2);
            drv.field2 <= field2;
        endfunction

        virtual function logic [num3 - 1:0] get_field3();
            return drv.field3;
        endfunction
```

```
        virtual function void set_field3(logic [num3 - 1:0] field3);
            drv.field3 <= field3;
        endfunction
    endclass

    demo_interface_proxy_ext proxy = new();
endinterface
```

第 3 步，对之前的验证组件进行继承以复用之前的代码，只需调用父类的方法并新增修改的部分。

可以看到在 drive 方法里，通过 super 关键字调用了父类的方法，然后通过接口代理的方法来驱动新增的数据信号成员，此时就完成了验证环境代码与 interface 的同步修改，代码如下：

```
class demo_driver_ext extends demo_pkg::demo_driver;
    demo_interface_proxy_ext intf_proxy;
    ...

    virtual function void build_phase(uvm_phase phase);
        if(!uvm_config_db #(demo_interface_proxy_ext)::get(this,"","proxy",this.intf_
proxy))
            `uvm_fatal(this.get_name(),"interface proxy not found in config db!")
    endfunction

    virtual task drive(input item req);
        super.drive(req);
        intf_proxy.set_field3(req.field3);
    endtask
endclass
```

第15章 应用于路由类模块设计的transaction调试追踪和控制的方法

15.1 背景技术方案及缺陷

15.1.1 现有方案

在芯片验证的工作中,常常会遇到包含路由功能的模块,用来对流量进行路由。一个典型的应用场景为片上总线系统中的 AMBA 总线路由选择。除此之外,很多专用集成电路中也有相似的总线路由模块。

一个包含路由功能的 RTL 设计示意图如图 15-1 所示。

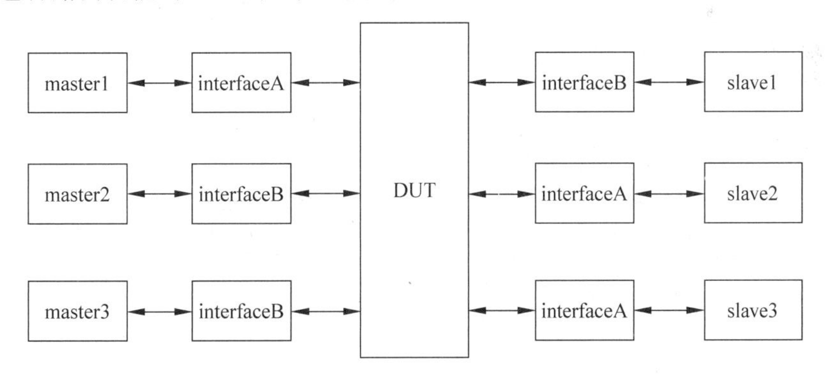

图 15-1 包含路由功能的 RTL 设计示意图

可以看到,这里的 DUT 的左边通过 interface 连接到 master 上,右边通过 interface 连接到 slave 上。DUT 通过路由选择功能将相关的流量从 master 路由到对应的 slave 上。

注意:master 为主动发起动作的模块,一般会主动发起读写等操作请求,然后经由 interface 连接到 DUT,然后 DUT 通过路由功能路由到相应的 interface 上,直到相应的 slave 上,这里的 slave 为从属模块,被动接收 master 发起的操作,然后进行动作响应。通常 master 和 slave 会根据访问地址范围进行划分。

可以看到,由于存在多种不同的 interface,相应地会存在多种不同类型的 transaction,通常 transaction 在验证平台里起到以下两种作用:

(1) 用于在 UVM 验证组件或对象之间进行通信,包括将其驱动到 interface 上,例如将激励封装成 transaction 并驱动给 DUT。

(2) 从 interface 上监测信号并封装成 transaction,再广播给验证环境里的其他组件或对象,通常不同的接口都会有相应的不同的 transaction 类型。

这里不同类型的 transaction 虽然基本派生于 UVM 的组件 uvm_sequence_item,但是其内部的成员变量的接口方法和随机约束各不相同。验证人员在验证调试的过程中,常常需要将这些不同的 transaction 所包含的信息打印到日志文件中,以帮助调试。

现有的方案是在编写 transaction 时使用 UVM 的 field automation 宏对相应的成员变量进行注册,然后就可以使用 UVM 提供的一些数据操作的接口方法,包括以下几种接口方法。

- copy:复制
- compare:比较
- pack:将数据打包
- unpack:将数据解包
- print:打印
- sprint:返回待打印的字符串

这样就不用自己去编写代码了,比较方便。

当然也可以手动编写一些数据操作的接口方法,例如最常用的 convert2string()方法,即将 transaction 中的成员变量的值封装成字符串并返回。

transaction 的代码如下:

```
//demo_item.sv
class demo_item extends uvm_sequence_item;
    rand bit r_w;                                       //1 写,0 读
    rand bit[31:0] addr;
    rand bit[7:0] data_bytes[];                         //以字节为单位的数据
    rand bit[4:0] length;                               //字节长度
    rand bit[3:0] a_id;                                 //特定的 id 标识

    `uvm_object_utils_begin(a_item)
        `uvm_field_int(r_w, UVM_ALL_ON)
        `uvm_field_int(addr, UVM_ALL_ON)
        `uvm_field_array_int(data_bytes, UVM_ALL_ON)
        `uvm_field_int(length, UVM_ALL_ON)
        `uvm_field_int(a_id, UVM_ALL_ON)
    `uvm_object_utils_end
    ...
endclass
```

15.1.2 主要缺陷

上述方案可行,但存在以下一些缺陷:

（1）这些 transaction 相互独立，相互之间缺少通路之间的联系，很难通过这些独立的 transaction 清楚地获知源端到终端的数据流通路信息，尤其是在涉及比较复杂的路由通路时。这些都是在芯片验证工作中的必要信息，对于 RTL 设计中模块之间的数据通信非常重要。

（2）transaction 的打印格式各异，不便于验证调试工作。

（3）缺少系统级功能验证所需要的一些数据信息，例如统计流量信息、记录 master 和 slave 的编号、记录流量的生命周期等，这些信息对于系统级功能验证非常重要。

（4）缺少对于验证平台中所有 transaction 的标准化的总体控制方法，而这对于系统级功能验证同样非常重要，例如对于输入激励的产生，覆盖率收集、有效数据通路的产生控制等。

因此对于包含路由类模块设计的验证，需要有一种对 transaction 的调试追踪和控制的方法，以提升验证工作的效率。

15.2　解决的技术问题

实现对路由类模块设计的 transaction 的调试追踪和控制，实现以下目的：

（1）当对于比较复杂的路由通路进行验证时，清楚地获知源端到终端的数据流通路信息，从而提高验证工作的调试效率。

（2）规范统一 transaction 的打印格式，以便于验证调试工作。

（3）在所有的 transaction 中增加系统级功能验证所需要的一些数据信息，例如流量信息、master 和 slave 的编号信息、流量的生命周期信息等，增加对于系统级功能验证的支持。

（4）提供对于验证平台中所有 transaction 的标准化的总体控制方法，从而进一步加强对于输入激励的产生、覆盖率收集、有效数据通路的产生控制等。

综上，最终实现简化验证人员的工作，提升验证工作的质量和效率，加快项目推进的进度。

15.3　提供的技术方案

15.3.1　结构

下面以图 15-1 的 RTL 设计为例来对其验证环境中的 transaction 进行改造，此时 transaction 的派生结构示意图如图 15-2 所示。

15.3.2　原理

要达到上面提到的目的，需要对验证平台中所有的 transaction 都增加共享的数据成员变量和接口方法，使在不同的 transaction 中都可以通过调用来实现对仿真过程的调试追踪和控制。

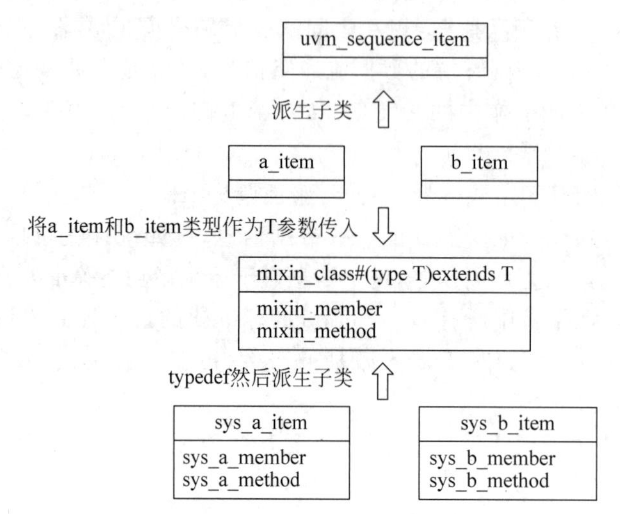

图 15-2　对包含路由功能的 RTL 设计的验证环境中的 transaction 派生结构

容易想到的是通过多继承的方法实现，但是多继承存在以下一些问题：

(1) 传统的单继承方式，即派生关系非常明确，可以清楚地知道一个子类对应的父类是什么，但如果是多继承，则一个子类将会有多个父类，那么派生关系就会变得很复杂，这对于复杂的设计来讲会给验证带来困难。

(2) 在多继承中，一个子类有多个父类，如果在父类中存在相同的接口方法，则会产生冲突，容易出现意外的错误。

因此，需要使用一种能够达到多继承的效果，但是又不通过多继承的方式实现的方法，而这正是本章要应用的方法。

本节使用的类似多继承的结构示意图如图 15-3 所示。

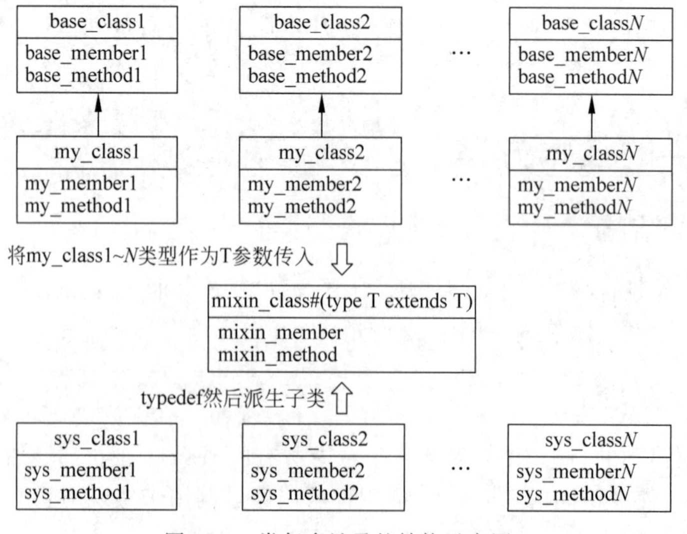

图 15-3　类似多继承的结构示意图

通常会从 base_class1～N 基类(父类)派生要用的子类 my_class1～N,但要实现在每个 my_class 中都增加共享的数据成员和接口方法,需要对增加的数据成员和接口方法重复写 N 遍,这样效率低且后期不宜维护,因此,可以考虑将 my_class1～N 作为数据类型 T 传入参数化的类 mixin_class 中,然后只需维护一份代码,即 mixin_class 这个类就可以实现上面同样的效果。为了使用方便,通过 typedef 定义经过 mixin_class 封装后的新的基类,然后在验证环境中不再直接使用 my_class1～N 这些子类,而是使用 sys_class1～N 子类即可。

15.3.3　优点

优点如下:

(1) 在对于比较复杂的路由通路进行验证时,清楚地获知源端到终端的数据流通路信息,从而提高验证工作的调试效率。

(2) 规范统一 transaction 的打印格式,以便于验证调试工作。

(3) 在所有的 transaction 中增加系统级功能验证所需要的一些数据信息,例如流量信息、master 和 slave 的编号信息、流量的生命周期信息等,增加对于系统级功能验证的支持。

(4) 提供对于验证平台中所有 transaction 的标准化的总体控制方法,从而进一步加强对于输入激励的产生、覆盖率收集、有效数据通路的产生控制等。

综上,最终实现简化验证人员的工作,提升验证工作的质量和效率,加快项目推进的进度。

15.3.4　具体步骤

下面以图 15-1 的 RTL 设计为例进行详细介绍。

第 1 步,编写参数化类 mixin_class 作为系统级 transaction,在该类里编写需要共享的数据成员变量,共享的接口方法,以及需要被子类重载的虚方法,代码如下:

```
//mixin_class.sv
class mixin_class#(type T = uvm_object) extends T;
`uvm_object_param_utils(mixin_class#(T))
//根据需要定义一些共享的数据成员变量
//根据需要定义一些共享的接口方法
//根据需要定义一些可以被子类重载的虚方法
endclass
```

第 2 步,通过 typedef 定义新的数据类型,从而为每个 transaction 创建新的父类,代码如下:

```
typedef mixin_class #(a_item) sys_a_item_base;
typedef mixin_class #(b_item) sys_b_item_base;
```

第 3 步,对上一步创建的父类进行派生,可以使用 mixin_class 共享的数据成员和接口方法，并可以自定义重载其中的虚方法，代码如下：

```
//sys_a_item.sv
class sys_a_item extends sys_a_item_base
//定义对于 a_item 来讲的一些自定义的成员变量和方法
endclass

//sys_b_item.sv 文件
class sys_b_item extends sys_b_item_base
//定义对于 b_item 来讲的一些自定义的成员变量和方法
endclass
```

下面举两个在数据通路调试追踪和控制中的应用示例。

首先来看之前的两个 transaction 的示例，代码如下：

```
//a_item.sv
class a_item extends uvm_sequence_item;
    rand bit r_w; //1 写,0 读
    rand bit[31:0] addr;
    rand bit[7:0] data_bytes[];                 //以字节为单位的数据
    rand bit[4:0] length;                       //字节长度
    rand bit[3:0] a_id;                         //特定的 id 标识
    ...
endclass

//b_item.sv
class b_item extends uvm_sequence_item;
    rand b_dir_enum dir;                        //B_READ 读, B_WRITE 写
    rand bit[31:0] addr;                        //single 传输时使用的地址
    rand bit[31:0] start_addr;                  //burst 传输时使用的起始地址
    rand bit[31:0] data[];                      //以字为单位的数据
    rand bit[4:0] len;                          //字长度
    rand bit[3:0] b_id;                         //特定的 id 标识
    ...
endclass
```

下面来看 mixin_class 参数化的类，代码如下：

```
//mixin_class.sv
class mixin_class #(type T = uvm_object) extends T;
    `uvm_object_param_utils(mixin_class #(T))
    rand sys_cmd_enum cmd;                              //SYS_READ 读,SYS_WRITE 写
    rand sys_master_enum master;                        //master 编号
    rand sys_slave_enum slave;                          //slave 编号
    sys_path_model refmodel;                            //参考模型
    ...
    int master_count;                                   //由该 master 发出的 transaction 数量
    int slave_count;                                    //发给该 slave 的 transaction 数量
    time burst_start_time;                              //burst transaction 的起始时间
    time burst_end_time;                                //burst transaction 的结束时间

    virtual function sys_slave_enum get_slave();        //根据地址返回 slave 的编号
```

```
        return refmodel.get_slave_from_addr(get_addr());
    endfunction

    virtual function string get_master();
      return "---"; //"---"意味着这个数据成员暂未使用
    endfunction

    virtual function string get_slave();
      return "---"; //"---"意味着这个数据成员暂未使用
    endfunction

    virtual function bit[31:0] get_addr();
        `uvm_fatal(this.get_name(),"Must redefine get_addr() in child class")
      return 0;
    endfunction

    virtual function string get_custom_fields();
      return "";
    endfunction

    virtual function string get_fields_string();
        string field_strings[];
        string format;

        field_strings = '{ get_master_string(),
          get_slave_string(),
          cmd.name(),
          $sformatf("%0h", get_addr()),
          $sformatf("%0d", get_num_bytes()),
          get_data_string()};
    endfunction

    virtual function string convert2string();
        return {"\n[LOG]", get_fields_string()};
    endfunction
    ...
endclass
```

可以看到，在上面的参数化的类中定义了 master 和 slave 的编号及根据地址获取编号的方法，这可以帮助将数据通路打印出来，从而对流量通路进行调试追踪。还通过记录 transaction 的数量和起始结束时间作为流量带宽的性能测试。另外还定义了很多虚方法以供子类进行重载使用，例如获取地址等接口方法。

【示例 15-1】 打印输出数据通路，并通过共享的成员变量辅助流量的调试追踪。

可以直接将 convert2string()接口方法返回的字符串打印出来，从而实现类似下面的效果，如图 15-4 所示。

可以看到，应用本节中的方法，通过该打印输出的 LOG 信息，很容易就可以知道该 transaction 是由哪个 master 发起并经由哪个 slave 进行响应，并且包含详细的数据流量信

```
[LOG] --MASTER--| --SLAVE--| ----CMD----| ----ADDR----| --LENGTH--| --------DATA--------|
[LOG]   MST_1   | SLV_2   | SYS_READ|    191ff    |    19    |     ------     |
[LOG]   MST_1   | SLV_3   |SYS_WRITE|    1702e    |     7    |     ------     |
[LOG]   MST_2   | SLV_1   | SYS_READ|    5cba     |    12    | 21f35d4c,..    |
[LOG]   MST_3   | SLV_1   |SYS_WRITE|    6e4c     |     8    | afbc5054,..    |
```

图 15-4　辅助流量调试追踪的数据通路打印的日志信息

息，从而大大方便了流量的调试追踪，提高了验证工作的效率。

【示例 15-2】 对输入激励进行随机约束，以产生有效的数据通路。

下面的 sys_path_model 是用来对输入激励进行约束的有效流量通路模型。在其中约束了 slave 模块的有效访问地址范围及 master 和 slave 的有效访问路径，以便在后面对输入激励的 transaction 进行随机时可以得到一个合法有效的随机值，即产生有效的数据通路，代码如下：

```
//sys_path_model.sv
class sys_path_model extends uvm_object;
    rand sys_master_enum master;
    rand sys_slave_enum slave;
    rand bit[31:0] addr;

    //定义 slave 访问地址范围变量
    bit[31:0] addr_map_start[sys_slave_enum];
    bit[31:0] addr_map_end [sys_slave_enum];

    //定义有效路径
    sys_slave_enum valid_paths_by_master[sys_master_enum][] = '{
        MST_1: {SLV_1, SLV_2, SLV_3},
        MST_2: {SLV_2, SLV_3},
        MST_3: {SLV_1, SLV_3}
    };

    //初始化 slave 的访问地址范围
    virtual function void initialize_mem_map();
        addr_map_start[SLV_1] = 32'h0;
        addr_map_end [SLV_1] = 32'h0001_FFFF;
        addr_map_start[SLV_2] = 32'h0002_0000;
        addr_map_end [SLV_2] = 32'h0002_FFFF;
        ...
    endfunction

    //根据地址范围确定 slave 的编号
    virtual function sys_slave_enum get_slave_from_addr(bit[31:0] addr);
        foreach(addr_map_start[s]) begin
          if(addr inside {[addr_map_start[s]:addr_map_end[s]]})
             return s;
        end
        return UNDEF_SLV_NUM;
    endfunction
```

```
    //约束 master 和 slave 的有效访问路径
    constraint valid_paths_c{
        foreach(valid_paths_by_master[m]){
            (master == m) -> (slave inside {valid_paths_by_master[m]});
        }}

    //约束 slave 的有效地址范围
    constraint mem_map_c{
        foreach(addr_map_start[s]){
            (slave == s)<-> (addr inside {[addr_map_start[s]:addr_map_end[s]]});
        }}
endclass
```

然后可以使用这个模型，即在 mixin_class 中约束随机生成的 master 和 slave，以约束 master 和 slave 的有效访问路径，最后在 sys_a_item 中约束 slave 的有效地址范围，代码如下：

```
//mixin_class.sv
class mixin_class#(type T = uvm_object) extends T;
    rand sys_master_enum master;                    //master 编号
    rand sys_slave_enum slave;                      //slave 编号
    rand sys_path_model refmodel;                   //有效通路路径模型
    constraint valid_paths{
        master == refmodel.master;                  //约束 master 和 slave 的有效访问路径
        slave == refmodel.slave; }
    ...
endclass

//sys_a_item.sv
class sys_a_item extends sys_a_item_base;
    ...
    constraint addr_path_c{ addr == refmodel.addr } //约束 slave 的有效地址范围
endclass
```

可以看到，应用本章中的方法，可以轻松地完成对输入激励进行随机约束，以产生有效的数据通路。

第16章 使用 UVM sequence item 对包含 layered protocol 的 RTL 设计进行验证的简便方法

16.1 背景技术方案及缺陷

16.1.1 现有方案

layered protocol 通常用来将各种不同的 RTL 设计模块中复杂的时序协议转换成标准的时序协议,以便在总线上进行传递,从而完成不同层次 layered 之间的数据通信。常见的 layered protocol 有 PCIe、AMBA 总线等。

包含 layered protocol 的 RTL 设计示意图如图 16-1 所示。

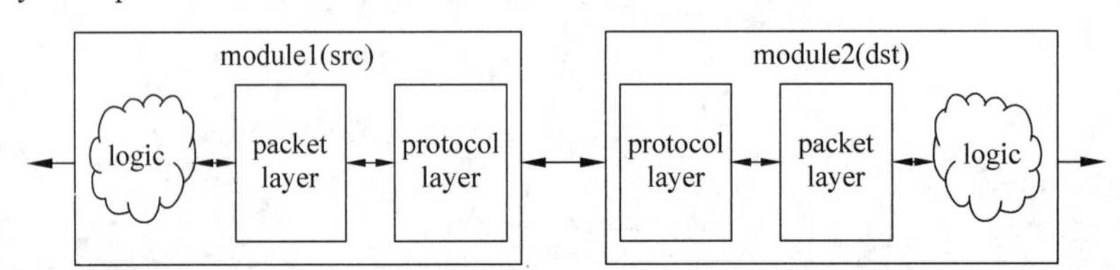

图 16-1 一个包含 layered protocol 的 RTL 设计示意图

可以看到,这里有两个 module,一个是源端(src),另一个是终端(dst),这里会将流量数据从源端发往终端。首先 module1 会通过 packet layer 将内部逻辑运算完的数据封装后发送到 protocol layer 上,然后经由 protocol layer 对数据进行二次封装,即根据标准时序协议进行封装,封装后发送给 module2 的 protocol layer,由其进行解析分包给其内部的 packet layer,再解析分包给 module2 内部逻辑进行运算处理,从而完成一次将流量数据从源端送往终端处理的整个过程。

这里可以认为 packet layer 是更高层次的通信协议,protocol layer 是底层的通信协议,底层是不关心具体的 module 逻辑的,它只负责数据在底层之间完成传递,即完成多个 module 之间的数据通信。

对于验证人员来讲,同样需要对 RTL 设计中的 layered protocol 部分进行验证。

现有方案的验证结构示意图如图 16-2 所示。

可以看到,packet layer 的 sequence 激励需要先经过 packet layer sequencer 将高层次

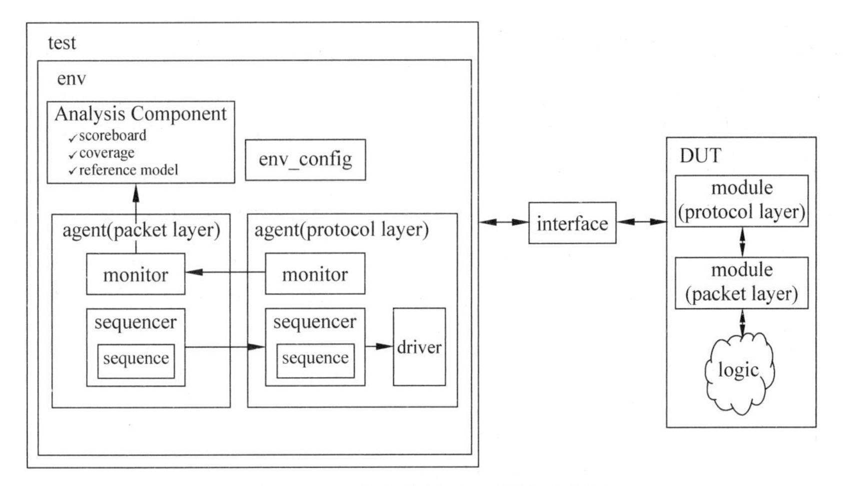

图 16-2 现有方案的验证结构示意图

的 transaction 数据转换成低层次的 transaction 数据，再通过通信端口传递给低层次 protocol layer 的 sequencer，然后由该层次的 sequencer 完成与 driver 的通信，并最终由 driver 驱动到 interface 上，接着 DUT 再通过内部的多层 layer 层层解析，最终通过内部的逻辑进行运算并将结果输出到 interface 上。

随后 protocol layer monitor 监测到该数据之后，做与 packet layer sequencer 相反的过程，即先将低层次的 transaction 数据转换成高层次的 transaction 数据，再通过通信端口传递给高层次 packet layer 的 monitor，然后由该 monitor 通过通信端口传递给分析组件(Analysis Component)，最终通过分析组件完成对结果的比较分析，以验证 DUT 功能的正确性。

16.1.2 主要缺陷

上述方案可行，但是验证人员需要开发 packet layer 相应的 agent，里面至少需要包含 monitor 和 sequencer 组件，而且该层次的 sequencer 及更低层次，即 protocol layer 的 monitor 需要对各自层次的流量数据 transaction 进行相应转化并进行通信，开发过程较为费时，效率较低。

16.2 解决的技术问题

通过基于 UVM sequence item 来简化上述验证平台的开发搭建过程，可以实现免去在验证环境中开发用于协议转换的 packet layer 对应的 agent，从而提升验证开发效率，加快项目推进的进度。

16.3 提供的技术方案

16.3.1 结构

实现的思路如下：

(1) 目标是完成对DUT的验证，而该DUT内部包括packet layer和protocol layer通信及运算逻辑功能部分，在实际验证的过程中，不一定要完整对通信layer进行建模，而应该重点关注运算逻辑功能，对layer层次之间的transaction进行监测比较即可，因此可以简化layer层次之间的验证组件的搭建。

(2) 原先是通过开发layer层次对应的agent实现对多layer的transaction流量数据之间的转换，实际上，可以通过定义封装方法，直接在transaction内部完成这一转换操作。

本章要介绍的是一种简化的layered protocol的验证平台结构示意图如图16-3所示。

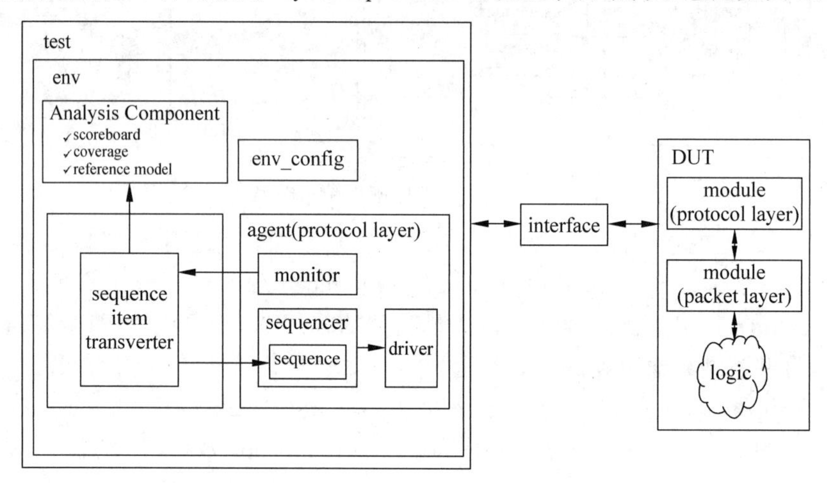

图16-3 简化的layered protocol的验证平台结构

16.3.2 原理

当高层次向低层次进行通信时，只需调用在高层次的transaction中编写好的pack_trans方法便可以完成向低层次transaction的流量数据转换。同理，当低层次向高层次进行通信时，只需调用编写好的unpack_trans方法便可以完成向高层次transaction的流量数据转换。

16.3.3 优点

优点如下：

(1) 使用UVM sequence item来简化对于包含layered protocol的RTL设计验证平台的开发。

(2) 充分使用类的继承、多态和类型转换方法，实现多layer层次之间的流量数据类型的转换。

通过上述方法，省去了开发额外的packet payer对应的agent，从而简化验证平台组件的开发，提升验证效率。

16.3.4 具体步骤

第1步，编写低层次protocol layer的transaction，代码如下：

```
//protocol_layer_trans.sv
class protocol_layer_trans #(int data_width = `DATA_WIDTH_DEFAULT) extends uvm_sequence_
item;
    rand bit vld;
    rand bit ready;
    rand bit[data_width - 1:0] raw_data;
    ...

    virtual function void pack_trans();
    endfunction

    virtual function void unpack_trans();
    endfunction
endclass
```

可以看到，定义了3个数据成员变量，含义如下。

（1）vld：用于指示当前interface上的数据有效，此时可以被正确地接收。

（2）ready：当interface上的数据被接收完毕后会得到一个ready的反馈，用于表明已完成对数据的接收。如果没有监测到ready信号，则此时interface上的数据将一直保持有效，直到被接收完成。

（3）raw_data：interface上的数据包，不具备特别的字段含义。

另外定义了两个虚方法pack_trans和unpack_trans，用于完成多layer层次之间的transaction数据转换。

第2步，编写高层次packet layer的transaction，代码如下：

```
//packet_layer_trans.sv
class packet_layer_trans extends protocol_layer_trans #(64);
    rand bit[31:0] addr;
    rand bit[31:0] data;
    ...

    virtual function void pack_trans();
        raw_data = {addr,data};
    endfunction

    virtual function void unpack_trans();
        {addr,data} = raw_data;
    endfunction

    function void post_randomize();
        ...
        pack_trans();
    endfunction
endclass
```

可以看到，这里相对高层次的packet_layer的transaction派生于protocol_layer_trans，并且实现了接口方法pack_trans和unpack_trans，在randomize的回调方法post_ randomize 里始终将 packet_layer_trans 的数据转换为 protocol_layer_trans 的数据。

第 3 步，编写高层次 packet layer 的 sequence 激励，以使其可以在低层次 protocol layer 对应的 sequencer 上进行发送，而这可通过前两步的 transaction 数据转换接口方法实现，代码如下：

```
//packet_layer_rand_seq.sv
class packet_layer_rand_seq extends uvm_sequence#(protocol_layer_trans#(64));
    packet_layer_trans pkt_trans;
    protocol_layer_trans#(64) req_item;
    protocol_layer_trans#(64) rsp_item;
    ...

    task body();
        pkt_trans = packet_layer_trans::type_id::create("pkt_trans");
        assert(pkt_trans.randomize() with{vld == 1;});
        if(!cast(req_item,pkt_trans.clone()))begin
            `uvm_fatal("ERROR","cast pkt_trans failed")
        end
        start_item(req_item);
        finish_item(req_item);
        get_response(rsp_item);
        ...
    endtask
endclass
```

编写该 sequence 是为了可以在 protocol layer 上的 sequencer 上进行发送，而该 layer 层次上的 sequence 内部的 transaction 是由其更高层次 packet layer 上的 transaction 进行转换而来的，因此在其中首先声明例化 packet_layer_trans，然后调用 randomize 方法对其进行随机约束，再通过默认的 post_randomize 回调方法将其数据转换为 protocol layer 的 raw_data，最后做 transaction 数据类型转换并通过调用 start_item 方法将其发送给 protocol layer 上的 sequencer，进行之后的输入激励发送并驱动到 interface 给 DUT。

第 4 步，编写高层次的 scoreboard，以使其可以正确地接收来自低层次的 transaction 流量数据，并正确地进行比较分析，代码如下：

```
//scoreboard.sv
class scoreboard extends uvm_scoreboard;
    ...
    task run_phase(uvm_phase phase);
        packet_layer_trans pkt_trans;
        protocol_layer_trans#(64) protocol_trans;

        fork
            forever begin
                tlm_port.get(protocol_trans);
                pkt_trans = packet_layer_trans::type_id::create("pkt_trans");
                pkt_trans.raw_data = protocol_trans.raw_data;
                pkt_trans.unpack_data();
```

```
                `uvm_info("TEST", $sformatf("Now, it is ok to access pkt_trans fields, i. e.
pkt_trans.data is %h",pkt_trans.data),UVM_LOW)
                ...
            end
                                                                                ...
        join
    endtask
endclass
```

首先通过 UVM 的 tlm_port 通信端口获取来自底层 protocol layer 的 monitor 广播过来的监测 transaction，类型为 protocol_trans，再例化声明 packet layer 的 transaction，即 pkt_trans，将 protocol_trans 内的 raw_data 赋值给其子类 pkt_trans 中的 raw_data，然后调用 unpack_data 接口方法对数据内容进行转换，这样就可以访问 pkt_trans 里的数据变量成员(fields)了，例如这里做了一个对内部 data 成员的信息打印操作。后面省略的部分可以做一些功能比较，这里仅作示例，不再赘述。

第 17 章

应用于 VIP 的访问者模式方法

17.1 背景技术方案及缺陷

17.1.1 现有方案

在芯片验证过程中，往往需要在一个已经搭建好的验证环境中增加一些新的功能，例如增加一些检查，以及调试日志的打印记录等，简单来说就是在其中某些类中增加一些数据成员或接口方法。

当然，最简单直接的方法就是在相应的代码中增加新功能，但是，如果该验证环境代码由另外的同事负责开发维护，则需要遵循一个原则，即出于后期代码可维护性的考虑，最好不要改动对方的代码。另外，可能不知道被改动的部分会对原有验证环境的其他部分造成什么样的影响，从而导致整个验证平台变得不再稳定。

因此，针对上面的情况，现有的方案是继承原先需要改动的类，然后在其子类中进行开发，在使用时通过 UVM 的 factory 机制的重载功能对原先的父类进行替换即可。

下面来具体说明现有使用 factory 机制的重载功能方案实现对原先类的功能新增。

为了使用 UVM 的 factory 机制的重载功能，需要做到以下 3 点：

(1) 使用宏`uvm_object_utils(T)或`uvm_component_utils(T)将对象或组件注册到 factory。

(2) 使用 type_name::type_id::create()的方式代替 new 构造函数来构造组件或对象。

(3) 被重载的类需要是重载的类的父类。

然后来看如何使用 factory 的重载功能：

有两种重载方式：

(1) 将所有的 A 都替换为 B。

(2) 将部分 A 替换为 B。

注意：其中 A 和 B 为组件或对象，并且 A 和 B 要么都是组件，要么都是对象，因为不支持在组件和对象之间互相重载，因为两者不是同一类型。

下面主要以第 1 种重载方式为例进行说明，即将所有的 A 都替换为 B。

首先分别创建组件 A 和组件 B,代码如下：

```
//A.sv
class A extends uvm_component;
    `uvm_component_utils(A)

    function new(string name,uvm_component parent);
        super.new(name,parent);
    endfunction

    function void start_of_simulation_phase(uvm_phase phase);
        `uvm_info("TEST","I am component A ",UVM_LOW);
    endfunction
endclass

//B.sv
class B extends A;
    `uvm_component_utils(B)

    function new(string name,uvm_component parent);
        super.new(name,parent);
    endfunction

    function void build_phase(uvm_phase phase);
        `uvm_info("TEST","a new method is added",UVM_LOW);
    endfunction

    function void start_of_simulation_phase(uvm_phase phase);
        `uvm_info("TEST","I am component B, and I have replaced A ",UVM_LOW);
    endfunction

    function void build_phase
endclass
```

注意：B 是 A 的子类。

然后在 env 和 agent 里都使用`type_name::type_id::create()的方式来例化组件 A,代码如下：

```
//agent.sv
class agent extends uvm_agent;
    ...
    A A_h;

    function void build_phase(uvm_phase phase);
       A_h    = A::type_id::create ("A_h",this);
       ...
    endfunction : build_phase
endclass : agent
```

```
//env.sv
class env extends uvm_env;
    ...
    A A_h;

    function void build_phase(uvm_phase phase);
       A_h    = A::type_id::create ("A_h",this);
       ...
    endfunction : build_phase
endclass : env
```

接着可以使用以下这种方法进行重载，代码如下：

```
set_type_override_by_type(
     uvm_object_wrapper original_type,
     uvm_object_wrapper override_type,
     bit replace = 1
)
```

一般只使用前两个参数，第1个参数是被重载的类的类型，第2个参数是重载的类的类型，一般使用::get_type()方法获取。

最后像下面这样，在demo_test测试用例中将所有的组件A都替换成组件B，而其他代码无须做任何改动，代码如下：

```
//demo_test.sv
class demo_test extends base_test;
   ...
   function void build_phase(uvm_phase phase);
      ...
      set_type_override_by_type(A::get_type(), B::get_type());
   endfunction : build_phase
endclass
```

运行该测试用例之后，将会打印输出的信息如下：

a new method is added及I am component B, and I have replaced A。

即验证平台中所有的组件A都被替换成了B，自然也就完成了对原先类功能的新增。

第2种重载方式与第1种方式类似，可以做到将验证平台中的部分A替换成B。

但这次使用另一种方法进行重载，代码如下：

```
set_inst_override_by_type(
    string relative_inst_path,
    uvm_object_wrapper original_type,
    uvm_object_wrapper override_type
)
```

这里与第1种重载方法的主要区别在于，第1个参数是替换的路径，即可通过指定路径有选择地进行重载，这里不再赘述。

综上，通过 factory 机制的重载功能，可以很方便地对已有的验证平台做一些组件或对象的替换修改，轻松实现对原有代码的功能新增。

17.1.2 主要缺陷

采用上述 factory 机制的重载功能是通常的做法，但是为了提升开发效率，常常会在验证平台中结合使用从 EDA 厂商那里购买的 VIP 进行验证，先不提是否出于稳定性的角度考虑不要去修改 VIP，这些 VIP 往往是经过加密的，根本无法直接修改，即无法在其中增加新的功能，而且往往也不能使用现有的方案，即不再能使用 factory 机制的重载功能实现。因为不满足使用 factory 机制的以下 3 个条件的前两条。

第一，无论是重载的类(B)还是被重载的类(A)都要在定义时使用宏`uvm_object_utils(T)或`uvm_component_utils(T) 将对象或组件注册到 factory 中。

第二，被重载的类(A)在实例化时，要使用 type_name::type_id::create()的方式代替 new 构造函数来例化。

第三，重载的类(B)必须派生于被重载的类(A)，即必须是其子类。

EDA 厂商提供的 VIP 很可能不是基于 UVM 方法学开发的，也就意味着前两条不会被满足。

那么在这种情况下，原先的方案就不可行了，需要有新的方案来解决上述问题。

17.2 解决的技术问题

实现在原有代码的基础上增加新的功能，以做到不改动原有的代码，并且可应用于验证平台中同时使用 VIP 的情况，从而在一定程度上实现对原先采用 UVM 的 factory 机制的重载功能的替代。

17.3 提供的技术方案

17.3.1 结构

有以下解决思路：

(1) 访问者模式是软件开发中常用的一种设计模式，用来在已有代码中增加新的代码，并且做到不对原有的代码进行改动，可以参考该访问者模式把其应用到芯片的验证平台开发中。

(2) 考虑使用 UVM 中提供的 uvm_visitor 和 uvm_visitor_adapter 实现。

访问者模式的结构原理图如图 17-1 所示。

左边是访问者 visitor，派生于 uvm_visitor，内部包含 begin_v、visit 和 end_v 访问方法。用于对被访问者发起访问。

右边是被访问者 adapter，派生于 uvm_visitor_adapter，内部包含 accept 接受访问方法。

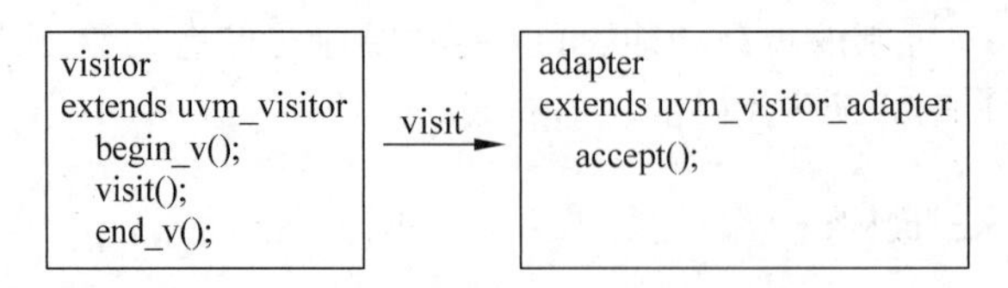

图 17-1 访问者模式的结构原理图

用于决定访问是否被接受(是否调用被访问者的 accept 方法),如果接受,则可以执行访问者的 visit 方法进行访问。

17.3.2 原理

原理如下:

(1) uvm_visitor 是提供给访问者的一个抽象的父类,可以访问现有验证平台中的任意一个节点对象。对该类进行继承,从而产生一个访问者,然后主要在其中实现 visit 方法,并在该方法内对原先的类增加新的功能。

(2) uvm_visitor_adapter 是提供给被访问者(接受访问)的一个抽象的父类。对该类进行继承,从而产生一个 adapter,并在其中实现 accept 方法,用来指明哪个访问者要访问哪个被访问者。如果被访问者接受了访问者对其进行访问,就会调用执行访问者实现的 visit 访问方法,那么之前在 visit 中新增的功能就相当于加入了被访问者对象中,也就意味着实现了对原有代码功能的新增改动。

(3) 由于 uvm_visitor 和 uvm_visitor_adapter 的默认参数也是 uvm_component 组件类型,因此对于 VIP 中未基于 UVM 方法学来开发的类代码来讲,需要在中间再封装一层 uvm_component 以实现对其访问。

17.3.3 优点

优点如下:

(1) 采用软件开发中的访问者模式在已有代码中增加新的代码,并且做到不对原有的代码进行改动。

(2) 该方法可在一定程度上对现有方案(使用 factory 机制重载功能)进行替代。

17.3.4 具体步骤

还是以之前现有方案中使用的对象类 A 和 B 为例,此时依然要实现类似在原先 A 中增加方法并在其中打印 a new method is added,并且还要做到访问对象类 A 中的数据成员 cnt。

只是此时 A 不再派生于 UVM 的 component 组件,从而模拟 EDA 厂商提供的 VIP 不是基于 UVM 方法学的情形,即模拟不满足使用 factory 机制的前两个条件,也就是通过本章提供的访问者模式方法实现。

第 1 步,A 不再基于 UVM 方法学来编写,因此也就不再使用 uvm_info 的信息打印语句等。

重写 A，代码如下：

```
//A.sv
class A;
    int cnt = 66;
    function void my_name();
        $display("I am vip class A");
    endfunction
endclass
```

第 2 步，使用 UVM 组件对 A 进行封装。这里封装在组件 B 里，代码如下：

```
//B.sv
class B extends uvm_component;
    `uvm_component_utils(B)
    A a_inst;

    function new(string name = "B",uvm_component parent);
        super.new(name,parent);
        a_inst = new();
    endfunction

    function void my_name();
        $display("I am component B");
    endfunction
endclass
```

第 3 步，实现访问者，即对 uvm_visitor 进行继承，并主要实现 visit 方法，以进行访问，代码如下：

```
//display_visitor.sv
class display_visitor extends uvm_visitor;
    int cnt;

    function new(string name = "");
        super.new(name);
    endfunction

    virtual function void begin_v();
        cnt = 0;
    endfunction

    virtual function void end_v();
        `uvm_info(this.get_name(), $sformatf("cnt value is %d",cnt),UVM_NONE)
    endfunction

    virtual function void visit(uvm_component node);
        if(node.get_object_type() == B::type_id::get())begin
            visit_display(node);
```

```
        end
        cnt++;
    endfunction

    function void visit_display(uvm_component node);
        B b_inst;
        if(! $cast(b_inst,node))begin
            `uvm_fatal(this.get_name(),"visitor cast B failed")
        end
        `uvm_info(this.get_name(),"a new method is added",UVM_NONE)
        `uvm_info(this.get_name(), $sformatf("vip class A's cnt value is %d",b_inst.a_inst.
cnt),UVM_NONE)
    endfunction
endclass
```

在其中定义并实现了 begin_v、end_v 和 visit 方法，增加了 visit_display 方法，在其中实现了打印信息 a new method is added，还访问并打印了 vip class 中的 cnt 的值。

第 4 步，实现被访问者，即对 uvm_visitor_adapter 进行继承，并实现 accept 方法，以接受访问者的访问，代码如下：

```
//visit_adapter.sv
class visit_adapter extends uvm_visitor_adapter;
    function new(string name = "");
        super.new(name);
    endfunction

    virtual function void accept(
        uvm_component s,
        uvm_visitor v,
        uvm_structure_proxy#(uvm_component) p,
        bit invoke_begin_end = 1);

        if(invoke_begin_end)
            v.begin_v();
        v.visit(s);
        if(invoke_begin_end)
            v.end_v();
    endfunction
endclass
```

第 5 步，在验证环境中，调用被访问者的 accept 方法，从而自动调用 visitor 的访问方法，代码如下：

```
//demo_env.sv
class demo_env extends uvm_env;
    ...
    display_visitor display_v;
    visit_adapter adapter;
    B b_inst;
```

```
    function new(string name = "demo_env",uvm_component parent);
        super.new(name,parent);
        display_v = new("display_v");
        adapter = new("adapter");
        b_inst = B::type_id::create("b_inst",this);
    endfunction

    ...

    virtual task run_phase(uvm_phase phase);
        super.run_phase(phase);
        adapter.accept(b_inst,display_v,null);
        ...
    endtask

endclass
```

注意：事实上也可以参考17.3.2节中的第3条"由于uvm_visitor和uvm_visitor_adapter的默认参数也是uvm_component组件类型，因此对于VIP中未基于UVM方法学来开发的类代码来讲，需要在中间再封装一层uvm_component以实现对其访问。"来对现有方案factory机制重载进行改造，同样在其中再封装一层uvm_component即可。

第 18 章 设置 UVM 目标 phase 的额外等待时间的方法

18.1 背景技术方案及缺陷

18.1.1 现有方案

在芯片验证平台中，为了对代码仿真的执行顺序进行统一控制和管理，通常需要使用 UVM 的 phase 机制。只要都遵照统一的代码执行顺序的规则，就不会出现由于代码顺序杂乱导致的难以调试的问题，从而实现代码的可重用，可以说 phase 机制提供了代码仿真执行控制的一个统一的标准。

UVM 的 phase 主要分为 3 部分，分别如下。

(1) Build phases：这个阶段用来配置、构造和连接一个分层的验证平台。

(2) Run phases：这个阶段消耗仿真时间并且产生和运行测试用例。

(3) Clean up phases：这个阶段用来收集并打印仿真结果。

具体的划分如图 18-1 所示。

这些 phase 是预先定义好的一些函数或任务，并按照一定的顺序自动进行调用执行。

有了上述 phase 机制还不够，通常还需要配合使用 UVM 的 objection 机制，这样才可以控制仿真的开始和结束，这主要通过成对地使用 raise_objection 和 drop_objection 实现，即通过 raise_objection 来表示异议，此时该 phase 不会被立刻结束，相当于“开始该 phase 的仿真”，然后会检查该 phase 内的所有其他组件是不是有异议，如果当前 phase 内的当前组件已经调用 drop_objection 来取消异议，并且所有其他组件都没有异议，就相当于“结束当前 phase 的仿真运行”，这样就可以进入下一个 phase 来继续运行仿真，否则就一直等待，直到所有组件没有异议。

因此它一般被使用在消耗仿真时间的 phase 中，即 task phase 中，如图 18-1 所示的 Run Phases，包括并列的 run 部分和细分的 phase 部分。

一般会在测试用例里使用 Run Phases 的细分 phase 来划分仿真的不同阶段，在不同阶段里启动不同的 sequence 测试序列，这些 sequence 的启动发送和执行是需要消耗仿真时间的，因此一般会在每个这样的细分 phase 里都成对地使用 raise_objection 和 drop_objection，以此来保证仿真的运行。

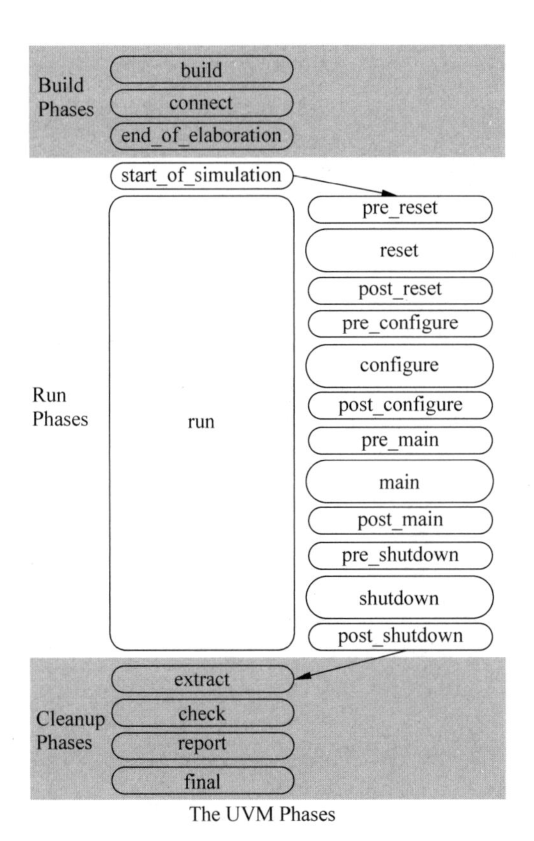

图 18-1　UVM 的 phase 机制结构图

例如在下面的测试用例 demo_test 里，在 reset_phase 里首先调用 raise_objection 方法来“开始在该 phase 的仿真”，然后调用 start 方法来启动对 reset_sequence 测试序列的发送执行，从而完成对 DUT 的初始化，待发送执行后，调用 drop_objection 方法来结束该 phase 的仿真，然后进入下一个 phase。同样地，在 main_phase 里首先调用 raise_objection 方法来“开始在该 phase 的仿真”，然后调用 start 方法来启动对 main_sequence 测试序列的发送执行，待发送执行后，调用 drop_objection 方法来结束该 phase 的仿真，代码如下：

```
class demo_test extends uvm_test;
    ...

    task reset_phase(uvm_phase phase);
        phase.raise_objection(this);
        reset_sequence.start(demo_sequencer);
        phase.drop_objection(this);
    endtask

    task main_phase(uvm_phase phase);
        phase.raise_objection(this);
```

```
        main_sequence.start(demo_sequencer);
        phase.drop_objection(this);
    endtask
endclass
```

但是这里的发送执行完 reset_sequence 或 main_sequence 并不意味着相应的 reset_phase 或 main_phase 仿真就可以立刻被结束,因为这里只是意味着 sequence 测试序列被驱动到了 DUT 的 interface 上,而 DUT 内部需要一些时间来处理该 interface 上的输入请求信号,因此如果此时就立刻结束该 phase 的仿真,则会导致一些测试激励序列没有被 DUT 执行完毕,所以一般需要额外等待一段仿真时间之后再结束在该 phase 的仿真。

一般现有方案会在测试用例的基类中通过调用 set_drain_time 方法来完成对上述额外等待时间的设置,代码如下:

```
class test_base extends uvm_test;
    ...
    task reset_phase(uvm_phase phase);
        `uvm_info("TEST","Setting reset_phase drain time of 200ns",UVM_NONE)
        phase.phase_done.set_drain_time(this,200ns);
    endtask

    task main_phase(uvm_phase phase);
        `uvm_info("TEST","Setting main_phase drain time of 500ns",UVM_NONE)
        phase.phase_done.set_drain_time(this,500ns);
    endtask
endclass
```

然后在子类中使用 super.reset_phase()和 super.main_phase()来调用其父类中该 phase 的方法,从而实现对目标 phase 额外等待时间的设置,代码如下:

```
class demo_test extends test_base;
    ...
    task reset_phase(uvm_phase phase);
        super.reset_phase();
        ...
    endtask

    task main_phase(uvm_phase phase);
        super.main_phase();
        ...
    endtask
endclass
```

18.1.2 主要缺陷

主要缺陷如下:

(1) 在每个测试用例中都需要通过 super 的方式来调用父类中可能存在的 drain_time

的设置，很可能遗漏而导致出错。

（2）如果希望在测试用例中不同 phase 的额外等待仿真时间不一样，则需要在每个 phase 中（例如上面的 reset_phase 和 main_phase，事实上总共有 12 个细分的 Run-phases）都重复上述在 test_base 基类的 phase 中设置 drain_time 的代码，其实有些 phase 在默认情况下在基类中根据实际项目需要不可以去编写，但为了完成对 drain_time 的设置，则必须编写，不但麻烦，而且还出现了重复代码，降低了开发效率。

（3）通常开发验证平台和实际执行测试用例对 DUT 进行验证的开发人员可能不是同一个人，那么如果让实际执行测试用例对 DUT 进行验证的人员记得在相应的 phase 里通过 super 的方式来调用验证平台中开发完成的测试用例的基类中的方法，这就意味着实际执行测试用例对 DUT 进行验证的人员还需要对验证平台中可能存在的问题进行负责，即必须关心该测试用例基类中相应 phase 中的逻辑，否则可能会引入一些未知错误，而且出现错误之后，很可能也会给调试增加难度。

（4）如果从测试用例的子类中继续派生，则为了完成在该 phase 中 drain_time 的设置，该子类的子类也必须使用 super 的方式调用其父类，即原先子类中的相应 phase 的方法，但是很可能这并不是验证开发人员想要的，因为其可能并不想执行其中的逻辑，因此这无疑也会给实际的验证过程带来麻烦。

18.2　解决的技术问题

实现在设置额外的 phase 仿真结束等待时间的同时避免上述缺陷。

18.3　提供的技术方案

18.3.1　结构

UVM 的 phase 访问是符合 singleton 设置模式的，即 UVM 的 phase 机制是可以保证每个组件中仅有一个对应 phase 的实例，并为其提供了一个全局的访问点，因此可以在统一的 Run-phase 之前的 end_of_elaboration_phase 获取该 phase 唯一的全局访问点，然后对该 phase 调用 set_drain_time 设置额外的结束等待时间。

设置 phase 结束额外等待时间的方法，其结构如图 18-2 所示。

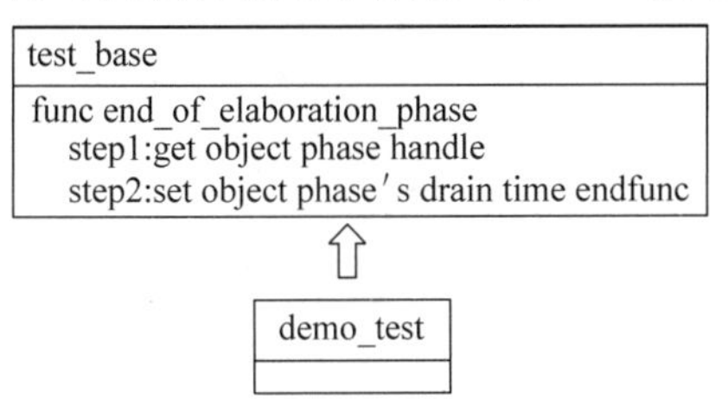

图 18-2　设置 phase 结束额外等待时间的方法的实现结构

18.3.2 原理

原理如下：

(1) 利用 UVM 的 phase 访问是符合 singleton 设置模式的特点，获取唯一的 phase 句柄。

(2) 需要在消耗仿真时间的 Run-phases 之前，利用 UVM 的 phase 的 find_by_name 方法获取唯一的 phase 句柄。

(3) 在测试用例基类的 end_of_elaboration_phase 中调用 set_drain_time 来完成对额外的 phase 仿真结束等待时间的设置。

18.3.3 优点

避免了 18.1.2 节中的缺陷问题。

18.3.4 具体步骤

第 1 步，在测试用例基类中的 end_of_elaboration_phase 中调用 phase 的 find_by_name 方法以获取目标 phase。

第 2 步，调用 phase_done 中的 set_drain_time 方法设置目标 phase 的额外的仿真结束等待时间，代码如下：

```
class test_base extends uvm_test;
    ...
    function void end_of_elaboration_phase(uvm_phase phase);
        uvm_phase reset_phase = phase.find_by_name("reset",0);
        `uvm_info("TEST","Setting reset_phase drain time of 200ns",UVM_NONE)
        reset_phase.phase_done.set_drain_time(this,200ns);

        uvm_phase main_phase = phase.find_by_name("main",0);
        `uvm_info("TEST","Setting main_phase drain time of 500ns",UVM_NONE)
        main_phase.phase_done.set_drain_time(this,500ns);
    endfunction
endclass
```

可以看到，此时不再需要在测试用例中通过 super 的方式来调用父类中可能存在的对 drain_time 的设置。

第19章　基于UVM验证平台的仿真结束机制

19.1　背景技术方案及缺陷

19.1.1　现有方案

本章是对第18章的改进，因此背景技术和现有方案可以参考第18章中的内容。

19.1.2　主要缺陷

主要缺陷如下：

(1) 实际上DUT的内部逻辑的处理延时是以时钟周期为单位的，但是现有方案中指定的目标phase的结束额外等待时间是以EDA工具的仿真时间为单位的，并不是以时钟周期为单位的，因此现有方案通过set_drain_time设置的方式并不准确。因为如果设置的额外等待时间过长，就增加了过长的无意义的仿真时间，无疑降低了验证工作的效率，如果设置的额外等待时间过短，则可能会因为不同的DUT而导致有的额外等待时间足够，有的又不够的情况，难以确定一个统一的等待时间，此时如果出现问题，则会增加问题调试的难度。

(2) 通过测试用例基类的set_drain_time设置目标phase的结束额外等待时间会在项目编译阶段确定下来，而很多IP供应商提供的设计是以预先编译完成的形式提供的(部分出于商业安全的考虑)，因此这就很难要求对方在预先编译期间为本项目设置好刚好合适的目标phase的结束额外等待时间，因此在这种应用场景下，现有方案就变得不再可行了。

因此，需要一种更优的基于UVM验证平台的仿真结束机制，以此来避免上述缺陷，并且在仿真运行阶段而不是编译阶段来完成对目标phase的结束额外等待时间的设置。

19.2　解决的技术问题

给出一种更好的基于UVM验证平台的仿真结束机制，以此来避免上述缺陷，并且在项目的仿真运行阶段而不是编译阶段来完成对目标phase的结束额外等待时间的设置。

19.3 提供的技术方案

19.3.1 结构

目标 phase 的仿真结束机制的原理图如图 19-1 所示。

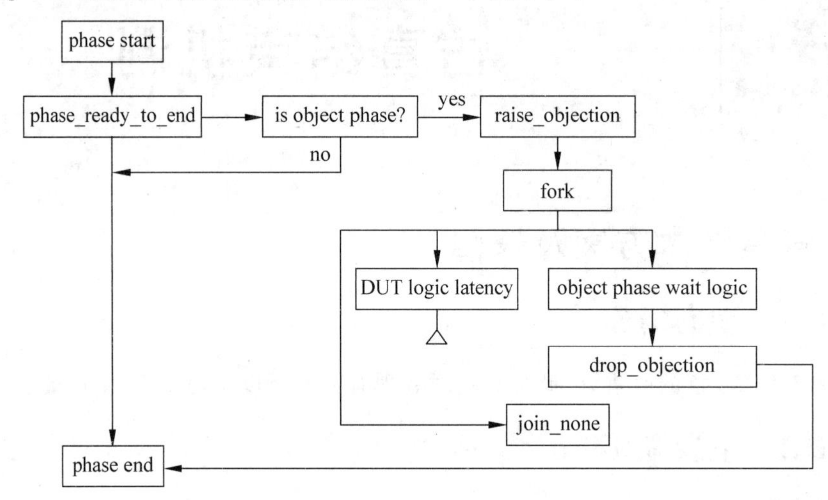

图 19-1 目标 phase 的仿真结束机制的原理图

19.3.2 原理

有以下实现思路：

(1) 在项目的仿真运行阶段而不是编译阶段对仿真结束进行控制。

(2) UVM 组件中提供了 phase_ready_to_end 回调方法，其会在目标 phase 结束之前被自动调用，那么可以利用该自动回调方法来编写对仿真结束的控制逻辑。

(3) 可以选择大多数验证平台中存在的分析组件，即选择 scoreboard 中的 phase_ready_to_end 回调方法实现对仿真结束的控制。

(4) 对于 scoreboard 来讲，可以通过 TLM 通信端口获取来自 DUT 的运算输出结果和来自参考模型的运算输出结果，因为参考模型的运算比较快，单纯的运算逻辑一般不涉及时序，因此会先获取来自参考模型的运算输出结果并写入 scoreboard 的队列中，然后获取来自 DUT 的运算输出结果后从之前的队列中取出参考模型的结果，最后对两者进行比较，因此，可以考虑通过判断队列是否为空，来决定是否要继续等待仿真结束，可以将该部分逻辑在自动回调方法 phase_ready_to_end 中实现。

(5) 通过类似的思路，可以在 phase_ready_to_end 中实现对图 18-1 中 12 个消耗仿真时间的细分 phase 的结束等待时间的设置。

然后如图 19-1 所示，主要针对消耗仿真时间的 phase。

首先 phase start 开始，然后在 phase end 结束之前会自动调用 UVM 组件中的 phase_

ready_to_end 方法，接着在其中完成对目标 phase 的仿真结束的控制逻辑，从而在项目的仿真运行阶段而不是编译阶段实现对仿真结束的控制。

在进入 phase_ready_to_end 方法中之后，首先判断是否是 object phase，即是否是目标 phase。

如果不是目标 phase，则说明不对其增加额外的结束等待时间的延迟，直接跳转到 phase end 来结束当前 phase。

如果是目标 phase，则调用 phase 的 raise_objection 方法来“开始该 phase 的仿真”，然后进入并行的 fork...join_none 程序块，此时 DUT 正在接收该 phase 的测试序列并需要一定的时间来完成运算，同时目标 phase 等待逻辑判断 DUT 是否已经完成了该运算，这通常是通过在 scoreboard 中的 TLM 通信端口接收来自 monitor 监测到的 DUT 的 interface 信号来判断的，此时如果等待完成，则调用 phase 的 drop_objection 方法来“结束当前 phase 的仿真运行”，随后跳转到 phase end 来结束当前 phase。

19.3.3　优点

避免了 19.1.2 节中提到的缺陷问题。

19.3.4　具体步骤

依然以之前现有方案中的举例为例，需要在 reset_phase 和 main_phase 中增加对这两个 phase 的结束额外等待时间，从而完成对仿真结束的控制。

主要在记分板组件 scoreboard 中的 phase_ready_to_end 方法中编写具体的仿真结束的控制逻辑。

第 1 步，调用 phase 的 get_name 方法来判断是否是目标 phase，这里是 reset_phase 和 main_phase。如果不是，则直接结束该回调方法 phase_ready_to_end。

第 2 步，执行目标 phase 的延迟等待控制逻辑，这里分为两个小步骤：

（1）调用 phase 的 raise_objection 方法来“开始该 phase 的仿真”。

（2）进入并行的 fork...join_none 程序块，等待 DUT 完成该 phase 阶段激励序列的运算，然后调用 phase 的 drop_objection 方法来“结束当前 phase 的仿真运行”，代码如下：

```
class demo_scoreboard extends uvm_scoreboard;
    virtual function void phase_ready_to_end(uvm_phase phase);
        if((phase.get_name != "reset") && (phase.get_name != "main"))
            return;

        //reset_phase 延迟逻辑
        if(reset_phase control logic) begin
            phase.raise_objection(this);
            fork
                delay_reset_phase(phase);
            join_none
        end
```

```
        //main_phase 延迟逻辑
        if(main_phase control logic) begin
            phase.raise_objection(this);
            fork
                delay_main_phase(phase);
            join_none
        end
    endfunction

    virtual task delay_reset_phase(uvm_phase phase);
        wait(reset_phase control logic);
        phase.drop_objection(this);
    endtask

    virtual task delay_main_phase(uvm_phase phase);
        wait(main_phase control logic);
        phase.drop_objection(this);
    endtask
endclass
```

第20章

记分板和断言检查相结合的验证方法

20.1 背景技术方案及缺陷

20.1.1 现有方案

通常验证开发人员会采用断言(SystemVerilog Assertion)和记分板两种方式来对RTL设计的功能进行检查,用以确保RTL设计的功能符合设计手册的描述要求。

1. 记分板验证方式

记分板的组成结构示意图如图9-3所示。

记分板通常由两部分组成,分别是参考模型和比较器。通常为了检查DUT功能的正确性,需要编写参考模型,然后会将同样的激励发送给参考模型和DUT,然后各自运算后将运算结果送到比较器进行比较,通过比较运算结果是否一致,来判断DUT功能的正确性。整个过程中会使用monitor来监测DUT输入和输出interface上的信号,并且将其封装成事务级数据类型,然后广播发送给记分板,记分板中的参考模型根据接收的输入接口的事务数据来计算期望的输出结果,然后在比较器里与接收的输出接口的事务数据进行比较,从而判断DUT功能的正确性。

2. 断言验证方式

断言验证分为立即断言(Immediate Assertion)和并发断言(Concurrent Assertion)。立即断言可以很容易地在验证组件这种类对象中使用,但是能够检查的场景非常有限,因此还需要功能更加强大的并发断言来做更为详细的检查,例如基于时钟的时序协议方面的检查。

采用上述两种验证方式的验证平台,即现有方案的验证平台,如图20-1所示。

现有的采用上述两种验证方式的验证平台,将记分板例化在验证环境(图中env)中,将断言检查使用在信号接口(图中interface)中,从而对信号接口上的信号做信号级的时序和协议检查。

现有方案中记分板(图中scoreboard)和断言(图中assertion)检查同时存在,由于并发断言通常是基于时钟变化来检查的,因此在每个时钟周期并发断言都会被检查,然而这其中

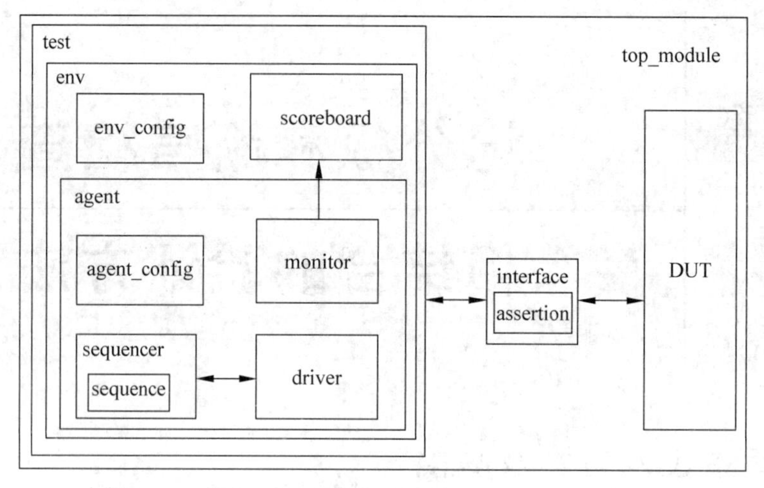

图 20-1 采用上述两种验证方式的验证平台(现有方案)

存在着大量不需要进行断言检查的情形,因为记分板并没有在每个时钟周期都报出存在比较错误的问题,因此在每个时钟周期都去做并发断言检查会降低仿真性能,延长仿真时间,从而降低验证开发人员的工作效率。

出现以上缺陷,往往是由于两种检查方式是相互独立的,即彼此之间缺乏关联,因此需要采用一种将记分板和断言检查相结合的验证方法,从而在利用上述两种验证方式各自优点的同时,避免其缺陷带来的影响,最终实现提升验证工作的质量及验证开发人员的工作效率。

20.1.2 主要缺陷

记分板是基于事务级数据的检查,其相对于接口的信号级来讲,抽象层次更高,抽象层次更高通常意味着仿真效率更高,速度更快,也更容易建模,以此来对 DUT 做功能检查。

但是这同时也带来一个缺陷,即其很难发现 DUT 时序协议导致的错误,因为毕竟记分板不是基于时钟周期的信号级数据来做检查的,即很难发现问题的根源。通常来讲,当其报出比较错误时,当前仿真时间距离最初的问题根源已经过去了很多个时钟周期了,因此需要依赖验证开发人员耐心地观察波形上的信号变化,以此来定位具体的问题,尤其当涉及的接口信号较多且时序协议较为复杂时,问题的定位将会变得更加困难,这将耗费验证开发人员大量时间,给问题的追踪调试带来不便。

断言验证是记分板检查的一个有力的补充,可以完成基于时钟变化的信号级的协议检查,从而帮助验证开发人员快速地定位问题的根源。

但是较为复杂的并发断言却不能在验证组件这种类对象中使用,而只能在模块或者接口中使用。在这种情况下,通常验证开发人员会使用并发断言在接口中做一些信号级的行为检查,却不能将强大的并发断言检查方式用在记分板里,以使其在仿真过程中根据记分板获取的事务级数据再结合记分板追踪到的问题做进一步的检查。

20.2　解决的技术问题

解决上述缺陷问题，并且使用一种将记分板和断言检查两者紧密结合的验证方法，从而提升验证工作的质量及验证开发人员的工作效率。

20.3　提供的技术方案

20.3.1　结构

本节提供的记分板和断言相结合的验证平台的结构示意图如图 20-2 所示。

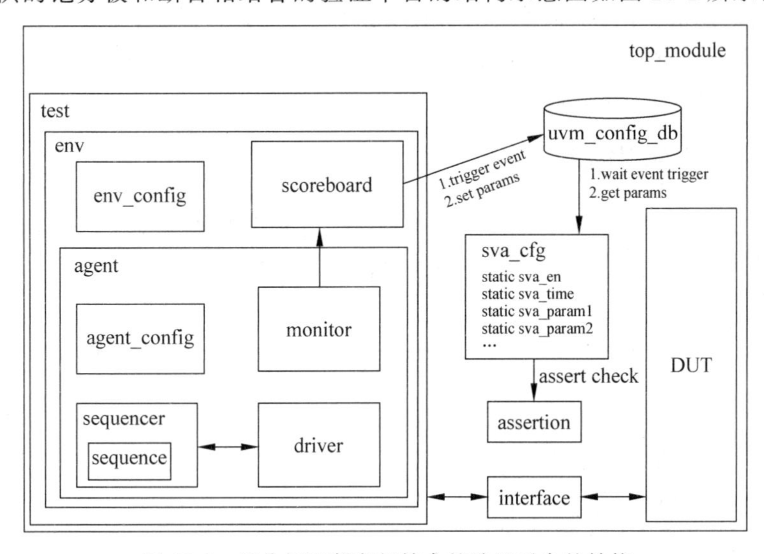

图 20-2　记分板和断言相结合的验证平台的结构

20.3.2　原理

原理如下：

(1) 一般来讲，如果基于抽象的事务级数据的记分板检查正确，则再去做信号级的断言检查无疑会白白降低仿真性能，但是如果记分板检查发现了错误，则此时的断言检查可以帮助定位问题的根源，例如 DUT 时序协议的错误，从而帮助验证开发人员更快地定位错误，提高问题调试的效率。

(2) 在某个仿真过程中的时间点时，记分板的事务级检查出现比较错误，此时在配置数据库中设置的 uvm_event 事件将会被触发，同时一些仿真过程参数将会被存到 UVM 配置数据库里。与此同时，在顶层模块里不断监测该事件被触发，一旦被触发激活，则从 UVM 配置数据库中返回之前存入的仿真过程参数来使能并且供断言做进一步的信号级检查，从而将两种验证方式紧密地结合在一起。

20.3.3 优点

优点如下：

(1) 使用了 uvm_event 事件同步，UVM 的配置数据库及 UVM 的 phase 机制的综合方法，实现了记分板和并发断言检查之间的紧密关联配合，从而帮助验证开发人员进行更加全面的功能检查及更快地定位问题的根源。

(2) 实现了记分板和并发断言检查之间的仿真过程中的参数共享及并发断言检查的动态特性，避免了原本只能在静态的模块或者接口中使用的缺陷。

(3) 既避免了记分板检查不到信号级问题的缺陷，又解决了并发断言在整个仿真过程中都被使能激活所带来的仿真性能问题，将两者结合，从而实现了先通过记分板从抽象的事务级层面进行功能检查，然后通过并发断言从更为具体的信号级层面的时序及协议方面进行检查，最终实现了对 DUT 功能问题根源的快速定位，提升了验证开发人员的工作效率，与此同时也提升了验证工作的质量。

20.3.4 具体步骤

第 1 步，在记分板里声明 uvm_event 事件，控制断言的使能开关变量，在 build_phase 里对该事件进行实例化，并把该 uvm_event 事件传入 UVM 配置数据库里。

注意：这里传入的范围空间为整个验证平台。

然后在对 run_phase 的参考模型输出结果和 DUT 实际运算结果进行比较的过程中，如果出现比较错误，则调用 trigger 方法触发 uvm_event 事件。同时调用系统函数 $time 以获取当前的仿真时间，然后将控制断言的开关打开，并且同样将当前仿真时间和使能打开的断言控制开关传入 UVM 配置数据库里。

注意：这里传入的范围空间依然为整个验证平台。

除此之外，还可以传递更多并发断言中需要用到的仿真过程变量参数，从而使记分板和断言检查两者紧密地关联和配合，以便进行功能检查和问题定位，代码如下：

```
class demo_scoreboard extends uvm_scoreboard;
    `uvm_component_utils(demo_scoreboard)
    uvm_blocking_get_port #(transaction_req) req_port;
    uvm_blocking_get_port #(transaction_rslt) rslt_port;

    uvm_event sva_event;
    bit sva_en;
    time sva_time;
    demo_type sva_param1;
    demo_type sva_param2;

    function new(string name = "demo_scoreboard",uvm_component parent = null);
        super.new(name, parent);
```

```
        sva_event = new("sva_event");
        uvm_config_db#(uvm_event)::set( null, "*","sva_event",sva_event);
    endfunction

    function void build_phase(uvm_phase phase);
        req_port = new("req_port", this);
        rslt_port = new("rslt_port", this);
    endfunction

    task run_phase(uvm_phase phase);
        transaction_req req;
        transaction_rslt exp;
        transaction_rslt act;
        transaction_rslt exp_q[ $ ];

        exp = new("exp");
        fork
            //调用 predictor 的方法计算期望结果,并写入期望队列
            forever begin
                req_port.get(req);
                exp = predict_rslt(req);
                exp_q.push_back(exp);
            end
            //根据配置选项来将运算的期望结果和 dut 实际输出的结果进行比较
            forever begin
                rslt_port.get(act);
                if(exp_q.size())begin
                    if(act.compare(exp_q.pop_front()))
                        `uvm_info(this.get_name,"PASS",UVM_LOW)
                    else begin

                        sva_event.trigger();
                        uvm_config_db#(bit)::set( null, "*","sva_en",1);
                        uvm_config_db#(bit)::set( null, "*","sva_time", $time);
                         uvm_config_db#(bit)::set( null, "*","sva_param1",sva_param1_
value);
                         uvm_config_db#(bit)::set( null, "*","sva_param2",sva_param2_
value);
                        ...
                        `uvm_error(this.get_name,"FAIL")
                    end
                end
            end
        join
    endtask
endclass
```

第 2 步,将所有的用于检查的断言封装到一个 package 包文件中,并且可以通过 disable iff()关键字来控制断言的开关状态。在其中创建派生于 uvm_object 的断言配置对象,其中包括控制断言的使能开关变量、仿真时间变量及其他并发断言中需要用到的仿真过程变量,

需要使用 static 关键字将以上变量设置为全局静态变量，代码如下：

```
package sva_pkg;
    property p_demo(clk,rst_n,sva_en,sva_time,sva_param1,sva_param2);
      @ (posedge clk) disable iff (!rst_n ||!sva_en)
      //使用输入端的 sva_time、sva_param1、sva_param2 等参数并根据具体的项目来编写相应的
      //并发断言检查
    endproperty : p_demo
                                                                                    ...

    class sva_cfg extends uvm_object;
        static bit sva_en;
        static time sva_time;
        static demo_type sva_param1;
        static demo_type sva_param2;
        ...
    endclass
endpackage
```

第 3 步，在验证平台的顶层模块里导入上述 package 包文件，从而使验证环境可以使用封装好的断言检查及断言配置对象，然后在 initial begin...end 程序控制块里按照程序控制块的执行顺序依次执行，以便完成以下几件事情：

(1) 声明并实例化断言配置对象。

(2) 阻塞等待验证平台执行到刚好要进入消耗仿真时间的运行阶段，即通过 end_of_elaboration_phase 句柄调用 wait_for_state 方法，并把参数 UVM_PHASE_DONE 和 UVM_EQ 传递进去，以此来等待该 end_of_elaboration_phase 阶段运行结束。

(3) 从 UVM 配置数据库中获取之前在记分板里存入的 uvm_event 事件。

(4) 通过调用已获取的 uvm_event 事件的 wait_trigger 方法来等待该事件被触发，触发之后则可以进行下一步的断言参数的获取，以此来做进一步的检查。

(5) 当事件被触发后，获取之前在记分板中事件触发时打开的断言控制开关、仿真时间及其他一些仿真过程参数变量。

(6) 将获取的断言开关赋值给 package 包文件里断言配置对象的全局静态变量，即控制断言的使能开关变量，使其状态为使能打开的状态，从而实现在记分板出现比较问题时再通过变量打开断言检查，以提升仿真性能。

(7) 将获取的仿真时间赋值给 package 包文件里断言配置对象的全局静态变量，即仿真时间变量，使其为记分板出现比较问题时的仿真运行时间，从而可以实现在并发断言中使用该仿真运行时间变量，以控制断言检查的仿真时间窗口，从而进一步缩小仿真时间范围，更快地定位问题的根源。

(8) 除了上述控制断言的使能开关变量和仿真时间变量以外，还可以根据具体项目需要，通过类似的方式将记分板中的仿真过程变量传递给断言配置对象的全局静态变量，从而实现两者运行参数的共享。

(9) 调用 package 包文件里相应的并发断言进行检查，将断言配置对象里的全局静态

变量（控制断言的使能开关变量）、仿真时间及依据具体项目需要的仿真过程变量参数作为并发断言检查的输入参数进行传入，最后获取断言检查的结果，从而实现对记分板中追踪到的问题的进一步的时序及协议的信号级检查，代码如下：

```
module top_module
     import sva_pkg::*;
     uvm_event sva_event;
     sva_cfg sva_cfg_h;
     bit sva_en = 0;
     time sva_time;
     demo_type sva_param1;
     demo_type sva_param2;
     ...

    initial begin
        sva_cfg_h = new();
        end_of_elaboration_phase.wait_for_state(UVM_PHASE_DONE,UVM_EQ);
        if(!uvm_config_db #(uvm_event)::get(null,"","sva_event",sva_event))begin
            `uvm_fatal("top_module","Don't get the sva_event")
        end
        sva_event.wait_trigger();
        if(!uvm_config_db #(bit)::get(null,"","sva_en",sva_en))begin
            `uvm_fatal("top_module","Don't get the sva_en")
        end
        sva_cfg::sva_en = sva_en;
        if(!uvm_config_db #(time)::get(null,"","sva_time",sva_time))begin
            `uvm_fatal("top_module","Don't get the sva_time")
        end
        sva_cfg::sva_time = sva_time;
        if(!uvm_config_db #(demo_type)::get(null,"","sva_param1",sva_param1))begin
            `uvm_fatal("top_module","Don't get the sva_param1")
        end
        sva_cfg::sva_param1 = sva_param1;
        if(!uvm_config_db #(demo_type)::get(null,"","sva_param2",sva_param2))begin
            `uvm_fatal("top_module","Don't get the sva_param2")
        end
        sva_cfg::sva_param2 = sva_param2;
        ...
    end

    a_demo: assert property
              (p_demo(clk,rst_n,
               sva_cfg::sva_en,
               sva_cfg::sva_time,
               sva_cfg::sva_param1,
               sva_cfg::sva_param2))
               `uvm_info("top_module","SVA PASSED \n",UVM_LOW);
    else
               `uvm_error("top_module","SVA FAILED \n")
    ...
endmodule
```

第21章 支持错误注入验证测试的验证平台

21.1 背景技术方案及缺陷

21.1.1 现有方案

与1.1.1节相同,这里不再赘述。

21.1.2 主要缺陷

现有方案是通常情况下采用的对DUT的验证方案,但是在实际验证工作中还需要考虑到以下两种数据出现差错的情况:

(1) 在实际的验证平台中可能会出现时序总线协议的违反错误。

这种情况是不应该出现的,也是设计和验证人员应该避免的,但是验证平台应能够识别并提醒开发人员进行修正。

(2) 信号传输过程中的错误。

芯片在实际数据传输过程中,由于传输系统会导致在链路上传输的一个或多个帧数据出现差错。在这种情况下,就需要RTL设计具有差错检测机制,仅当检测的结果正确时才接收该数据,以尽可能地提高数据传输的正确性。

那么,在这种情况下,就需要对具有差错检测机制的RTL设计进行错误注入测试,以验证在发生错误传输数据的情况下该RTL设计的相关差错检测功能。

而现有的方案并没有在一开始就考虑到错误注入测试的场景,因此,需要对其进行改进以适应实际芯片验证的需要。本章将使用一种适用于差错注入测试的验证平台结构,可以方便地对具有类似差错检测机制功能的RTL设计进行行为功能验证。

21.2 解决的技术问题

可根据实际项目需要灵活地开关控制错误注入模式,从而完成对具有差错检测机制的RTL设计进行错误注入测试。

21.3　提供的技术方案

21.3.1　结构

支持错误注入验证测试的验证平台结构示意图如图 21-1 所示。

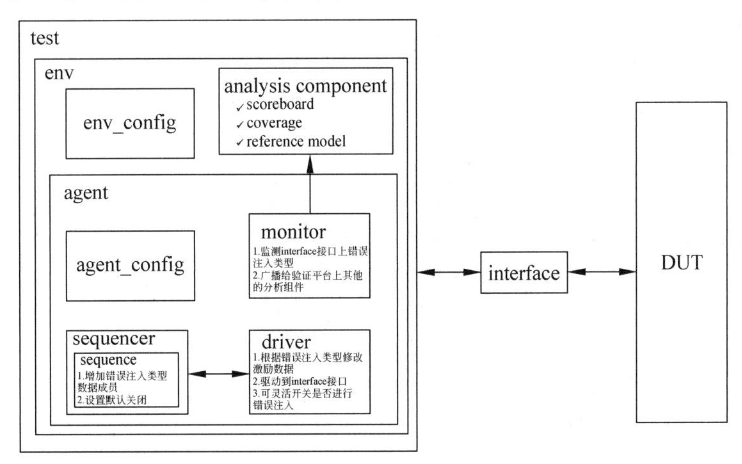

图 21-1　支持错误注入验证测试的验证平台结构示意图

21.3.2　原理

通过输入激励序列元素(Sequence Item)携带需要进行的错误注入类型,然后 driver 可以根据该错误注入类型对输入激励数据进行错误注入和修改,然后将修改后的激励数据驱动到接口总线上,接着 monitor 能够监测到当前路径上所包含的错误注入类型,然后通过通信端口广播给验证平台中的分析组件,以此来对 RTL 设计的差错检测功能进行验证。

21.3.3　优点

优点如下:

(1) 在默认情况下,不进行错误注入测试,可根据实际项目的需要灵活地进行开关控制,因此与现有方案下的验证平台结构完全兼容。

(2) 提供了足够的灵活性,可由验证开发人员自行选择要加入的错误注入模式,以根据实际项目需要进行多种类型的错误注入测试,从而对 DUT 的差错监测行为功能进行全面验证。

21.3.4　具体步骤

例如需要传输的帧数据格式如图 21-2 所示。

其中包含起始帧数据(Start Of Frame,SOF)、有效传输数据(Payload)、循环冗余校验

起始帧	有效传输数据	循环冗余校验数据	结束帧

图 21-2 具有差错监测机制的帧数据格式示例

数据(Cyclic Redundancy Check,CRC)和结束帧数据(End Of Frame,EOF)。

第 1 步,在序列元素中增加与错误注入相关的数据成员,并通过随机约束将错误注入默认关闭,代码如下:

```
class demo_item extends uvm_sequence_item;
    rand bit[7:0] payload;
    rand bit[15:0] crc;
    ...

    rand bit crc_err;
    rand bit eof_err;

    constraint c_error{
        crc_err == 0;
        eof_err == 0;
    }
endclass
```

第 2 步,编写具有错误注入的 sequence,对包含的 sequence item 进行随机,然后使用序列本地的错误注入成员变量,覆盖包含的序列元素的错误注入成员变量,从而表示要进行测试的错误注入类型,代码如下:

```
class demo_sequence extends uvm_sequence;
    demo_item item;
    bit crc_err;
    bit eof_err;

    ...
    task body();
        item = demo_item::type_id::create("item");
        start_item(item);
        assert(item.randomize());
        item.crc_err = crc_err;
        item.eof_err = eof_err;
        finish_item(item);
    endtask
endclass
```

第 3 步,在 driver 中的驱动方法里,增加错误注入的驱动逻辑,使其能够根据序列元素中的错误注入类型对接收的序列元素数据进行修改以将带有错误的输入激励数据驱动到接口总线上,代码如下:

```
class demo_driver extends uvm_driver#(demo_item);
    ...
    task run_phase(uvm_phase phase);
```

```
        forever begin
            seq_item_port.get_next_item(req);
            drive(req);
            seq_item_port.item_done();
        end
    endtask

    task drive(input demo_item req);
        if(req.crc_err)begin
            //产生并驱动带 CRC 错误的请求
        end
        else if(req.eof_error)begin
            //产生并驱动带 EOF 错误的请求
        end
        else begin
            //驱动请求
        end
    endtask
endclass
```

第 4 步，在 transaction 中增加能够标识错误注入的类型的成员变量，代码如下：

```
class demo_trans extends uvm_transaction;
    rand bit[7:0] payload;
    rand bit[15:0] crc;
    ...

    bit err_detected;

endclass
```

第 5 步，在 monitor 中增加错误监测逻辑，以使其能够检测到错误注入的测试场景，然后利用通信端口广播给其他验证分析组件以对 DUT 相关的错误监测机制功能进行验证分析，代码如下：

```
class demo_monitor extends uvm_monitor;
    ...
    demo_trans trans;

    task run_phase(uvm_phase phase);
        trans = demo_trans::type_id::create("trans");
        forever begin
            //监测接口信号,封装成 transaction 并广播
            if(vif.mon.crc_err || vif.mon.eof_err)
                `uvm_warning(this.get_name(),"error injection detected")
            trans.payload = vif.mon.payload;
            trans.crc = vif.mon.crc;
            trans.err_detected = vif.mon.crc_err || vif.mon.eof_err;
            ap.write(trans);
        end
    endtask
endclass
```

第22章 一种基于 bind 的 ECC 存储注错测试方法

22.1 背景技术方案及缺陷

22.1.1 现有方案

ECC 的全称是 Error Detection and Correction Code，是一种差错检测和修正算法，通常在数字芯片电路的存储模块中用于保护数据的完整性。

其逻辑包括两个模块，一个是 ECC 编码模块，另一个是 ECC 解码模块，如图 22-1 所示。

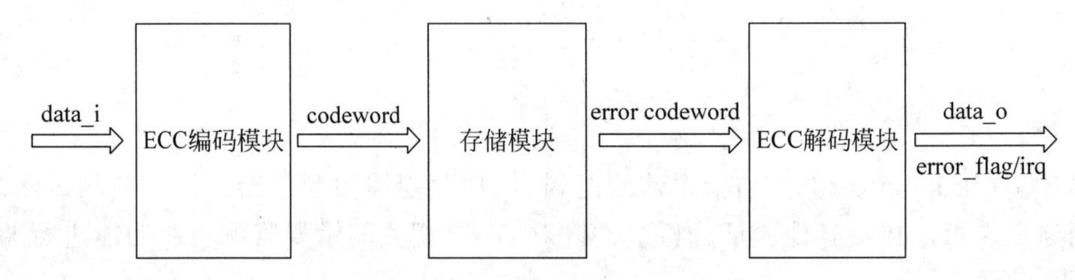

图 22-1 ECC 检错纠错逻辑

ECC 编码模块会根据输入的数据 data_i 计算得到额外的冗余数据 ECC，这些冗余数据主要用来对错误的数据位进行检测和纠正，这跟实际使用的编码算法有关，例如汉明码(Hamming Codes)、萧氏码(Hsiao Codes)、里德所罗门码 (Reed-Solomon Codes)、BCH 差错控制码(Bose-Chaudhuri-Hocquenghem Codes)。

经过以上这些算法进行编码后将编码字(图 22-1 中的 codeword)写入存储模块中，此时可能会存在一些由于电磁辐射干扰导致的数据错误，即将编码字中的个别比特数据翻转后换成错误的数据，然后错误的编码字从存储模块中被读取出来并被送给 ECC 解码模块，此时解码模块可以对错误的比特位进行检测和纠正，但通常只能纠正 1 比特错误和检测 2 比特错误。

ECC 检错纠错逻辑对于数字逻辑芯片的数据安全性和完整性非常重要，因此在实际的芯片验证中，需要验证的内容至少需要包括以下几点。

(1) ECC 检错纠错逻辑是否能够正确地对存储模块中的数据进行纠错。

(2) ECC 检错纠错逻辑是否能够正确地对存储模块中的数据进行检错。

(3) ECC 检错纠错逻辑是否能对发现的数据错误置起相应的中断,并报告发生错误的存储模块的所在位置。

现有 ECC 检错纠错逻辑的功能测试方案如图 22-2 所示。

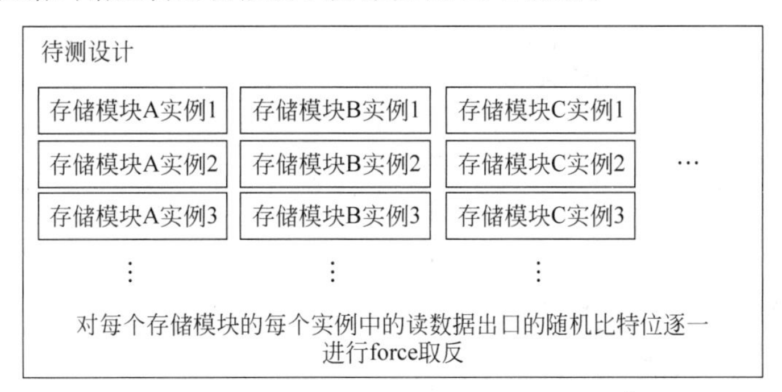

图 22-2 现有 ECC 检错纠错逻辑的功能测试方案示意图

为了对 ECC 检错纠错逻辑进行验证,需要人为地对待测设计中的存储模块的实例中的读数据出口中的随机比特位进行 force 取反,即需要针对不同的待测设计模块,根据其内部不同的存储实例的硬件路径编写对应的目标测试用例,代码如下:

```
force mem_A_1_path.rdata[random_bits] = ~ correct_rdata[random_bits];
force mem_A_2_path.rdata[random_bits] = ~ correct_rdata[random_bits];
force mem_A_3_path.rdata[random_bits] = ~ correct_rdata[random_bits];
...
force mem_B_1_path.rdata[random_bits] = ~ correct_rdata[random_bits];
force mem_B_2_path.rdata[random_bits] = ~ correct_rdata[random_bits];
force mem_B_3_path.rdata[random_bits] = ~ correct_rdata[random_bits];
...
force mem_C_1_path.rdata[random_bits] = ~ correct_rdata[random_bits];
force mem_C_2_path.rdata[random_bits] = ~ correct_rdata[random_bits];
force mem_C_3_path.rdata[random_bits] = ~ correct_rdata[random_bits];
...
```

然后检查 ECC 是否能对这些人为注错的存储数据进行正确检错和纠错,对应的中断及标志位是否能够正常被置起,这些可以通过参考模型比较及查看待测设计的功能是否正常,以及读取状态寄存器进行确认。

22.1.2 主要缺陷

采用现有方案,将存在以下 3 个缺陷:

(1) 如果采用 force 每个存储模块的实例,则测试代码将非常长,编写效率低且难以阅读。

(2) 如果存储模块的 IP 更换,则之前非常长的代码将需要重写编写,费时费力。

（3）针对不同设计模块，由于使用的存储模块的实例的硬件路径和选用存储模块的IP的不同，需要编写不同的目标测试用例，因此无法快速地应用到已有的回归测试用例中进行验证。

因此需要有一种简便高效，并且可以快速应用到已有的回归测试用例里的针对ECC检错纠错逻辑进行验证的方法。

22.2 解决的技术问题

提供一种简便高效，并且可以快速应用到已有的回归测试用例里的针对ECC检错纠错逻辑进行验证的方法。

22.3 提供的技术方案

22.3.1 结构

基于bind的ECC存储注错测试方法示意图如图22-3所示。

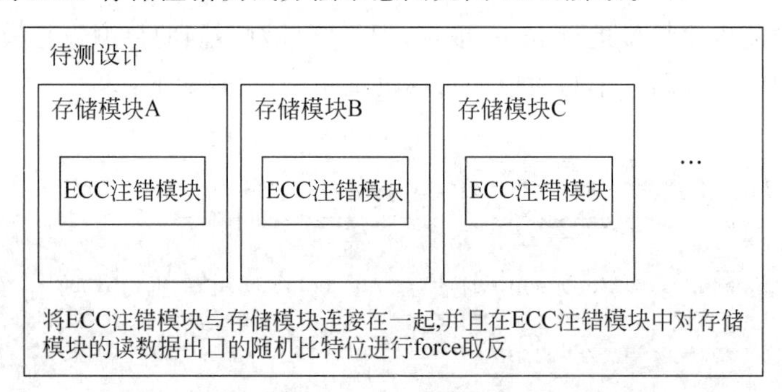

图22-3 基于bind的ECC存储注错测试方法示意图

需要准备ECC注错模块，并且将ECC模块与不同的存储模块的IP连接在一起，然后在ECC注错模块中对存储模块的读数据出口的随机比特位进行force取反，从而实现用人为的错误数据来模拟实际芯片电路中由于电磁辐射干扰导致的数据错误，最后来测试ECC检错纠错逻辑是否能对人为制造的错误数据进行相应检测和纠正并且报告相应的位置，以及上报对应的中断。

22.3.2 原理

硬件设计与验证描述语言SystemVerilog容许使用关键字bind将一个模块或接口绑定到已有的模块或该模块的部分实例中，从而在不对原先的设计模块代码进行修改的情况下实现一些新增的功能，可以做到与原先已有的设计模块代码的独立，方便团队成员之间的协作和代码的管理。

通常绑定辅助代码的使用场景如下：

(1) 断言检查。

(2) 覆盖率收集。

(3) 事务级数据采样并输出到文件,从而方便后续对该文件的处理,例如绘图分析。

(4) 接口的连接,即将待测设计连接到测试平台。

因此,可以利用这一特性,应用在对 ECC 检错纠错逻辑的测试场景中。

22.3.3 优点

优点如下：

(1) 通过巧妙地使用 bind,实现了对于 ECC 检错纠错功能的便捷测试,可以快速地应用于已有的回归测试用例中,从而提高了验证测试的效率。

(2) 除了可以应用在对 ECC 检错纠错逻辑的测试场景中,还可以将其应用于待测设计中的 FIFO 使用水线的统计收集,以供设计人员进行分析。

22.3.4 具体步骤

第 1 步,编写用来模拟实际芯片电路中由于电磁辐射干扰导致的数据错误的 ECC 注错模块,代码如下：

```
module xxx_mem_ip_ecc_serr();
    bit err_sbit;
    initial begin
        if( $testplusargs("ENABLE_FORCE_SERR"))begin
            force xxx_mem_ip.rdata[random_sbit] = std::randomize(err_sbit);
        end
    end
endmodule

module xxx_mem_ip_ecc_derr();
    bit[1:0] err_dbit;
    initial begin
        if( $testplusargs("ENABLE_FORCE_DERR"))begin
            force xxx_mem_ip.rdata[random_dbit] = std::randomize(err_dbit);
        end
    end
endmodule
```

通过 force 的方式将存储模块中的读数据出口的随机比特位设置为随机值。

ECC 注错模块包括对单比特和多比特存储数据的注错测试,因此需要准备两种 ECC 注错模块。

使用仿真运行参数来控制,从而可以在已有的测试用例中仅通过传递参数实现是否进行 ECC 功能测试,从而避免了 22.1.2 节中提到的缺陷(3)。

第 2 步,将准备好的 ECC 注错模块在测试平台中与存储模块 IP 连接在一起。此时,

ECC 注错模块成为该存储模块 IP 的子模块实例，并且可以访问存储模块 IP 中的信号，代码如下：

```
bind xxx_mem_ip xxx_mem_ip_ecc_serr xxx_mem_ip_ecc_serr_inst();
bind xxx_mem_ip xxx_mem_ip_ecc_derr xxx_mem_ip_ecc_derr_inst();
```

通过把两者连接在一起，相当于实现了对所有的存储模块实例进行了相应的注错操作，即只需像上一步在 ECC 注错模块中写一条 force 语句就可以了，不需要对所有的存储模块的实例都写这样的语句，这样就避免了 22.1.2 节中提到的缺陷(1)。

如果将来待测设计中所使用的存储模块 IP 进行了更换，则只需在连接时修改模块名，即只需修改两行代码，这样就避免了 22.1.2 节中提到的缺陷(2)。

第 3 步，在仿真测试用例运行时添加仿真参数来控制单比特和多比特存储数据的注错测试，代码如下：

```
//在仿真命令中传递仿真运行参数
+ ENABLE_FORCE_SERR
+ ENABLE_FORCE_DERR
```

对于单比特的存储数据注错测试来讲，错误的数据会被自动纠正，因此需要和已有测试用例一样检查待测设计的功能是否正常，并且检查单比特错误是否会被上报。

对于多比特的存储数据注错测试来讲，只能做到检测错误，因此需要关闭对由于存储数据错误导致的待测设计的功能性测试的检查，但需要检查多比特错误是否会被上报。

第23章 在验证环境中更优的枚举型变量的声明使用方法

23.1 背景技术方案及缺陷

23.1.1 现有方案

在对数字芯片进行验证的过程中，通常会使用枚举型变量来取代单纯的二进制数值，这样可以既清晰又方便地模拟DUT的运算操作，否则直接阅读二进制数值时很难理解DUT到底做了什么运算操作，如图23-1所示。

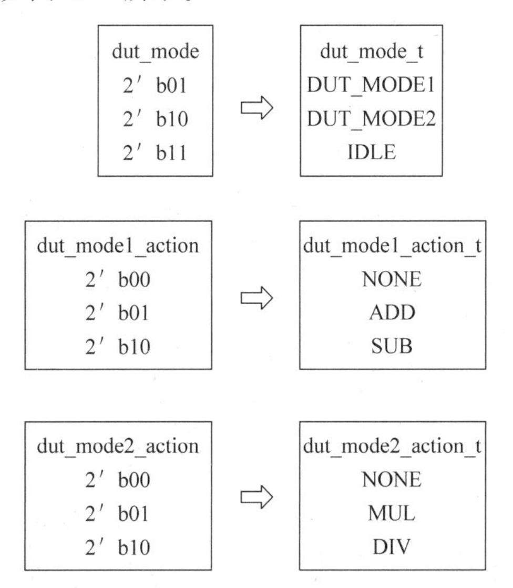

图23-1 枚举型变量与二进制数值类型的转换

图23-1中有3种枚举型变量，分别如下。

(1) dut_mode_t：用来指示DUT的工作模式，例如DUT_MODE1、DUT_MODE2及空闲的IDLE模式。

(2) dut_mode1_action_t：用来指示DUT工作在DUT_MODE1模式下能够进行的运算操作，可以看到可以做加法ADD、减法SUB及不进行任何操作的NONE。

(3) dut_mode2_action_t：用来指示 DUT 工作在 DUT_MODE2 模式下能够进行的运算操作，可以看到可以做乘法 NUL、除法 DIV 及不进行任何操作的 NONE，代码如下：

```
package demo_pkg;
    typedef enum {DUT_MODE1, DUT_MODE2, IDLE} dut_mode_t;
    typedef enum {NONE, ADD, SUB} dut_mode1_action_t;
    typedef enum {NONE, MUL, DIV} dut_mode2_action_t;
    //使用上面枚举型变量的类
    ...
endpackage
```

但是以上这段代码无法通过 EDA 工具进行编译，因为在同一个范围域里出现了两个 NONE，因此通常有以下两种解决方案。

方案一，修改其中的一个 NONE，为其加上前缀或后缀，以此来与另一个 NONE 区分开来，代码如下：

```
package demo_pkg;
    typedef enum {DUT_MODE1, DUT_MODE2} dut_mode_t;
    typedef enum {NONE, ADD, SUB} dut_mode1_action_t;
    typedef enum {NONE2, MUL, DIV} dut_mode2_action_t;

    //使用上面枚举型变量的类
    class demo_model;
        dut_mode1_action_t dut_mode1_act;
        dut_mode2_action_t dut_mode2_act;

        function new();
            dut_mode1_act = NONE;
            dut_mode2_act = NONE2;
        endfunction
        ...
    endclass
endpackage
```

可以看到在 demo_model 类中，直接声明该枚举型变量并使用即可。

方案二，将 dut_mode1_action_t 和 dut_mode2_action_t 分开封装到单独的 package 里，然后导入 demo_pkg 中，从而避免因为在一个范围域内出现两个 NONE 而导致的编译不通过的情况，代码如下：

```
package pkg1;
    typedef enum {NONE, ADD, SUB} dut_mode1_action_t;
endpackage

package pkg2;
    typedef enum {NONE, MUL, DIV} dut_mode2_action_t;
endpackage

package demo_pkg;
```

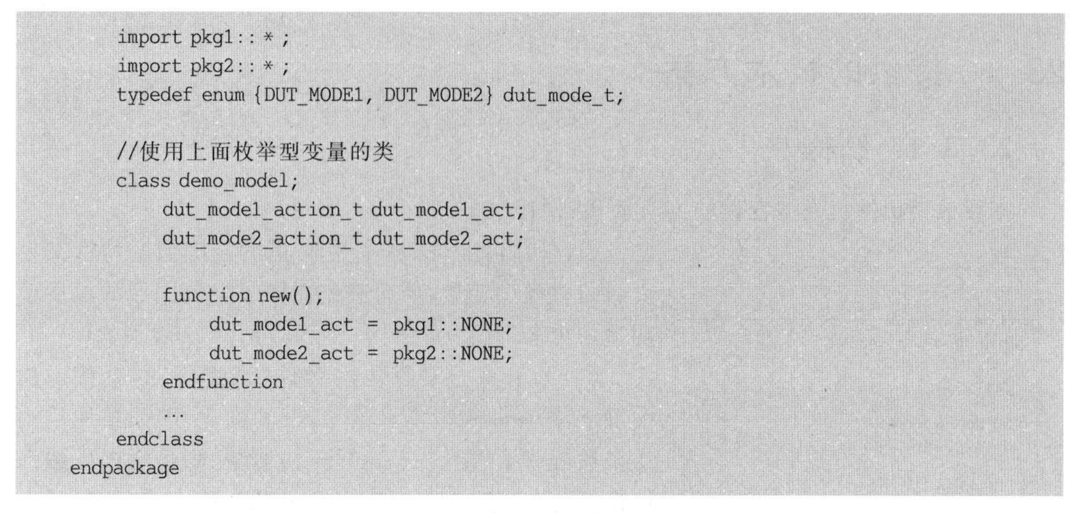

```
    import pkg1::*;
    import pkg2::*;
    typedef enum {DUT_MODE1, DUT_MODE2} dut_mode_t;

    //使用上面枚举型变量的类
    class demo_model;
        dut_mode1_action_t dut_mode1_act;
        dut_mode2_action_t dut_mode2_act;

        function new();
            dut_mode1_act = pkg1::NONE;
            dut_mode2_act = pkg2::NONE;
        endfunction
        ...
    endclass
endpackage
```

可以看到，在 demo_model 类中使用时，需要通过::符号指定其属于哪个 package。

23.1.2　主要缺陷

方案一的缺陷：

必须对同名的枚举型变量增加前后缀来修改名称，在枚举型变量多起来之后，很容易遗漏而导致出错。

对同名的枚举型变量增加前后缀来修改名称的方式，事实上逐渐背离了当初通过枚举型变量来替代二进制数值类型的可读性的初衷。

方案二的缺陷：

如果对每个可能发生重名的枚举型变量单独用 package 来封装，则很可能会导致 package 较多而带来麻烦。

原本可以直接写枚举型变量名称来指定对应的二进制数值，但是为了区分同名，从而避免导致的编译问题，现在需要在前面加上::符号来指定其属于哪个 package，问题在于既要记住其对应的 package 又要记住其内部的枚举型变量名称，使用起来非常不方便。

如果此时还要增加一个与之前同名的枚举型变量，则要先检查所有已经存在的 package 的名称，避免重名，如果 package 数量已经较多，则检查起来也会非常麻烦。

23.2　解决的技术问题

实现一种在验证环境中更安全的枚举型变量的声明使用方法，从而避免原先在 package 中封装的同一个范围域内的枚举型变量的重名问题，同时避免上述提到的缺陷问题。

23.3 提供的技术方案

23.3.1 结构

本章节使用的枚举型变量的方法示意图如图 23-2 所示。

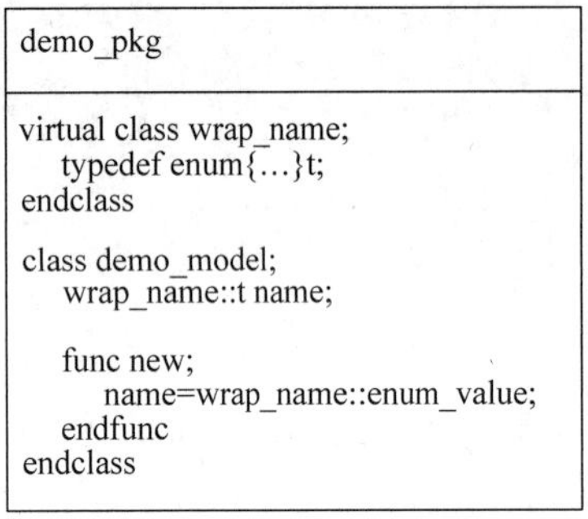

```
demo_pkg

virtual class wrap_name;
    typedef enum{...}t;
endclass

class demo_model;
    wrap_name::t name;

    func new;
        name=wrap_name::enum_value;
    endfunc
endclass
```

图 23-2 在验证环境中声明使用枚举型变量的方法示意图

(1) 利用每个 class 都有自己的范围域的特性来定义封装枚举型变量，从而避免在同一个范围域的枚举型变量的重名问题。

(2) 在用来定义封装枚举型变量的 class 前面增加关键字 virtual 来防止对该 class 的例化，即如果使用构造函数 new 构造 virtual class 的对象，则将会产生编译错误，因此只能被用来表示枚举型变量，从而替代原先的 package 封装方式。

23.3.2 原理

原理如下：

(1) 利用每个 class 都有自己的范围域的特性来定义封装枚举型变量以取代原先在 package 中封装的方式。

(2) 在 class 前面增加关键字 virtual，以保证使用该封装类的安全性。

23.3.3 优点

避免了 23.1.2 节中提到的缺陷问题。

23.3.4 具体步骤

代码如下：

```
package demo_pkg;
    typedef enum {DUT_MODE1, DUT_MODE2} dut_mode_t;

    virtual class dut_mode1_action_wrap;
        typedef enum {NONE, ADD, SUB} t;
    endclass

    virtual class dut_mode2_action_wrap;
        typedef enum {NONE, MUL, DIV} t;
    endclass

    //使用上面枚举型变量的类
    class demo_model;
        dut_mode1_action_wrap::t dut_mode1_act;
```

```
        dut_mode2_action_wrap::t dut_mode2_act;

        function new();
            dut_mode1_act = dut_mode1_action_wrap::NONE;
            dut_mode2_act = dut_mode2_action_wrap::NONE;
        endfunction
        ...
    endclass
endpackage
```

第24章 基于UVM方法学的SVA封装方法

24.1 背景技术方案及缺陷

24.1.1 现有方案

对较为复杂的时序协议做验证时，往往会使用SystemVerilog的并发断言来辅助验证，然而并发断言不能被写在类(Class)里面，通常写在interface中实现。

首先来看demo_protocol_checker，顾名思义，用来检查RTL设计协议的正确性(完成对目标协议的检查)，其端口类型和demo_interface的数据信号成员保持一致，然后定义一些本地成员变量和具体的断言检查，代码如下：

```
//demo_protocol_checker.sv
interface demo_protocol_checker(
    //信号端口声明
    input logic clk,
    input logic req,
    input logic ack,
    input logic [7:0] data
    );
    //本地数据成员变量
    //相关断言
endinterface
```

然后把上面的断言例化在实际的interface中，通过 * 进行自动端口连接，代码如下：

```
//demo_interface.sv
interface demo_interface;
    //数据信号成员
    logic clk;
    logic req;
    logic ack;
    logic [7:0] data;
    ...
    //例化协议检查断言
```

```
    demo_protocol_checker protocol_checker(.*);
endinterface
```

在复杂的时序协议验证中,往往断言检查需要访问验证环境的配置对象,以此来根据时序协议配置的行为进行针对性的目标协议检查。

例如有配置对象,代码如下:

```
//demo_config.sv
class demo_config extends uvm_object;
    //配置选项
    rand demo_protocol_enum protocol_mode;
    rand int unsigned min_value;
    rand int unsigned max_value;
    //随机约束
    constraint c_value_scope {
        min_value >= 15;
        max_value <= 127;
    }

    `uvm_object_utils_begin(demo_config)
    `uvm_field_enum(..,protocol_mode,...)
    `uvm_field_int (min_value,...)
    `uvm_field_int (max_value,...)
    `uvm_object_utils_end
endclass
```

因此,相应地,需要在 demo_protocol_checker 中声明一些本地变量和设置接口方法,用于控制断言,代码如下:

```
//demo_protocol_checker.sv
import uvm_pkg::*;
import demo_pkg::*;
interface demo_protocol_checker(
    //信号端口声明
    input logic clk,
    input logic req,
    input logic ack,
    input logic [7:0] data
    );

    //本地数据成员变量
    bit checks_enable = 1;
    demo_protocol_enum protocol_mode;
    int unsigned min_value;
    int unsigned max_value;

    //设置本地成员变量
    function void set_config(demo_config cfg);
        protocol_mode = cfg.protocol_mode;
```

```
        min_value = cfg.min_value;
        max_value = cfg.max_value;
    endfunction

    function void set_checks_enable(bit en);
        checks_enable = en;
    endfunction

    //相关断言
    sequence s_fast_transfer;
        req ##3 !req[*1:3] ##0 ack;
    endsequence

    sequence s_slow_transfer;
        req ##3 !req[*7:15] ##0 ack;
    endsequence

    property p_transfer;
        @(posedge clk)
        disable iff (!checks_enable)
        req |->
        if (protocol_mode == DEMO_FAST)
          s_fast_transfer;
        else
          s_slow_transfer;
    endproperty

    a_transfer:
    assert property (p_transfer)
        else $error("illegal transfer");

    property p_data_value_max;
        @(posedge clk)
        disable iff (!checks_enable)
        ack |-> (data >= min_value) && (data <= max_value);
    endproperty

    a_data_value_max:
        assert property (p_data_value_max)
            else $error("illegal ack");
endinterface
```

可以看到，主要做了如下一些断言检查：

(1) 使用 checks_enable 来选择是否使能断言检查。

(2) 使用 protocol_mode 来选择不同的断言 sequence，两者主要是对 req 请求的响应时间不同，一个比较快，必须在 1～3 个时钟周期内响应，另一个比较慢，必须在 7～15 个时钟周期内响应。

(3) 检查 data 数据的范围是否为'd15～'d127。

为了设置 demo_protocol_checker，还需要在 demo_interface 中包一层接口方法，代码

如下：

```
//demo_interface.sv
interface demo_interface;
    ...
    function void set_config(demo_config cfg);
      protocol_checker.set_config(cfg);
    endfunction

    function void set_checks_enable(bit en);
      protocol_checker.set_checks_enable(en);
    endfunction
endinterface
```

通常验证开发人员会在UVM的build_phase中对demo_config进行配置，因此需要在该phase之后且在run-time phase之前将配置完的配置对象demo_config传递给demo_protocol_checker，因此通常会在UVM组件（这里仅作示例，可以在任意组件中完成，例如monitor中）中的end_of_elaboration_phase中完成，代码如下：

```
//uvm_transactors.sv
class uvm_transactors extends uvm_component;
    ...
    function void end_of_elaboration_phase(uvm_phase phase);
        vif.set_config(cfg);
        vif.set_checks_enable(checks_enable);
    endfunction
endclass
```

综上，现有方案的架构示意图如图24-1所示。

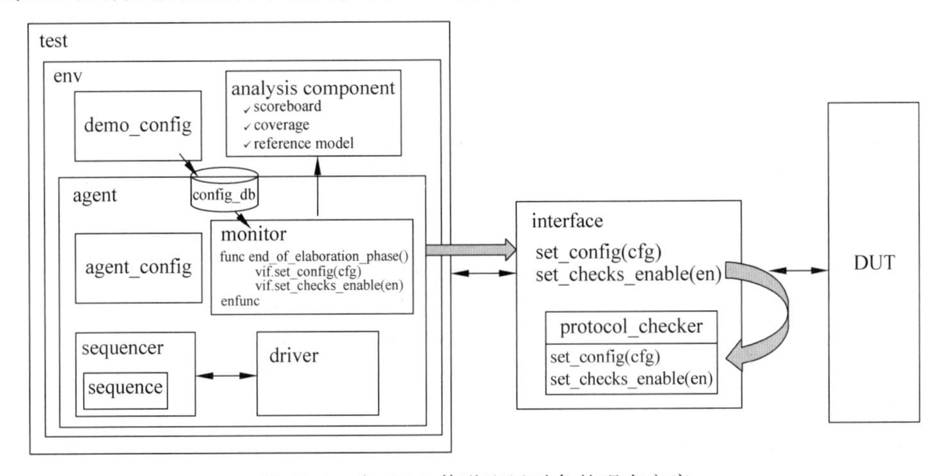

图24-1　向SVA传递配置对象的现有方案

首先在UVM组件里的build_phase对配置对象进行配置，使用UVM的config_db配置数据库将配置完成的配置对象通过virtual interface的句柄调用set_config和set_checks_ enable 配置接口方法，向 interface 传递，然后由其调用 SVA（SystemVerilog Assertion），即这里的 protocol_checker 的配置接口方法，从而最终实现在 protocol_checker 中获取配置选项，使断言检查以正常运行。

24.1.2 主要缺陷

上述方案存在一个问题，即这里传递给 demo_protocol_checker 的配置选项是静态的，如果在仿真过程中配置对象 demo_config 被动态地修改了，则 demo_protocol_checker 中的配置选项的值就不是最新的了，需要动态地被更新，否则断言就不能正确地完成对目标协议的检查。

24.2 解决的技术问题

解决的技术问题如下：

(1) 避免 24.1.2 节中提到的主要缺陷。

(2) 对基于 UVM 方法学的 SVA 进行封装，相当于提供适用于 UVM 方法学搭建验证平台环境的 SVA 写法的模板。

24.3 提供的技术方案

24.3.1 结构

向 SVA 动态地传递配置对象的示意图如图 24-2 所示。

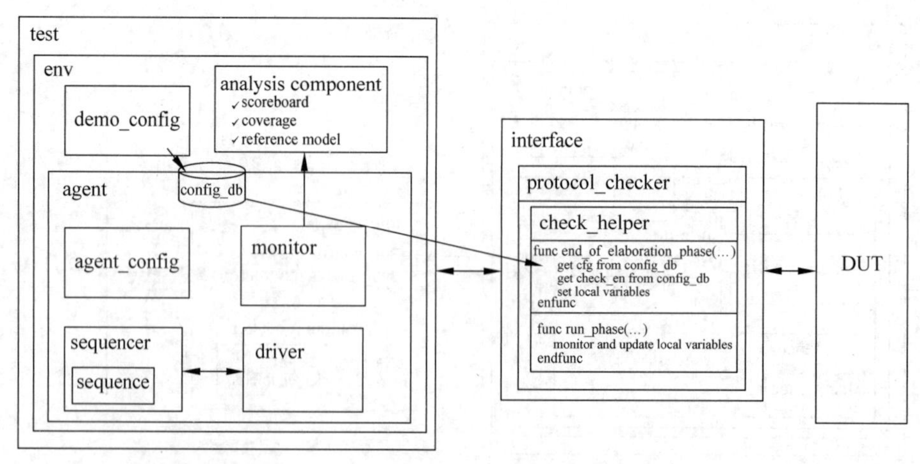

图 24-2 向 SVA 动态地传递配置对象的示意图

对图 24-2 的解释说明如下：

(1) 在仿真过程中配置对象被动态地修改，即需要在 UVM 的 run-time phase 里动态地感知到该配置对象中的数据成员变量的值产生变化，因此需要借助 UVM 组件对象内置的 phase 来完成，那么这可以通过在 demo_protocol_checker 中编写 uvm_component 的子类实现。

(2) 原先在 UVM 组件中获取 virtual interface 的句柄，然后通过该句柄调用接口方法获取配置对象，同时将配置对象传递给 demo_protocol_checker，现在修改为在 demo_protocol_checker 中的 uvm_coponent 的子类的 end_of_elaboration_phase 中通过直接获取 config_db 来得到配置对象。

(3) 可以在消耗仿真时间程序的运行过程中，即 run-time phase 中，动态地监测配置对象中数据成员的变化，然后对配置对象进行同步，从而实现在 demo_protocol_checker 中动态地更新配置选项，使断言检查得以正常运行。

24.3.2 原理

原理如下：

(1) 利用 UVM 配置数据库 config_db 获取验证环境中配置完成的配置对象。

(2) 在 interface 中对 UVM 组件类进行派生，从而借助 UVM 的 phase 机制，实现在 end_of_elaboration_phase 中直接获取并传递配置对象，在 run_phase 中保持对配置对象的监测和更新。

综上，最终实现向 SVA 中动态传递配置对象，即完成在基于 UVM 方法学的验证平台中对 SVA 的封装。

24.3.3 优点

实现了在仿真过程中对配置对象的动态监测和更新。

24.3.4 具体步骤

第 1 步，对之前的 demo_protocol_checker 进行修改，增加 check_helper 类，在其中的 end_of_elaboration_phase 中通过配置数据库获取配置对象并传递给 demo_protocol_checker。

第 2 步，在 check_helper 的 run_phase 中保持对配置对象的监测和更新。

上面两步的代码如下：

```
//demo_protocol_checker.sv
import uvm_pkg::*;
import demo_pkg::*;
interface demo_protocol_checker(
...
    );

    bit checks_enable = 1;
    demo_protocol_enum protocol_mode;
```

```
    int unsigned min_value;
    int unsigned max_value;
    ...
    demo_config cfg;

    class check_helper extends uvm_component;
        ...
        function void end_of_elaboration_phase(uvm_phase phase);
            super.end_of_elaboration_phase(phase);
            if (!uvm_config_db#(demo_config)::get(this, "", "cfg", cfg))
                `uvm_fatal("ERROR","no demo_config cfg in db")
            void'(uvm_config_db#(bit)::get(this, "","checks_enable", checks_enable));
            protocol_mode = cfg.protocol_mode;
            min_value = cfg.min_value;
            max_value = cfg.max_value;
        endfunction

        task run_phase(uvm_phase phase);
            super.run_phase(phase);
            forever begin
                @(cfg.protocol_mode or cfg.min_value or cfg.max_value)
                begin
                    protocol_mode = cfg.protocol_mode;
                    min_value = cfg.min_value;
                    cfg_max_value = cfg.max_value;
                end
                `uvm_info("UPDATE","cfg update", UVM_LOW)
            end
        endtask
    endclass

    check_helper m_helper = new("helper");
endinterface
```

在 get 数据库之前，需要对数据库进行 set，代码如下：

```
uvm_config_db#(demo_config)::set(null, "*", "cfg", cfg);
uvm_config_db#(bit)::set(null, "*m_helper", "checks_enable", 0);
```

第25章 增强对SVA调试和控制的方法

25.1 背景技术方案及缺陷

25.1.1 现有方案

在对较为复杂的时序协议做验证时，往往会使用SystemVerilog的并发断言，即用SVA来辅助验证，然而并发断言不能被写在类里面，通常写在interface中实现。在复杂的时序协议验证中，往往断言检查还需要访问验证环境的配置对象，以此来根据时序协议配置的行为进行针对性的目标协议检查。

本章是对第24章的改进优化，因此现有方案可以参考第24章的内容，这里不再赘述。

25.1.2 主要缺陷

现有的方案是可行的，但存在一些缺陷以待改进优化：

(1) 在原先的断言中使用的是$error系统方法，并没有采用UVM的消息打印方式，因此不能使用更加丰富的消息类型等控制回调方法，从而导致出现问题后调试不便。

(2) 原先的SVA封装在静态的interface里，因此在现有方案中配置对象的设置需要在顶层直接向下传递到同样在顶层模块中进行声明传递的interface里，传递的路径作用域太广，应该将配置对象层层传递给对应的UVC封装，最终传递给agent，再由agent向其底层传递，从而方便配置对象的控制和管理。

(3) 现有方案是将SVA封装在了相应的interface里，而改进后的方案实现了类似在agent中封装例化SVA代码的效果，这更符合UVC封装的原则，方便了项目代码的管理及可重用性和后期的问题调试。

25.2 解决的技术问题

在实现对配置对象的动态同步获取的同时对上述主要缺陷进行改进及优化。

25.3 提供的技术方案

25.3.1 结构

本章给出的增加对 SVA 调试和控制的方法架构图如图 25-1 所示。

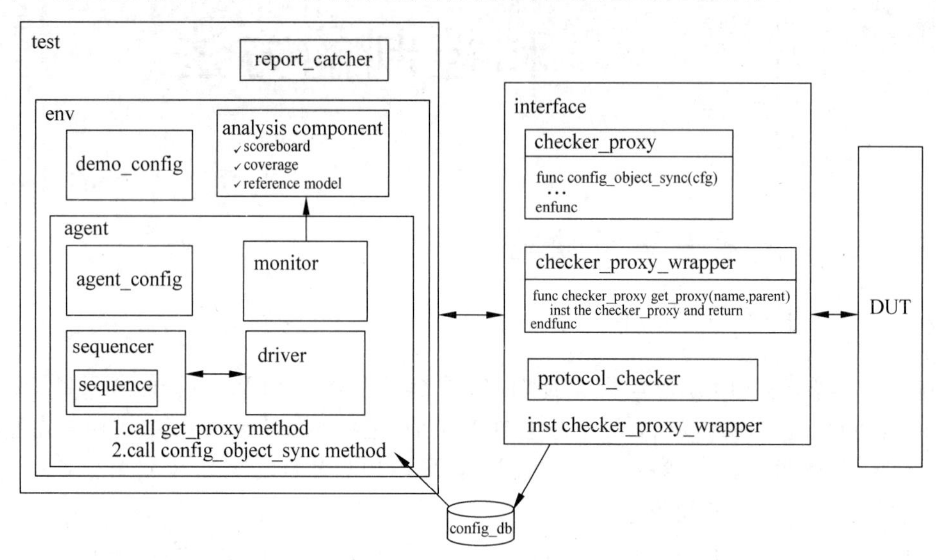

图 25-1　增加对 SVA 调试和控制的方法架构图

在 interface 中声明 SVA 的代理 checker_proxy 和其封装 checker_proxy_wrapper，同时在 interface 中构造实例化其封装 checker_proxy_wrapper，然后使用 UVM 的配置数据库将该封装类传递给相应的 UVC agent，在 agent 层次下调用封装类中的 get_proxy 方法并传递其字符串名称和父节点对象 agent，从而将 checker_proxy 构造实例化在 agent 层次下，于是可以将在 agent 层次下的 checker_proxy(SVA 代理)添加至消息回调对象，从而加强对 SVA 消息的调试控制，并且可以在该层次下调用 SVA 代理中的配置对象同步方法来完成对配置参数的实时更新同步。

25.3.2 原理

有以下实现思路：

(1) 使用 UVM 消息报告系统中的回调对象来增加对 SVA 消息日志的控制管理。

(2) 在 interface 里例化 UVM 组件从而可以使用 UVM 的 phase 机制和配置数据库特性，并通过合适的封装类结合 UVM 的配置数据库实现类似在 agent 中封装例化 SVA 代码的效果。

UVM 的消息报告系统原理图如图 25-2 所示。

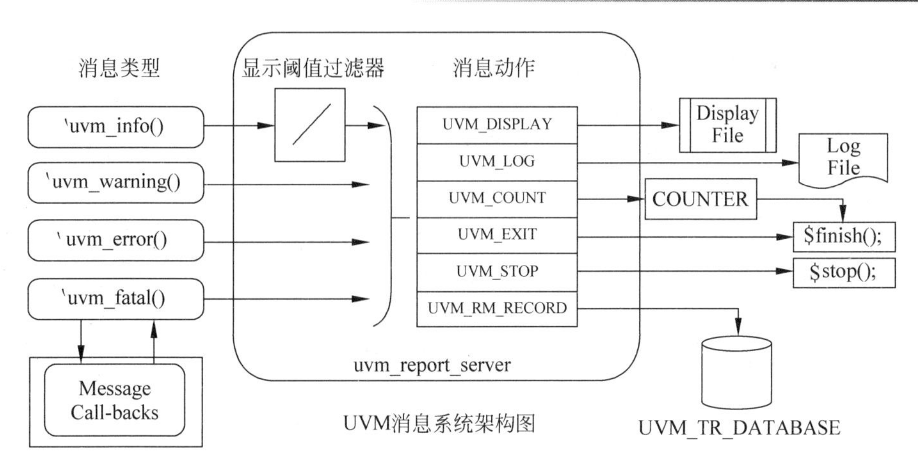

图 25-2 UVM 的消息报告系统原理图

首先通过消息宏产生不同的消息类型，共有 4 种消息类型，如 info、warning、error 和 fatal，然后通过显示阈值过滤器设置显示阈值，从而过滤掉一些不要的信息，再根据消息的类型、id 等信息采取对应不同的动作。另外 UVM 提供消息回调，即图 25-2 中的 Message Call-backs 部分用于对消息的属性进行修改后再显示，而对消息的修改回调是通过继承 UVM 的 uvm_report_catcher 对象实现的。它可以修改消息类型、消息冗余阈值、标号 id，以及对应的操作，甚至是具体的字符串打印信息，然后通过 UVM 的消息系统对后面具体的显示等进行操作。这里主要是实现 catch()方法，并返回一种类型为 action_e 的枚举型参数，该参数有两种返回值，分别如下。

(1) THROW：此时该消息将会被传递给其他消息回调以进行修改。作为示例，本章使用该参数进行回调。

(2) CAUGHT：此时该消息将会被 report_server 抓取以进行后面的过滤、显示或动作等操作。

25.3.3 优点

避免了 25.1.2 节中出现的缺陷问题。

25.3.4 具体步骤

第 1 步，将所有的断言 $error 修改成 uvm_error 宏，并通过 $sformatf 方法结合%m 来指定所在层次，从而方便后面可能出现的问题调试，代码如下：

```
a_transfer:
assert property (p_transfer)
    else `uvm_error("SVA -> protocol_checker", $sformatf("%s\n In Scope %m","transfer
illegal"))

a_data_value_max:
assert property (p_data_value_max)
    else `uvm_error("SVA -> protocol_checker", $sformatf("%s\n In Scope %m","ack
illegal"))
```

第2步，在UVC agent封装的package(demo_pkg)里编写新增抽象类checker_proxy作为SVA的代理，以及新增SVA代理的封装checker_proxy_wrapper，并在其中编写纯虚方法get_proxy来供后面在agent层次下调用，以此来对checker_proxy进行构造实例化，代码如下：

```
package demo_pkg;
   import uvm_pkg::*;
   `include "uvm_macros.svh"

    virtual class checker_proxy extends uvm_component;
        function new(string name, uvm_component parent);
            super.new(name,parent);
        endfunction
    endclass

    virtual class checker_proxy_wrapper;
        pure virtual function checker_proxy get_proxy(string name, uvm_component parent);
    endclass

    ...
endpackage
```

第3步，在目标demo_interface中对上述SVA的代理及其封装进行派生。对封装类checker_proxy_wrapper进行构造实例化，但是只对checker_proxy进行声明，却并没有对其进行构造实例化，只有在调用封装类内部的方法get_proxy时其才会被构造实例化，通过该方法传递其字符串名称和父节点对象，代码如下：

```
interface demo_interface;
    typedef class checker_proxy;
    checker_proxy proxy;

    class checker_proxy extends demo_pkg::checker_proxy;
        function new(string name, uvm_component parent);
            super.new(name,parent);
        endfunction
    endclass

    class checker_proxy_wrapper extends demo_pkg::checker_proxy_wrapper;
        virtual function checker_proxy get_proxy(string name, uvm_component parent);
            if(proxy == null)
                proxy = new(name,parent);
            return proxy;
        endfunction
    endclass

    checker_proxy_wrapper checker_wrapper = new();
    ...
endinterface
```

第 4 步，将此封装类 checker_proxy_wrapper 通过 UVM 配置数据库传递给 agent，代码如下：

```
module top;
    demo_interface demo_intf;

    initial begin
     uvm_config_db#(demo_pkg::checker_proxy_wrapper)::set(null,"*.demo_agent",
     "checker_wrapper",demo_intf.checker_wrapper)
        ...
    end
    ...
endmodule
```

第 5 步，在 agent 里获取该封装类对象，并调用其中的 get_proxy 方法来构造例化 SVA 的代理 checker_proxy，在构造例化的同时将 agent 本身作为父节点进行传递，从而将 SVA 的代理归到 agent 节点层次下，此后如果再想控制断言检查，就可以通过在 agent 层次下的 SVA 代理来完成了，即最终实现了类似在 agent 中封装例化 SVA 代码的效果，这更符合 UVC 封装的原则，方便了项目代码的管理及可重用性和后期的问题调试，代码如下：

```
class demo_agent extends uvm_agent;
    checker_proxy sva_checker;

    virtual function void build_phase(uvm_phase phase);
        checker_proxy_wrapper checker_wrapper;
        if(!uvm_config_db#(checker_proxy_wrapper)::get(this,"","checker_wrapper",checker_
wrapper))
            `uvm_fatal("TEST","No checker wrapper in config db")

        sva_checker = checker_wrapper.get_proxy("sva_checker",this);
    endfunction
endclass
```

第 6 步，编写 report_catcher 消息回调对象，通过继承 UVM 的 uvm_report_catcher 对象并编写其中返回参数为 action_e 枚举类型的 catch 方法实现，代码如下：

```
class no_a_transfer_catcher extends uvm_report_catcher;
    function action_e catch();
        if(get_severity() == UVM_ERROR && uvm_is_match("*transfer*",get_message()))
            set_severity(UVM_WARNING);
        return THROW;
    endfunction
endclass
```

可以看到，上面将断言 a_transfer 的 UVM_ERROR 信息等级降为了 UVM_WARNING，可以说相当于关断了该断言的检查。根据在实际项目中断言的需要，可以结合 UVM 提供的消息报告系统所提供的接口方法实现对消息类型、消息冗余阈值、标号 id、对应的操作、具体的字符串打印信息进行修改，实现复杂的统计和报告消息日志，以满足千变万化的验证和调试过程的需求，而不仅是使用前方案中的 $error 系统方法。

第 7 步，在测试用例中使用消息回调来对 SVA 的消息统计日志做更进一步的控制。通过在 end_of_elaboration_phase 中声明例化回调对象并调用静态方法 add 来将目标对象添加到该回调对象中进行处理，代码如下：

```
class demo_test extends test_base;
    demo_pkg::agent agent1;
    demo_pkg::agent agent2;

    virtual function void end_of_alaboration_phase(uvm_phase phase);
        no_a_transfer_catcher catcher = new("catcher");
        uvm_report_cb::add(agent1.sva_checker,catcher);
    endfunction
    ...
endclass
```

第 8 步，此时再实现之前方案中的对配置对象的动态获取（对配置参数的实时更新同步），还是通过上述的 SVA 代理实现。具体分为以下 3 个小步骤：

(1) 在之前的 SVA 代理中增加纯虚方法以供之后对配置对象进行更新同步，代码如下：

```
virtual class checker_proxy extends uvm_component;
    pure virtual function void config_object_sync(demo_config cfg);
endclass
```

(2) 在 demo_interface 中继承上述 SVA 代理并编写实现其中的纯虚方法，以此来对配置对象进行更新同步，代码如下：

```
interface demo_interface;
    ...
    demo_protocol_enum protocol_mode;
    int unsigned min_value;
    int unsigned max_value;

    class checker_proxy extends demo_pkg::checker_proxy;
        virtual function void config_object_sync(demo_config cfg);
            protocol_mode = cfg.protocol_mode;
            min_value = cfg.min_value;
            cfg_max_value = cfg.max_value;
        endfunction
        ...
    endclass
    ...
endinterface
```

(3) 之前在 agent 中已经获取了 SVA 代理 checker_proxy，因此可以直接调用其中编写好的 config_object_sync 方法实现对配置对象的更新同步。同时，由于在 agent 中而不是在之前的 interface 中的 helper 类中实现对配置对象的更新同步，因此避免了之前方案中传递的路径作用域太广的缺陷，因为在 agent 中本身会声明并获取上一层次配置传递过来的配置对象，这里直接使用即可，代码如下：

```
class demo_agent extends uvm_agent;
    checker_proxy sva_checker;

    virtual function void build_phase(uvm_phase phase);
        checker_proxy_wrapper checker_wrapper;
        if(!uvm_config_db#(checker_proxy_wrapper)::get(this,"","checker_wrapper",
        checker_wrapper))
            `uvm_fatal("TEST","No checker wrapper in config db")

        sva_checker = checker_wrapper.get_proxy("sva_checker",this);
    endfunction

    task run_phase(uvm_phase phase);
        super.run_phase(phase);
        forever begin
            @(cfg.protocol_mode or cfg.min_value or cfg.max_value)
            sva_checker.config_object_sync(cfg);
            `uvm_info("UPDATE","cfg update", UVM_LOW)
        end
    endtask
endclass
```

第26章 针对芯片复位测试场景下的验证框架

26.1 背景技术方案及缺陷

26.1.1 现有方案

在对 RTL 设计进行验证时，往往需要针对复位的场景进行验证，即在 DUT 正常运行的期间，将复位信号置为有效状态，以此来对 DUT 进行复位，经过一段时钟周期的延迟之后，再释放复位信号，以此来重新启动 DUT。

典型的芯片复位验证场景(复位后重新启动激励序列)，如图 26-1 所示。

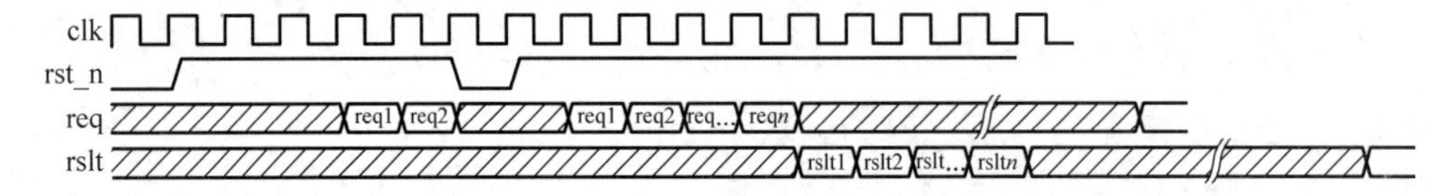

图 26-1 典型的芯片复位验证场景(复位后重新启动激励序列)

可以看到，图 26-1 中时钟信号 clk 一直正常地进行翻转，而低电平有效的复位信号 rst_n 在仿真运行的起始阶段为低电平，此时 DUT 处于复位状态，然后经过一定时钟周期之后，被拉高释放，此时 DUT 进入正常工作状态，可以施加测试激励 req1～n 来对 DUT 的功能进行测试，但是在仿真运行的过程中会再次将复位信号置为低电平，以此来对 DUT 进行复位，此时测试激励不再继续发送余下的测试激励 req2～n，接着复位信号被释放，然后重新施加测试激励 req1～n，此时 DUT 重新运算并输出结果 rslt1～n。

这里对 DUT 进行复位，主要是为了将其重置到一个已知的初始运行状态，因此当其即将进入该重置的状态之前，以及复位信号被释放之后的期间，需要检查 DUT 还能够按照原先期望的功能正常工作，可以根据复位信号释放后施加的激励来预测期望的结果，并进行上述检查。

26.1.2 主要缺陷

通常情况下，在仿真开始时会对 RTL 设计进行复位，但一般不会在仿真的过程中，即不会在 DUT 正常运行期间对其进行复位，因此这种场景也必须被验证开发人员测试覆盖到，以确保 RTL 设计能够在该场景下正常工作，但是，现有的验证环境往往并不支持这种在仿真运行期间的复位，例如以下操作就不会被现有验证环境所支持。

操作 1：当复位信号有效时，验证环境需要停止发起的激励请求，所有相关的组件需要相应地清除内部的一些逻辑状态，例如参考模型就需要清除内部已经缓存的一些数据队列，以与 DUT 中的逻辑进行匹配，从而实现正确的比较检查。

操作 2：复位信号被释放后，验证环境需要重新开始施加发起激励请求，所有的组件需要能够重新回到正常工作状态。

还有不少细节性的操作这里不一一列举。

除此之外，由于缺乏针对复位场景下的验证测试框架，即没有一套统一遵循的标准框架，验证开发人员往往会各自对负责的验证模块所封装的验证环境进行复位测试，这又会存在以下 3 点缺陷：

（1）各个子模块所对应的封装环境中针对复位场景下的处理动作逻辑风格各异，给后期代码管理和维护增加了难度。

（2）由于没有一套统一遵循的标准框架，容易遗漏复位场景下某些细节特性的测试，例如复位信号有效后，目标测试激励是重新发起，还是接着原先的激励继续发起，此时对验证组件又该对应地做什么处理动作。

（3）当这些子模块所对应的封装环境向更高层次进行集成验证时，出现问题将难以调试。

因此需要有一种能够基于现有的 UVM 验证方法学的基础上的针对复位场景下的验证测试框架，以此来解决上述问题。

26.2　解决的技术问题

解决 26.1.2 节中出现的缺陷问题。

26.3　提供的技术方案

26.3.1　结构

本章给出的针对复位场景下的验证平台结构示意图如图 26-2 所示。

26.3.2　原理

如图 26-2 所示，复位信号的监测器会监测总线接口上复位信号的变化，然后根据复位信号的变化情况及配置的复位模式，调用复位通知者 reset_blogger 的通知方法来做消息通知，通知的内容包括以下几点。

（1）SUSPEND：挂起进程。

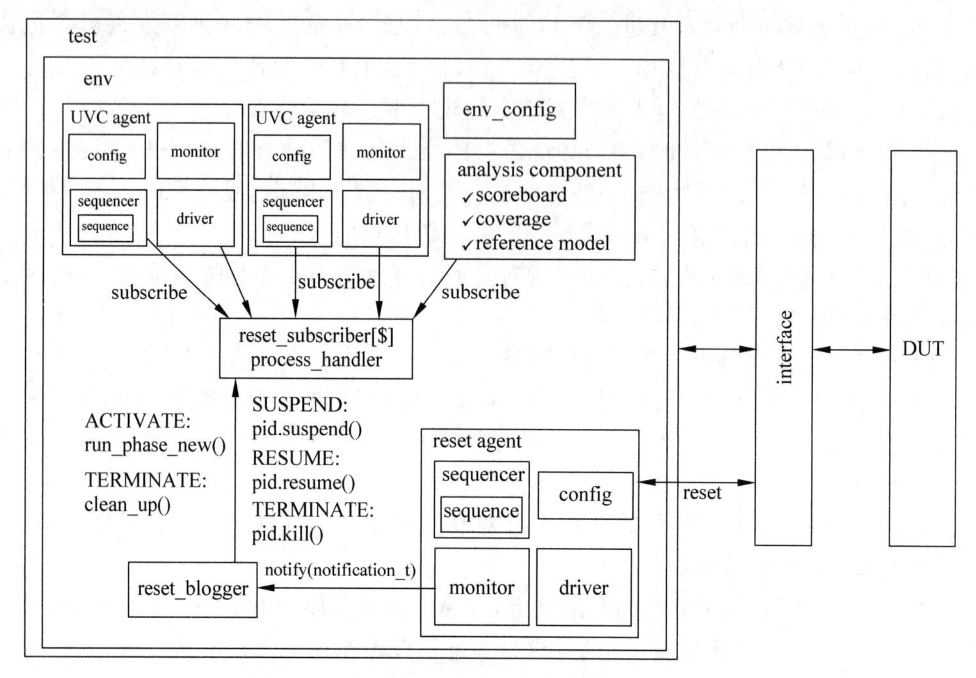

图 26-2　针对复位场景下的验证平台结构示意图

(2) TERMINATE：终止进程。

(3) RESUME：恢复进程。

(4) ACTIVATE：开启进程。

然后所有与复位信号相关的验证组件会被作为参数传递并例化成为一个个的复位订阅者(reset_subscriber)，这些复位订阅者完成对复位通知者消息的订阅，并且被写入复位订阅者的队列。

接下来，复位通知者根据从复位信号监测器收到的消息来广播通知给复位订阅者队列中所有的订阅组件成员，最后这些组件成员会调用各自内部实现的方法 run_phase_new 或 clean_up 进行相应的动作，与此同时进程处理者(process_handler)也会根据通知的消息对进程进行挂起、恢复或终止。

通过上述过程，最终在验证环境中实现对复位场景下的 DUT 功能的验证测试。

其中复位信号的接口封装 UVC agent 中的配置对象提供了两种配置模式。

1. RESTART_SEQ_MODE 模式

当复位模式被配置为 RESTART_SEQ_MODE 时，当仿真过程中监测到复位信号有效并且随后被释放之后，验证环境重新启动激励序列进行仿真测试，具体如图 26-1 所示。

该模式下的运行处理的软件逻辑如下：

第 1 步，仿真的开始阶段，复位信号监测器调用 notify 方法通知消息 ACTIVATE。

调用订阅组件的 run_new_phase 方法运行仿真，启动激励请求序列，并且获得此时的进程句柄。

第2步，当监测到复位信号有效时，复位信号监测器调用 notify 方法通知消息 TERMINATE。

调用订阅组件的 clean_up 方法清除复位相关逻辑，并且通过进程处理者来调用进程的 kill 方法，终止当前进程并且停止继续发起的激励请求序列。

第3步，当监测到复位信号被释放时，复位信号监测器调用 notify 方法通知消息 ACTIVATE。

调用订阅组件的 run_new_phase 方法运行仿真，重新启动激励请求序列，并再次获得此时的进程句柄。

第4步，不断地循环执行第2步和第3步。

2. CONTINUE_SEQ_MODE 模式

当复位模式被配置为 CONTINUE_SEQ_MODE 时，当仿真过程中监测到复位信号有效并且随后被释放之后，验证环境将接着复位信号有效前的激励序列继续仿真发送和运行，具体如图 26-3 所示。

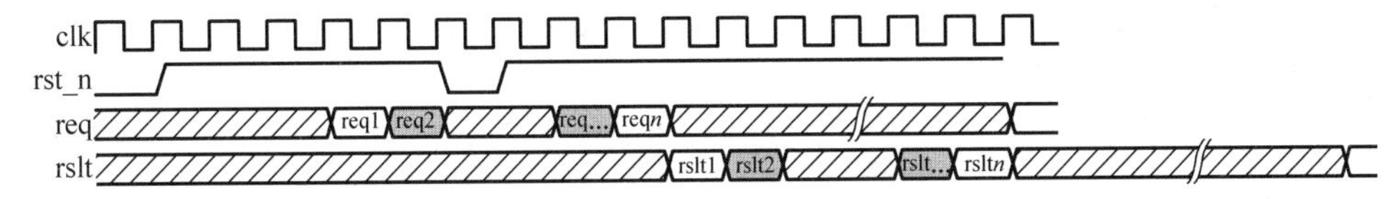

图 26-3 典型的芯片复位验证场景(复位后接着复位信号有效前的激励序列继续仿真发送和运行)

该模式下的运行处理的软件逻辑如下：

第1步，仿真的开始阶段，复位信号监测器调用 notify 方法通知消息 ACTIVATE。

调用订阅组件的 run_new_phase 方法运行仿真，启动激励请求序列，并且获得此时的进程句柄。

第2步，当监测到复位信号有效时，复位信号监测器调用 notify 方法通知消息 SUSPEND。

通过进程处理者来调用进程的 suspend 方法，挂起当前进程，暂停已发起的激励请求序列。

第3步，当监测到复位信号被释放时，复位信号监测器调用 notify 方法通知消息 RESUME。

通过进程处理者来调用进程的 resume 方法，恢复当前进程，订阅组件的 run_new_phase 方法继续运行仿真，继续执行之前启动的激励请求序列。

第4步，不断地循环执行第2步和第3步。

26.3.3 优点

优点如下：

(1) 针对复位场景下的验证测试框架可以实现当监测到复位信号有效时，验证环境可以停止发起的激励请求，并且所有相关的组件可以相应地清除内部的一些逻辑状态。

（2）针对复位场景下的验证测试框架可以实现复位信号被释放后，验证环境可以重新开始施加发起激励请求，所有的组件能够重新正常运行。

（3）针对复位场景下的验证测试框架可以实现根据复位封装环境的配置来分别测试两种细分复位场景，一种是复位信号被释放后，重新启动激励序列来发送激励请求，另一种是复位信号被释放后，继续发送复位信号有效前的激励序列直至发送执行完毕。

（4）针对复位场景下的验证测试框架封装为 package 包文件以实现复用并且与现有的基于 UVM 验证方法学完全兼容。

26.3.4 具体步骤

首先创建针对复位场景下的验证测试 package 包文件以实现复用，包括进程处理者、复位通知者和复位订阅者，具体包括以下 4 个步骤：

第 1 步，创建进程处理者 process_handler，并提供 apply 方法，用来根据复位通知消息类型对当前仿真运行的进程进行操作。

这里的复位通知信息类型 reset_blogger_notification_t 是对进程 process 进行操作的枚举型变量，包括以下几点。

（1）SUSPEND：挂起进程。

（2）TERMINATE：终止进程。

（3）RESUME：恢复进程。

（4）ACTIVATE：开启进程。

代码如下：

```
//process_handler.svh
class process_handler extends uvm_object;
    virtual task apply(reset_blogger_notification_t what, process pid);
        if(pid) begin
            case(what)
                SUSPEND     : pid.suspend();
                RESUME      : pid.resume();
                TERMINATE   : pid.kill();
            endcase
        end
    endtask

    function new(string name = "");
        super.new(name);
    endfunction
endclass
```

第 2 步，创建复位订阅者 reset_subscriber，包括其基类 reset_subscriber_base，用来订阅复位通知者的消息通知，从而相应地对订阅的验证组件进行逻辑操作。

首先在基类中提供纯虚方法 notify 供其子类（复位订阅者 reset_subscriber）进行重载实现。

注意：复位订阅者是一个参数化的类，其参数为当前订阅复位通知者消息的验证组件。

然后在复位订阅者的notify方法中根据复位通知信息类型来决定调用订阅复位通知者消息的验证组件的run_phase_new方法，以此取代run_phase来重新运行仿真，还是调用clean_up方法来做复位逻辑状态的清除操作，代码如下：

```
//reset_subscriber_base.svh
    virtual class reset_subscriber_base extends uvm_object;
        pure virtual task notify(reset_blogger origin, reset_blogger_notification_t what);

        function new(string name = "");
            super.new(name);
        endfunction
    endclass

//reset_subscriber.svh
    class reset_subscriber #(type T = uvm_component) extends reset_subscriber_base;
        `uvm_object_param_utils(reset_subscriber #(T))
        T container;
        virtual task notify(reset_blogger origin, reset_blogger_notification_t what);
            case(what)
                ACTIVATE: container.run_phase_new(null);
                TERMINATE: container.clean_up();
            endcase
        endtask

        function new(string name = "",T container = null);
            super.new(name);
            this.container = container;
        endfunction
    endclass
```

第3步，创建复位通知者reset_blogger，在其中提供subscribe方法，用来将复位订阅者写入队列。除此之外，还需要在其中提供notify方法，用来根据监测到的复位信号的变化通知进程处理者process_handler，以此来根据通知的消息对当前进程进行处理，并且通知复位订阅者reset_subscriber来根据通知的消息对订阅组件的内部相关逻辑进行清除或重新运行订阅组件的run_phase_new方法来运行仿真。

在通知订阅组件进行操作时，只会对两种消息类型进行动作响应，分别如下。

(1) ACTIVATE：此时用来激活仿真进行，那么订阅组件就需要重新运行run_phase_new方法进行仿真。首先激活仿真运行，调用process进程的静态方法self来重新获取当前仿真的进程，以便后续进程处理者根据复位通知者的消息通知来对进程进行相应操作，然后遍历复位订阅者，即对所有的订阅组件并行地调用其内部的notify方法，以最终实现并行地调用run_phase_new方法来重新运行仿真，这里通过fork...join_none来非阻塞的并行执行方式实现，因为订阅组件的run_phase_new类似于run_phase方法，是消耗仿真运行时间的，因此必须通过该非阻塞的方式来并行执行，否则相互之间会互相阻塞等待，从而导致错误的仿真行为。

（2）TERMINATE：此时只需遍历复位订阅者，即对所有的订阅组件并行地调用其内部的notify方法，以最终实现并行地调用clean_up方法来清除复位信号相关的内部逻辑。

注意：这里并不需要使用非阻塞的并行执行方式实现，这是因为订阅组件clean_up方法是函数类型，并不消耗仿真运行时间，因此可以在同一仿真运行时间点完成对所有订阅组件的内部逻辑的清除操作。

代码如下：

```
//reset_blogger.svh
class reset_blogger extends uvm_object;
        `uvm_object_utils(reset_blogger)

        local process pid;
        local process_handler handler;
        local reset_subscriber_base subscriber[ $ ];

        function new(string name = "");
            super.new(name);
        endfunction

        virtual task notify(reset_blogger_notification_t what);
            if(handler == null) begin
                process_handler p  =  new();
                handler = p;
            end

            handler.apply(what, pid);

            case(what)
              ACTIVATE:begin
                       fork
                         begin
                           pid = process::self();
                           foreach(subscriber[idx]) begin
                             fork
                                    automatic reset_subscriber_base auto_subscriber =
subscriber[idx];
                                 auto_subscriber.notify(this,what);
                             join_none
                           end
                         end
                       join
              end
              TERMINATE:begin
                         foreach(subscriber[idx]) begin
                           subscriber[idx].notify(this,what);
```

```
                    end
                end
            endcase
        endtask

        virtual function void subscribe(reset_subscriber_base s);
            subscriber.push_back(s);
        endfunction
    endclass
```

第 4 步，将上述进程处理者、复位通知者和复位订阅者封装到 package 包文件里以实现复用，代码如下：

```
//reset_pkg.sv
`include "uvm_macros.svh"
package reset_pkg;
     import uvm_pkg::*;
     typedef enum {SUSPEND,TERMINATE,RESUME,ACTIVATE} reset_blogger_notification_t;
     typedef class reset_blogger;

     `include "process_handler.svh"
     `include "reset_subscriber_base.svh"
     `include "reset_subscriber.svh"
     `include "reset_blogger.svh"
endpackage
```

接下来，将上述 package 包文件导入到验证环境中去使用，主要包括以下几个步骤：

第 1 步，对复位信号接口进行封装，将其封装成 UVC agent，用来对复位信号进行监测，并且构造复位场景来对 DUT 进行测试。具体包括以下几个子步骤。

(1) 将复位信号单独封装成 interface，代码如下：

```
//reset_interface.sv
interface reset_interface(input clk);
  logic reset;
   parameter tsu = 1ps;
   parameter tco = 0ps;

  clocking drv@(posedge clk);
   output #tco reset;
  endclocking

  clocking mon@(posedge clk);
   input #tsu reset;
  endclocking

   task init();
     reset <= 1;
   endtask

endinterface
```

（2）创建相对应的复位信号的事务数据类型，用来作为复位信号的输入激励，其中包括复位信号及持续的仿真时间，代码如下：

```
//reset_item.svh
class reset_item extends uvm_sequence_item;
   `uvm_object_utils(reset_item)

   rand logic reset;
   rand int duration;

   function new(string name = "");
      super.new(name);
   endfunction : new
endclass : reset_item
```

（3）创建配置对象，用于配置复位场景模式，代码如下：

```
//reset_config.svh
class reset_config extends uvm_object;
   `uvm_object_utils(reset_config)

    reset_case_mode_t mode  =  RESTART_SEQ_MODE;

   function new(string name = "");
      super.new(name);
   endfunction : new
endclass : reset_config
```

（4）创建驱动器，用来将获取的复位事务请求数据驱动到复位信号接口上，从而完成对DUT的复位，以构造模拟DUT复位测试场景，代码如下：

```
class reset_driver extends uvm_driver #(reset_item);
   `uvm_component_utils(reset_driver)
   virtual reset_interface bfm;

   function new (string name, uvm_component parent);
      super.new(name, parent);
   endfunction : new

   function void build_phase(uvm_phase phase);
      if(!uvm_config_db #(virtual reset_interface)::get(null, "*","reset_bfm", bfm))
         `uvm_fatal("DRIVER", "Failed to get BFM")
   endfunction : build_phase

   task run_phase(uvm_phase phase);
      forever begin
         seq_item_port.try_next_item(req);
         if(req!= null)begin
          this.drive_bfm(req,rsp);
          seq_item_port.item_done();
```

```
            end
            else begin
             @(bfm.drv)
             bfm.init();
            end
        end
    endtask : run_phase

  task drive_bfm(REQ req, output RSP rsp);
    rsp = req;
    @(bfm.drv);
    bfm.drv.reset <= req.reset;
    repeat(req.duration)begin
      @(bfm.drv);
    end
  endtask
endclass : reset_driver
```

(5) 创建序列器,用来将激励序列传送给驱动器,代码如下:

```
//reset_sequencer svh
class reset_sequencer extends uvm_sequencer #(reset_item);
    `uvm_component_utils(reset_sequencer)

    function new(string name,uvm_component parent);
      super.new(name,parent);
    endfunction
endclass
```

(6) 创建监测器,用来根据配置对象的复位模式及监测到的复位接口信号的变化,然后调用复位通知者的 notify 方法来通知相应的消息动作。具体包括两种复位模式的测试场景。

第 1 种场景:在配置对象中将复位模式配置为 RESTART_SEQ_MODE。

调用监测器的 restart_seq 方法来完成监测和消息动作的通知。在仿真开始后,如果复位信号为无效状态,则调用复位通知者的 notify 方法来通知消息 ACTIVATE 给订阅组件,如果复位信号为有效状态,则调用复位通知者的 notify 方法来通知消息 TERMINATE 给订阅组件,随后进入循环,监测复位信号的边沿跳变,以根据复位信号是否有效,调用复位通知者的 notify 方法来通知消息 ACTIVATE 或 TERMINATE 给订阅组件,从而最终实现对仿真序列的重新启动或对仿真序列的停止并终止仿真进程。

第 2 种场景:在配置对象中将复位模式配置为 CONTINUE_SEQ_MODE。

调用监测器的 continue_seq 方法来完成监测和消息动作的通知。在仿真开始后,如果复位信号为无效状态,则调用复位通知者的 notify 方法来通知消息 ACTIVATE 给订阅组件,如果复位信号为有效状态,则调用复位通知者的 notify 方法来通知消息 TERMINATE 给订阅组件,随后进入循环,监测复位信号的边沿跳变,以根据复位信号是否有效,调用复位通知者的 notify 方法来通知消息 SUSPEND 或 RESUME 给进程处理者，从而最终实现对仿真进程进行挂起和恢复，以实现对复位信号有效前的激励序列继续仿真发送和运行。

代码如下：

```
//reset_monitor.svh
class reset_monitor extends uvm_monitor;
   `uvm_component_utils(reset_monitor)

  virtual reset_interface vif;
  reset_blogger blogger;
  reset_config config_h;

  function new (string name, uvm_component parent);
    super.new(name, parent);
  endfunction

  function void connect_phase(uvm_phase phase);
    super.connect_phase(phase);
      if(!uvm_config_db #(virtual reset_interface)::get(null, "*","reset_bfm", vif))
`uvm_fatal("RESET MONITOR", "Failed to get VIF")
    if (blogger == null)
      if (!uvm_config_db#(reset_blogger)::get(this, "",
                                          "blogger", blogger))
        `uvm_fatal("NORESET", "blogger must be specified")

      if(!uvm_config_db #(reset_config)::get(this, "","reset_config", config_h))
`uvm_fatal("RESET MONITOR", "Failed to get config")
  endfunction

  virtual task run_phase(uvm_phase phase);
    if(config_h.mode == RESTART_SEQ_MODE)
      restart_seq();
    else
      continue_seq();
  endtask

  virtual task restart_seq();
    if (vif.reset) begin
       blogger.notify(ACTIVATE);
       forever begin
          @(negedge vif.reset)
             blogger.notify(TERMINATE);
          @(posedge vif.reset)
             blogger.notify(ACTIVATE);
       end
    end
    else begin
       blogger.notify(TERMINATE);
       forever begin
          @(posedge vif.reset)
```

```
                blogger.notify(ACTIVATE);
            @(negedge vif.reset)
                blogger.notify(TERMINATE);
        end
    end
  endtask

  virtual task continue_seq();
    if (vif.reset) begin
        blogger.notify(ACTIVATE);
        forever begin
            @(negedge vif.reset)
                blogger.notify(SUSPEND);
            @(posedge vif.reset)
                blogger.notify(RESUME);
        end
    end
    else begin
        blogger.notify(TERMINATE);
        @(posedge vif.reset)
            blogger.notify(ACTIVATE);
        forever begin
            @(negedge vif.reset)
                blogger.notify(SUSPEND);
            @(posedge vif.reset)
                blogger.notify(RESUME);
        end
    end
  endtask
endclass
```

（7）创建代理封装，用来对上述配置对象、驱动器、序列器和监测器进行声明和实例化，代码如下：

```
//reset_agent.svh
class reset_agent extends uvm_agent;
    `uvm_component_utils(reset_agent)

    reset_sequencer sequencer_h;
    reset_driver    driver_h;
    reset_monitor   monitor_h;
    reset_config    config_h;

    function new (string name, uvm_component parent);
       super.new(name,parent);
    endfunction : new

    function void build_phase(uvm_phase phase);
       config_h = reset_config::type_id::create("config_h",this);
       if (is_active == UVM_ACTIVE) begin
          sequencer_h   = reset_sequencer::type_id::create("sequencer_h",this);
          driver_h      = reset_driver::type_id::create("driver_h",this);
```

```
        end
        monitor_h = reset_monitor::type_id::create("monitor_h",this);
        uvm_config_db #(reset_config)::set(this, "*monitor_h","reset_config", config_h);
    endfunction : build_phase

    function void connect_phase(uvm_phase phase);
        if (is_active == UVM_ACTIVE) begin
            driver_h.seq_item_port.connect(sequencer_h.seq_item_export);
        end
    endfunction : connect_phase
endclass : reset_agent
```

第2步，在和复位信号相关的验证组件中通过UVM的配置数据库获取复位通知者reset_blogger，并且声明例化复位订阅者reset_subscriber，并将当前组件作为参数进行传递，然后调用复位通知者的subscribe方法来完成当前验证组件对复位通知者通知消息的订阅，使当前订阅组件与复位通知者建立连接关系，从而能够实时地对复位信号进行动作响应。最后创建run_phase_new方法以取代run_phase方法来完成对激励请求数据的驱动，并且创建clean_up方法来清除当复位信号有效时的内部逻辑，从而完成对当前订阅组件的复位，例如对于序列器来讲，其主要功能在于对请求序列的仲裁并传送，因此需要停止将请求序列传送给驱动器，可以调用UVM的stop_sequences方法实现，而对于记分板来讲，其主要功能在于对运算的结果进行比较，从而判断DUT功能的正确性，因此需要根据复位模式来选择性地清除部分缓存数据，从而能够正确地对DUT运算结果进行检查比较，代码如下：

```
//driver.svh
class driver extends uvm_driver #(sequence_item);
    `uvm_component_utils(driver)
    virtual tinyalu_bfm bfm;
     reset_blogger blogger;
     local reset_subscriber#(driver) reset_export;

    function new (string name, uvm_component parent);
       super.new(name, parent);
       reset_export = new("reset_export", this);
    endfunction : new

    function void build_phase(uvm_phase phase);
       if(!uvm_config_db #(virtual tinyalu_bfm)::get(null, "*","bfm", bfm))
          `uvm_fatal("DRIVER", "Failed to get BFM")
    endfunction : build_phase

    function void connect_phase(uvm_phase phase);
      if (blogger == null) begin
         if (!uvm_config_db#(reset_blogger)::get(this, "", "blogger", blogger)) begin
           `uvm_fatal("NORESET", "blogger must be specified")
         end
      end
blogger.subscribe(reset_export);
```

```
    endfunction

    task run_phase_new(uvm_phase phase);
      `uvm_info(get_type_name(),"Starting run_phase_new...",UVM_NONE)
      get_and_drive();
    endtask

   function void clean_up();
     `uvm_info("DRIVER","CLEANING",UVM_LOW)
   endfunction

    task get_and_drive();
       forever begin : cmd_loop
          shortint unsigned result;
          `uvm_info(this.get_name(), $sformatf("here driver before get req !"),UVM_LOW)
          seq_item_port.get_next_item(req);
          `uvm_info(this.get_name(), $sformatf("here driver get req !"),UVM_LOW)
          bfm.send_op(req.A, req.B, req.op, result);
          req.result = result;
          seq_item_port.item_done();
       end : cmd_loop
    endtask
endclass : driver

//sequencer.svh
class sequencer extends uvm_sequencer #(sequence_item);
     `uvm_component_utils(sequencer)
     reset_blogger blogger;
    virtual tinyalu_bfm bfm;
    local reset_subscriber #(sequencer) reset_export;

     function new(string name,uvm_component parent);
       super.new(name,parent);
       reset_export = new("reset_export", this);
     endfunction

    function void build_phase(uvm_phase phase);
       if(!uvm_config_db #(virtual tinyalu_bfm)::get(null, "*","bfm", bfm))
         `uvm_fatal("DRIVER", "Failed to get BFM")
       if (!uvm_config_db#(reset_blogger)::get(this, "", "blogger", blogger)) begin
         `uvm_fatal("NORESET", "blogger must be specified")
       end
        blogger.subscribe(reset_export);
    endfunction : build_phase

   task run_phase_new(uvm_phase phase);
      `uvm_info(get_type_name(),"Starting run_phase_new...",UVM_NONE)
   endtask

   function void clean_up();
     `uvm_info(get_type_name(), "cleanup(): stopping the current sequence", UVM_MEDIUM)
     stop_sequences();
   endfunction
endclass
```

第 3 步，在验证环境里声明例化并配置复位信号接口的代理封装，代码如下：

```
//env.svh
class env extends uvm_env;
   ...
   reset_agent   reset_agent_h;

   function void build_phase(uvm_phase phase);
      reset_agent_h    = reset_agent::type_id::create ("reset_agent_h",this);
      reset_agent_h.is_active = UVM_ACTIVE;
                                                                                    ...
   endfunction : build_phase
endclass
```

第 4 步，构造模拟复位场景的请求序列 reset_sequence_for_continue 和 reset_sequence_for_restart，分别用于前面提到过的两种复位模式场景的测试。还需要构造 DUT 运算功能的请求序列，由于该示例 DUT 是一个简化的运算器，提供加、与、或、乘和空操作，因此这里用作示例的请求序列为连续发十次加运算、十次与运算、十次或运算、十次乘运算和十次空操作运算，代码如下：

```
//reset_sequence_for_continue.svh
class reset_sequence_for_continue extends uvm_sequence #(reset_item);
   `uvm_object_utils(reset_sequence_for_continue)
   reset_item t;

   function new(string name = "reset");
      super.new(name);
   endfunction : new

   task body();
     reset_for_continue_seq_test;
   endtask : body

   task reset_for_continue_seq_test;
     repeat(2)begin
       t = reset_item::type_id::create("t");
       start_item(t);
       t.reset = 0;
       t.duration = 100;
       finish_item(t);
       `uvm_info("RESET SEQ","Reset is 0 ! ",UVM_MEDIUM);

       t = reset_item::type_id::create("t");
       start_item(t);
       t.reset = 1;
       t.duration = 40;
       finish_item(t);
       `uvm_info("RESET SEQ","Reset is 1 ! ",UVM_MEDIUM);
     end
```

```
    endtask
endclass : reset_sequence_for_continue

//reset_sequence_for_restart.svh
class reset_sequence_for_restart extends uvm_sequence #(reset_item);
    `uvm_object_utils(reset_sequence_for_restart)
    reset_item t;

    function new(string name = "reset");
        super.new(name);
    endfunction : new

    task body();
      reset_for_restart_seq_test;
    endtask : body

    task reset_for_restart_seq_test;
      repeat(2)begin
        t = reset_item::type_id::create("t");
        start_item(t);
        t.reset = 0;
        t.duration = 100;
        finish_item(t);
        `uvm_info("RESET SEQ","Reset is 0 ! ",UVM_MEDIUM);

        t = reset_item::type_id::create("t");
        start_item(t);
        t.reset = 1;
        t.duration = 500;
        finish_item(t);
        `uvm_info("RESET SEQ","Reset is 1 ! ",UVM_MEDIUM);
      end
    endtask
endclass : reset_sequence_for_restart

//random_sequence.svh
class random_sequence extends base_sequence;
    `uvm_object_utils(random_sequence)

    sequence_item command;

    function new(string name = "random_sequence");
        super.new(name);
    endfunction : new

    task body();
        for(int i=0;i<10;i++)begin
            command = sequence_item::type_id::create("command");
            start_item(command);
            command.A = i;
            command.B = i;
```

```
            command.op = add_op;
            finish_item(command);
            `uvm_info("RANDOM SEQ", $sformatf("random command: %s", command.convert2string),
UVM_HIGH)
        end
        for(int i = 0;i < 10;i++)begin
            command = sequence_item::type_id::create("command");
            start_item(command);
            command.A = i;
            command.B = i;
            command.op = and_op;
            finish_item(command);
            `uvm_info("RANDOM SEQ", $sformatf("random command: %s", command.convert2string),
UVM_HIGH)
        end
        for(int i = 0;i < 10;i++)begin
            command = sequence_item::type_id::create("command");
            start_item(command);
            command.A = i;
            command.B = i;
            command.op = xor_op;
            finish_item(command);
            `uvm_info("RANDOM SEQ", $sformatf("random command: %s", command.convert2string),
UVM_HIGH)
        end
        for(int i = 0;i < 10;i++)begin
            command = sequence_item::type_id::create("command");
            start_item(command);
            command.A = i;
            command.B = i;
            command.op = mul_op;
            finish_item(command);
            `uvm_info("RANDOM SEQ", $sformatf("random command: %s", command.convert2string),
UVM_HIGH)
        end
        for(int i = 0;i < 10;i++)begin
            command = sequence_item::type_id::create("command");
            start_item(command);
            command.A = i;
            command.B = i;
            command.op = no_op;
            finish_item(command);
            `uvm_info("RANDOM SEQ", $sformatf("random command: %s", command.convert2string),
UVM_HIGH)
        end
    endtask : body
endclass : random_sequence
```

第5步，创建测试用例，主要完成以下几件事情：

(1) 声明例化验证环境。

(2) 声明例化并启动请求序列，包括构造模拟复位场景的请求序列和 DUT 运算功能的请求序列。

(3) 配置复位模式，以使复位监测器根据监测到的复位信号变化来通过复位通知者进行相应的消息通知。

(4) 声明例化复位通知者并通过 UVM 配置数据库向底层组件进行传递。

(5) 声明例化复位订阅者，并将测试用例作为参数进行传递，然后订阅到复位通知者。

(6) 实现订阅组件的 run_phase_new 方法，并在其中启动 DUT 功能测试请求序列，从而实现在复位信号被释放后且复位模式为 RESTART_SEQ_MODE 下，可以再次启动该请求序列以进行测试。

注意：需要在 UVM 的消耗仿真时间的 phase 里启动复位请求序列，该请求序列将与 DUT 功能测试请求序列并行执行。

---

(7) 实现订阅组件的 clean_up 方法，并可根据复位模式来选择性地清除相关逻辑，代码如下：

```
//reset_test.svh
class reset_test extends uvm_test;
   `uvm_component_utils(reset_test)

   env          env_h;
   random_sequence random_sequence_h;
   //reset_sequence_for_restart reset_sequence_h;
   reset_sequence_for_continue reset_sequence_h;
   virtual tinyalu_bfm bfm;
   reset_blogger blogger;
   reset_subscriber #(virtual_sequence_test) reset_export;

   function new(string name, uvm_component parent);
      super.new(name,parent);
      reset_export = new("reset_export", this);
   endfunction : new

   function void build_phase(uvm_phase phase);
      if(!uvm_config_db #(virtual tinyalu_bfm)::get(null, "*","bfm", bfm))
         `uvm_fatal("DRIVER", "Failed to get BFM")
      env_h = env::type_id::create("env_h",this);
      blogger = reset_blogger::type_id::create("blogger", this);
      uvm_config_db#(reset_blogger)::set(this, "*", "blogger", blogger);
   endfunction : build_phase

   function void connect_phase(uvm_phase phase);
        env_h.bus_agent_h.sequencer_h.reg_model_h = env_h.reg_model_h;
        blogger.subscribe(reset_export);
        //env_h.reset_agent_h.config_h.mode = RESTART_SEQ_MODE;
        env_h.reset_agent_h.config_h.mode = CONTINUE_SEQ_MODE;
```

```
    endfunction

    task main_phase(uvm_phase phase);
        phase.phase_done.set_drain_time(this,30000ns);
        //reset_sequence_h = reset_sequence_for_restart::type_id::create("reset_sequence_h");
        reset_sequence_h = reset_sequence_for_continue::type_id::create("reset_sequence_h");

        phase.raise_objection(this);
        reset_sequence_h.start(env_h.reset_agent_h.sequencer_h);
        phase.drop_objection(this);
    endtask

  task run_phase_new(uvm_phase phase);
    `uvm_info(get_type_name(), "Starting test in run_phase_new...", UVM_MEDIUM)
    random_sequence_h = random_sequence::type_id::create("random_sequence_h");
    random_sequence_h.start(env_h.agent_h.sequencer_h);
    `uvm_info(get_type_name(), "run_phase_new: TEST DONE", UVM_MEDIUM)
  endtask

  function void clean_up();
    `uvm_info("TEST","CLEANING",UVM_NONE)
  endfunction
endclass
```

最后运行仿真工具以查看仿真结果。

对于复位模式为 RESTART_SEQ_MODE 的仿真波形如图 26-4 所示。

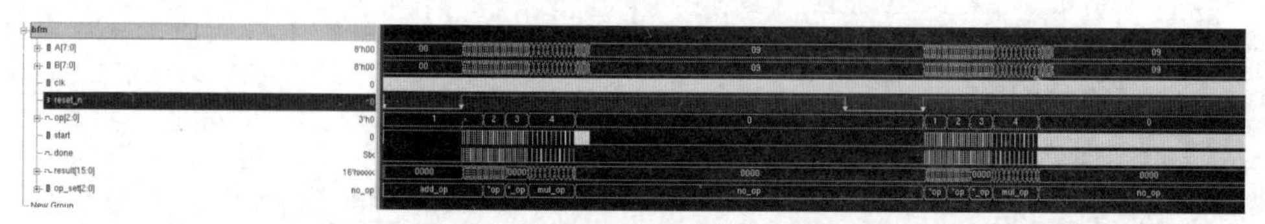

图 26-4 复位模式为 RESTART_SEQ_MODE 的仿真波形

可以看到，最终实现复位信号无效时对仿真序列的重新启动，以及复位信号有效时对仿真序列的停止并终止仿真进程。

对于复位模式为 CONTINUE_SEQ_MODE 的仿真波形如图 26-5 所示。

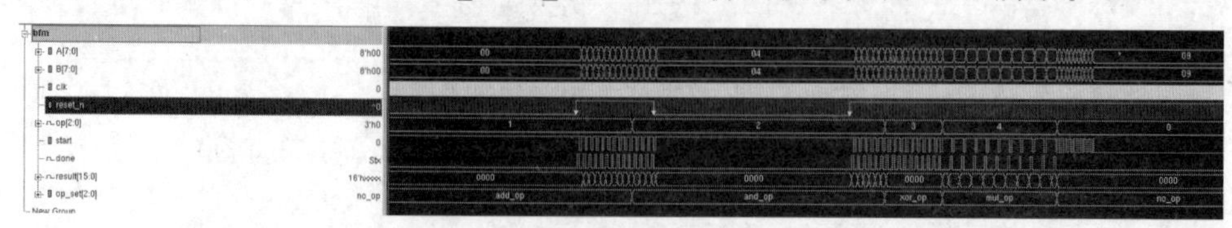

图 26-5 复位模式为 CONTINUE_SEQ_MODE 的仿真波形

可以看到，最终实现复位信号无效时对仿真进程的恢复，以实现对复位信号有效前的激励序列的继续仿真执行，以及复位信号有效时对仿真进程的挂起。

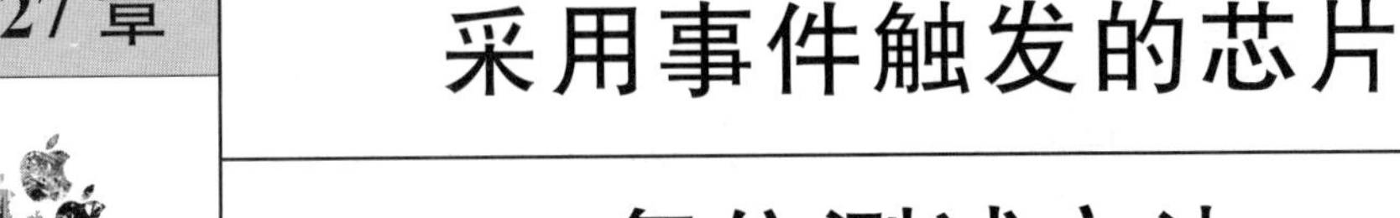

第 27 章 采用事件触发的芯片复位测试方法

27.1 背景技术方案及缺陷

27.1.1 现有方案

本章是对第 26 章的部分改进，现有方案可以参考第 26 章的内容，这里不再赘述。

27.1.2 主要缺陷

采用上述方案可行，但是主要存在以下两个缺陷。

缺陷一：上述方案要求在绝大多数和复位相关的组件中增加一个 run_phase_new 的新的 phase，并且使用该 phase 来取代原本 UVM 验证方法学里提供的 run_phase，这破坏了原本验证工程师的使用习惯，因此会带来使用上的不便。

缺陷二：上述方案使用起来较为复杂，增加了项目代码的可重用的难度，而且对于新入职的验证工程师来讲，存在一定的学习成本，变相地带来了在一定程度上工作效率的降低。

因此，本章将采用另外一种非常简便的基于事件驱动的方法来解决这个问题，并且保持了验证工程师对 UVM 验证方法学原有的使用习惯。

注意：本章提供的方案不支持对仿真激励序列的断点续传功能，即不支持现有方案中的 CONTINUE_SEQ_MODE 配置模式，如果在激励序列发送执行的过程中产生了复位有效信号，则此时未发送完的激励序列将被丢弃，因此在对待测设计进行复位后，需要重新发送完整的激励序列以进行复位场景的测试。

27.2 解决的技术问题

解决上述缺陷，并提供一种更为简单可行且代码易于重用的解决方案。

27.3 提供的技术方案

27.3.1 结构

本章给出的针对复位场景下的验证平台结构示意图如图 27-1 所示。

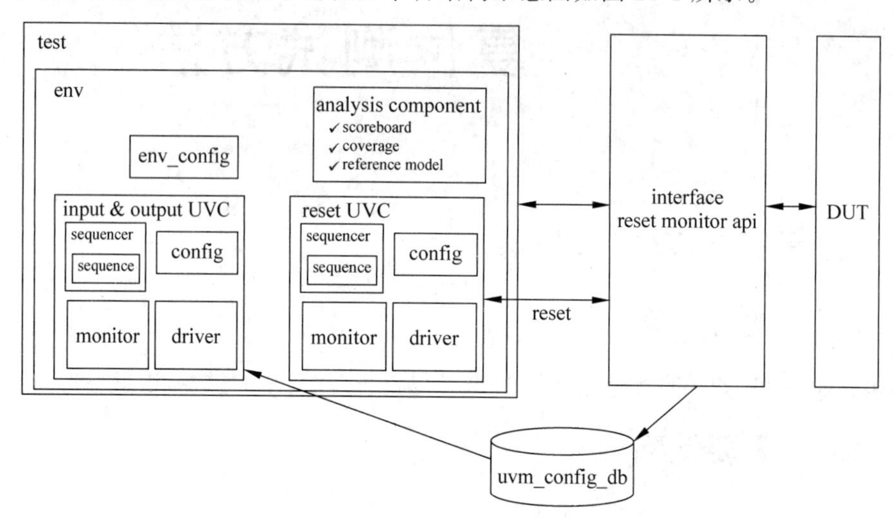

图 27-1 针对复位场景下的验证平台结构示意图

27.3.2 原理

如图 27-1 所示，将接口总线模型（图中的 interface）通过配置数据库传递给验证平台中会受到复位信号影响的验证组件（主要是输入/输出端口封装的 UVC，即图中的 input&output UVC），然后这些验证组件利用接口总线模型中提供的监测同步硬件复位信号的接口方法（图中的 reset monitor api）来对复位信号的状态进行监测，并采取相应的同步处理动作，同时这些组件保持原本正常状态下执行的功能。

最后构造复位测试场景，即在仿真运行期间控制复位封装 UVC（图中的 reset UVC）在随机时间点驱动复位信号给待测设计的复位输入端口接口信号上，从而对待测设计进行复位，不断重复复位几次并控制输入端口封装的 UVC（图中的 input UVC）将随机输入测试序列驱动到输入接口总线上，将预测的期望结果与待测设计的实际输出结果进行比较，从而完成对待测设计的功能验证。

27.3.3 优点

优点如下：

（1）可以很容易地嵌入封装到验证组件中，以提高代码的可重用性。

（2）可以在仿真过程中的任意时间点插入复位信号并且验证组件可以根据监测到的复

位信号状态做相应的处理动作。

(3) 可以做到当复位信号被释放之后，自动重新发送输入激励序列进行仿真验证。

(4) 简单易行，不会影响到现有验证工程师的编码习惯，即使对于新入职的验证工程师来讲，也可以很快上手应用。

27.3.4 具体步骤

第1步，对复位信号封装一个独立的可重用的通用验证组件。用于产生复位信号并施加给待测设计的复位信号输入端口。

具体内容包括以下几个小步骤。

(1) 创建复位接口模型(reset_interface)，用于连接验证平台和待测设计的复位信号，代码如下：

```
//reset_interface.sv
interface reset_interface();
  parameter tsu = 1ps;
  parameter tco = 0ps;

  logic clk;
  logic rst;

  clocking drv@(posedge clk);
   output #tco rst;
  endclocking

  clocking mon@(posedge clk);
   input #tsu rst;
  endclocking

  task init();
    rst <= 1;
  endtask

  initial begin
    clk = 0;
    forever begin
       #10;
       clk = ~clk;
    end
  end
endinterface
```

(2) 创建与复位信号相关的事务数据类型(代码中的 reset_item)，在其中包含两个数据变量成员，分别用于表示复位前的延迟时间和复位信号有效的持续时间，并将上述两者的时间约束到合理的期望范围，代码如下：

```
//reset_item.svh
class reset_item extends uvm_sequence_item;
```

```
    `uvm_object_utils(reset_item)

    rand int unsigned pre_rst_duration;
    rand int unsigned rst_duration;

    constraint duration_c {pre_rst_duration < 100;rst_duration < 100;}

    function new(string name = "");
       super.new(name);
    endfunction : new
endclass : reset_item
```

(3) 创建用于产生复位信号的激励序列(代码中的 reset_sequence),代码如下:

```
//reset_sequence.svh
class reset_sequence extends uvm_sequence #(sequence_item);
    `uvm_object_utils(reset_sequence)
    reset_item t;

    function new(string name = "reset");
       super.new(name);
    endfunction : new

    task body();
     t = reset_item::type_id::create("t");
     start_item(t);
     assert(t.randomize());
     finish_item(t);
    endtask : body
endclass : reset_sequence
```

(4) 创建用于驱动复位信号序列的驱动器(代码中的 reset_driver),根据与复位信号相关的事务数据类型中的复位延迟和持续时间信息进行驱动并施加给待测设计的复位信号输入端口,代码如下:

```
//reset_driver.svh
class reset_driver extends uvm_driver #(reset_item);
    `uvm_component_utils(reset_driver)
    virtual reset_interface bfm;

    function new (string name, uvm_component parent);
       super.new(name, parent);
    endfunction : new

    function void build_phase(uvm_phase phase);
       if(!uvm_config_db #(virtual reset_interface)::get(null, "*","reset_bfm", bfm))
          `uvm_fatal("DRIVER", "Failed to get BFM")
    endfunction : build_phase

    task run_phase(uvm_phase phase);
```

```
      forever begin
         seq_item_port.try_next_item(req);
         if(req!= null)begin
          this.drive_bfm(req);
          seq_item_port.item_done();
         end
         else begin
          @(bfm.drv)
          bfm.init();
         end
      end
   endtask : run_phase

  task drive_bfm(REQ req);
    repeat(req.pre_rst_duration)begin
      @(bfm.drv);
    end
    @(bfm.drv);
    bfm.drv.rst <= 0;
    repeat(req.rst_duration)begin
      @(bfm.drv);
    end
    @(bfm.drv);
    bfm.drv.rst <= 1;
  endtask
endclass : reset_driver
```

(5) 创建复位监测器(代码中的 reset_monitor)，用于监测复位信号并封装成相应的事务数据类型，代码如下：

```
//reset_monitor.svh
class reset_monitor extends uvm_monitor;
   `uvm_component_utils(reset_monitor)

  virtual reset_interface vif;

  uvm_analysis_port #(reset_item) ap;

  function new (string name, uvm_component parent);
    super.new(name, parent);
  endfunction

  function void build_phase(uvm_phase phase);
      if(!uvm_config_db #(virtual reset_interface)::get(null, "*","reset_bfm", vif))
        `uvm_fatal("RESET MONITOR", "Failed to get VIF")
      ap   = new("ap",this);
  endfunction

  task run_phase(uvm_phase phase);
     reset_item item;
```

```
        int unsigned pre_rst_duration = 0;
        int unsigned rst_duration = 0;
        bit rst_prv;

        @(vif.mon);
        rst_prv = vif.mon.rst;
        forever begin
         @(vif.mon);
         if(vif.mon.rst == 0)begin
           rst_duration++;
           pre_rst_duration = 0;
         end
         else begin
           pre_rst_duration++;
           rst_duration = 0;
         end
         if(rst_prv != vif.mon.rst)begin
           item = new("item");
           item.pre_rst_duration = pre_rst_duration;
           item.rst_duration = rst_duration;
           ap.write(item);
         end
        end
      endtask

    endclass
```

(6) 创建复位序列器(代码中的 reset_sequencer),用于对复位激励序列(代码中的 reset_sequence)进行仲裁并传送给复位驱动器(代码中的 reset_driver),代码如下:

```
//reset_sequencer.svh
class reset_sequencer extends uvm_sequencer #(reset_item);
    `uvm_component_utils(reset_sequencer)

    function new(string name,uvm_component parent);
      super.new(name,parent);
    endfunction
endclass
```

(7) 将上面提到的与复位信号相关的组件封装成代理(代码中的 reset_agent),代码如下:

```
//reset_agent.svh
class reset_agent extends uvm_agent;
    `uvm_component_utils(reset_agent)

    reset_sequencer sequencer_h;
    reset_driver     driver_h;
    reset_monitor   monitor_h;
```

```
    function new (string name, uvm_component parent);
        super.new(name,parent);
    endfunction : new

    function void build_phase(uvm_phase phase);
        if (is_active == UVM_ACTIVE) begin
            sequencer_h   = reset_sequencer::type_id::create("sequencer_h",this);
            driver_h      = reset_driver::type_id::create("driver_h",this);
        end
        monitor_h = reset_monitor::type_id::create("monitor_h",this);
    endfunction : build_phase

    function void connect_phase(uvm_phase phase);
        if (is_active == UVM_ACTIVE) begin
              driver_h.seq_item_port.connect(sequencer_h.seq_item_export);
        end
    endfunction : connect_phase
endclass : reset_agent
```

第 2 步，在所有会受到复位信号影响的验证组件里实现对复位信号相关事件的监测感知，并进行相应处理。

具体内容包括以下几个小步骤。

(1) 在接口模型中提供监测同步硬件复位信号的接口方法，分别用于等待复位信号被激活及等待复位信号被释放，代码如下：

```
//tinyalu_bfm.sv
task automatic wait_rst_active();
    @(negedge rst_n);
endtask

task automatic wait_rst_release();
    wait(rst_n == 1);
endtask
```

(2) 在待测设计输入/输出端口信号的监测器(代码中的 command_monitor 和 result_monitor)中实现两个并行线程，其中一个线程用于监测待测设计输入/输出端口信号上的数据并将其封装成事务数据类型后向验证平台中的其他组件进行广播，另一个线程用于监测等待复位信号被激活，在复位信号有效时，停止对待测设计的端口信号进行监测、封装和广播。在此之后，等待复位信号被释放，待测设计进入正常工作状态，然后不断地重复上述过程，代码如下：

```
//command_monitor.svh
class command_monitor extends uvm_monitor;
    `uvm_component_utils(command_monitor)

   virtual tinyalu_bfm bfm;
```

```
    uvm_analysis_port #(sequence_item) ap;

    function new (string name, uvm_component parent);
       super.new(name,parent);
    endfunction

    function void build_phase(uvm_phase phase);
       if(!uvm_config_db #(virtual tinyalu_bfm)::get(null, "*","bfm", bfm))
  `uvm_fatal("COMMAND MONITOR", "Failed to get BFM")
       ap   = new("ap",this);
    endfunction : build_phase

    task run_phase(uvm_phase phase);
      forever begin
        fork
          begin
            mon_trans();
          end
          begin
            bfm.wait_rst_active();
          end
        join_any
        disable fork;
        bfm.wait_rst_release();
      end
    endtask

    task mon_trans();
      sequence_item cmd;

       @(bfm.mon);
       if(bfm.mon.done)begin
         cmd = new("cmd");
         cmd.op = op2enum(bfm.mon.op);
         cmd.A = bfm.mon.A;
         cmd.B = bfm.mon.B;
         ap.write(cmd);
         `uvm_info("COMMAND MONITOR",cmd.convert2string(), UVM_MEDIUM);
       end
    endtask

    function operation_t op2enum(logic[2:0] op);
      case(op)
              3'b000 : return no_op;
              3'b001 : return add_op;
              3'b010 : return and_op;
              3'b011 : return xor_op;
              3'b100 : return mul_op;
      endcase
    endfunction
```

```
endclass : command_monitor

//result_monitor.svh
class result_monitor extends uvm_monitor;
   `uvm_component_utils(result_monitor)

   virtual tinyalu_bfm bfm;
   uvm_analysis_port #(result_transaction) ap;

   function new (string name, uvm_component parent);
      super.new(name, parent);
   endfunction : new

   function void build_phase(uvm_phase phase);
    if(!uvm_config_db #(virtual tinyalu_bfm)::get(null, "*","bfm", bfm))
        `uvm_fatal("RESULT MONITOR", "Failed to get BFM")
      ap   = new("ap",this);
   endfunction : build_phase

   task run_phase(uvm_phase phase);
     forever begin
       fork
         begin
           mon_trans();
         end
         begin
           bfm.wait_rst_active();
         end
       join_any
       disable fork;
       bfm.wait_rst_release();
     end
   endtask

   task mon_trans();
     result_transaction result_t;

     @(bfm.mon);
     if(bfm.mon.done)begin
       result_t = new("result_t");
       result_t.result = bfm.mon.result;
       result_t.is_nop = 0;
       ap.write(result_t);
       `uvm_info("RESULT MONITOR", $sformatf("MONITOR: result: %h",result_t.result),UVM_
HIGH);
     end
     if((bfm.mon.op == 'd0) && (bfm.mon.start))begin
       result_t = new("result_t");
       result_t.result = 'd0;
       result_t.is_nop = 1;
       ap.write(result_t);
```

```
    end
  endtask

endclass : result_monitor
```

(3) 在用于驱动输入信号序列的 driver 中也实现两个并行线程，其中一个线程用于获取待测设计输入的 sequence_item 并将其驱动到待测设计的输入端口上，另一个线程用于监测等待复位信号被激活，在复位信号有效时，停止进行驱动并对输入接口总线上的信号进行复位。在此之后，等待复位信号被释放，待测设计进入正常工作状态，然后不断地重复上述过程，代码如下：

```
//driver.svh
class driver extends uvm_driver #(sequence_item);
   `uvm_component_utils(driver)
   virtual tinyalu_bfm bfm;

   function void build_phase(uvm_phase phase);
      if(!uvm_config_db #(virtual tinyalu_bfm)::get(null, "*","bfm", bfm))
         `uvm_fatal("DRIVER", "Failed to get BFM")
   endfunction : build_phase

  task run_phase(uvm_phase phase);
    forever begin
      fork
        begin
          get_and_drive();
        end
        begin
          bfm.wait_rst_active();
        end
      join_any
      disable fork;
      bfm.init();
      bfm.wait_rst_release();
    end
  endtask : run_phase

  task get_and_drive();
    bit[15:0] result;

    seq_item_port.try_next_item(req);
    if(req!= null)begin
      bfm.send_op(req,result);
      req.result = result;
      seq_item_port.item_done();
    end
    else begin
      @(bfm.drv)
      bfm.init();
```

```
    end
  endtask

   function new (string name, uvm_component parent);
      super.new(name, parent);
   endfunction : new
endclass : driver
```

(4) 在用于对输入激励序列进行仲裁并传送的序列器中，不断地监测等待复位信号被激活，一旦复位信号有效，则停止所有在序列器上正在仲裁运行的序列，将序列器复位到一个空闲状态。

在此之后，等待复位信号被释放，待测设计进入正常工作状态，然后将再次监测复位信号是否被激活(有效)并重复上述过程，代码如下：

```
//sequencer.svh
class sequencer extends uvm_sequencer #(sequence_item);
   `uvm_component_utils(sequencer)
   virtual tinyalu_bfm bfm;

   function void build_phase(uvm_phase phase);
      if(!uvm_config_db #(virtual tinyalu_bfm)::get(null, "*","bfm", bfm))
         `uvm_fatal("DRIVER", "Failed to get BFM")
   endfunction : build_phase

  task run_phase(uvm_phase phase);
    forever begin
      bfm.wait_rst_active();
      stop_sequences();
      bfm.wait_rst_release();
    end
  endtask : run_phase

    function new(string name,uvm_component parent);
        super.new(name,parent);
    endfunction
endclass
```

(5) 在用于比较待测设计和参考模型输出结果的记分板组件中也实现两个并行线程，其中一个线程用于预测期望结果并与实际的待测设计输出的结果进行比较，另一个线程用于监测等待复位信号被激活，在复位信号有效时，对内部逻辑进行清除。在此之后，等待复位信号被释放，待测设计进入正常工作状态，然后不断地重复上述过程。

参考模型做类似的清除内部逻辑的处理操作，这里不再赘述，代码如下：

```
//scoreboard.svh
class scoreboard extends uvm_scoreboard;
   `uvm_component_utils(scoreboard)
   virtual tinyalu_bfm bfm;
```

```
    uvm_blocking_get_port #(sequence_item) cmd_port;
    uvm_blocking_get_port #(result_transaction) result_port;

    reg_model reg_model_h;
    int item_num;

    function new (string name, uvm_component parent);
      super.new(name, parent);
      clean_up();
    endfunction : new

     function void build_phase(uvm_phase phase);
         super.build_phase(phase);
         cmd_port = new("cmd_port",this);
         result_port = new("result_port",this);
         if(!uvm_config_db #(virtual tinyalu_bfm)::get(null, " * ","bfm", bfm))
           `uvm_fatal("DRIVER", "Failed to get BFM")
     endfunction : build_phase

     function result_transaction predict_result(sequence_item cmd);
        result_transaction predicted;
        shortint result;
        predicted = new("predicted");

        case (cmd.op)
          add_op: result = cmd.A + cmd.B;
          and_op: result = cmd.A & cmd.B;
          xor_op: result = cmd.A ^ cmd.B;
          mul_op: result = cmd.A * cmd.B;
        endcase

        predicted.result = result;
        `uvm_info("SCOREBOARD", $sformatf(" op is %s, A is %h, B is %h, exp_result is %h",
cmd.op.name(),cmd.A,cmd.B,predicted.result),UVM_HIGH);
        return predicted;
     endfunction : predict_result

    task run_phase(uvm_phase phase);
     forever begin
       fork
         begin
           predict_and_check();
         end
         begin
           bfm.wait_rst_active();
           clean_up();
         end
       join_any
       disable fork;
       bfm.wait_rst_release();
     end
```

```
   endtask : run_phase

   function void clean_up();
    `uvm_info(this.get_name(), $sformatf("clean scoreboard logic here"),UVM_LOW)
    item_num = 0;
   endfunction

   task predict_and_check();
      string data_str;
      sequence_item cmd;
      result_transaction exp_result;
      result_transaction act_result;
      result_transaction exp_queue[ $ ];
      result_transaction act_queue[ $ ];
      result_transaction exp_result_tmp;
      result_transaction act_result_tmp;
      uvm_status_e status;

      fork
        forever begin
            cmd_port.get(cmd);
              `uvm_info(this.get_name(), $sformatf("scoreboard get cmd is %s",cmd.
convert2string()),UVM_LOW)

            exp_result = predict_result(cmd);
            if((cmd.op!= no_op))
                exp_queue.push_back(exp_result);
        end
        forever begin
            if((exp_queue.size()> 0) &&(act_queue.size()> 0))begin
                exp_result_tmp = exp_queue.pop_front();
                act_result_tmp = act_queue.pop_front();
                data_str = {                cmd.convert2string(),
                            " ==> Actual ",act_result_tmp.convert2string(),
                            "/Predicted ",  exp_result_tmp.convert2string()};

                if (!exp_result_tmp.compare(act_result_tmp))
                    `uvm_error("SELF CHECKER", {"FAIL: ",data_str})
                else
                    `uvm_info ("SELF CHECKER", {"PASS: ", data_str}, UVM_HIGH)
            end
            else begin
                result_port.get(act_result);
                item_num++;
                if(act_result.is_nop == 0)begin
                  act_queue.push_back(act_result);
                end
            end
        end
      join
   endtask
endclass : scoreboard
```

第3步，创建顶层测试用例。

具体内容包括以下几个小步骤。

(1) 声明例化复位信号激励序列，并在仿真过程中的任意随机时间点随机启动多次。当完成随机设定的复位激活次数之后，进入等待休眠状态。

(2) 声明例化待测设计的随机输入激励序列，监测等待待测设计以完成对输入激励的运算。每次监测到复位信号有效时重新发送执行输入激励序列。

(3) 上面两个线程并行执行，一个用于产生复位场景，另一个用来发送正常运算测试序列，直到最终仿真结束，代码如下：

```
//demo_test.svh
class demo_test extends base_test;
   `uvm_component_utils(demo_test)
   int reset_item_num;
   int traffic_item_num;
   bit traffic_complete = 0;
   int reset_cnt = 0;

   function new(string name, uvm_component parent);
      super.new(name,parent);
      uvm_top.set_timeout(30000ns,0);
   endfunction : new

   function void connect_phase(uvm_phase phase);
        env_h.bus_agent_h.sequencer_h.reg_model_h = env_h.reg_model_h;
        env_h.scoreboard_h.reg_model_h = env_h.reg_model_h;
   endfunction

   task main_phase(uvm_phase phase);
      phase.raise_objection(this);
      initiate_reset();
      std::randomize(reset_item_num) with {reset_item_num >= 3;reset_item_num <= 5;};
      std::randomize(traffic_item_num) with {traffic_item_num >= 100;traffic_item_num <=
300;};
      do begin
        fork
          begin
            if(reset_cnt < reset_item_num)begin
              initiate_reset();
            end
            else begin
              wait(0);
            end
          end
          begin
            send_traffic_and_wait_complete();
          end
        join_any
        disable fork;
```

```
        end while(traffic_complete == 0);
        phase.drop_objection(this);
    endtask

    task initiate_reset();
     reset_sequence reset_seq = reset_sequence::type_id::create("reset_seq");
     reset_seq.start(env_h.reset_agent_h.sequencer_h);
     reset_cnt++;
    endtask

    task send_traffic_and_wait_complete();
     //发送激励
     random_sequence random_seq = random_sequence::type_id::create("random_seq");
     random_seq.item_num = traffic_item_num;
     random_seq.start(env_h.agent_h.sequencer_h);
     //等待计算完成
     wait(env_h.scoreboard_h.item_num == traffic_item_num);
     traffic_complete = 1;
    endtask

endclass
```

第 28 章 支持多空间域的芯片复位测试方法

28.1 背景技术方案及缺陷

28.1.1 现有方案

对 DUT 进行验证时，往往需要考虑复位场景下的验证，即在待测设计正常仿真运行期间，将复位信号置为有效状态，以此来对待测设计进行复位，经过一段时钟周期的延迟之后，再释放复位信号，以此来重新启动 DUT，并且验证重新启动后的 DUT 是否可以正常工作。

会在仿真过程中的任意时间点对待测设计进行复位，这很可能会打乱测试平台的运行状态，导致其出现意想不到的问题。

同时 DUT 中可能存在多个时钟及其相应的复位空间域，因此，在同一个测试平台中对这种多空间域的芯片进行复位场景的测试是一个复杂棘手的问题，目前还没有一套可以遵循的方案来完美地解决这个问题。

28.1.2 主要缺陷

解决在 DUT 中可能存在的多个时钟及其相应的复位空间域的复位场景测试问题。

28.2 解决的技术问题

提供一种采用 UVM 的 phase 跳转、factory 重载机制和 domain 机制的芯片复位测试方法来解决上述问题。

28.3 提供的技术方案

28.3.1 结构

本章给出的支持多空间域的芯片复位测试平台结构示意图如图 28-1 所示。

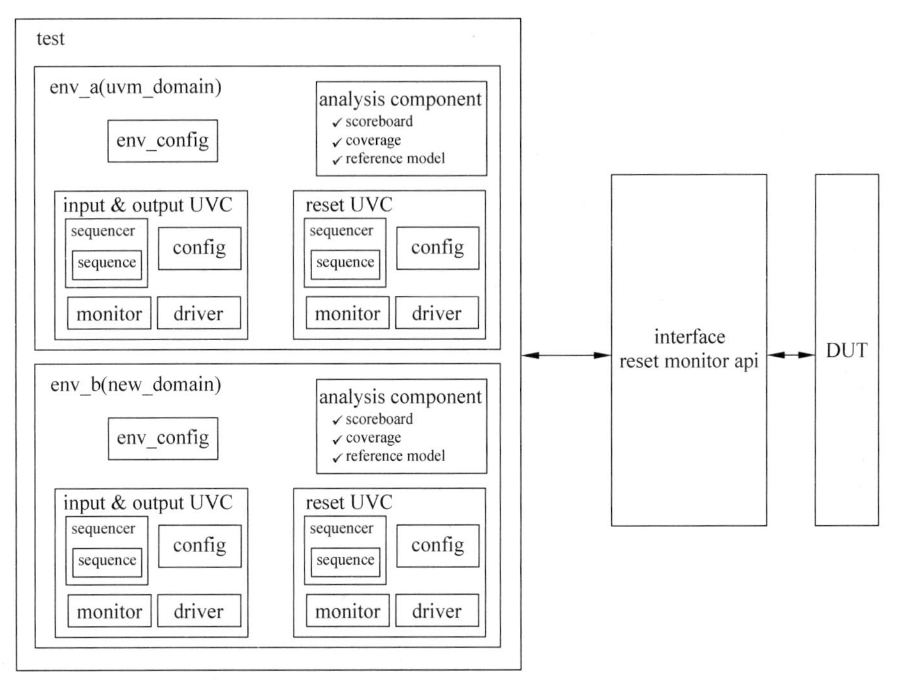

图 28-1　支持多空间域的芯片复位测试平台结构示意图

28.3.2　原理

综合应用 UVM 的 phase 机制、factory 重载机制和 domain 机制，因此需要了解这三者的原理，建议读者阅读相关 UVM 书籍，这里不赘述。

28.3.3　优点

优点如下：

(1) 提供了一种采用 phase 跳转的芯片复位测试方法，以此来作为对待测设计在复位场景下进行测试方法的补充。

(2) 结合 UVM 的 factory 重载机制和 domain 机制，实现了对多空间域的芯片复位测试场景的支持。

28.3.4　具体步骤

第 1 步，对复位信号封装一个独立的可重用的通用验证组件，用于产生复位信号并施加给待测设计的复位信号输入端口。

注意：这里的(1)～(6)和第 27 章的内容一样，但需要重点注意第(7)步的区别。

具体内容包括以下几个小步骤。

(1) 创建复位接口模型，用于连接验证平台和待测设计的复位信号，代码如下：

```
//reset_interface.sv
interface reset_interface();
  parameter tsu = 1ps;
  parameter tco = 0ps;

  logic clk;
  logic rst;

  clocking drv@(posedge clk);
   output #tco rst;
  endclocking

  clocking mon@(posedge clk);
   input #tsu rst;
  endclocking

  task init();
    rst <= 1;
  endtask

  initial begin
    clk = 0;
    forever begin
       #10;
       clk = ~clk;
    end
  end
endinterface
```

(2) 创建与复位信号相关的事务数据类型，在其中包含两个数据变量成员，分别用于表示复位前的延迟时间和复位信号有效的持续时间，并将上述两者的时间约束到合理的期望范围，代码如下：

```
//reset_item.svh
class reset_item extends uvm_sequence_item;
   `uvm_object_utils(reset_item)

   rand int unsigned pre_rst_duration;
   rand int unsigned rst_duration;

   constraint duration_c {pre_rst_duration < 100;rst_duration < 100;}

   function new(string name = "");
      super.new(name);
   endfunction : new
endclass : reset_item
```

(3) 创建用于产生复位信号的激励序列，代码如下：

```
//reset_sequence.svh
class reset_sequence extends uvm_sequence #(sequence_item);
```

```
    `uvm_object_utils(reset_sequence)
    reset_item t;

    function new(string name = "reset");
       super.new(name);
    endfunction : new

    task body();
     t = reset_item::type_id::create("t");
     start_item(t);
     assert(t.randomize());
     finish_item(t);
    endtask : body
endclass : reset_sequence
```

（4）创建用于驱动复位信号序列的驱动器，根据与复位信号相关的事务数据类型中的复位延迟和持续时间信息进行驱动并施加给待测设计的复位信号输入端口，代码如下：

```
//reset_driver.svh
class reset_driver extends uvm_driver #(reset_item);
   `uvm_component_utils(reset_driver)
   virtual reset_interface bfm;

   function new (string name, uvm_component parent);
      super.new(name, parent);
   endfunction : new

   function void build_phase(uvm_phase phase);
      if(!uvm_config_db #(virtual reset_interface)::get(null, "*","reset_bfm", bfm))
        `uvm_fatal("DRIVER", "Failed to get BFM")
   endfunction : build_phase

   task run_phase(uvm_phase phase);
      forever begin
         seq_item_port.try_next_item(req);
         if(req!= null)begin
          this.drive_bfm(req);
          seq_item_port.item_done();
         end
         else begin
          @(bfm.drv)
          bfm.init();
         end
      end
   endtask : run_phase

  task drive_bfm(REQ req);
    repeat(req.pre_rst_duration)begin
      @(bfm.drv);
    end
```

```
    @(bfm.drv);
    bfm.drv.rst <= 0;
    repeat(req.rst_duration)begin
      @(bfm.drv);
    end
    @(bfm.drv);
    bfm.drv.rst <= 1;
  endtask
endclass : reset_driver
```

（5）创建复位监测器，用于监测复位信号并封装成相应的事务数据类型，代码如下：

```
//reset_monitor.svh
class reset_monitor extends uvm_monitor;
   `uvm_component_utils(reset_monitor)

  virtual reset_interface vif;

  uvm_analysis_port #(reset_item) ap;

  function new (string name, uvm_component parent);
    super.new(name, parent);
  endfunction

  function void build_phase(uvm_phase phase);
      if(!uvm_config_db #(virtual reset_interface)::get(null, "*","reset_bfm", vif))
`uvm_fatal("RESET MONITOR", "Failed to get VIF")
      ap  = new("ap",this);
  endfunction

  task run_phase(uvm_phase phase);
     reset_item item;
     int unsigned pre_rst_duration = 0;
     int unsigned rst_duration = 0;
     bit rst_prv;

     @(vif.mon);
     rst_prv = vif.mon.rst;
     forever begin
      @(vif.mon);
      if(vif.mon.rst == 0)begin
        rst_duration++;
        pre_rst_duration = 0;
      end
      else begin
        pre_rst_duration++;
        rst_duration = 0;
      end
      if(rst_prv != vif.mon.rst)begin
        item = new("item");
        item.pre_rst_duration = pre_rst_duration;
```

```
            item.rst_duration = rst_duration;
            ap.write(item);
          end
        end
    endtask

endclass
```

(6) 创建复位序列器，用于对复位激励序列进行仲裁并传送给复位驱动器，代码如下：

```
//reset_sequencer.svh
class reset_sequencer extends uvm_sequencer #(reset_item);
    `uvm_component_utils(reset_sequencer)

    function new(string name,uvm_component parent);
      super.new(name,parent);
    endfunction
endclass
```

(7) 将上面提到的与复位信号相关的组件封装成代理。

这里主要完成以下几件事情：

声明例化代理封装包含的驱动器、序列器、监测器和配置对象，其中配置对象主要用来配置整个仿真过程中对DUT复位信号进行有效复位的次数。

在UVM的reset_phase里，判断如果代理为UVM_ACTIVE模式，则调用执行复位信号的激励序列，从而完成对DUT相应的复位信号进行有效复位。

在phase回调函数phase_ready_to_end中判断当执行到快要结束仿真的uvm_shutdown_phase时，判断有效复位的次数是否小于先前配置的次数，如果是，则调用phase的jump跳转方法跳转回reset_phase里再次进行复位，那么在复位后，又会重新执行到Run-time phases里发送测试序列以进行复位功能测试，代码如下：

```
//reset_agent.svh
class reset_agent extends uvm_agent;
    `uvm_component_utils(reset_agent)

    reset_sequencer sequencer_h;
    reset_driver     driver_h;
    reset_monitor    monitor_h;
    reset_config     config_h;
    int reset_cnt = 0;

    function new (string name, uvm_component parent);
       super.new(name,parent);
    endfunction : new

    function void build_phase(uvm_phase phase);
       config_h = reset_config::type_id::create("config_h",this);
       if (is_active == UVM_ACTIVE) begin
```

```
            sequencer_h   = reset_sequencer::type_id::create("sequencer_h",this);
            driver_h      = reset_driver::type_id::create("driver_h",this);
         end
         monitor_h = reset_monitor::type_id::create("monitor_h",this);
      endfunction : build_phase

      function void connect_phase(uvm_phase phase);
         if (is_active == UVM_ACTIVE) begin
            driver_h.seq_item_port.connect(sequencer_h.seq_item_export);
         end
      endfunction : connect_phase

      task reset_phase(uvm_phase phase);
        phase.raise_objection(this);
         if (is_active == UVM_ACTIVE) begin
            initiate_reset();
         end
        phase.drop_objection(this);
      endtask

      task initiate_reset();
        reset_sequence reset_seq = reset_sequence::type_id::create("reset_seq");
        reset_seq.start(sequencer_h);
        reset_cnt++;
      endtask

   function void phase_ready_to_end(uvm_phase phase);
      super.phase_ready_to_end(phase);
      if(phase.get_imp() == uvm_shutdown_phase::get()) begin
        if (reset_cnt < config_h.reset_num)
          phase.jump(uvm_reset_phase::get());
      end
   endfunction

endclass : reset_agent
```

第 2 步，在所有会受到复位信号影响的验证组件里实现对复位信号相关事件的监测感知，并进行相应处理。

注意：这里的(1)～(3)和(5)和第 27 章内容一样，但需要重点注意第(4)步的区别。

具体内容包括以下几个小步骤。

(1) 在接口模型中提供监测同步硬件复位信号的接口方法，分别用于等待复位信号被激活及等待复位信号被释放，代码如下：

```
//tinyalu_bfm.sv
task automatic wait_rst_active();
    @(negedge rst_n);
```

```
endtask

task automatic wait_rst_release();
    wait(rst_n == 1);
endtask
```

(2) 在待测设计输入/输出端口信号的监测器中实现两个并行线程，其中一个线程用于监测待测设计输入/输出端口信号上的数据并将其封装成事务数据类型后向验证平台中的其他组件进行广播，另一个线程用于监测等待复位信号被激活，在复位信号有效时，停止对待测设计的端口信号进行监测、封装和广播。在此之后，等待复位信号被释放，待测设计进入正常工作状态，然后不断地重复上述过程，代码如下：

```
//command_monitor.svh
class command_monitor extends uvm_monitor;
   `uvm_component_utils(command_monitor)

   virtual tinyalu_bfm bfm;

   uvm_analysis_port #(sequence_item) ap;

   function new (string name, uvm_component parent);
      super.new(name,parent);
   endfunction

   function void build_phase(uvm_phase phase);
      if(!uvm_config_db #(virtual tinyalu_bfm)::get(null, "*","bfm", bfm))
        `uvm_fatal("COMMAND MONITOR", "Failed to get BFM")
      ap   = new("ap",this);
   endfunction : build_phase

   task run_phase(uvm_phase phase);
     forever begin
       fork
         begin
           mon_trans();
         end
         begin
           bfm.wait_rst_active();
         end
       join_any
       disable fork;
       bfm.wait_rst_release();
     end
   endtask

   task mon_trans();
     sequence_item cmd;

      @(bfm.mon);
```

```
        if(bfm.mon.done)begin
          cmd = new("cmd");
          cmd.op = op2enum(bfm.mon.op);
          cmd.A = bfm.mon.A;
          cmd.B = bfm.mon.B;
          ap.write(cmd);
          `uvm_info("COMMAND MONITOR",cmd.convert2string(), UVM_MEDIUM);
        end
    endtask

    function operation_t op2enum(logic[2:0] op);
      case(op)
              3'b000 : return no_op;
              3'b001 : return add_op;
              3'b010 : return and_op;
              3'b011 : return xor_op;
              3'b100 : return mul_op;
      endcase
    endfunction

endclass : command_monitor

//result_monitor.svh
class result_monitor extends uvm_monitor;
    `uvm_component_utils(result_monitor)

    virtual tinyalu_bfm bfm;
    uvm_analysis_port #(result_transaction) ap;

    function new (string name, uvm_component parent);
       super.new(name, parent);
    endfunction : new

    function void build_phase(uvm_phase phase);
     if(!uvm_config_db #(virtual tinyalu_bfm)::get(null, "*","bfm", bfm))
         `uvm_fatal("RESULT MONITOR", "Failed to get BFM")
       ap   = new("ap",this);
    endfunction : build_phase

    task run_phase(uvm_phase phase);
      forever begin
        fork
          begin
            mon_trans();
          end
          begin
            bfm.wait_rst_active();
          end
        join_any
        disable fork;
        bfm.wait_rst_release();
```

```
      end
    endtask

    task mon_trans();
      result_transaction result_t;

      @(bfm.mon);
      if(bfm.mon.done)begin
        result_t = new("result_t");
        result_t.result = bfm.mon.result;
        result_t.is_nop = 0;
        ap.write(result_t);
        `uvm_info("RESULT MONITOR", $sformatf("MONITOR: result: %h",result_t.result),UVM_
HIGH);
      end
      if((bfm.mon.op == 'd0) && (bfm.mon.start))begin
        result_t = new("result_t");
        result_t.result = 'd0;
        result_t.is_nop = 1;
        ap.write(result_t);
      end
    endtask

endclass : result_monitor
```

(3) 在用于驱动输入信号序列的驱动器中也实现两个并行线程，其中一个线程用于获取待测设计输入激励序列元素并将其驱动到待测设计的输入端口上，另一个线程用于监测等待复位信号被激活，在复位信号有效时，停止进行驱动并对输入接口总线上的信号进行复位。在此之后，等待复位信号被释放，待测设计进入正常工作状态，然后不断地重复上述过程，代码如下：

```
//driver.svh
class driver extends uvm_driver #(sequence_item);
   `uvm_component_utils(driver)
   virtual tinyalu_bfm bfm;

   function void build_phase(uvm_phase phase);
      if(!uvm_config_db #(virtual tinyalu_bfm)::get(null, "*","bfm", bfm))
        `uvm_fatal("DRIVER", "Failed to get BFM")
   endfunction : build_phase

  task run_phase(uvm_phase phase);
    forever begin
      fork
        begin
          get_and_drive();
        end
        begin
          bfm.wait_rst_active();
```

```
        end
      join_any
      disable fork;
      bfm.init();
      bfm.wait_rst_release();
    end
  endtask : run_phase

  task get_and_drive();
    bit[15:0] result;

    seq_item_port.try_next_item(req);
    if(req!= null)begin
      bfm.send_op(req,result);
      req.result = result;
      seq_item_port.item_done();
    end
    else begin
      @(bfm.drv)
      bfm.init();
    end
  endtask

   function new (string name, uvm_component parent);
      super.new(name, parent);
   endfunction : new
endclass : driver
```

（4）在用于对输入激励序列进行仲裁并传送的序列器中，不需要对复位有效信号进行监测，当进行 phase 跳转之后，UVM 会自动停止所有序列器上正在仲裁运行的序列，并将序列器复位到一个空闲状态，代码如下：

```
//sequencer.svh
class sequencer extends uvm_sequencer #(sequence_item);
   `uvm_component_utils(sequencer)

    function new(string name,uvm_component parent);
        super.new(name,parent);
    endfunction
endclass
```

（5）对用于比较待测设计和参考模型输出结果的记分板组件中也实现两个并行线程，其中一个线程用于预测期望结果并与实际的待测设计输出的结果进行比较，另一个线程用于监测等待复位信号被激活，在复位信号有效时，对内部逻辑进行清除。在此之后，等待复位信号被释放，待测设计进入正常工作状态，然后不断地重复上述过程。

参考模型做类似的清除内部逻辑的处理操作，这里不再赘述，代码如下：

```
//scoreboard.svh
class scoreboard extends uvm_scoreboard;
```

```
    `uvm_component_utils(scoreboard)
    virtual tinyalu_bfm bfm;

    uvm_blocking_get_port #(sequence_item) cmd_port;
    uvm_blocking_get_port #(result_transaction) result_port;

    reg_model reg_model_h;
    int item_num;

    function new (string name, uvm_component parent);
      super.new(name, parent);
      clean_up();
    endfunction : new

     function void build_phase(uvm_phase phase);
         super.build_phase(phase);
         cmd_port = new("cmd_port",this);
         result_port = new("result_port",this);
         if(!uvm_config_db #(virtual tinyalu_bfm)::get(null, "*","bfm", bfm))
           `uvm_fatal("DRIVER", "Failed to get BFM")
     endfunction : build_phase

     function result_transaction predict_result(sequence_item cmd);
        result_transaction predicted;
        shortint result;
        predicted = new("predicted");

        case (cmd.op)
          add_op: result = cmd.A + cmd.B;
          and_op: result = cmd.A & cmd.B;
          xor_op: result = cmd.A ^ cmd.B;
          mul_op: result = cmd.A * cmd.B;
        endcase

          predicted.result = result;
        `uvm_info("SCOREBOARD", $sformatf(" op is %s, A is %h, B is %h, exp_result is %h",
cmd.op.name(),cmd.A,cmd.B,predicted.result),UVM_HIGH);
        return predicted;
     endfunction : predict_result

    task run_phase(uvm_phase phase);
     forever begin
       fork
         begin
           predict_and_check();
         end
         begin
           bfm.wait_rst_active();
           clean_up();
         end
       join_any
```

```
        disable fork;
        bfm.wait_rst_release();
      end
    endtask : run_phase

    function void clean_up();
      `uvm_info(this.get_name(), $sformatf("clean scoreboard logic here"),UVM_LOW)
      item_num = 0;
    endfunction

    task predict_and_check();
        string data_str;
        sequence_item cmd;
        result_transaction exp_result;
        result_transaction act_result;
        result_transaction exp_queue[ $ ];
        result_transaction act_queue[ $ ];
        result_transaction exp_result_tmp;
        result_transaction act_result_tmp;
        uvm_status_e status;

        fork
          forever begin
              cmd_port.get(cmd);
                `uvm_info(this.get_name(), $sformatf("scoreboard get cmd is %s", cmd.
convert2string()),UVM_LOW)

              exp_result = predict_result(cmd);
              if((cmd.op!= no_op))
                  exp_queue.push_back(exp_result);
          end
          forever begin
              if((exp_queue.size()> 0) &&(act_queue.size()> 0))begin
                  exp_result_tmp = exp_queue.pop_front();
                  act_result_tmp = act_queue.pop_front();
                  data_str = {                 cmd.convert2string(),
                              " ==>  Actual ",act_result_tmp.convert2string(),
                              "/Predicted ",  exp_result_tmp.convert2string()};

                  if (!exp_result_tmp.compare(act_result_tmp))
                      `uvm_error("SELF CHECKER", {"FAIL: ",data_str})
                  else
                      `uvm_info ("SELF CHECKER", {"PASS: ", data_str}, UVM_HIGH)
              end
              else begin
                  result_port.get(act_result);
                  item_num++;
                  if(act_result.is_nop == 0)begin
                    act_queue.push_back(act_result);
                  end
              end
```

```
        end
      join
   endtask
endclass : scoreboard
```

第3步，创建验证环境。

具体内容包括以下几个小步骤。

(1) 声明例化验证环境所包含的相关验证组件，并连接TLM通信端口，代码如下：

```
//env.svh
class env extends uvm_env;
   `uvm_component_utils(env)

   agent          agent_h;
   reset_agent    reset_agent_h;
   scoreboard     scoreboard_h;
   bus_agent      bus_agent_h;

   uvm_tlm_analysis_fifo #(sequence_item) command_mon_cov_fifo;
   uvm_tlm_analysis_fifo #(sequence_item) command_mon_scb_fifo;
   uvm_tlm_analysis_fifo #(result_transaction) result_mon_scb_fifo;

   function void build_phase(uvm_phase phase);
      agent_h    = agent::type_id::create ("agent_h",this);
      agent_h.is_active = UVM_ACTIVE;
      reset_agent_h      = reset_agent::type_id::create ("reset_agent_h",this);
      reset_agent_h.is_active = UVM_ACTIVE;
      bus_agent_h    = bus_agent::type_id::create ("bus_agent_h",this);
      bus_agent_h.is_active = UVM_ACTIVE;

      scoreboard_h = scoreboard::type_id::create("scoreboard_h",this);
      command_mon_cov_fifo = new("command_mon_cov_fifo",this);
      command_mon_scb_fifo = new("command_mon_scb_fifo",this);
      result_mon_scb_fifo = new("result_mon_scb_fifo",this);
   endfunction : build_phase

   function void connect_phase(uvm_phase phase);
        agent_h.cmd_ap.connect(command_mon_cov_fifo.analysis_export);

        agent_h.cmd_ap.connect(command_mon_scb_fifo.analysis_export);

        scoreboard_h.cmd_port.connect(command_mon_scb_fifo.blocking_get_export);

        agent_h.result_ap.connect(result_mon_scb_fifo.analysis_export);

        scoreboard_h.result_port.connect(result_mon_scb_fifo.blocking_get_export);
   endfunction : connect_phase

   function new (string name, uvm_component parent);
      super.new(name,parent);
   endfunction : new

endclass
```

(2) 创建用于复位场景测试的验证环境的子类。在该子类的 main_phase 中用于启动执行随机测试序列，从而将输入激励施加给待测设计，主要是为了方便在测试用例里对 factory 重载进行替换，代码如下：

```
//env_for_reset.svh
class env_for_reset extends env;
   `uvm_component_utils(env_for_reset)

    task main_phase(uvm_phase phase);
      super.main_phase(phase);
      phase.raise_objection(this);
      send_traffic_and_wait_complete();
      #1000ns;
      phase.drop_objection(this);
    endtask

    task send_traffic_and_wait_complete();
      int traffic_item_num;

      //发送激励
      random_sequence random_seq = random_sequence::type_id::create("random_seq");
      std::randomize(traffic_item_num) with {traffic_item_num >= 100;traffic_item_num <= 300;};
  `uvm_info(this.get_name(), $sformatf("send_traffic_and_wait_complete_a -> traffic item
num is %0d",traffic_item_num),UVM_LOW)
      random_seq.item_num = traffic_item_num;
      random_seq.start(agent_h.sequencer_h);
      //等待计算完成
      wait(scoreboard_h.item_num == traffic_item_num);
    endtask

   function new (string name, uvm_component parent);
      super.new(name,parent);
   endfunction : new

endclass
```

(3) 封装顶层验证环境，这里主要完成以下几件事项：

声明例化底层验证环境，并根据待测设计的具体情况使用 UVM 的 domain 机制在测试平台中对验证组件做空间域的划分。

声明例化其他相关组件，如寄存器模型，代码如下：

```
//top_env.svh
class top_env extends uvm_env;
   `uvm_component_utils(top_env)
   env        env_h_a;
   env        env_h_b;
   uvm_domain new_domain;
```

```
    reg_model reg_model_h_a;
    adapter adapter_h_a;
    predictor predictor_h_a;

    reg_model reg_model_h_b;
    adapter adapter_h_b;
    predictor predictor_h_b;

    function void build_phase(uvm_phase phase);
       env_h_a = env::type_id::create("env_h_a",this);
       env_h_b = env::type_id::create("env_h_b",this);
       new_domain = new("new_domain");
       env_h_b.set_domain(new_domain,1);

       reg_model_h_a   = reg_model::type_id::create ("reg_model_h_a");
       reg_model_h_a.configure();
       reg_model_h_a.build();
       reg_model_h_a.lock_model();
       reg_model_h_a.reset();
       adapter_h_a     = adapter::type_id::create ("adapter_h_a");
       predictor_h_a    = predictor::type_id::create ("predictor_h_a",this);

       reg_model_h_b   = reg_model::type_id::create ("reg_model_h_b");
       reg_model_h_b.configure();
       reg_model_h_b.build();
       reg_model_h_b.lock_model();
       reg_model_h_b.reset();
       adapter_h_b     = adapter::type_id::create ("adapter_h_b");
       predictor_h_b    = predictor::type_id::create ("predictor_h_b",this);
    endfunction : build_phase

    function void connect_phase(uvm_phase phase);
         reg_model_h_a.default_map.set_sequencer(env_h_a.bus_agent_h.sequencer_h, adapter_
h_a);
         predictor_h_a.map = reg_model_h_a.default_map;
         predictor_h_a.adapter = adapter_h_a;
         env_h_a.bus_agent_h.bus_trans_ap.connect(predictor_h_a.bus_in);

         reg_model_h_b.default_map.set_sequencer(env_h_b.bus_agent_h.sequencer_h, adapter_
h_b);
         predictor_h_b.map = reg_model_h_b.default_map;
         predictor_h_b.adapter = adapter_h_b;
         env_h_b.bus_agent_h.bus_trans_ap.connect(predictor_h_b.bus_in);
    endfunction : connect_phase

    function new (string name, uvm_component parent);
       super.new(name,parent);
    endfunction : new
endclass
```

第 4 步，创建顶层测试用例。

具体内容包括以下几个小步骤。

(1) 在 build_phase 里对验证环境组件使用 factory 机制进行重载替换，从而使在独立的空间域所对应的时钟复位信号被有效复位之后，重新发送相应的随机测试序列，以将输入激励施加给待测设计，然后等待待测设计运算完成，并对结果进行分析和比较验证。

(2) 在 configure_phase 里对独立的空间域所对应的复位配置对象中的有效复位次数进行随机约束配置，从而将产生的随机数量的复位有效激励施加到待测设计对应的复位信号端口上，以完成多次的复位场景下的随机功能测试，代码如下：

```
//demo_test.svh
class demo_test extends base_test;
  `uvm_component_utils(demo_test)

  function new(string name, uvm_component parent);
    super.new(name,parent);
    uvm_top.set_timeout(50000ns,0);
  endfunction : new

  function void build_phase(uvm_phase phase);
    super.build_phase(phase);
    set_inst_override_by_type("top_env_h.env_h_a", env::get_type(), env_for_reset::get_
type());
    set_inst_override_by_type("top_env_h.env_h_b", env::get_type(), env_for_reset::get_
type());
  endfunction

  task configure_phase(uvm_phase phase);
    int reset_num_a;
    int reset_num_b;

    std::randomize(reset_num_a) with {reset_num_a >= 1;reset_num_a <= 3;};
    std::randomize(reset_num_b) with {reset_num_b >= 1;reset_num_b <= 3;};
    top_env_h.env_h_a.reset_agent_h.config_h.reset_num = reset_num_a;
    top_env_h.env_h_b.reset_agent_h.config_h.reset_num = reset_num_b;
  endtask
  ...
endclass
```

第 29 章 对参数化类的压缩处理技术

29.1 背景技术方案及缺陷

29.1.1 现有方案

通常验证开发人员会基于 UVM 验证方法学来搭建验证平台以对 DUT 进行验证，如图 1-1 所示。

可以看到，通常在验证平台中，使用信号接口（图中的 interface）来对待测设计（DUT）的输入/输出端口进行建模，然后通过该 interface 来将 DUT 连接到验证平台。接着通过验证平台中的监测器来对 interface 上的信号进行监测并封装成事务数据类型，然后向验证环境中进行传递，从而对 DUT 端口上的信号进行分析，从而判断 DUT 功能的正确性。

但是对于 DUT 为设计 IP 的验证，由于 IP 是参数可配置的，因此验证开发人员往往需要在搭建验证平台时编写参数化的 interface 及对应的参数化的 UVC 组件来对设计 IP 进行验证，而这往往会通过参数化的类实现。

在验证平台中实现参数化的类通常需要注意以下几点：

（1）使用宏`uvm_object_param_utils 和`uvm_component_param_utils 来注册 UVM 对象或组件。

（2）声明和例化参数化类时需要指定参数。

（3）参数化的类的参数从顶层组件向底层组件层层传递。

下面举个例子。

例如对于如下示例 DUT，其接口上有 4 个参数需要在顶层模块对其例化时进行指定，代码如下：

```
//demo_rtl.sv
module demo_rtl #(
  parameter ADDR_I_WIDTH = 8,
  parameter DATA_I_WIDTH = 16,
  parameter ADDR_O_WIDTH = 8,
  parameter DATA_O_WIDTH = 16
```

```
)(
clk,
rst_n,
vld_i,
vld_o,
result,
addr_i,
data_i,
addr_o,
data_o
);
   input              clk;
   input              rst_n;
   input              vld_i;
   output reg         vld_o;
   output reg [3:0] result;

   input[ADDR_I_WIDTH - 1:0]   addr_i;
   input[DATA_I_WIDTH - 1:0]   data_i;
   output reg[ADDR_O_WIDTH - 1:0] addr_o;
   output reg[DATA_O_WIDTH - 1:0] data_o;

   bit[3:0] result_q[ $ ];

   initial begin
    for(bit[3:0] i = 1;i <= 'd10;i++)begin
      result_q.push_back(i);
    end
    forever begin
      @(posedge clk);
      if(!rst_n)begin
         vld_o   <= 0;
         result <=  0;
         addr_o <=  0;
         data_o <=  0;
      end
      else if(vld_i)begin
        if(result_q.size())begin
          result_q.shuffle();
          result <=  result_q.pop_front();
          vld_o   <= 1;
        end
        else begin
         vld_o   <= 0;
         result <=  0;
        end
        addr_o <=  addr_i;
        data_o <=  data_i;
      end
      else begin
        vld_o   <= 0;
```

```
        result <= 0;
        addr_o <= 0;
        data_o <= 0;
      end
    end
  end
endmodule
```

然后编写如下的参数化的 interface 来对其输入/输出端口进行建模，并通过该 interface 来将上述 DUT 连接到验证平台。

可以看到，这里的 interface 同样有 4 个对应的参数，用来对 DUT 的输入/输出端口进行建模，代码如下：

```
//demo_interface.sv
interface demo_interface #(parameter addr_i_width = 8,data_i_width = 16,addr_o_width = 8,
data_o_width = 16);
   parameter tsu = 1ps;
   parameter tco = 0ps;

   logic          clk;
   logic          vld_i;
   logic          vld_o;
   logic[3:0]     result;
   logic[addr_i_width-1:0]    addr_i;
   logic[data_i_width-1:0]    data_i;
   logic[addr_o_width-1:0]    addr_o;
   logic[data_o_width-1:0]    data_o;

   logic          rst_n;

   clocking drv@(posedge clk iff rst_n);
    output #tco vld_i;
    output #tco vld_o;
    output #tco result;
    output #tco addr_i;
    output #tco data_i;
    output #tco addr_o;
    output #tco data_o;
   endclocking

   clocking mon@(posedge clk iff rst_n);
    input #tsu vld_i;
    input #tsu vld_o;
    input #tsu result;
    input #tsu addr_i;
    input #tsu data_i;
    input #tsu addr_o;
    input #tsu data_o;
   endclocking
```

```
    task init();
      vld_i  <= 0;
      addr_i <= 'dx;
      data_i <= 'dx;
    endtask

    initial begin
       rst_n = 0;
       #50;
       rst_n = 1;
       #1000;
    end

    initial begin
       clk = 0;
       forever begin
          #10;
          clk = ~clk;
       end
    end
endinterface
```

再来看同样参数化的示例 UVC 组件，代码如下：

```
//agent.svh
class agent #(int addr_i_width = 8,data_i_width = 16,addr_o_width = 8,data_o_width = 16)
extends uvm_agent;

    `uvm_component_param_utils(agent #(addr_i_width, data_i_width, addr_o_width, data_o_
width))

    sequencer #(addr_i_width,data_i_width)     sequencer_h;
    driver #(addr_i_width,data_i_width,addr_o_width,data_o_width)        driver_h;
    in_monitor #(addr_i_width,data_i_width,addr_o_width,data_o_width)  in_monitor_h;
    out_monitor #(addr_i_width,data_i_width,addr_o_width,data_o_width)  out_monitor_h;

    uvm_analysis_port #(in_trans #(addr_i_width,data_i_width))  in_ap;
    uvm_analysis_port #(out_trans #(addr_o_width,data_o_width)) out_ap;

    function new (string name, uvm_component parent);
       super.new(name,parent);
    endfunction : new

    function void build_phase(uvm_phase phase);
       if (is_active == UVM_ACTIVE) begin
           sequencer_h   = sequencer #(addr_i_width, data_i_width)::type_id::create
("sequencer_h",this);
          driver_h     = driver #(addr_i_width,data_i_width,addr_o_width,data_o_width)::
type_id::create("driver_h",this);
       end
       in_monitor_h    = in_monitor #(addr_i_width,data_i_width)::type_id::create("in_
monitor_h",this);
       out_monitor_h   = out_monitor #(addr_o_width,data_o_width)::type_id::create("out_
monitor_h",this);
```

```
    endfunction : build_phase

    function void connect_phase(uvm_phase phase);
       if (is_active == UVM_ACTIVE) begin
           driver_h.seq_item_port.connect(sequencer_h.seq_item_export);
       end

       in_ap   = in_monitor_h.ap;
       out_ap = out_monitor_h.ap;
    endfunction : connect_phase
endclass : agent
```

29.1.2　主要缺陷

采用上述方案对于参数较少的情况可行，但是想象一下，假设上述 interface 参数从 4 个变成了 20 个，甚至更多，难道这里的代码(例如 UVC 组件 agent)要写成下面这样吗？代码如下：

```
//agent.svh
class agent #(
    int addr1_i_width = 8,addr2_i_width = 8,addr3_i_width = 8,addr4_i_width = 8,addr5_i_
width = 8,data1_i_width = 16,data2_i_width = 16,data3_i_width = 16,data4_i_width = 16,
data5_i_width = 16,addr1_o_width = 8,addr2_o_width = 8,addr3_o_width = 8,addr4_o_width = 8,
addr5_o_width = 8,data1_o_width = 16,data2_o_width = 16,data3_o_width = 16,data4_o_width =
16,data5_o_width = 16)extends uvm_agent;

    `uvm_component_param_utils(agent#(addr1_i_width,addr2_i_width,addr3_i_width,addr4_i_
width,addr5_i_width,data1_i_width,data2_i_width,data3_i_width,data4_i_width,data5_i_
width,addr1_o_width,addr2_o_width,addr3_o_width,addr4_o_width,addr5_o_width,data1_o_
width,data2_o_width,data3_o_width,data4_o_width,data5_o_width))

    sequencer#(addr1_i_width,addr2_i_width,addr3_i_width,addr4_i_width,addr5_i_width,
data1_i_width,data2_i_width,data3_i_width,data4_i_width,data5_i_width)     sequencer_h;

    driver#(addr1_i_width,addr2_i_width,addr3_i_width,addr4_i_width,addr5_i_width,data1_
i_width,data2_i_width,data3_i_width,data4_i_width,data5_i_width,addr1_o_width,addr2_o_
width,addr3_o_width,addr4_o_width,addr5_o_width,data1_o_width,data2_o_width,data3_o_
width,data4_o_width,data5_o_width)          driver_h;

    in_monitor#(addr1_i_width,addr2_i_width,addr3_i_width,addr4_i_width,addr5_i_width,
data1_i_width,data2_i_width,data3_i_width,data4_i_width,data5_i_width,addr1_o_width,addr2
_o_width,addr3_o_width,addr4_o_width,addr5_o_width,data1_o_width,data2_o_width,data3_o_
width,data4_o_width,data5_o_width)   in_monitor_h;

    out_monitor#(addr1_i_width,addr2_i_width,addr3_i_width,addr4_i_width,addr5_i_width,
data1_i_width,data2_i_width,data3_i_width,data4_i_width,data5_i_width,addr1_o_width,addr2
_o_width,addr3_o_width,addr4_o_width,addr5_o_width,data1_o_width,data2_o_width,data3_o_
width,data4_o_width,data5_o_width)  out_monitor_h;

    uvm_analysis_port #(in_trans#(addr1_i_width,addr2_i_width,addr3_i_width,addr4_i_
width,addr5_i_width,data1_i_width,data2_i_width,data3_i_width,data4_i_width,data5_i_
width))  in_ap;
```

```
    uvm_analysis_port #(out_trans #(addr1_o_width, addr2_o_width, addr3_o_width, addr4_o_
width, addr5_o_width, data1_o_width, data2_o_width, data3_o_width, data4_o_width, data5_o_
width)) out_ap;

    function new (string name, uvm_component parent);
       super.new(name,parent);
    endfunction : new

    function void build_phase(uvm_phase phase);
       if (is_active == UVM_ACTIVE) begin
          sequencer_h   = sequencer #(addr1_i_width, addr2_i_width, addr3_i_width, addr4_i_
width, addr5_i_width, data1_i_width, data2_i_width, data3_i_width, data4_i_width, data5_i_
width)::type_id::create("sequencer_h",this);
          driver_h      = driver #(addr1_i_width, addr2_i_width, addr3_i_width, addr4_i_
width, addr5_i_width, data1_i_width, data2_i_width, data3_i_width, data4_i_width, data5_i_
width, addr1_o_width, addr2_o_width, addr3_o_width, addr4_o_width, addr5_o_width, data1_o_
width, data2_o_width, data3_o_width, data4_o_width, data5_o_width)::type_id::create("driver_h",
this);
       end
       in_monitor_h   = in_monitor #(addr1_i_width, addr2_i_width, addr3_i_width, addr4_i_
width, addr5_i_width, data1_i_width, data2_i_width, data3_i_width, data4_i_width, data5_i_
width, addr1_o_width, addr2_o_width, addr3_o_width, addr4_o_width, addr5_o_width, data1_o_
width, data2_o_width, data3_o_width, data4_o_width, data5_o_width)::type_id::create("in_
monitor_h",this);
       out_monitor_h  = out_monitor #(addr1_i_width, addr2_i_width, addr3_i_width, addr4_i_
width, addr5_i_width, data1_i_width, data2_i_width, data3_i_width, data4_i_width, data5_i_
width, addr1_o_width, addr2_o_width, addr3_o_width, addr4_o_width, addr5_o_width, data1_o_
width, data2_o_width, data3_o_width, data4_o_width, data5_o_width)::type_id::create("out_
monitor_h",this);
    endfunction : build_phase

    function void connect_phase(uvm_phase phase);
       if (is_active == UVM_ACTIVE) begin
           driver_h.seq_item_port.connect(sequencer_h.seq_item_export);
       end

       in_ap   =  in_monitor_h.ap;
       out_ap  =  out_monitor_h.ap;
    endfunction : connect_phase
endclass : agent
```

可以看到，代码中的绝大部分内容被大量的传递参数所占据，显得非常杂乱。验证平台中其他部分组件同样有类似的问题，这里没有一一列出。

所以上述方案对于需要传递参数比较多的情况，至少会存在以下一些缺陷。

缺陷一：因为需要传递的参数比较多，所以编写验证环境中的参数化类代码将会非常烦琐，而且很容易出现参数遗漏的错误。

缺陷二：代码将变得难以阅读，如果将来出现问题，则定位起来将会变得更加困难。

缺陷三：如果将来待测 IP 设计传递参数的数量有增减，则验证环境的代码中所有相关参数传递声明的地方都需要被修改，这将难以进行维护，而且很容易出现人为错误，这会给项目带来一定的风险。

29.2　解决的技术问题

使用参数化类的压缩处理技术，旨在完成对设计IP搭建参数化类的验证平台组件的同时避免出现上述提到的缺陷。

29.3　提供的技术方案

29.3.1　结构

本章提供的对参数的分级压缩处理结构示意图如图29-1所示。

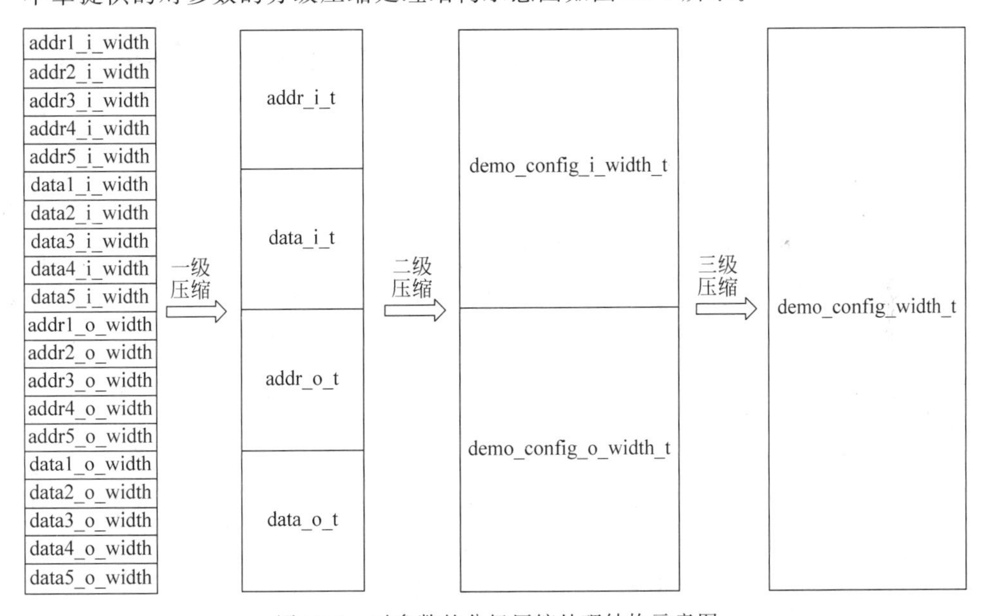

图29-1　对参数的分级压缩处理结构示意图

可以看到，这里将大量的参数进行了分级分类压缩。

29.3.2　原理

原理如下：

(1) 结构体(struct)数据类型可以实现对多种不同数据类型进行打包。

(2) 压缩(packed)数据结构可以实现对多种不同的数据类型按比特位进行拼接压缩。

(3) 结合上述两种数据结构类型的特点，最终使用压缩结构体(struct packed)来对大量不同数据类型的参数进行压缩。这有点类似使用的文件压缩包，可以将多个文件进行打包，这样整个验证环境中的参数将得到锐减，之前提到的缺陷问题也将迎刃而解。

29.3.3 优点

优点如下：

(1) 巧妙地将结构体和压缩数据结构类型相结合，即 struct packed 实现对不同数据类型参数的压缩。

(2) 对验证平台组件中参数的应用场景和功能进行分类，从而可以实现对较多的参数的二次分级分类压缩，方便在复杂的验证平台组件中传递大量的参数，而且便于验证开发人员阅读理解。

(3) 通过这种压缩参数的方法可以做到无须对参数化的验证组件代码做任何修改，因此将来验证平台的代码维护工作将变得更加容易。

29.3.4 具体步骤

第 1 步，在 package 包文件里使用压缩结构体自定义数据类型来对上述验证组件中大量的参数按功能进行分类分级压缩。

具体分为两个小步骤：

(1) 将之前的输入/输出地址和数据位宽参数分别做一级压缩，压缩成自定义数据类型 addr_i_t、data_i_t、addr_o_t 和 data_o_t。

一般会根据参数的作用分类压缩，例如这里的 addr_i_t 作为压缩后的输入地址的位宽参数，其中包含了被压缩的输入地址的位宽参数 addr1_i_width～addr5_i_width，其余参数 data_i_t、addr_o_t 和 data_o_t 同理。

(2) 对一级压缩数据结构做进一步的二级和三级压缩，以实现在验证平台中传递尽可能少的参数，从而大大简化验证平台组件的代码。

一般会根据输入/输出端口的配对分组做进一步的多级压缩，例如这里的二级压缩 demo_config_i_width_t，其中包含一级压缩参数类型 addr_i_t 和 data_i_t，分别代表待测设计的输入地址和输入数据的位宽压缩参数。由于一般地址和数据是成对出现的，因此这样来进行多级压缩，从而进一步缩减需要传递的参数数量，代码如下：

```
//demo_pkg.sv
typedef struct packed{
    int addr1_i_width;
    int addr2_i_width;
    int addr3_i_width;
    int addr4_i_width;
    int addr5_i_width;
} addr_i_t;

typedef struct packed{
    int data1_i_width;
    int data2_i_width;
    int data3_i_width;
```

```
    int data4_i_width;
    int data5_i_width;
} data_i_t;

typedef struct packed{
    int addr1_o_width;
    int addr2_o_width;
    int addr3_o_width;
    int addr4_o_width;
    int addr5_o_width;
} addr_o_t;

typedef struct packed{
    int data1_o_width;
    int data2_o_width;
    int data3_o_width;
    int data4_o_width;
    int data5_o_width;
} data_o_t;

typedef struct packed{
     addr_i_t addr_i;
     data_i_t data_i;
} demo_config_i_width_t;

typedef struct packed{
     addr_o_t addr_o;
     data_o_t data_o;
} demo_config_o_width_t;

typedef struct packed{
     addr_i_t addr_i;
     data_i_t data_i;
     addr_o_t addr_o;
     data_o_t data_o;
} demo_config_width_t;
```

如果后续需要增减参数的个数,则只需在 package 包文件里修改上述压缩参数的数据类型,而不需要对验证平台中的组件代码做任何修改,因此后续的代码维护将变得更容易。

第 2 步,在 package 包文件里定义默认参数值,代码如下:

```
//demo_pkg.sv
parameter demo_config_i_width_t addr_data_i_width_v = '{'{addr1_i_width:8,addr2_i_width:8,
addr3_i_width:8,addr4_i_width:8,addr5_i_width:8},'{data1_i_width:16,data2_i_width:16,
data3_i_width:16,data4_i_width:16,data5_i_width:16}};

parameter demo_config_o_width_t addr_data_o_width_v = '{'{addr1_o_width:8,addr2_o_width:8,
addr3_o_width:8,addr4_o_width:8,addr5_o_width:8},'{data1_o_width:16,data2_o_width:16,
data3_o_width:16,data4_o_width:16,data5_o_width:16}}
```

第 3 步,使用分类分级压缩后的自定义数据类型作为参数来编写参数化的验证平台组件并在其中进行传递。

之前 UVC 组件 agent 杂乱的代码将被重写,代码如下:

```
//agent.svh
class agent #(
    demo_config_i_width_t addr_data_i_width = addr_data_i_width_v,
    demo_config_o_width_t addr_data_o_width = addr_data_o_width_v)extends uvm_agent;

    `uvm_component_param_utils(agent #(addr_data_i_width,addr_data_o_width))

    sequencer #(addr_data_i_width)     sequencer_h;
    driver #(addr_data_i_width,addr_data_o_width)        driver_h;
    in_monitor #(addr_data_i_width,addr_data_o_width)    in_monitor_h;
    out_monitor #(addr_data_i_width,addr_data_o_width)   out_monitor_h;

    uvm_analysis_port #(in_trans #(addr_data_i_width))  in_ap;
    uvm_analysis_port #(out_trans #(addr_data_o_width)) out_ap;

    function new (string name, uvm_component parent);
       super.new(name,parent);
    endfunction : new

    function void build_phase(uvm_phase phase);
       if (is_active == UVM_ACTIVE) begin
          sequencer_h   = sequencer #(addr_data_i_width)::type_id::create("sequencer_h",
this);
          driver_h      = driver #(addr_data_i_width,addr_data_o_width)::type_id::create
("driver_h",this);
       end
       in_monitor_h     = in_monitor #(addr_data_i_width,addr_data_o_width)::type_id::
create("in_monitor_h",this);
       out_monitor_h   = out_monitor #(addr_data_i_width,addr_data_o_width)::type_id::
create("out_monitor_h",this);
    endfunction : build_phase

    function void connect_phase(uvm_phase phase);
       if (is_active == UVM_ACTIVE) begin
           driver_h.seq_item_port.connect(sequencer_h.seq_item_export);
       end

       in_ap   = in_monitor_h.ap;
       out_ap  = out_monitor_h.ap;
    endfunction : connect_phase
endclass : agent
```

可以看到,这里已经将原先需要在上述组件中传递的 20 个参数削减为两个,之前提到的缺陷难题迎刃而解。

至于如何传递,这里和之前的参数传递做个简单的比较。例如将这里的代码和之前在现有方案中的代码做个简单对比就明白了，代码如下：

```
//使用压缩后的参数进行传递示例
sequencer #(addr_data_i_width)    sequencer_h;
//使用未压缩的参数进行传递示例
sequencer #(addr_i_width,data_i_width)    sequencer_h;
```

注意：

本节使用的方案和之前现有方案的参数化类的使用方式都是一样的：

(1) 当对参数化的类进行声明和例化时，需要通过#的方式指明其所携带的参数。

(2) 如果要使用UVM的factory机制，则对于参数化的类需要使用宏`uvm_object_param_utils或`uvm_component_param_utils来注册object或component。但是可以看到使用本章节的参数压缩技术之后，需要传递的参数数量大大减少了，达到了简化代码的目的。

第 30 章 基于 UVM 的中断处理技术

30.1 背景技术方案及缺陷

30.1.1 现有方案

中断系统是芯片上的重要组成部分，尤其是对于片上系统（System on Chip，SoC）来讲，几乎是必不可少的，它的出现大大提高了计算机的执行效率。

中断是指在主程序执行的过程中，接收到片上系统内部或外部的中断请求，此时 CPU 将停止主程序的执行，转而对中断进行响应，即执行一段中断服务程序，执行完毕后返回之前中断的主程序对应的位置，然后继续执行剩下的主程序。

中断执行过程示意图，如图 30-1 所示。

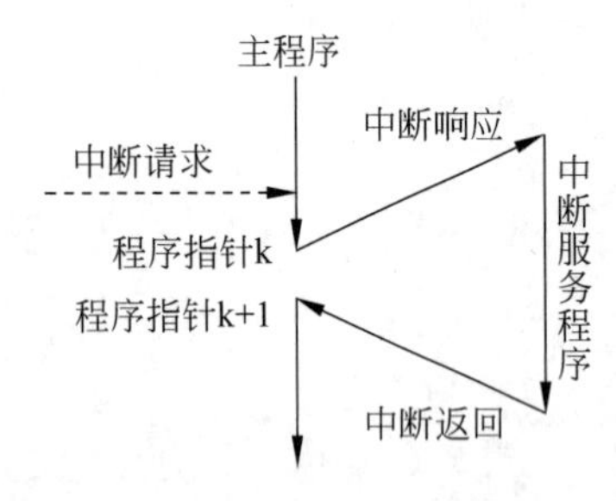

图 30-1　中断执行过程示意图

通常中断发生在系统级环境中，对于系统内部中断来讲，当发生实时控制或异常故障时，系统中的设计模块会产生中断请求标志信号，然后该标志信号会被传递给中断系统控制器，该控制器可以使能或屏蔽中断，也可以同时接收多个中断并根据中断的优先级对这些中断做仲裁响应，即根据中断请求标志信号开启一段线程来执行中断服务程序。

本质上来讲，中断服务程序要么阻塞式地取代当前正在执行的主程序来运行，要么非阻塞式地唤醒一段休眠的进程来与主程序并行执行。

中断主要用于实时控制、故障处理及与外围设备通信。

1. 实时控制

监测片上系统上的功能控制模块的指令执行信息，当功能控制模块需要执行一些控制操作时会实时地向中断控制器发起中断请求，从而使 CPU 能够实时处理发生的请求。

2. 故障处理

监测片上系统上各个功能模块的状态运行信息，当某个功能模块在运行的过程中产生异常或故障时会及时地向中断控制器发起中断请求，进行故障现场记录和隔离，从而使

CPU 能够及时处理产生的异常或故障。

3. 与外围设备通信

由于 CPU 的运行效率远高于外围设备(简称外设),如果采用不断查询外设状态的方法来等待与外设进行通信,则 CPU 就只能等待,不能执行其他程序,这样就浪费了 CPU 的时间,降低了执行效率,而如果使用中断,当外设需要与 CPU 进行通信时,由外设向 CPU 发起中断请求,则此时 CPU 会及时做出响应并及时进行相应处理。当外设不需要与 CPU 进行通信时,CPU 和外设处于各自独立的并行工作状态,因此 CPU 的执行效率不会受到影响。

30.1.2 主要缺陷

本节只是提供了一种对系统级中断响应功能的建模方法,并不存在与以往方案的优劣的对比。

30.2 解决的技术问题

中断响应功能是片上系统的一项重要的功能,因此该功能必须被验证通过,本章提供了一种基于 UVM 的中断处理技术,从而完成对系统级的中断响应功能的建模。

30.3 提供的技术方案

30.3.1 结构

见 30.3.2 节原理部分,这里不再赘述。

30.3.2 原理

本节需要用到 sequence 的运行机制,主要包括三部分。

1. sequence 的运行机制

首先需要了解什么是 sequence 机制,其原理图如图 7-4 所示。

sequence 机制是 UVM 用来产生激励的一种方式,即用来产生激励并对激励进行仲裁选择排序。

UVM 的 sequence 激励产生和驱动的简单架构,整个过程大致如下:

(1) sequence 产生一定数量的 sequence_item,然后对这些 sequence_item 做随机约束以产生不同的输入激励。

(2) sequencer 对这些 sequence 进行仲裁选择并传送给 driver,即 sequence 产生的 sequence_item 会经过 sequencer 再流向 driver。

(3) driver 依次收到 sequence 发送来的每个 sequence_item 并会将其转换成信号级数据,然后驱动到 interface 上,从而给 DUT 施加有效的输入激励。

(4) 如果有必要，driver 则会将收到的 sequence_item 在发送给 DUT 之后给 sequencer 返回一个反馈信号，这个反馈信号最终会发送给对应的 sequence。因为有时 sequence 需要获取 driver 和 DUT 交互的状态，从而决定接下来要发送的 sequence_item。

注意：

(1) sequence_item 是每次 driver 与 DUT 互动的最小粒度的数据内容。

(2) sequence 并不是 UVM 组件，它不能作为 UVM 的层次结构，它必须挂载到一个 sequencer 上，通过 sequencer 作为媒介来发送，这样一来，sequence 就可以依赖 sequencer 的结构关系，间接地通过 sequencer 获取验证平台的配置等信息。

(3) sequence 可以产生多个 sequence item，也可以产生多个 sequence，即 sequence 也可以进一步组织和实现层次化，最终由更上层的 sequence 进行调度，即 sequence 包含了一些有序组织起来的 sequence_item，是产生 DUT 输入激励的数据载体。

---

2. sequence 的仲裁机制

之前提到了"sequencer 对这些 sequence 进行仲裁选择并传送给 driver"，因此还需要了解关于 sequencer 对 sequence 的仲裁选择机制，其原理如图 30-2 所示。

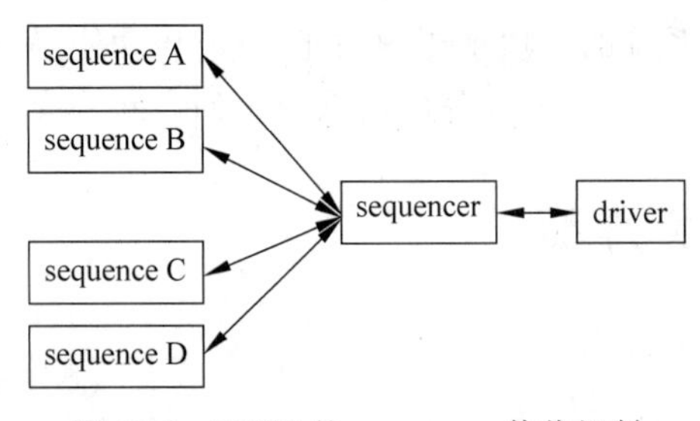

图 30-2　UVM 的 sequencer 仲裁机制

sequencer 可以用来对 sequence 进行仲裁排序和控制，从而保证当有多个 sequence 同时挂载到 sequencer 上时，即多个 sequence 在同一个 sequencer 上并发执行时，可以按照设定的模式规则将特定的 sequence 中的 sequence_item 优先发送给 driver。

在实际项目中，可以通过 uvm_sequencer 的 set_arbitration()方法设置仲裁模式，但有一种特殊的仲裁方式，即 sequencer 的独占机制，可以应用该独占机制来完成对中断操作的处理，下面来了解这种机制的原理。

3. sequence 的独占机制

UVM 的 sequencer 提供了 lock()和 grab()接口方法以实现对上述这种特殊的 sequence 进行仲裁。

lock 和 grab 操作都可以使 sequence 暂时拥有对 sequencer 的独占权限，只是 grab 操作比 lock 操作的优先级更高。

上述两种接口方法使用完之后，还需要调用 unlock()和 ungrab()接口方法来释放对 sequencer 的独占权限，否则 sequencer 将产生死锁。

为了说明 lock 和 grab 两种操作的独占机制的区别，下面来看个示例。

首先来看 lock 实现独占操作的过程，如图 30-3 所示。

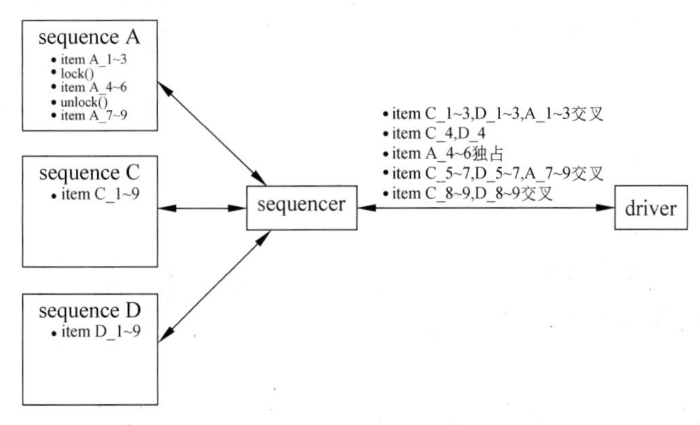

图 30-3　lock 实现独占操作的过程

图 30-3 中有 3 个 sequence，分别是 A、C 和 D，它们都在等待 sequencer 进行仲裁，即将其内部包含的 sequence_item（简称 item）按照一定顺序传送给 driver 进行驱动。

可以看到这里 sequence A、sequence C 和 sequence D 的内部都有 9 个 item，只是 sequence A 的 item 4～6 通过调用 lock()接口方法实现了对 sequencer 的独占，最终 sequencer 会按照如下顺序将 item 依次传送给 driver。

- item C_1～3，D_1～3，A_1～3 交叉
- item C_4，D_4
- item A_4～6 独占
- item C_5～7，D_5～7，A_7～9 交叉
- item C_8～9，D_8～9 交叉

类似地，来看 grab 实现独占操作的过程，如图 30-4 所示。

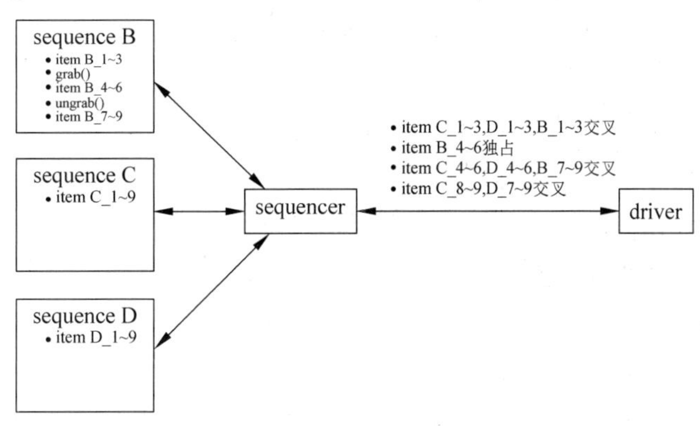

图 30-4　grab 实现独占操作的过程

图 30-4 中同样有 3 个 sequence，分别是 B、C 和 D，它们都在等待 sequencer 进行仲裁，即将其内部包含的 sequence_item（同样简称 item）按照一定顺序传送给 driver 进行驱动。

可以看到这里 sequence B、sequence C 和 sequence D 的内部同样都有 9 个 item，观察

sequence B 和之前 sequence A 的区别，可以发现只是将之前 sequence A 的 item 4～6 调用的 lock()和 unlock()换成了 grab()和 ungrab()，但同样实现了对 sequencer 的独占，最终 sequencer 会按照如下顺序将 item 传送给 driver。

- item C_1～3，D_1～3，B_1～3 交叉
- item B_4～6 独占
- item C_4～6，D_4～6，B_7～9 交叉
- item C_7～9，D_7～9 交叉

仔细观察，可以发现最终 sequencer 仲裁的顺序稍有不同，使用 grab 操作后会立刻获得对 sequencer 的独占权限，而 lock 操作则需要等到被响应执行时才会获得对 sequencer 的独占权限。

因此可以利用上述特点，使用 lock 操作来对优先级中断类型进行建模，使用 grab 操作来对不可屏蔽中断类型进行建模。

30.3.3 优点

优点如下：

(1) 通过综合应用 sequence 的运行机制，使用 sequencer 的仲裁机制和独占机制来完成对系统级中断功能的建模和验证。

(2) 应用本章给出的方法可以很容易地实现对常见的优先级中断类型和不可屏蔽中断类型的监测和响应。

30.3.4 具体步骤

第 1 步，创建主程序，对于基于 UVM 的验证平台来讲，即编写对应的 main_seq 输入激励 sequence，在其中编写需要施加给待测设计的输入激励。

第 2 步，创建优先级中断响应服务程序，即编写对应的 lock_isr 中断响应 sequence。

其中主要完成以下几件事情：

(1) 执行 lock 操作获取对 sequencer 的独占权限。

(2) 获取优先级中断状态寄存器的值。

(3) 根据优先级中断的状态执行相应的中断服务程序。

(4) 清除对应的优先级中断标志位。

(5) 执行 unlock 操作以释放对 sequencer 的独占权限。

代码如下：

```
class lock_isr extends uvm_sequence #(transaction);
`uvm_object_utils(lock_isr)

 function new (string name);
  super.new(name);
 endfunction: new
```

```
    task body;
        //获取对 sequencer 的独占权限
        m_sequencer.lock(this);
        //读中断状态寄存器
        ...
        //根据中断状态执行相应的中断服务程序
        ...
        //清除中断标志位
        ...
        //释放独占权限
        m_sequencer.unlock(this);
    endtask: body
endclass
```

第 3 步，类似地，创建不可屏蔽的中断响应服务程序，即编写对应的 grab_isr 中断响应 sequence。

其中主要完成以下几件事情：

(1) 执行 grab 操作以获取对 sequencer 的独占权限。

(2) 获取不可屏蔽中断状态寄存器的值。

(3) 根据不可屏蔽中断状态执行相应的中断服务程序。

(4) 清除对应的不可屏蔽中断标志位。

(5) 执行 ungrab 操作释放对 sequencer 的独占权限。

代码如下：

```
class grab_isr extends uvm_sequence #(transaction);
`uvm_object_utils(grab_isr)

 function new (string name);
  super.new(name);
 endfunction: new

    task body;
        //获取对 sequencer 的独占权限
        m_sequencer.grab(this);
        //读中断状态寄存器
        ...
        //根据中断状态执行相应的中断服务程序
        ...
        //清除中断标志位
        ...
        //释放独占权限
        m_sequencer.ungrab(this);
    endtask: body
endclass
```

第 4 步，创建顶层 sequence，用于调度协调主程序和中断响应服务程序。

其中主要完成以下几件事情：

（1）声明例化之前创建的主程序和中断响应服务程序所对应的 sequence。

（2）获取 interface 句柄，从而可以完成对硬件的中断标志信号的监测。

（3）通过 fork...join_any 和 disable fork 的方式，构造并启动 3 个并行线程，第 1 个线程用于执行主程序，第 2 个线程用于监测和响应优先级中断并执行相应的服务程序，第 3 个线程用于监测和响应不可屏蔽中断并执行相应的服务程序，因此在主程序运行的过程中，如果遇到相应的中断请求，则中断响应 sequence 将获得对 sequencer 的独占权限，从而模拟 CPU，转而对中断进行响应，即执行一段中断服务程序（执行中断响应 sequence），执行完毕后返回之前中断的主程序对应的位置，然后继续执行剩下的主程序。

（4）主程序执行完毕后结束仿真运行。

代码如下：

```
class top_seq extends uvm_sequence #(transaction);
    `uvm_object_utils(top_level_seq)

     virtual demo_interface vif;
     main_seq main_seq_h;
     lock_isr lock_isr_h;
     grab_isr grab_isr_h;

    function new (string name);
     super.new(name);
     main_seq_h = main_seq::type_id::create("main_seq_h");
     lock_isr_h = lock_isr::type_id::create("lock_isr_h");
     grab_isr_h = grab_isr::type_id::create("grab_isr_h");
    endfunction: new

    task body;
        if (!uvm_config_db #(virtual demo_interface)::get(null, get_full_name(), "vif",
vif))
            `uvm_fatal("TOP SEQ BODY", "Failed to get vifig");

        fork
            //主程序执行
            main_seq_h.start(m_sequencer);
            //优先级中断服务程序响应
            begin
                forever begin
                    fork
                        vif.wait_for_priority_irq0();
                        vif.wait_for_priority_irq1();
                        vif.wait_for_priority_irq2();
                        vif.wait_for_priority_irq3();
                    join_any
                    disable fork;
                    lock_isr_h.start(m_sequencer)
            end
```

```
            //不可屏蔽中断服务程序响应
            begin
                forever begin
                    fork
                        vif.wait_for_non_maskable_irq0();
                        vif.wait_for_non_maskable_irq1();
                        vif.wait_for_non_maskable_irq2();
                        vif.wait_for_non_maskable_irq3();
                    join_any
                    disable fork;
                    grab_isr_h.start(m_sequencer)
                end
            join_any
            disable fork;
        endtask: body
    endclass
```

注意：

几种特殊的中断情况如下。

(1) 如果两个 sequence 都试图使用 lock()方法获取 sequencer 的独占权，则先获得独占访问的 sequence 在执行完毕后才会将所有权交还给另外一个试图进行 lock 操作的 sequence。

(2) 如果两个 sequence 同时试图使用 grab()方法获取 sequencer 的独占权，则和上面类似，即先获得独占权的 sequence 执行完毕后才会将独占权交还给另外一个试图进行 grab 操作的 sequence。

(3) 如果一个 sequence 在使用 grab()方法获取 sequencer 的独占权之前，另外一个 sequence 已经使用 lock()方法获得了 sequencer 的独占权，则进行 grab 操作的 sequence 会一直等待 lock 操作的释放，不会打断当前的 lock 独占执行的 sequence 中断服务程序，但当其释放了对 sequencer 的独占权限之后，进行 grab 操作的 sequence 将立刻获得对 sequencer 的独占权限。

第31章

实现覆盖率收集代码重用的方法

31.1 背景技术方案及缺陷

31.1.1 现有方案

假设现在要做一款芯片，对其功能逻辑进行抽象后如图31-1所示。

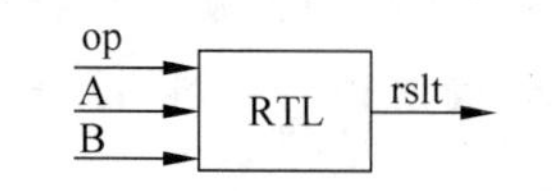

图31-1 对芯片功能逻辑进行抽象后的示例图

各个端口信号如下。

(1) op：运算指令，包括加法ADD、减法SUB、乘法MUL和除法DIV运算。

(2) A：运算操作数，使用寄存器组来运算和寄存操作数。

(3) B：运算操作数，使用寄存器组来运算和寄存操作数。

(4) rslt：运算结果，使用寄存器组来运算和寄存结果。

通常为了面向不同的市场需要，公司会制定不同的产品策略，并进行相应的产品规划，规划出多种不同性能的同类型系列芯片，那么对该芯片支持的性能参数可以做如下抽象。

(1) support_mode：支持的工作模式，包括HIGH_MODE、MEDIUM_MODE、LOW_MODE，性能越高，其支持的模式就越多。

(2) support_op：支持的运算指令，包括ADD、SUB、MUL、DIV，性能越高，其支持的运算指令种类就越多，而这取决于其支持的工作模式support_mode。

(3) support_reg：支持的寄存器组，包括寄存器R0～R7，性能越高，其对运算指令进行运算时，运算的操作数和运算后的结果使用的寄存器就越多，运算速度就越快，而这同样取决于其支持的工作模式support_mode。

简单地对其运算指令进行抽象，并在验证平台中用枚举型变量来表示。

(1) mode：工作模式。

(2) op：运算指令。

(3) A_reg：运算操作数A所使用的寄存器组。

(4) B_reg：运算操作数B所使用的寄存器组。

(5) rslt_reg：运算结果 rslt 所使用的寄存器组。

代码如下：

```
typedef enum {HIGH_MODE, MEDIUM_MODE, LOW_MODE} mode_t;
typedef enum {ADD, SUB, MUL, DIV} op_t;
typedef enum {R0,R1,R2,R3,R4,R5,R6,R7} reg_t;

class instruction;
    rand mode_t mode;
    rand op_t op;
    rand reg_t A_reg;
    rand reg_t B_reg;
    rand reg_t rslt_reg;
endclass
```

通常验证开发人员需要编写覆盖率组件 coverage 来对该芯片的一些重要覆盖点做覆盖率收集统计，该组件获取来自 monitor 监测到的事务数据，可以通过订阅者模式实现，也可以通过 TLM 通信端口连接实现。

该覆盖率组件包含的覆盖点一般至少包括以下几种。

(1) mode：收集覆盖到所支持的工作模式。

(2) op：收集覆盖到所支持的运算指令。

(3) A_reg：收集覆盖到的运算操作数 A 所使用的寄存器组。

(4) B_reg：收集覆盖到的运算操作数 B 所使用的寄存器组。

(5) rslt_reg：收集覆盖到的运算结果 rslt 所使用的寄存器组。

(6) 一些交叉覆盖点，例如运算指令和运算操作数 A 所使用的寄存器组等。

(7) 其他一些 corner 覆盖点。

代码如下：

```
class coverage extends uvm_subscriber#(instruction);
    ...
    covergroup cg;
        coverpoint mode;
        coverpoint op;
        coverpoint A_reg;
        coverpoint B_reg;
        coverpoint rslt_reg;

        op_A_cross: cross op, A_reg;
        op_B_cross: cross op, B_reg;
        op_rslt_cross: cross op, rslt_reg;
        ...
    endgroup
endclass
```

为了面向不同的市场需要，公司会制定不同的产品策略，并进行相应的产品规划，规划出多种不同性能的同类型系列芯片，因此为了对公司多款不同性能的同类型芯片进行验证，可能就需要维护多套覆盖率收集代码。例如,公司规划面向中低端市场的同类型芯片不再支持 HIGH_MODE 工作模式,此时该芯片也就不再支持乘法 MUL 和除法 DIV 运算指令,同时该芯片的运算速度也会降低,即此时其运算操作数和运算结果不再能使用全部的寄存器组 R0～R7,而只能使用寄存器组 R0～R3,那么需要重写上述覆盖率收集代码 coverage 并增加一些 ignore_bins 来忽略当前不再支持的一些性能特性的覆盖率收集。

代码如下:

```
class coverage extends uvm_subscriber#(instruction);
    ...
    covergroup cg;
        coverpoint mode{
            ignore_bins ignores = {HIGH_MODE};
        }
        coverpoint op{
            ignore_bins ignores = {MUL, DIV};
        }
        coverpoint A_reg{
            ignore_bins ignores = {R4,R5,R6,R7};
        }
        coverpoint B_reg{
            ignore_bins ignores = {R4,R5,R6,R7};
        }
        coverpoint rslt_reg{
            ignore_bins ignores = {R4,R5,R6,R7};
        }

        op_A_cross: cross op, A_reg;
        op_B_cross: cross op, B_reg;
        op_rslt_cross: cross op, rslt_reg;
        ...
    endgroup
endclass
```

可以看到,只做了一点修改,即增加了一些 ignore_bins,但是对之前的 coverage 覆盖率收集代码进行了完整复制,同样如果还有其他性能的同类型芯片,则会存在大量的重复代码,此时需要同时维护多套几乎一样的覆盖率收集代码。另外如果后面需要修改,则可能需要同步修改多个地方,麻烦且容易遗漏出错。

31.1.2 主要缺陷

见 31.1.1 节的结尾部分,这里不再赘述。

31.2 解决的技术问题

实现对覆盖率收集代码的重用。

31.3 提供的技术方案

31.3.1 结构

本节给出的实现覆盖率代码重用的方法的示意图如图 31-2 所示。

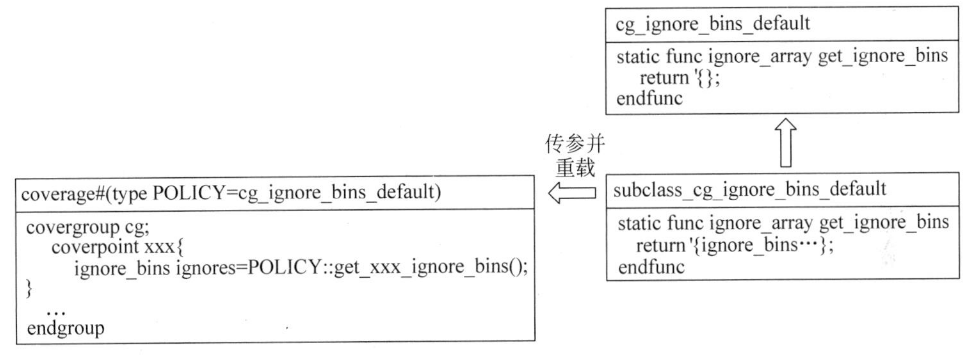

图 31-2　实现覆盖率代码重用的方法示意图

31.3.2 原理

原理如下：

(1) 利用参数化的类，将需要忽略的不再支持的一些性能特性的覆盖率收集打包成类对象进行传递，从而实现对原先的覆盖率的代码重用。

(2) 传递的类对象里需要提供静态方法来方便进行后面的静态调用，因为该类不会被实例化，只会调用其中的静态方法来获得目标需要忽略的覆盖仓(ignore_bins)。

31.3.3 优点

通过参数化的类传入需要忽略的不再支持的一些性能特性的覆盖率收集。

31.3.4 具体步骤

第 1 步，编写 cg_ignore_bins_default 基类供后面进行派生。

该类里面的函数需要加上 static 关键字，以方便后面通过::符号进行静态调用。在默认情况下，是没有 ignore_bins 的，即不存在需要忽略的不再支持的一些性能特性的覆盖率收集。

代码如下：

```
typedef mode_t mode_array[ $ ];
typedef op_t op_array[ $ ];
typedef reg_t reg_array[ $ ];

class cg_ignore_bins_default extends uvm_object;
```

```
    static function mode_array get_mode_ignore_bins();
        return '{};
    endfunction

    static function op_array get_op_ignore_bins();
        return '{};
    endfunction

    static function reg_array get_A_reg_ignore_bins();
        return '{};
    endfunction

    static function reg_array get_B_reg_ignore_bins();
        return '{};
    endfunction

    static function reg_array get_rslt_reg_ignore_bins();
        return '{};
    endfunction
endclass
```

第 2 步，根据实际项目的需要对 cg_ignore_bins_default 类进行派生并重载相应的函数方法。同样该类里面的函数需要加上 static 关键字，以方便后面通过::符号进行静态调用，代码如下：

```
class no_high_mode_cg_ignore_bins extends cg_ignore_bins_default;
    static function mode_array get_mode_ignore_bins();
        return '{HIGH_MODE};
    endfunction

    static function op_array get_op_ignore_bins();
        return '{MUL, DIV};
    endfunction

    static function reg_array get_A_reg_ignore_bins();
        return '{R4,R5,R6,R7};
    endfunction

    static function reg_array get_B_reg_ignore_bins();
        return '{R4,R5,R6,R7};
    endfunction

    static function reg_array get_rslt_reg_ignore_bins();
        return '{R4,R5,R6,R7};
    endfunction
endclass
```

第 3 步，建立 coverage_base 以方便使用 factory 机制的重载功能，代码如下：

```
class coverage_base extends  uvm_subscriber#(instruction);
    ...
endclass
```

第4步，修改之前的覆盖率收集代码coverage作为参数化的类，默认参数为cg_ignore_bins_default，并且派生于上面的基类，代码如下：

```
class coverage #(type POLICY = cg_ignore_bins_default) extends coverage_base;
    ...
    covergroup cg;
        coverpoint mode{
            ignore_bins ignores = POLICY::get_mode_ignore_bins();
        }
        coverpoint op{
            ignore_bins ignores = POLICY::get_op_ignore_bins();
        }
        coverpoint A_reg{
            ignore_bins ignores = POLICY::get_A_reg_ignore_bins();
        }
        coverpoint B_reg{
            ignore_bins ignores = POLICY::get_B_reg_ignore_bins();
        }
        coverpoint rslt_reg{
            ignore_bins ignores = POLICY::get_rslt_reg_ignore_bins();
        }

        op_A_cross: cross op, A_reg;
        op_B_cross: cross op, B_reg;
        op_rslt_cross: cross op, rslt_reg;
        ...
    endgroup
endclass
```

第5步，将第2步派生出的子类作为参数传入第4步的参数化的类，即传入覆盖率收集对象coverage里来忽略当前不再支持的一些性能特性的覆盖率收集，然后对第3步的coverage_base基类进行声明和实例化，接着在测试用例里使用factory机制的重载功能替换该基类作为参数化的类，从而最终实现对覆盖率收集代码的重用，代码如下：

```
coverage_base cov;

virtual function void build_phase(uvm_phase phase);

    coverage_base::type_id::set_type_override(coverage #(no_high_mode_cg_ignore_bins)::
get_type());
    cov = coverage_base::type_id::create("cov",this);
endfunction
```

第32章 对实现覆盖率收集代码重用方法的改进

32.1 背景技术方案及缺陷

32.1.1 现有方案

本章是对第31章方案的改进,现有方案可以参考第31章的内容,这里不再赘述。

32.1.2 主要缺陷

采用第31章的方案是可行的,但是为了使用 factory 机制的重载功能,需要额外增加一个层次 coverage_base 基类,然后每次重载时对该基类进行重载,而不是根据项目需要重载相应的 subclass_cg_ignore_bins_default 来有选择地忽略不再支持的一些性能特性的覆盖率收集。那么这样就存在以下两个缺陷:

(1) 额外增加了一个层次 coverage_base,从而增加了验证平台的复杂度,使整体代码不够简洁。

(2) 每次重载时是对基类 coverage_base 进行重载,而不是直接重载相应的 subclass_cg_ignore_bins_default 来有选择地忽略不再支持的一些性能特性的覆盖率收集,从而使重载过程不够直观,不便于理解。

因此,现有方案可行,但是还不够完美,本章给出一种改进的方案,以此来避免出现上述两个缺陷问题。

32.2 解决的技术问题

对现有方案进行改进以避免出现上面的主要缺陷问题。

32.3 提供的技术方案

32.3.1 结构

本章给出的实现覆盖率代码重用的改进方法的示意图如图32-1所示。

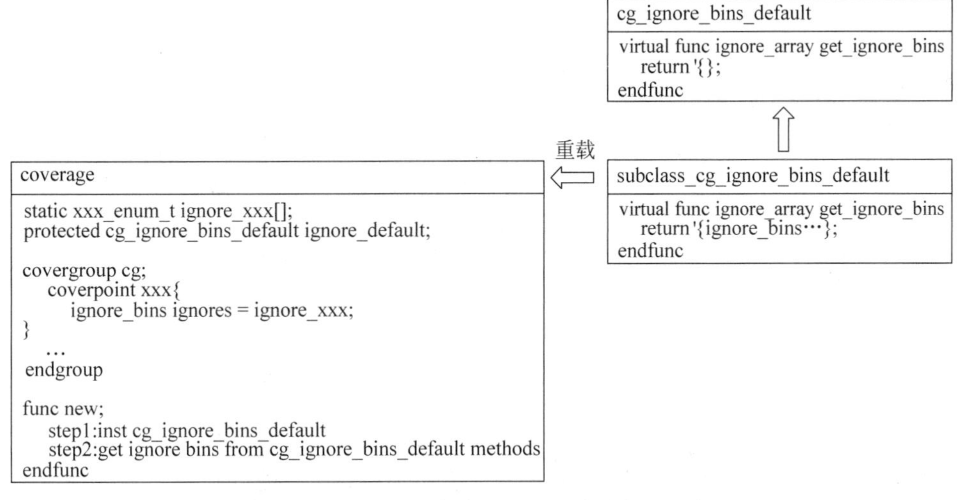

图 32-1 实现覆盖率代码重用的改进方法示意图

32.3.2 原理

在覆盖率收集组件 coverage 的 new 构造函数中对默认的 cg_ignore_bins_default 类进行实例化并调用其中的方法以获取需要忽略的覆盖仓，接着赋值给声明的 static 静态变量，最后使用 factory 机制的重载功能将默认的需要忽略的覆盖率收集点所对应的类对象 cg_ignore_bins_default 类替换为在实际项目中需要使用的类，这样即可实现对之前方案进行改进。

32.3.3 优点

避免了 32.1.2 节中出现的缺陷问题。

32.3.4 具体步骤

第 1 步，编写 cg_ignore_bins_default 基类以供后面进行派生。该类里面的函数需要加上 virtual 关键字，以方便其子类对其函数方法进行重载。在默认情况下，是没有 ignore_bins 的，即不存在需要忽略的不再支持的一些性能特性的覆盖率收集，代码如下：

```
typedef mode_t mode_array[ $ ];
typedef op_t op_array[ $ ];
typedef reg_t reg_array[ $ ];

class cg_ignore_bins_default extends uvm_object;
    virtual function mode_array get_mode_ignore_bins();
        return '{};
    endfunction

    virtual function op_array get_op_ignore_bins();
```

```
        return '{};
    endfunction

    virtual function reg_array get_A_reg_ignore_bins();
        return '{};
    endfunction

    virtual function reg_array get_B_reg_ignore_bins();
        return '{};
    endfunction

    virtual function reg_array get_rslt_reg_ignore_bins();
        return '{};
    endfunction
endclass
```

第 2 步，根据实际项目的需要对 cg_ignore_bins_default 类进行派生并重载相应的函数方法。该类里面的函数需要加上 virtual 关键字，如果有需要，则后面还可以在此基础上对其函数方法进行重载，代码如下：

```
class no_high_mode_cg_ignore_bins extends cg_ignore_bins_default;
    virtual function mode_array get_mode_ignore_bins();
        return '{HIGH_MODE};
    endfunction

    virtual function op_array get_op_ignore_bins();
        return '{MUL, DIV};
    endfunction

    virtual function reg_array get_A_reg_ignore_bins();
        return '{R4,R5,R6,R7};
    endfunction

    virtual function reg_array get_B_reg_ignore_bins();
        return '{R4,R5,R6,R7};
    endfunction

    virtual function reg_array get_rslt_reg_ignore_bins();
        return '{R4,R5,R6,R7};
    endfunction
endclass
```

第 3 步，重新编写覆盖率收集代码 coverage。这里声明 static 的静态数组变量，用于获取需要忽略的一些性能特性的覆盖率收集，而以上是通过调用 cg_ignore_bins_default 类中相应的方法来得到的。另外声明例化 cg_ignore_bins_default 时传递了 this 参数，但其实它是派生于 uvm_object 的，是一个 UVM 对象，但却要使用 UVM 组件的方式进行实例化，这主要是为了产生一个属于 cg_ignore_bins_default 自己的一个层次，即一个范围域，从而方便后面使用 set_inst_override 的方式进行 factory 的重载替换，代码如下：

```
class coverage extends uvm_subscriber#(instruction);
    ...
    static mode_t ignore_mode[];
    static op_t ignore_op[];
    static reg_t ignore_A_reg[];
    static reg_t ignore_B_reg[];
    static reg_t ignore_rslt_reg[];

    protected cg_ignore_bins_default ignore_default;

    covergroup cg with function sample(mode_t mode, op_t op, reg_t A_reg, reg_t B_reg, reg_t
rslt_reg);
        coverpoint mode{
            ignore_bins ignores = ignore_mode;
        }
        coverpoint op{
            ignore_bins ignores = ignore_op;
        }
        coverpoint A_reg{
            ignore_bins ignores = ignore_A_reg;
        }
        coverpoint B_reg{
            ignore_bins ignores = ignore_B_reg;
        }
        coverpoint rslt_reg{
            ignore_bins ignores = ignore_rslt_reg;
        }

        op_A_cross: cross op, A_reg;
        op_B_cross: cross op, B_reg;
        op_rslt_cross: cross op, rslt_reg;
        ...
    endgroup

    function new(string name, uvm_component parent);
        super.new(name,parent);
        ignore_default = cg_ignore_bins_default::type_id::create("ignore_default",this);
        ignore_mode     = ignore_default.get_mode_ignore_bins();
        ignore_op       = ignore_default.get_op_ignore_bins();
        ignore_A_reg    = ignore_default.get_A_reg_ignore_bins();
        ignore_B_reg    = ignore_default.get_B_reg_ignore_bins();
        ignore_rslt_reg = ignore_default.get_rslt_reg_ignore_bins();
        cg = new();
    endfunction

    function void sample(instruction instr);
        cg.sample(instr.mode, instr.op, instr.A_reg, instr.B_reg, instr.rslt_reg);
    endfunction
endclass
```

第 4 步，对覆盖率收集组件 coverage 进行声明和实例化，接着在测试用例里使用

factory 机制的重载功能替换其中默认使用的 cg_ignore_bins_default 作为实际项目需要的类对象，从而最终实现对覆盖率收集代码的重用，代码如下：

```
coverage cov;

virtual function void build_phase(uvm_phase phase);
    cg_ignore_bins_default::type_id::set_inst_override(
        no_high_mode_cg_ignore_bins::get_type(),"cov.*",this);
    cov = coverage_base::type_id::create("cov",this);
endfunction
```

第 33 章

针对相互依赖的成员变量的随机约束方法

33.1 背景技术方案及缺陷

33.1.1 现有方案

在芯片验证工作中，往往需要对 RTL 设计的配置对象或者施加的输入激励进行随机，然后运行相应的测试用例以期望随机发现一些 RTL 设计中存在的潜在问题。

注意：

（1）这里的随机，并不是完全随机，需要约束限制其随机的值在合法的区间，以使 RTL 设计模块工作在正常的状态或者得到有效合法的输入激励，否则可能会得到无效的配置或激励，那么运行测试用例将失去测试验证该 RTL 设计的意义。

（2）这里的有效合法值，指的是符合 RTL 设计规则的区间值，这里的正常工作状态，指的是符合 RTL 设计规则的工作模式状态。

基于 UVM 的典型验证平台架构中的随机约束示例，如图 33-1 所示。

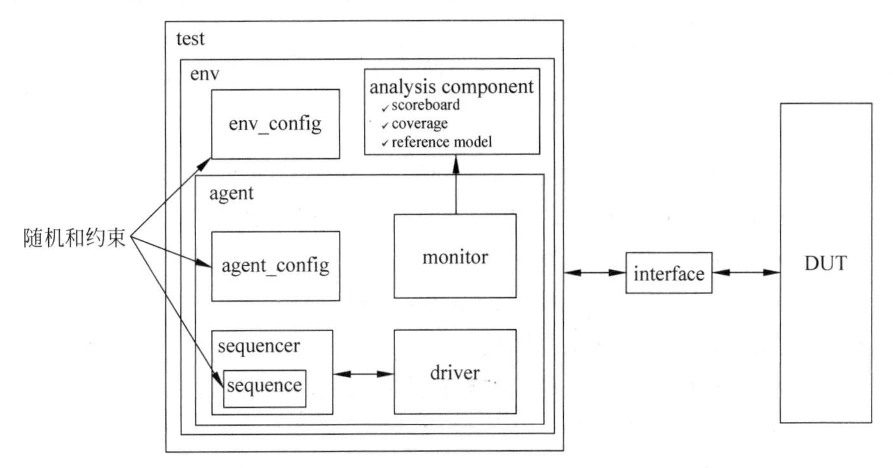

图 33-1　基于 UVM 的典型验证平台架构中的随机约束示例

可以看到，图 33-1 中对配置对象 config 和输入激励 sequence 进行随机，以配置 DUT 在随机情况下的工作状态，以及施加给 DUT 一个随机的激励来仿真测试。

实现对上述配置对象或输入激励进行随机约束和求解控制的现有方案如下。

注意：这里的求解控制，指的是对产生随机值的约束过程进行控制，例如对随机约束语句的顺序进行控制，从而求解得到一个合法的值。

通常随机约束是通过以下两种方式实现的：

(1) 使用 SystemVerilog 随机约束语句实现，例如 randomize with {…}。

(2) 使用 UVM 的随机约束语句宏函数实现，例如 `uvm_do_with。

对于随机约束的求解过程的控制，可以使用如下两种方式实现：

(1) 使用 solve A before B 实现对约束求解的先后顺序的控制，对于一些 EDA 工具来讲，还可以使用 $ void()方法。

(2) 使用 soft 约束关键字实现对默认约束语句的重载。

下面来看个简单的例子，代码如下：

```
//dut_config.sv
typedef enum {DUT_MODE1, DUT_MODE2, DUT_MODE3} dut_mode_enum;
class dut_config extends uvm_object;
      rand dut_mode_enum dut_mode;
      rand bit [31:0] addr;
      rand int size;

    constraint dut_mode_c {
        dut_mode inside {DUT_MODE1, DUT_MODE2};
    }

    constraint addr_mode_c {
        (dut_mode == DUT_MODE1) -> addr inside {['h00000000 : 'h0000FFFF - size]};
        (dut_mode == DUT_MODE2) -> addr inside {['h10000000 : 'h1FFFFFFF - size]};
    }
    ...
endclass
```

上面这段代码是 DUT 的配置对象 dut_config，其中主要的成员有以下 3 个。

(1) dut_mode：DUT 的工作模式，可以看到是一个枚举数据类型。

(2) addr：DUT 的访问地址，位宽为 32 位。

(3) size：DUT 访问数据宽度，整型，配合 addr 进行使用。

可以看到，这里有两个随机约束程序块。

(1) dut_mode_c：用来对 DUT 的工作模式进行约束，指定其随机后的 dut_mode 的合法值为 DUT_MODE1 或 DUT_MODE2。

(2) addr_mode_c：用来对 DUT 的访问地址和宽度进行约束，并且根据 DUT 的工作模式的不同，其访问地址的合法区间会有所不同。

因此，两者之间的随机约束是相关联的，约束求解过程是双向进行的。又由于在 addr_mode_c 中当 dut_mode 为 DUT_MODE2 时，addr 的合法区间要远远大于 dut_mode 为 DUT_MODE1 时的 addr 合法区间，因此 dut_mode 为 DUT_MODE2 的概率要远大于为 DUT_MODE1 的概率，这就带来了随机约束最终求解值的分布不均的问题。因为验证开发人员可能希望随机出来的 dut_mode 的值为 DUT_MODE1 或 DUT_MODE2 的分布较为平均，这样才能使仿真测试运行命中的情况更多，从而尽可能地发现 RTL 设计中存在的潜在问题。

那么这里可以通过上面讲过的方式，即增加 solve dut_mode before addr 语句来指定随机约束的求解顺序，以此来解决上述随机值分布不均的问题，但是，这样会带来一些下面将要描述的主要缺陷，因此并不推荐使用。

33.1.2 主要缺陷

虽然上述的现有方案可行，但存在以下一些缺陷：

(1) 往往一个测试用例中会包含成百上千个随机变量，同时伴随着成百上千个随机约束块，因此当对上述彼此之间存在相互关联的成员变量或者有先后的依赖关系的变量进行随机时，使用现有方案的随机约束方法，虽然 EDA 工具依然能够产生相应的随机约束结果，但是这会使验证开发人员难以把握所有可能产生的约束空间，从而给验证调试工作造成困难，或者由于非法的随机约束结果带来没有意义的输出结果，从而白白浪费开发验证人员的时间。

(2) 因为现有方案中无法按照实际项目的需求对随机约束按顺序进行指定，因此就不能对这些约束程序块的求解结果进行重用，或者不能保存随机约束过程中已经产生的随机结果，从而增加了随机约束的控制和问题调试过程的难度。

(3) 如果彼此之间关联的成员变量较多，则很可能会引入过多的随机约束的求解控制语句 solve A before B，那么很可能会导致求解过程的失败，从而最终导致随机过程的失败，而且一旦失败，由于随机变量之间依赖关系复杂，定位问题非常困难。

因此，对于在面对比较复杂的激励随机约束的情况时，现有方案显得力不从心，需要有一种新的技术方案来避免出现上述缺陷问题。

33.2 解决的技术问题

解决的技术问题如下：

(1) 实现对 RTL 设计中的配置对象或者施加的输入激励中具有较为复杂的彼此依赖关系的成员变量进行随机约束求解，并且尽可能地保证求解值平均分布，以尽可能地发现 RTL 设计中存在的潜在问题。

(2) 在实现上述目标的同时，避免现有方案中的主要缺陷。

33.3 提供的技术方案

33.3.1 结构

本节给出的随机约束的分层结构示例图，如图 33-2 所示。

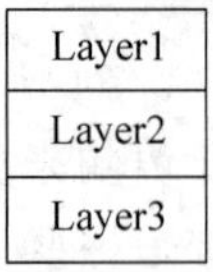

Layer1
Layer2
Layer3

图 33-2 随机约束的分层结构示例图

将彼此之间相互关联的成员变量切分成多个层次(Layer)，迫使验证开发人员将彼此之间有关联的成员变量通过 layer 隔离开来，然后控制随机约束以按照 layer 的顺序进行求解，直到将所有的 layer 所包含的成员变量求解完成，最终可以得到成员变量的合法有效的目标约束值，从而避免出现上述提到的缺陷问题。

33.3.2 原理

如图 33-2 所示，这里假设对随机约束变量按类型分为 layer1～3 三层。

可以分为 3 个步骤来完成对相互依赖的成员变量的随机约束。

第 1 步：

(1) 使能 layer1 的随机约束。

(2) 关闭 layer2 和 layer3 的随机约束。

(3) 调用 layered_pre_randomize 方法以进行随机前的回调。

(4) 调用 randomize 方法对 layer1 层次的成员变量进行随机。

第 2 步：

(1) 关闭 layer1 的随机约束，因为在第 1 步调用 randomize 方法后，已经得到了 layer1 层次的成员变量的合法随机值。

(2) 使能 layer2 的随机约束。

(3) 关闭 layer3 的随机约束。

(4) 调用 randomize 方法对 layer2 层次的成员变量进行随机。

第 3 步：

(1) 关闭 layer1 和 layer2 的随机约束，因为在第 2 步调用 randomize 方法后，已经得到了 layer1 和 layer2 层次的成员变量的合法随机值。

(2) 使能 layer3 的随机约束。

(3) 调用 randomize 方法对 layer3 层次的成员变量进行随机。

(4) 调用 layered_post_randomize 方法以进行随机后的回调。

这里的使能或关闭 layer 层次的随机约束是通过配置成员变量的 random_mode 和配置随机约束块的 constraint_mode 实现的。

这里对 random_mode 和 constraint_mode 进行说明：

(1) random_mode 用于控制成员变量的随机开关，即其是否可被 randomize 方法进行随机。如果 random_mode 为 0，则相当于去掉成员变量前面的随机关键字 rand 或 randc。

(2) constraint_mode 用于控制约束程序块的开关，即其是否会在调用 randomize 方法时进行约束求解。如果 constraint_mode 为 0，则相当于该约束程序块不存在。

通过多个 layer 层次顺序开关，逐层调用 randomize 方法，从而最终完成对彼此之间相互关联的成员变量进行随机约束。

33.3.3 优点

优点如下：

(1) 对随机约束求解过程进行了分层，使彼此之间相互关联的随机变量的依赖关系变得更加清晰，从而帮助验证开发人员对随机约束过程的理解，从而降低对验证过程中出现的问题进行调试的难度。

(2) 即使一个测试用例中可能会包含成百上千个随机变量，同时伴随着成百上千个随机约束块，也不要紧。因为这些随机约束求解过程已经被有效地进行了分层，因此不会出现使验证开发人员难以把握所有可能产生的约束空间的问题。

(3) 可以很容易地按照实际项目的需求对随机约束按顺序进行指定，因此也就能做到对这些约束程序块的求解结果进行重用，即保存随机约束过程中已经产生的随机结果，从而做到对随机约束的控制，因而降低了问题调试过程的难度。

(4) 不再借助随机约束的求解控制语句 solve A before B，因此不存在随机求解失败带来的定位难的问题。

33.3.4 具体步骤

下面应用上述原理来对之前的 DUT 配置对象 dut_config 进行随机约束求解，代码如下：

```
//layered_dut_config.sv
class layered_dut_config extends dut_config;
    virtual function void layered_randomize_config(int layer);
        dut_mode.rand_mode( (layer == 1 ? 1 : 0) );
        dut_mode_c.constraint_mode( (layer == 1 ? 1 : 0) );

        addr.rand_mode( (layer == 2 ? 1 : 0) );
        addr_mode_c.constraint_mode( (layer == 2 ? 1 : 0) );
        ...
    endfunction
endclass
```

可以看到，layered_dut_config 派生于 DUT 的配置对象 dut_config，在其中新增了接口方法 layered_randomize_config，根据 layer 的层次来对不同 layer 的随机约束进行使能或关闭。

然后来看如何在测试用例里使用上述 layered_dut_config，代码如下：

```
//layered_test.sv
class layered_test extends uvm_test;
layered_dut_config layered_dut_config_h;

    virtual function void build_phase();
        layered_dut_config_h = layered_dut_config::type_id::create();

        for(int layer = 1; layer <= 3; layer++) begin
            layered_dut_config_h.layered_randomize_config(layer);
            if(layer == 1)
                layered_dut_config_h.layered_pre_randomize();
            if(!layered_dut_config_h.randomize())
                `uvm_fatal("TEST","failed randomize")
            if (layer == 3)
                layered_dut_config_h.layered_post_randomize();
        end
    endfunction
    ...
endclass
```

可以看到，在测试用例 layered_test 中声明例化了 layered_dut_config，然后通过 for 循环在最开始的 layer1 调用 layered_pre_randomize 方法进行 layer 随机前的回调，然后对相应的层次 layer1～3 依次进行随机约束求解，最后在 layer3 调用 layered_post_randomize 方法进行 layer 随机后的回调，从而最终完成对彼此之间相互管理的成员变量 dut_mode 和 addr 的随机约束求解，整个求解过程按照 layer 层次依次进行，易于控制且方便调试。

第34章

对随机约束程序块的控制管理及重用的方法

34.1 背景技术方案及缺陷

34.1.1 现有方案

在芯片验证工作中，往往需要对RTL设计的配置对象或者施加的输入激励进行随机，然后运行相应的测试用例以期望通过随机发现一些RTL设计中存在的潜在问题。

注意：

(1) 这里的随机并不是完全的随机，需要约束限制其随机的值在合法的区间，以使RTL设计模块工作在正常的状态或者得到有效合法的输入激励，否则可能会得到无效的配置或激励，那么运行测试用例将失去测试验证该RTL设计的意义。

(2) 这里的有效合法值指的是符合RTL设计规则的区间值，这里的正常的工作状态指的是符合RTL设计规则的工作模式状态。

基于UVM的典型验证平台架构中的随机约束示例，如图33-1所示。可以看到，图中对配置对象config和输入激励sequence进行随机，以配置DUT在随机情况下的工作状态，以及施加给DUT一个随机的激励来仿真测试。

本章以实现对上述配置对象进行随机约束为例进行说明。

下面来看个简单的例子，代码如下：

```
typedef enum {DUT_MODE1, DUT_MODE2, DUT_MODE3} dut_mode_enum;

//dut_config.sv
class dut_config extends uvm_object;
      `uvm_object_utils(dut_config)
      rand dut_mode_enum dut_mode;
      rand bit [31:0] addr;
      rand int size;
     ...
endclass
```

可以看到，上面这段代码是 DUT 的配置对象 dut_config，其中主要的成员有以下 3 个。

（1）dut_mode：DUT 的工作模式，可以看到是一个枚举数据类型。

（2）addr：DUT 的访问地址，位宽为 32 位。

（3）size：DUT 访问数据宽度，整型，配合 addr 进行使用。

接下来，对上述 3 个成员变量增加随机约束，代码如下：

```
//dut_config_constraint.sv
class dut_config_constraint extends dut_config;
    `uvm_object_utils(dut_config_constraint)

    constraint dut_mode_c {
        dut_mode inside {DUT_MODE_1, DUT_MODE_2};
    }

    constraint addr_permit_c {
        (dut_mode == DUT_MODE1) -> addr inside {['h00000000 : 'h0000FFFF - size]};
        (dut_mode == DUT_MODE2) -> addr inside {['h10000000 : 'h1FFFFFFF - size]};
    }

    constraint addr_prohibit_c {
        (dut_mode == DUT_MODE1) -> !(addr inside {['h00000000 : 'h000000FF - size]});
    }
    ...
endclass
```

可以看到，这里有 3 个随机约束程序块，分别如下。

（1）dut_mode_c：用来对 DUT 的工作模式进行约束，将其随机后的 dut_mode 合法值指定为 DUT_MODE1 或 DUT_MODE2。

（2）addr_permit_c：用来对 DUT 的有效访问地址进行约束，并且根据 DUT 的工作模式的不同，其访问地址的合法区间会有所不同。

（3）addr_prohibit_c：用来对 DUT 的无效访问地址进行约束，并且只有 DUT 在 DUT_MODE1 工作模式下，该约束才会生效。

通常验证开发人员对 DUT 进行验证时会配置多种不同的配置对象，以使该 DUT 工作在不同的场景下，从而更全面地对 DUT 进行验证，因此一个很常见的开发需求是增删或修改上述 3 个随机约束程序块。

针对上述情况，通常现有的方案是对上述配置对象 dut_config_constraint 类进行派生，产生其子类，例如下面的 dut_config_constraint2，然后在该子类中重新编写随机约束程序块，然后使用 UVM 的 factory 机制的重载功能，用子类 dut_config_constraint2 来替换其父类 dut_config_constraint，从而实现对原先的随机约束的增删或修改，代码如下：

```
//dut_config_constraint2.sv
class dut_config_constraint2 extends dut_config;
    `uvm_object_utils(dut_config_constraint2)
```

```
    constraint dut_mode_c {
        dut_mode inside {DUT_MODE_1, DUT_MODE_2};
    }

    constraint addr_permit_c {
        (dut_mode == DUT_MODE1) -> addr inside {['h00000000 : 'h0FFFFFFF - size]};
        (dut_mode == DUT_MODE2) -> addr inside {['h10000000 : 'h1FFFFFFF - size]};
    }

    constraint addr_prohibit_c {
        (dut_mode == DUT_MODE1) -> !(addr inside {['h00000000 : 'h000000FF - size]});
    }

    constraint addr_prohibit_c2 {
        (dut_mode == DUT_MODE2) -> !(addr inside {['h10000000 : 'h100000FF - size]});
    }
    ...
endclass
```

可以看到，这里有两处修改：

(1) 修改了随机约束 addr_permit_c 中当 DUT 工作在 DUT_MODE1 模式下的有效地址区间，由原先的['h00000000 : 'h0000FFFF－size]修改为['h00000000 : 'h0FFFFFFF－size]。

(2) 新增了一条随机约束 addr_prohibit_c2，用来对 DUT 工作在 DUT_MODE2 模式下的无效访问地址进行约束，无效地址范围为['h10000000 : 'h100000FF－size]。

然后在测试用例的 build_phase 中使用 UVM 的 factory 机制的重载功能，实现对其父类 dut_config_constraint 的替换，从而最终实现对原先的随机约束的增删或修改，代码如下：

```
//testcase_example.sv
class testcase_example extends uvm_test;
`uvm_component_utils(testcase_example)
    ...

    function void build_phase(uvm_phase phase);
set_type_override_by_type(
dut_config_constraint::get_type(),
dut_config_constraint2::get_type()
);
        ...
    endfunction : build_phase
...
endclass
```

可以看到，通过调用 set_type_override_by_type 方法实现对其父类 dut_config_constraint 的替换。

34.1.2 主要缺陷

主要缺陷如下：

(1) 不能实现对随机约束程序块的控制管理和重用。

可以看到，现有方案中的配置对象 dut_config_constraint2 的代码，即使改动很小，依然不得不将 dut_config_constraint 的随机约束程序块的代码几乎重新写一遍，麻烦且容易出错，因此这并不是想要的解决方案。

因为往往一个测试用例中会包含成百上千个随机变量，同时伴随着成百上千个随机约束块，因此如果还采用类似上面派生子类并使用 UVM 的 factory 机制的重载功能实现对随机约束对象的替换，则需要将绝大多数的随机约束程序块重新写一遍，这是非常耗时费力的事情。对于复杂的芯片验证项目来讲，这大大降低了验证开发人员的工作效率，从而影响到项目推进的进度。

(2) 不能实现对随机约束程序块的控制和管理。

现有方案中配置对象 dut_config_constraint2 的随机约束块仅有 4 个，如果有很多，则编写及理解起来将会非常困难，毫无疑问会给之后的问题调试增加难度，因此应该尽量避免以这种方式来编写随机约束程序块。

因为如果将过多的随机约束块都写到一个类文件里，则理解起来将会非常困难，给以后的问题调试过程无疑也增加了难度。

所以需要有一种能够将随机约束程序块打包并重用的方法，从而提升项目开发效率，同时加强对随机约束程序块的控制和管理，即应该根据实际项目的需要，由验证开发人员通过方便地调用随机约束的开关接口方法，即可轻松地得到目标随机约束的合法区间值，从而实现对随机约束程序块的管理控制和代码重用。

34.2 解决的技术问题

避免 34.1.2 节中出现的缺陷问题。

34.3 提供的技术方案

34.3.1 结构

本节给出的随机约束程序块的控制管理及重用方法的实现结构示意图如图 34-1 所示。可以看到：

(1) 随机约束程序块被封装成了一个个独立的类，即其中的 policy_class 1～N，这些封装类都派生自同一个参数化的父类 policy_base #(type ITEM＝uvm_object)。

(2) 在顶层 top class 中例化包含了上面的随机约束程序块所对应的封装类。

(3) 调用顶层的基类 top_base 中的 add 方法，添加上面例化包含的封装类，将其都写入

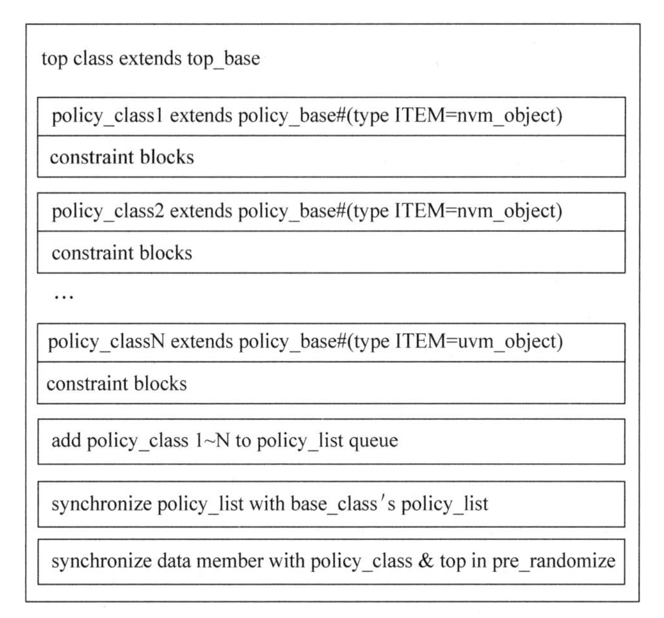

图 34-1　随机约束程序块的控制管理及重用方法的实现结构示意图

policy_list 队列中，从而完成对随机约束的添加。

(4) 利用在基类中定义好的 pre_randomize 的随机回调方法，在调用 randomize 方法进行随机求解之前，自动递归地完成对 policy_list 队列中所有的随机约束封装类的数据成员与顶层 top class 的数据成员的设置同步。

(5) 调用 randomize 方法对顶层 top class 进行随机，即自动完成对所有底层 policy_class 的随机，自动应用执行其中随机约束程序块进行随机值的计算求解，从而实现对随机约束程序块的控制管理及代码重用的目标。

34.3.2　原理

原理如下：

(1) 利用 SystemVerilog 的分层自动化 randomize 调用方法，将每个 constraint 随机约束程序块单独封装到一个个独立的类里。

(2) 在顶层调用 randomize 方法对其例化包含的所有 constraint 所对应的类进行随机化，从而实现对底层所有随机约束程序块所对应的封装类的随机化约束求解。

(3) 在顶层将底层的 constraint 所对应的类中的数据成员变量约束为与顶层类中本地成员变量的值保持同步，从而保证顶层和底层之间数据变量值的一致。

(4) 对所有的随机约束程序块所对应的封装类进行统一控制和管理，即将上述所有的封装类统一派生于同一个基类，并且可以将上述封装类写入该基类作为数据类型的一个队列里，从而进一步简化代码。

基于上述思路，得以将一个个的 constraint 随机约束程序块切分成一个个单独的封装类，从而方便进行管理和控制及代码的重用。

34.3.3 优点

实现了对随机约束程序块的控制管理及代码重用的目标。

34.3.4 具体步骤

第1步，编写随机约束程序块的基类，这里通过参数化的类实现，从而将配置对象的数据成员传递到该基类里。

将目标配置对象作为基类的参数传递进去，并且新增 set_item 方法，用于后面的随机约束程序块所对应的类中的成员变量与顶层的目标配置对象的成员变量的值保持同步，代码如下：

```
//policy_base.sv
class policy_base#(type ITEM = uvm_object);
    ITEM item;

    virtual function void set_item(ITEM item);
      this.item = item;
    endfunction
endclass
```

第2步，对上一步的 policy_base 进行派生，从而将原先的随机约束程序块封装成一个一个单独的类。

可以看到，这些随机约束程序块都被封装成了参数化类 policy_base#(dut_config)的子类，代码如下：

```
//dut_mode_policy.sv
class dut_mode_policy extends policy_base#(dut_config);
    constraint dut_mode_c {
        dut_mode inside {DUT_MODE_1, DUT_MODE_2};
    }
endclass

//addr_permit_policy.sv
class addr_permit_policy extends policy_base#(dut_config);
    constraint addr_permit_c {
        (item.dut_mode == DUT_MODE1) -> item.addr inside {['h00000000 : 'h0000FFFF -
size]};
        (item.dut_mode == DUT_MODE2) -> item.addr inside {['h10000000 : 'h1FFFFFFF -
size]};
    }
endclass

//addr_prohibit_policy.sv
class addr_prohibit_policy extends policy_base#(dut_config);
    constraint addr_prohibit_c {
```

```
        (item.dut_mode == DUT_MODE1) -> !(item.addr inside {['h00000000 : 'h000000FF -
size]});
    }
endclass
```

第 3 步，编写参数化的类 policy_list，这是用来构建之前随机约束程序块的类队列，并且新增 add 接口方法，以此来供验证开发人员方便地调用，从而轻松地实现对随机约束程序块的添加管理，以便将随机变量约束到合法区间。可以看到，在 policy_list 类中声明了 policy_base #(ITEM)类型的 policy 队列，然后在 add 方法中通过调用 push_back 方法将传进来的随机约束程序块 pcy 写入该 policy 队列，从而相当于完成对随机约束程序块的应用添加，代码如下：

```
//policy_list.sv
class policy_list #(type ITEM = uvm_object) extends policy_base #(ITEM);
    rand policy_base #(ITEM) policy[$];

    function void add(policy_base #(ITEM) pcy);
      policy.push_back(pcy);
    endfunction
endclass
```

第 4 步，编写带有随机约束的 DUT 配置对象 dut_config_constraint 的基类，即 dut_config_txn 类，其主要用于声明包含的数据成员变量，然后声明 policy_base #(dut_config)类型的 policy 队列，并且在调用 randomize 进行随机时，自动调用 randomize 的回调接口方法 pre_randomize 实现对 policy 队列中的随机约束程序块中类数据成员的递归同步，代码如下：

```
//dut_config_txn.sv
class dut_config_txn extends uvm_object;
     rand dut_mode_enum dut_mode;
     rand bit [31:0] addr;
     rand int size;

     rand policy_base #(dut_config) policy[$];

    function void pre_randomize;
        foreach(policy[idx]) policy[idx].set_item(this);
    endfunction
    ...
endclass
```

第 5 步，编写带有随机约束的 DUT 配置对象 dut_config_constraint，其派生于上一步完成的基类 dut_config_txn。在其中分别声明例化之前在第 2 步中编写完成的随机约束程序块所对应的封装类及之前在第 3 步中编写完成的用来构建之前随机约束程序块的类队列 policy_list，然后调用该队列中的 add 方法，从而将随机约束程序块所对应的封装类写入队列。最后，将队列 policy_list 中的数据成员 policy 队列与基类 dut_config_txn 中的队列进行同步，以使基类 dut_config_txn 中的回调方法 pre_randomize 可以正常运行，代码如下：

```
//dut_config_constraint.sv
class dut_config_constraint extends dut_config_txn;
    function new(string name = "dut_config_constraint");
        super.new(name);
        dut_mode_policy dut_mode_pcy  = new;
        addr_permit_policy addr_permit_pcy  =  new;
        addr_prohibit_policy addr_prohibit_pcy  =  new;

        policy_list#(dut_config) pcy  =  new;

        pcy.add(dut_mode_pcy);
        pcy.add(addr_permit_pcy);
        pcy.add(addr_prohibit_pcy);
        policy  =  pcy.policy;
    endfunction
endclass
```

此时，已经实现了对原先方案中的下述代码的替代，代码如下：

```
//dut_config_constraint.sv
class dut_config_constraint extends dut_config;
    `uvm_object_utils(dut_config_constraint)

    constraint dut_mode_c {
        dut_mode inside {DUT_MODE_1, DUT_MODE_2};
    }

    constraint addr_permit_c {
        (dut_mode == DUT_MODE1)  -> addr inside {['h00000000 : 'h0000FFFF  -  size]};
        (dut_mode == DUT_MODE2)  -> addr inside {['h10000000 : 'h1FFFFFFF  -  size]};
    }

    constraint addr_prohibit_c {
        (dut_mode == DUT_MODE1)  -> !(addr inside {['h00000000 : 'h000000FF  -  size]});
    }
    ...
endclass
```

原先是直接编写相应的 constraint 随机约束程序块，而现在是通过对一个个单独的随机约束程序块所对应的封装类的声明例化并写入队列实现的，最终的目的都是对配置对象中的成员变量进行随机约束求解，区别在于实现的方式。

接着往下看，和之前现有方案中举的例子一样，依然实现对原先 dut_config_constraint 中的随机约束的增删或修改，同样还是做如下两处修改：

(1) 修改随机约束 addr_permit_c 中当 DUT 工作在 DUT_MODE1 模式下的有效地址区间，由原先的['h00000000 ：'h0000FFFF－size]修改为['h00000000 ：'h0FFFFFFF－

size]。

(2) 新增一条随机约束 addr_prohibit_c2，用来对 DUT 工作在 DUT_MODE2 模式下的无效访问地址进行约束，无效地址范围为['h10000000 ：'h100000FF－size]。

第 6 步，要使用本章中这种新的随机约束程序块的编写方式，首先需要依照第 2 步，新增相应的随机约束程序块所对应的封装类，代码如下：

```
//addr_permit_policy2.sv
class addr_permit_policy2 extends policy_base#(dut_config);
    constraint addr_permit_c {
        (item.dut_mode == DUT_MODE1) -> item.addr inside {['h00000000 : 'h0FFFFFFF -
size]};
        (item.dut_mode == DUT_MODE2) -> item.addr inside {['h10000000 : 'h1FFFFFFF -
size]};
    }
endclass

//addr_prohibit_policy2.sv 文件
class addr_prohibit_policy2 extends policy_base#(dut_config);
    constraint addr_prohibit_c {
        (dut_mode == DUT_MODE2) -> !(addr inside {['h10000000 : 'h100000FF - size]});
    }
endclass
```

可以看到，这里新增的两个封装类用来对应上面提到的两处随机约束程序块的修改。

第 7 步，类似第 5 步，只要根据需要，在其中修改声明例化和写入队列的随机约束块所对应的封装类即可。不再需要重新编写所有的随机约束程序块，既加强了对随机约束程序块的管理控制，又通过对随机约束程序块的代码重用提高了验证开发人员的工作效率。

具体可参考如下代码，这里不再赘述。

```
//dut_config_constraint2.sv
class dut_config_constraint2 extends dut_config_txn;
    function new(string name = "dut_config_constraint2");
        super.new(name);
        dut_mode_policy dut_mode_pcy = new;
        addr_permit_policy2 addr_permit_pcy = new;
        addr_prohibit_policy addr_prohibit_pcy = new;
        addr_prohibit_policy2 addr_prohibit_pcy2 = new;

        policy_list#(dut_config) pcy = new;

        pcy.add(dut_mode_pcy);
        pcy.add(addr_permit_pcy);
        pcy.add(addr_prohibit_pcy);
        pcy.add(addr_prohibit_pcy2);
        policy = pcy.policy;
    endfunction
endclass
```

第35章 随机约束和覆盖组同步技术

35.1 背景技术方案及缺陷

35.1.1 现有方案

在芯片验证工作中，往往需要对RTL设计的配置对象或者施加的输入激励进行随机，然后运行相应的测试用例以期望通过随机发现一些RTL设计中存在的潜在问题。

注意：

(1) 这里的随机并不是完全的随机，需要约束限制其随机的值在合法的区间，以使RTL设计模块工作在正常的状态或者得到有效合法的输入激励，否则可能会得到无效的配置或激励，那么运行测试用例将失去测试验证该RTL设计的意义。

(2) 这里的有效合法值指的是符合RTL设计规则的区间值，这里的正常的工作状态指的是符合RTL设计规则的工作模式状态。

基于UVM的典型验证平台架构中的随机约束示例，如图33-1所示。

可以看到，图中对配置对象config和输入激励sequence进行随机，以配置DUT在随机情况下的工作状态，以及施加给DUT一个随机的激励来仿真测试。

虽然在对复杂芯片的验证过程中，通过随机约束的方法能够避免手动编写测试用例，从而提高验证效率，但是如果不运行仿真来查看仿真日志文件，则很难清楚地知道该随机出来的配置对象或输入激励里的数据成员最终是什么值，因此通常验证开发人员需要编写覆盖率收集组件中的覆盖组(Covergroup)来确保随机出来的对象的数据成员的值落在想要观测的区间，从而帮助跟踪对DUT验证的完整性或者说验证的进度。

而随机约束和覆盖率收集组件两者都代表着对目标对象随机求解后的合法区间值进行的建模，主要区别如下。

(1) 随机约束：从正面进行建模，即通过随机约束程序块(Constraint)指明随机求解过程需要满足的一些约束条件，以使最终的随机值处在目标区间，这最终决定了仿真的配置对象或输入激励。

(2) 覆盖率收集组件：从反面进行建模，即通过指明需要忽略的覆盖仓来排除需要覆盖收集的数值，相当于从反面指明了最终关心的随机区间值，这最终决定了要观测的配置对象或输入激励。

因此，两者需要进行关联同步，否则很可能由于错误的随机约束或覆盖率收集组件的观测不够，而引发对 DUT 的验证不够充分，最终导致对目标芯片的验证不充分而流片失败。

现有的用来实现上面两者的关联同步的方案如图 35-1 所示。

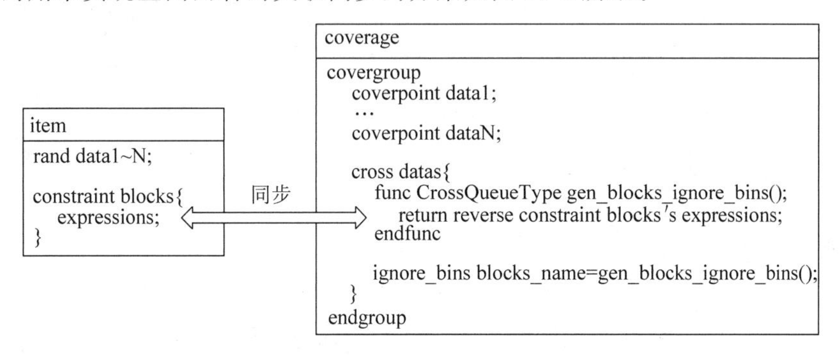

图 35-1　随机约束和覆盖组关联同步的现有方案

下面看个具体的例子，代码如下：

```
class item extends uvm_sequence_item;
    ...
    rand bit [3:0] A,B;

    constraint A_larger_than_B{
        A > B;
    }

     constraint sum_of_A_B_is_odd{
         (A + B) % 2 == 1;
    }

     constraint if_A_is_3_then_B_is_2{
         A == 3 -> B == 2;
    }

endclass
```

上述代码派生于 uvm_sequence_item，通常作为仿真输入激励，里面的数据成员 A 和 B 都是 bit 类型，位宽为 4。另外包含以下 3 个随机约束。

(1) A_larger_than_B：成员 A 的随机值需要大于成员 B 的随机值。

(2) sum_of_A_B_is_odd：成员 A 和 B 的随机值之和必须是奇数。

(3) if_A_is_3_then_B_is_2：如果成员 A 的随机值为 3，则成员 B 的随机值应该为 2。

然后来看覆盖率收集组件部分，代码如下：

```
class coverage extends uvm_subscriber #(instruction);
    ...
    covergroup cg with function sample(bit[3:0] A, bit[3:0] B);
        coverpoint A;
        coverpoint B;

        cross A, B{
            function CrossQueueType gen_A_larger_than_B_ignore_bins();
                for(int i = 0; i < 16; i++)
                    for(int j = 0; j < 16; j++)
                        if(i <= j)
                            gen_A_larger_than_B_ignore_bins.push_back('{i,j});
            endfunction
            function CrossQueueType gen_sum_of_A_B_is_odd_ignore_bins();
                for(int i = 0; i < 16; i++)
                    for(int j = 0; j < 16; j++)
                        if((i + j) % 2 == 0)
                            gen_sum_of_A_B_is_odd_ignore_bins.push_back('{i,j});
            endfunction
            function CrossQueueType gen_if_A_is_3_then_B_is_2_ignore_bins();
                for(int i = 0; i < 16; i++)
                    for(int j = 0; j < 16; j++)
                        if((i == 3) && (j != 2))
                            gen_if_A_is_3_then_B_is_2_ignore_bins.push_back('{i,j});
            endfunction

            ignore_bins A_larger_than_B = gen_A_larger_than_B_ignore_bins();
            ignore_bins sum_of_A_B_is_odd = gen_sum_of_A_B_is_odd_ignore_bins();
            ignore_bins if_A_is_3_then_B_is_2 = gen_if_A_is_3_then_B_is_2_ignore_bins();
        }
    endgroup
endclass
```

该覆盖率收集组件可以通过订阅者模式派生于 uvm_subscriber 组件实现，也可以通过 TLM 通信端口连接实现，这里为了方便，使用订阅者模式实现。

覆盖组中包含两个覆盖点 A 和 B，以及一个交叉覆盖点，在交叉覆盖点中定义了 3 种方法，用于产生需要在交叉覆盖点中忽略的覆盖仓，以此来排除需要覆盖收集的数值，然后在下方的 ignore_bins 中调用相应的方法即可完成之前提到的从反面指明最终想要关心的随机区间值。

其中需要用到 SystemVerilog 为交叉覆盖组提供的 CrossQueueType 数据类型。这里进行简单说明，代码如下：

```
typedef struct {bit[3:0] A; bit[3:0] B;} CrossValType;
typedef CrossValType CrossQueueType[ $ ];
```

可以看到，主要有以下两种类型。

(1) CrossValType：一种将交叉覆盖点涉及的成员变量组合成结构体的新的数据

类型。

(2) CrossQueueType：利用上述类型声明的队列。这里使用相关方法时使用的返回值即该队列数据类型，用来写入在交叉覆盖点中忽略的覆盖仓。

35.1.2　主要缺陷

主要缺陷如下：

(1) 现有方案中的随机约束和覆盖率收集组件中存在大量重复描述的运算表达式部分，即存在较多重复代码，对于随机约束部分代码来讲，这是从正面进行建模，对于覆盖率收集组件部分代码来讲，这是从反面进行建模，但是基本上对原先的等式重新进行了编写，代码冗余，开发效率低。

(2) 如果要对随机约束或者覆盖率收集组件进行修改，就需要同时修改两个地方，很容易遗漏，从而导致出错，因此很难保证两者之间同步的及时性和一致性，即代码的可维护性比较差。

35.2　解决的技术问题

在实现随机约束和覆盖组代码同步的同时避免出现上述提到的主要缺陷问题。

35.3　提供的技术方案

35.3.1　结构

有以下实现思路：

(1) 只在随机约束程序块中编写约束表达式，而不再在覆盖组中重新对其进行反面描述来重新编写相关的表达式。

(2) 随机化不只可以用来产生需要的随机值，还可以用来做检测器(checker)，因此可以利用该 checker 的特性来生成 ignore_bins。

本章给出的随机约束和覆盖组同步技术的流程图，如图 35-2 所示。

第 1 步，在 gen_ignore_bins 方法中声明并构造目标随机对象。

第 2 步，将遍历出来的值赋给待检查随机对象中的数据成员。

第 3 步，通过将参数 null 传递到随机方法 randomize()中来使用 checker，用来检查该对象中的数据成员值是否符合对象中的随机约束所约束的合法区间值。如果在随机约束的合法区间值之内，则该 checker 将返回 1，此时不进行任何操作，否则返回 0，此时将该对象的数据成员写入相应的交叉队列 CrossQueueType 中。

第 4 步，重复执行第 2 步到第 3 步以进行循环，直到遍历完所有的交叉覆盖点的组合。

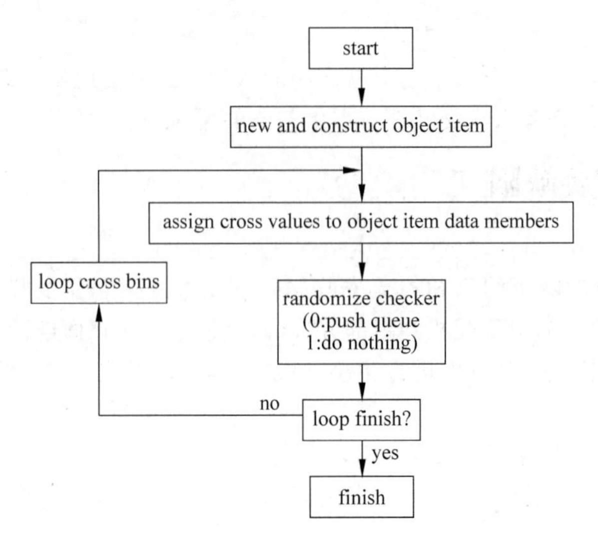

图 35-2 随机约束和覆盖组同步技术的流程图

35.3.2 原理

如果将参数 null 传递到随机方法 randomize()中，则意味着该随机操作不会产生随机值，并且此时会被作为 checker 来检查该对象中的数据成员值是否符合对象中的随机约束所约束的合法区间值。如果在随机约束的合法区间值之内，则该 checker 将返回 1，否则返回 0。

因此，可以利用上述原理来简化随机约束和覆盖组之间的同步，最主要的是简化覆盖组中接口方法部分代码的编写。

35.3.3 优点

优点如下：

(1) 将参数 null 传递到随机方法 randomize()，以此来将原先的随机生成器当作检测器使用，从而创新性地实现了随机约束和覆盖组之间的关联同步。

(2) 简化后的覆盖组中获取 ignore_bins 的接口方法被缩减为一个，并且不再需要编写此前类似随机约束的约束表达式，从而大大地简化了代码，提升了验证开发效率。

35.3.4 具体步骤

具体步骤见 35.3.1 节结构的说明部分，代码如下：

```
class coverage extends uvm_subscriber#(instruction);
    ...
    covergroup cg with function sample(bit[3:0] A, bit[3:0] B);
        coverpoint A;
        coverpoint B;
```

```
        cross A, B{
            function CrossQueueType gen_ignore_bins();
                item item_h = new();
                for(int i = 0; i < 16; i++)
                    for(int j = 0; j < 16; j++) begin
                        item_h.A = i;
                        item_h.B = j;
                        if(!item_h.randomize(null))
                            gen_ignore_bins.push_back('{i,j});
                    end
            endfunction

            ignore_bins ignores = gen_ignore_bins();
        }
    endgroup
endclass
```

第36章

在随机约束对象中实现多继承的方法

36.1 背景技术方案及缺陷

36.1.1 现有方案

在芯片验证工作中，往往需要对RTL设计的配置对象或者施加的输入激励进行随机，然后运行相应的测试用例以期望通过随机发现一些RTL设计中存在的潜在问题。

注意：

(1) 这里的随机并不是完全的随机，需要约束限制其随机的值在合法的区间，以使RTL设计模块工作在正常的状态或者得到有效合法的输入激励，否则可能会得到无效的配置或激励，那么运行测试用例将失去测试验证该RTL设计的意义。

(2) 这里的有效合法值指的是符合RTL设计规则的区间值，这里的正常的工作状态指的是符合RTL设计规则的工作模式状态。

基于UVM的典型验证平台架构中的随机约束示例，如图33-1所示。

可以看到，图33-1中对配置对象config和输入激励sequence进行随机，以配置DUT在随机的工作状态，以及施加给DUT一个随机的激励来仿真测试。

下面举个例子，首先来看现有方案的结构图，如图36-1所示。

代码如下：

```
class default_item extends uvm_sequence_item;
    rand member1;
    rand member2;
    ...
    rand memberN;

    constraint default_c{...}
endclass
```

可以看到上面的示例default_item作为DUT的输入激励，派生于uvm_sequence_item，其中包含随机数据成员member1～N，并且默认的随机约束为default_c。

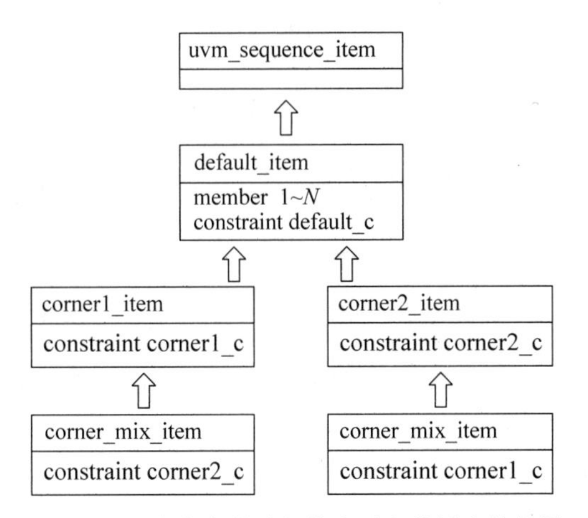

图 36-1 现有方案的随机约束对象的派生结构图

通常验证开发人员对 DUT 进行验证时会考虑一些极端的情况，因此会构造一些相应的针对该极端情况下的测试用例，那么首先就需要对输入激励 default_item 进行随机约束，将其内的数据成员约束为极端情况的区间值范围。那么只要对上述 default_item 进行继承，并增加相应的随机约束块 corner1_c 即可，代码如下：

```
class corner1_item extends default_item;
    constraint corner1_c{...}
endclass
```

在 corner1_c 中增加一些极端情况的随机约束，使部分数据成员 member 处在一个极端情况下的区间值范围，然后在测试用例中使用 UVM 的 factory 机制的重载功能，将原先默认的 default_item 替换为 corner1_item，从而将该极端输入激励 corner1_item 驱动给 DUT 的输入端口上，然后测试 DUT 在极端情况下的功能和性能表现，以验证在极端情况下 DUT 是否能够符合设计要求。

当然还可能存在其他极端的情况，那么采用上面同样的方法来构造 corner2_item 输入激励，在 corner2_c 中增加一些极端情况的随机约束，使其他部分数据成员 member 处在一个极端情况下的区间值范围，代码如下：

```
class corner2_item extends default_item;
    constraint corner2_c{...}
endclass
```

但是往往需要在上述两种极端情况同时出现的情况下来测试 DUT 的功能和性能，以验证在该情况下 DUT 是否能够符合设计要求。那么，需要再构造 corner_mix_item 来作为该极端情况下的输入激励，此时 corner_mix_item 可以对第 1 种极端情况对应的输入激励 corner1_item 进行继承，代码如下：

```
class corner_mix_item extends corner1_item;
    constraint corner2_c{...}
endclass
```

也可以对第 2 种极端情况对应的输入激励 corner2_item 进行继承，代码如下：

```
class corner_mix_item extends corner2_item;
    constraint corner1_c{...}
endclass
```

不管是哪种情况都需要重新写一遍原先的随机约束块的代码 corner1_c 或者 corner2_c。更糟糕的是，如果有第 3 种极端情况所对应的输入激励 corner3_item，则需要重新编写的重复随机约束代码将会更多。

36.1.2 主要缺陷

主要缺陷如下：

(1) 对于复杂的项目来讲，由于存在大量重复编写的代码，效率低且难以管理，所以要尽可能地避免这种方式。

(2) 由于存在大量重复的代码，如果某个地方出现了错误需要被修改，则将要修改很多个同样的地方，非常麻烦且很容易遗漏而导致出错。

36.2 解决的技术问题

实现一种多继承的方法来对不同情况下的随机约束对象进行继承，从而避免编写重复的代码。

36.3 提供的技术方案

36.3.1 结构

本章给出的随机约束对象中实现多继承的派生结构图，如图 36-2 所示。

36.3.2 原理

使用参数化的类，对父类进行继承并且将需要继承的父类作为参数进行传入，然后对该参数化的类再进行派生，即可实现类似多继承的效果。

36.3.3 优点

优点如下：

(1) 通过参数化的类实现了类似多继承的效果，可以应用于对极端情况下输入激励对

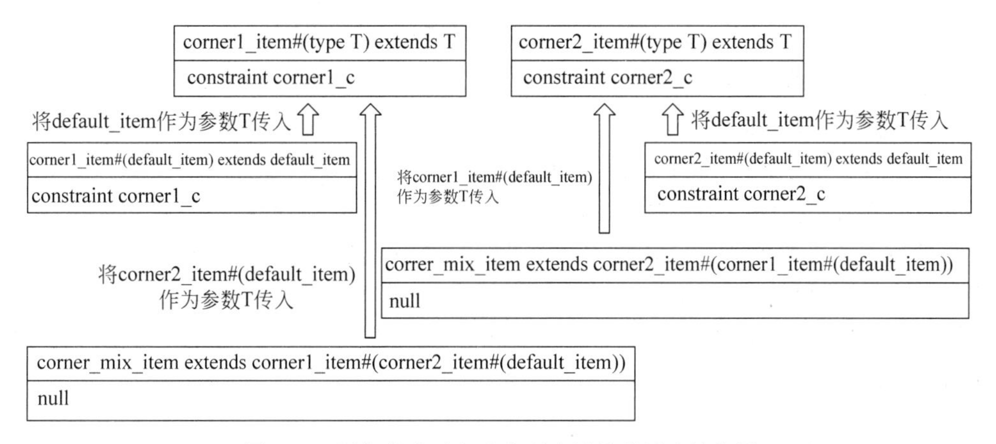

图 36-2 随机约束对象中实现多继承的派生结构图

象的随机约束，避免了重复代码，增加了代码的可重用性和可管理性。

(2) 该技术不仅可以应用于对输入激励对象的随机约束，还可以应用在配置对象等任意类对象中，从而提高工作效率。

36.3.4 具体步骤

第 1 步，使用#(type T) extends T 的参数化类的方式重新编写之前的 corner_item，代码如下：

```
class corner1_item #(type T) extends T;
    constraint corner1_c{...}
endclass

class corner2_item #(type T) extends T;
    constraint corner2_c{...}
endclass
```

然后将默认的 default_item 作为参数 T 传入即可，代码如下：

```
corner1_item#(default_item)
corner2_item#(default_item)
```

第 2 步，实现对 corner1_item 和 corner2_item 的多继承，以此来构造在两种极端情况同时出现的情况下的输入激励 corner_mix_item，可以通过将 corner2_item#(default_item)作为参数 T 传入 corner1_item 并继承实现，或者通过将 corner1_item#(default_item)作为参数 T 传入 corner2_item 并继承实现，这里对顺序没有要求，最终的效果是一样的，代码如下：

```
class corner_mix_item extends corner1_item#(corner2_item#(default_item));
endclass
```

```
class corner_mix_item extends corner2_item#(corner1_item#(default_item));
endclass
```

可以看到，在这一步中实际上已经实现了对两种极端情况下的输入激励 corner1_item 和 corner2_item 的多继承，此时不用再像之前方案中那样编写重复的随机约束块代码了。

这两个输入激励中的随机约束块 corner1_c 和 corner2_c 都会生效，从而将 default_item 中的数据成员约束到一个双重极端情况下的区间值范围，以测试在对 DUT 施加该极端情况下输入激励时的功能和性能表现。

第 3 步，使用 UVM 的 factory 机制的重载功能对默认的 default_item 进行重载替换，替换为极端情况下的输入激励即可。

第 37 章 支持动态地址映射的寄存器建模方法

37.1 背景技术方案及缺陷

37.1.1 现有方案

UVM 提供了 RAL(Register Abstraction Layer)来对寄存器进行建模,可以很方便地访问待测设计中的寄存器和存储,并且在 RAL 里还对寄存器的值做了镜像,以便对待测设计中的寄存器的相关功能进行比较验证。

一个典型的基于 UVM 并包含寄存器模型的验证平台架构,如图 37-1 所示。

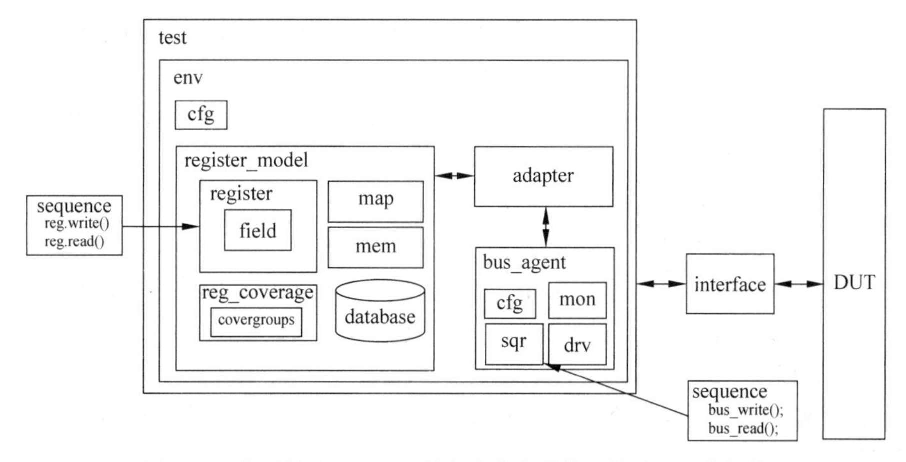

图 37-1 典型的基于 UVM 并包含寄存器模型的验证平台架构

使用 UVM 寄存器模型(图 37-1 中的 register_model)可以方便地对 DUT(Design Under Test,待测设计)内部的寄存器及存储进行建模。创建寄存器模型后,可以在 sequence 和 component 里通过获取寄存器模型的句柄,从而调用寄存器模型里的接口方法来完成对寄存器的读写访问,如图 37-1 上左边的 sequence 里通过调用寄存器模型里的接口方法实现对寄存器的读写访问,也可以像右下角那样直接启动寄存器总线的 sequence,即通过操作总线实现对寄存器的读写访问。

通常情况下,按照如下步骤对待测设计中的寄存器进行建模:

第 1 步,对 uvm_reg 基类进行派生,从而创建寄存器,具体包括以下几个小步骤。

(1) 声明例化所包含的寄存器域段。

(2) 配置寄存器域段属性信息。

(3) 在 new 构造函数中传递寄存器宽度和所支持的覆盖率收集类型。

第 2 步,对 uvm_reg_block 基类进行派生,从而创建寄存器块,具体包括以下几个小步骤。

(1) 声明例化所包含的寄存器。

(2) 配置并构建寄存器属性信息。

(3) 声明例化地址映射表,并传递地址映射表属性信息。

(4) 将包含的寄存器添加到地址映射表中,指明寄存器在映射表中的偏移地址。

(5) 调用 lock_model()方法,锁定寄存器块及相应的地址映射表。

第 3 步,对 uvm_reg_adapter 进行派生,从而创建适配器(图 37-1 中的 adapter),具体包括以下两种方法。

(1) 创建 reg2bus()方法。

用于将寄存器模型发起的寄存器读写访问数据类型转换为寄存器总线接口上能够接受的格式类型。

(2) 创建 bus2reg()方法。

用于当监测到寄存器总线接口上有对寄存器的访问操作时,将监测收集到的总线事务类型转换为寄存器模型能够接受的格式类型。

第 4 步,在验证环境中集成寄存器模型(顶层的寄存器块),具体包括以下几个小步骤。

(1) 声明例化寄存器模型。

(2) 对寄存器模型所包含的所有寄存器进行递归实例化。

(3) 将寄存器的初始值设置为配置的复位值。

(4) 将地址映射表连接给适配器和序列器。因为寄存器模型的前门访问操作最终都将由地址映射表完成,因此需要将适配器和序列器通过 set_sequencer()方法告知寄存器模型所对应的地址映射表。

(5) 设置寄存器模型镜像值的预测方式,从而完成对待测设计中的寄存器值的预测并更新相应的镜像值。

37.1.2 主要缺陷

通常情况下,上述方案可行,但是对于下面 4 种情况,现有方案变得不再可行。

第 1 种情况:如果芯片上存在多个 CPU 或者主机,则很可能发生多个主机对同一个寄存器块(或者寄存器总线)访问的情况,访问的地址可能各不相同。

第 2 种情况:在不同用户模式下,对同一个寄存器的访问地址可能有所不同的情况。

第 3 种情况:出于安全角度的考虑,在芯片的运行过程中,可能存在对寄存器访问地址的重新配置，即动态改变的情况。

第 4 种情况：出于特殊应用场景的需要，在芯片运行的过程中，需要动态地增加主机，以此来对已有的寄存器进行访问的情况。

通常一个寄存器块（uvm_reg_block）可以对应于多个地址映射表（uvm_reg_map），该地址映射表用于定义寄存器块的基地址及其内部所包含寄存器和存储的偏移地址，即每个地址映射表都定义了一个寄存器访问空间，而正是因为现有方案中调用了 lock_model()方法，寄存器块及相应的地址映射表都被锁定。在此之后，便不能再对地址映射表进行改动，也就做不到出现上述 4 种情况时的寄存器地址的重映射。

因此，需要一种对寄存器地址进行动态映射的方法，即使调用了 lock_model()方法对寄存器块及相应的地址映射表进行锁定后，其依然可以被解锁并重新配置相应的地址映射表，而这可以通过对寄存器模型的动态配置技术实现。

37.2　解决的技术问题

解决出现上述 4 种情况时现有方案不可用的问题。

37.3　提供的技术方案

37.3.1　结构

验证平台的结构没有变化，如图 37-1 所示。

37.3.2　原理

现有方案中主要的问题是由于调用 lock_model()方法之后，寄存器块及相应的地址映射表都被锁定，即在此之后，便不能再对地址映射表进行改动了，也就做不到出现上述 4 种情况时的寄存器地址的重映射。

因此，首先需要对与寄存器模型相关的寄存器块及相应的地址映射表进行解除锁定，然后重新配置寄存器地址映射表，在此之后重新进行锁定，并将地址映射表连接给适配器和序列器。

37.3.3　优点

通过对寄存器块及相应的地址映射表进行解锁，重映射地址映射表后，再重新进行锁定并连接地址映射表，适配器和序列器实现在仿真过程中动态地改变寄存器访问地址空间，从而解决了之前提到的 4 种缺陷问题。

37.3.4　具体步骤

第 1 步，对 uvm_reg 基类进行派生，从而创建寄存器，具体包括以下几个小步骤。

（1）声明例化所包含的寄存器域段。

（2）配置寄存器域段属性信息。

（3）在 new 构造函数中传递寄存器宽度和所支持的覆盖率收集类型。

这里的示例中包含寄存器 reg_state，用于标识寄存器地址映射状态，除此之外还有 3 个可读可写的示例寄存器 A～C，即 reg_A、reg_B 和 reg_C，代码如下：

```
//reg_model.sv
class reg_state extends uvm_reg;
    `uvm_object_utils(reg_state)

    rand uvm_reg_field demo_field1;
    rand uvm_reg_field demo_field2;
    rand uvm_reg_field demo_field3;

    function new(string name = "reg_state");
        super.new(name, 16, UVM_NO_COVERAGE);
    endfunction

    function void build();
        demo_field1 = uvm_reg_field::type_id::create("demo_field1");
        demo_field1.configure(this, 1, 0, "RW", 0, 1'b0, 1, 1, 0);
        demo_field2 = uvm_reg_field::type_id::create("demo_field2");
        demo_field2.configure(this, 1, 1, "RW", 0, 1'b0, 1, 1, 0);
        demo_field3 = uvm_reg_field::type_id::create("demo_field3");
        demo_field3.configure(this, 14, 2, "RW", 0, 14'h0, 1, 0, 0);
    endfunction
endclass

class reg_A extends uvm_reg;
    `uvm_object_utils(reg_A)

    rand uvm_reg_field demo_field1;
    rand uvm_reg_field demo_field2;
    rand uvm_reg_field demo_field3;

    function new(string name = "reg_A");
        super.new(name, 16, UVM_NO_COVERAGE);
    endfunction

    function void build();
        demo_field1 = uvm_reg_field::type_id::create("demo_field1");
        demo_field1.configure(this, 1, 0, "RW", 0, 1'b0, 1, 1, 0);
        demo_field2 = uvm_reg_field::type_id::create("demo_field2");
        demo_field2.configure(this, 1, 1, "RW", 0, 1'b0, 1, 1, 0);
        demo_field3 = uvm_reg_field::type_id::create("demo_field3");
        demo_field3.configure(this, 14, 2, "RW", 0, 14'h0, 1, 0, 0);
    endfunction
endclass

class reg_B extends uvm_reg;
```

```
    `uvm_object_utils(reg_B)

    rand uvm_reg_field demo_field1;
    rand uvm_reg_field demo_field2;
    rand uvm_reg_field demo_field3;

    function new(string name = "reg_B");
        super.new(name, 16, UVM_NO_COVERAGE);
    endfunction

    function void build();
        demo_field1 = uvm_reg_field::type_id::create("demo_field1");
        demo_field1.configure(this, 1, 0, "RW", 0, 1'b0, 1, 1, 0);
        demo_field2 = uvm_reg_field::type_id::create("demo_field2");
        demo_field2.configure(this, 1, 1, "RW", 0, 1'b0, 1, 1, 0);
        demo_field3 = uvm_reg_field::type_id::create("demo_field3");
        demo_field3.configure(this, 14, 2, "RW", 0, 14'h0, 1, 0, 0);
    endfunction
endclass

class reg_C extends uvm_reg;
    `uvm_object_utils(reg_C)

    rand uvm_reg_field demo_field1;
    rand uvm_reg_field demo_field2;
    rand uvm_reg_field demo_field3;

    function new(string name = "reg_C");
        super.new(name, 16, UVM_NO_COVERAGE);
    endfunction

    function void build();
        demo_field1 = uvm_reg_field::type_id::create("demo_field1");
        demo_field1.configure(this, 1, 0, "RW", 0, 1'b0, 1, 1, 0);
        demo_field2 = uvm_reg_field::type_id::create("demo_field2");
        demo_field2.configure(this, 1, 1, "RW", 0, 1'b0, 1, 1, 0);
        demo_field3 = uvm_reg_field::type_id::create("demo_field3");
        demo_field3.configure(this, 14, 2, "RW", 0, 14'h0, 1, 0, 0);
    endfunction
endclass
```

第 2 步,对 uvm_reg_block 基类进行派生,从而创建寄存器块,具体包括以下几个小步骤。

(1) 声明例化所包含的寄存器。

(2) 配置并构建寄存器属性信息。

(3) 声明例化地址映射表,并传递地址映射表属性信息。

(4) 将包含的寄存器添加到地址映射表中,指明寄存器在映射表中的偏移地址。

(5) 提供 map_default_state()和 map_other_state()这两个接口方法,用于地址映射表的重映射。可以看到这里寄存器 A～C 在默认状态下的偏移地址分别为 16'h1、16'h2 和

16'h3，在其他状态下的偏移地址分别为 16'h8、16'h9 和 16'ha。

(6) 提供地址重映射接口方法 re_map()，可以看到在其中完成了以下几件事情：

- 在仿真过程中调用 unlock_model()方法来完成对寄存器块及其层次之下的寄存器块的解除锁定。
- 在仿真过程中调用 unregister()方法来完成对地址映射表中的寄存器和存储的解除锁定，这里解除的是整个地址映射表，所以使用的是 this. unregister(map)方法。如果只是解锁映射表中部分寄存器或存储，则可以调用 map. unregister(reg/mem)方法来完成。
- 将地址映射表赋为 null，相当于清除此前实例化的对象。
- 根据地址映射状态(相关标识寄存器的值)重新例化地址映射表，并对地址映射表重新进行配置映射。
- 重新调用 lock_model()方法对与寄存器模型相关的寄存器块及相应的地址映射表进行锁定。
- 将地址映射表重新连接给适配器和序列器。因为此前清除了地址映射表，因此在重新实例化地址映射表之后，还需要重新执行链接操作。

代码如下：

```
//reg_model.svh
class reg_model extends uvm_reg_block;
    `uvm_object_utils(reg_model)

    rand reg_state   reg_state_h;
    rand reg_A       reg_A_h;
    rand reg_B       reg_B_h;
    rand reg_C       reg_C_h;

    bus_sequencer     sequencer_h;

    function new(string name = "reg_model");
        super.new(name, UVM_NO_COVERAGE);
    endfunction

    function void build();
        reg_state_h = reg_state::type_id::create("reg_state_h");
        reg_state_h.configure(this);
        reg_state_h.build();

        reg_A_h = reg_A::type_id::create("reg_A_h");
        reg_A_h.configure(this);
        reg_A_h.build();

        reg_B_h = reg_B::type_id::create("reg_B_h");
        reg_B_h.configure(this);
        reg_B_h.build();

        reg_C_h = reg_C::type_id::create("reg_C_h");
```

```
        reg_C_h.configure(this);
        reg_C_h.build();

        map_default_state();
        lock_model();
    endfunction

    function void re_map(bit is_default_state);
      unlock_model();
      unregister(default_map);
      default_map = null;
      if(is_default_state)
        map_default_state();
      else
        map_other_state();
      lock_model();
      default_map.set_sequencer(sequencer_h, sequencer_h.adapter_h);
    endfunction

    function void map_default_state();
        default_map = create_map("default_map", 'h0, 2, UVM_LITTLE_ENDIAN);
        default_map.add_reg(reg_state_h, 16'h0, "RW");
        default_map.add_reg(reg_A_h, 16'h1, "RW");
        default_map.add_reg(reg_B_h, 16'h2, "RW");
        default_map.add_reg(reg_C_h, 16'h3, "RW");
    endfunction

    function void map_other_state();
        default_map = create_map("default_map", 'h0, 2, UVM_LITTLE_ENDIAN);
        default_map.add_reg(reg_state_h, 16'h0, "RW");
        default_map.add_reg(reg_A_h, 16'h8, "RW");
        default_map.add_reg(reg_B_h, 16'h9, "RW");
        default_map.add_reg(reg_C_h, 16'ha, "RW");
    endfunction
endclass
```

后面的第 3 步和第 4 步，和之前方案一致。

第 3 步，对 uvm_reg_adapter 进行派生，从而创建适配器，具体包括以下两种方法。

(1) 创建 reg2bus()方法。用于将寄存器模型发起的寄存器读写访问数据类型转换为寄存器总线接口上能够接受的格式类型。

(2) 创建 bus2reg()方法。用于当监测到寄存器总线接口上有对寄存器的访问操作时，将监测收集到的总线事务类型转换为寄存器模型能够接受的格式类型，代码如下：

```
//adapter.svh
class adapter extends uvm_reg_adapter;
    `uvm_object_utils(adapter)

    function new(string name = "bus_adapter");
        super.new(name);
```

```
        supports_byte_enable = 0;
        provides_responses = 0;
    endfunction

    function uvm_sequence_item reg2bus(const ref uvm_reg_bus_op rw);
        bus_transaction bus_trans;
        bus_trans = bus_transaction::type_id::create("bus_trans");
        bus_trans.addr = rw.addr;
        bus_trans.bus_op = (rw.kind == UVM_READ)? bus_rd: bus_wr;
        if (bus_trans.bus_op == bus_wr)
            bus_trans.wr_data = rw.data;
        return bus_trans;
    endfunction

    function void bus2reg(uvm_sequence_item bus_item,ref uvm_reg_bus_op rw);
        bus_transaction bus_trans;
        if (! $cast(bus_trans, bus_item)) begin
            `uvm_fatal("NOT_BUS_TYPE","Provided bus_item is not of the correct type")
            return;
        end
        rw.kind = (bus_trans.bus_op == bus_rd)? UVM_READ : UVM_WRITE;
        rw.addr = bus_trans.addr;
        rw.data = (bus_trans.bus_op == bus_rd)? bus_trans.rd_data : bus_trans.wr_data;
        rw.status = UVM_IS_OK;
    endfunction

endclass
```

第 4 步,在验证环境中集成寄存器模型(顶层的寄存器块),具体包括以下几个小步骤。

(1) 声明例化寄存器模型。

(2) 对寄存器模型所包含的所有寄存器进行递归实例化。

(3) 将寄存器的初始值设置为配置的复位值。

(4) 将地址映射表连接给适配器和序列器。

(5) 设置寄存器模型镜像值的预测方式,从而完成对待测设计中的寄存器值进行预测。

代码如下:

```
//env.svh
class env extends uvm_env;
   `uvm_component_utils(env)

   agent          agent_h;
   coverage       coverage_h;
   scoreboard     scoreboard_h;
   bus_agent      bus_agent_h;

   reg_model reg_model_h;
   adapter adapter_h;
   adapter reg_adapter_h;
```

```
predictor predictor_h;

uvm_tlm_analysis_fifo #(sequence_item) command_mon_cov_fifo;
uvm_tlm_analysis_fifo #(sequence_item) command_mon_scb_fifo;
uvm_tlm_analysis_fifo #(result_transaction) result_mon_scb_fifo;

function void build_phase(uvm_phase phase);
   agent_h    = agent::type_id::create ("agent_h",this);
   agent_h.is_active = UVM_ACTIVE;
   bus_agent_h    = bus_agent::type_id::create ("bus_agent_h",this);
   bus_agent_h.is_active = UVM_ACTIVE;

   reg_model_h    = reg_model::type_id::create ("reg_model_h");
   reg_model_h.configure();
   reg_model_h.build();
   reg_model_h.reset();
   adapter_h    = adapter::type_id::create ("adapter_h");
   reg_adapter_h    = adapter::type_id::create ("reg_adapter_h");
   predictor_h      = predictor::type_id::create ("predictor_h",this);

   coverage_h       = coverage::type_id::create ("coverage_h",this);
   scoreboard_h     = scoreboard::type_id::create("scoreboard_h",this);
   command_mon_cov_fifo = new("command_mon_cov_fifo",this);
   command_mon_scb_fifo = new("command_mon_scb_fifo",this);
   result_mon_scb_fifo  = new("result_mon_scb_fifo",this);
endfunction : build_phase

function void connect_phase(uvm_phase phase);
     agent_h.cmd_ap.connect(command_mon_cov_fifo.analysis_export);

     coverage_h.cmd_port.connect(command_mon_cov_fifo.blocking_get_export);

     agent_h.cmd_ap.connect(command_mon_scb_fifo.analysis_export);

     scoreboard_h.cmd_port.connect(command_mon_scb_fifo.blocking_get_export);

     agent_h.result_ap.connect(result_mon_scb_fifo.analysis_export);

     scoreboard_h.result_port.connect(result_mon_scb_fifo.blocking_get_export);

     reg_model_h.default_map.set_sequencer(bus_agent_h.sequencer_h, adapter_h);
     //reg_model_h.default_map.set_auto_predict(1);
     predictor_h.map = reg_model_h.default_map;
     predictor_h.adapter = reg_adapter_h;
     bus_agent_h.bus_trans_ap.connect(predictor_h.bus_in);
     reg_model_h.sequencer_h = bus_agent_h.sequencer_h;
     bus_agent_h.sequencer_h.reg_model_h = reg_model_h;
     bus_agent_h.sequencer_h.adapter_h = adapter_h;

endfunction : connect_phase
```

```
    function new (string name, uvm_component parent);
        super.new(name,parent);
    endfunction : new
endclass
```

注意：

(1) 本章提供的方法只适用于 UVM-1800.2-2017，并不适用于 UVM-1.2 及之前更老的版本。

(2) 这里的示例仅用于说明，在实际工程项目中的寄存器模型要远比这里复杂。

第38章 对寄存器突发访问的建模方法

38.1 背景技术方案及缺陷

38.1.1 现有方案

通常情况下，UVM 提供的寄存器模型可以非常方便地对 DUT 中的寄存器进行建模，并且提供了一系列的寄存器访问接口方法，以此来方便地对 DUT 中寄存器的读写访问及其功能进行验证。例如验证开发人员可以通过调用寄存器的 read 和 write 方法轻松地完成对某个寄存器的一次读写访问，但是每调用一次寄存器读写访问方法，只会对某个寄存器发起一次读或写访问，这是因为寄存器模型中的适配器一次只能处理对一个寄存器的访问，但是一些常见的 SoC 总线是支持突发(Burst)读写访问的，例如典型的 AHB 总线(由 ARM 公司提出的总线规范，全称为 Advanced High-performance Bus)就支持突发访问传输特性。

UVM 提供的寄存器模型接口方法中不支持对寄存器的突发读写访问，只提供了对存储的突发读写访问的支持，这给验证开发人员的验证工作带来了麻烦，需要花费更多的精力来对设计中的这种寄存器突发读写访问功能进行验证。

同时这也意味着寄存器突发读写访问功能点永远不会被测试覆盖到，遗留了验证漏洞，可能会导致芯片流片的失败，而且由于不支持突发读写访问，读写访问及仿真的效率也会受到影响。除此之外，验证开发人员还需要手动地更新维护寄存器模型中的镜像值，而不是使用 UVM 寄存器模型中提供的预测同步机制，这对于一个较为复杂的芯片来讲，往往其中会有成千上万个寄存器，这种手动更新维护的验证方法效率非常低。

38.1.2 主要缺陷

主要缺陷如下：

(1) 现有基于 UVM 验证方法学搭建的寄存器模型不支持对寄存器的突发读写访问行为功能的建模，导致暂时没有有效且可行的方案。

(2) 由于 UVM 缺乏对寄存器突发读写访问行为功能的支持，因此该功能点无法被测试覆盖到，遗留了验证漏洞，可能会导致芯片流片的失败。

（3）寄存器读写访问及仿真的效率也会受到不良影响。

（4）验证开发人员需要手动更新维护寄存器模型中的镜像值，而不是使用 UVM 寄存器模型中提供的预测同步机制，这对于一个较为复杂的芯片来讲，往往其中会有成千上万个寄存器，这种手动更新维护的验证方法效率非常低。

因此需要有一种对寄存器突发访问的建模方法来解决上述缺陷问题。

38.2 解决的技术问题

通过一种对寄存器突发访问的建模方法来解决上述缺陷问题。

38.3 提供的技术方案

38.3.1 结构

可以通过在调用寄存器模型的读写访问接口方法时传递扩展对象（Extension Object）并对原先的寄存器访问相关组件进行改造。

本章提供的对寄存器突发访问建模的验证平台结构示意图如图 38-1 所示。

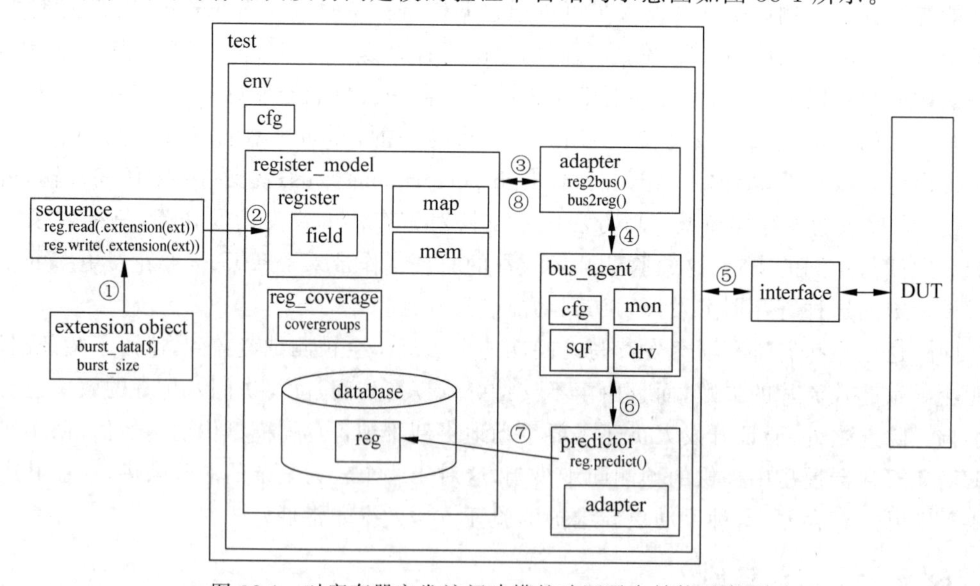

图 38-1 对寄存器突发访问建模的验证平台结构示意图

38.3.2 原理

1. 突发读寄存器访问流程及原理（图 38-1 中的标号①～⑧对应于下面的描述（1）～（8））

（1）创建寄存器突发读访问的扩展对象，使在调用寄存器读访问方法时作为输入参数，用于指定本次突发读访问的相关信息，主要包括突发访问的长度信息。

（2）调用寄存器模型中寄存器的读访问方法，将上述扩展对象作为输入参数进行传递，并更新寄存器模型相应寄存器的值。

（3）寄存器模型产生请求序列，并产生寄存器模型数据请求类型的序列元素。

（4）调用适配器的 reg2bus 方法将上述类型的请求序列元素转换成寄存器总线事务类型的请求序列元素，这里需要将扩展对象的突发读访问的长度信息封装到寄存器总线事务类型中。

（5）首先将寄存器总线事务类型请求序列元素传送给寄存器总线序列器，接着由序列器传送给寄存器总线驱动器，然后驱动器根据请求事务数据类型中的突发读访问的长度信息将其驱动到寄存器总线上并依次返回读取的寄存器的值，并将返回的数值放回事务请求数据中。

（6）寄存器总线监测器监测到上述被驱动到寄存器总线上的事务请求数据，然后对该突发读访问进行拆分，以便转换为多次单个寄存器的读访问，并逐一广播给预测器。

（7）预测器根据接收的寄存器总线事务请求数据来完成对突发读访问寄存器的镜像值与实际值的更新同步。

（8）调用适配器的 bus2reg 方法将总线事务请求数据中读取的值传递给寄存器模型的事务类型中，相当于返给了寄存器模型，此时在寄存器读总线上可以依次看到突发访问寄存器的值。

2．突发写寄存器访问流程及原理（图 38-1 中的标号①～⑧对应于下面的描述（1）～（8））

（1）创建寄存器突发写访问的扩展对象，使在调用寄存器写访问方法时作为输入参数，用于指定本次突发写访问的相关信息，主要包括突发访问的数据队列和突发长度信息。

（2）调用寄存器模型中寄存器的写访问方法，将上述扩展对象作为输入参数进行传递，并更新寄存器模型相应寄存器的值。

（3）寄存器模型产生请求序列，并产生寄存器模型数据请求类型的序列元素。

（4）调用适配器（adapter）的 reg2bus 方法将上述类型的请求序列元素转换成寄存器总线事务类型的请求序列元素，这里需要将扩展对象的突发写访问的数据队列和突发访问长度信息封装到寄存器总线事务类型中。

（5）首先将寄存器总线事务类型请求序列元素传送给寄存器总线序列器，接着由序列器传送给寄存器总线驱动器，然后驱动器根据请求事务数据类型中的突发写访问的数据队列和突发访问长度信息将其驱动到寄存器总线上。

（6）寄存器总线监测器监测到上述被驱动到寄存器总线上的事务请求数据，然后对该突发写访问进行拆分，以便转换为多次单个寄存器的写访问，并逐一广播给预测器。

（7）预测器根据接收的寄存器总线事务请求数据来完成对突发写访问寄存器的镜像值与实际值的更新同步。

（8）此时在寄存器写总线上可以依次看到扩展对象中配置的数据队列被依次写入了目标突发访问寄存器，也可以通过再发起读访问来验证是否写成功。

38.3.3 优点

优点如下：

（1）兼容现有的 UVM 方法学来搭建验证平台架构。

（2）实现了寄存器突发访问的建模，从而避免了 38.1.2 节中出现的缺陷问题。

38.3.4 具体步骤

先来了解这里工作过程示例的寄存器总线，因为这里仅作为方法的示例，因此该寄存器总线较为简单，在实际项目中的寄存器总线复杂多变，需要根据具体项目的实际情况应用本章给出的方法，但方法和原理都是一致的。

示例中寄存器总线上的信号如下。

（1）bus_valid：为 1 时总线数据有效，为 0 时无效。该有效信号只持续一个时钟，DUT 应该在其为 1 的期间对总线上的数据进行采样。如果是写操作，则 DUT 应该在下一个时钟检测到总线数据有效后，采样总线上的数据并写入其内部寄存器。如果是读操作，则 DUT 应该在下一个时钟检测到总线数据有效后，将寄存器数据读到数据总线上。

（2）bus_op：总线读写操作。为 2'b00 时向总线上写单个寄存器操作，为 2'b01 时从总线上读单个寄存器操作，为 2'b10 时向总线上发起突发读操作，为 2'b11 时向总线上发起突发写操作。

（3）bus_addr：表示地址总线上的地址，其位宽为 16 位。

（4）bus_wr_data：表示写数据总线上的 16 位宽的数据。

（5）bus_rd_data：表示从数据总线上读取的 16 位宽的数据。

这里地址总线宽度为 16 位，数据总线宽度也为 16 位，这里示例的突发访问读写寄存器 burst_reg 的位宽也为 16 位，即与总线宽度一致，这里为突发访问读写寄存器 burst_reg0～7 分配的总线地址为 16'h20～16'h27。

如果要对上述 burst_reg 进行突发访问，则只要发起对寄存器 burst_reg0 的读写访问即可，并且此时 bus_valid 信号需要为高电平有效，具体分为以下突发写和突发读访问两个过程：

（1）当发起的是突发写访问操作时，在 bus_valid 信号为高的同时，将写数据总线 bus_wr_data 上的数据顺次写入寄存器 burst_reg0～7，具体写入寄存器的数量取决于突发访问的长度。

（2）当发起的是突发读访问操作时，检测 bus_valid 信号为高，然后将寄存器 burst_reg0～7 的值依次传输到读数据总线 bus_rd_data 上，具体传输到读数据总线上的寄存器数量同样取决于突发访问的长度。

DUT 示例，代码如下：

```
module demo_rtl(A, B, clk, op, reset_n, start, done, result, bus_valid, bus_op, bus_addr, bus_
wr_data, bus_rd_data);
```

```
input [7:0]        A;
input [7:0]        B;
input              clk;
input [2:0]        op;
input              reset_n;
input              start;
output             done;
output [15:0]      result;

input              bus_valid;
input [1:0]        bus_op;
input [15:0]       bus_addr;
input [15:0]       bus_wr_data;
output reg[15:0]      bus_rd_data;


wire               done_aax;
wire               done_mult;
wire [15:0]        result_aax;
wire [15:0]        result_mult;
reg                 start_single;
reg                 start_mult;
reg                 done_internal;
reg[15:0]           result_internal;

reg [15:0]         ctrl_reg;
reg [15:0]         status_reg;
reg [31:0]         counter_reg;
reg [15:0]         id_reg;
reg [15:0]         id_reg_pointer;
reg [10][15:0]     id_reg_value;
reg [10][15:0]     mem;

reg [15:0]         burst_reg0;
reg [15:0]         burst_reg1;
reg [15:0]         burst_reg2;
reg [15:0]         burst_reg3;
reg [15:0]         burst_reg4;
reg [15:0]         burst_reg5;
reg [15:0]         burst_reg6;
reg [15:0]         burst_reg7;
reg [7:0] wr_burst_num;
reg [7:0] rd_burst_num;

always @(op[2] or start) begin
   case (op[2])
      1'b0 :
         begin
            start_single <= start;
            start_mult <= 1'b0;
         end
      1'b1 :
```

```
            begin
               start_single <= 1'b0;
               start_mult <= start;
            end
         default :
            ;
      endcase
   end

   always @(result_aax or result_mult or op) begin
      case (op[2])
         1'b0 :
            result_internal <= result_aax;
         1'b1 :
            result_internal <= result_mult;
         default :
            result_internal <= {16{1'bx}};
      endcase
   end

   always @(done_aax or done_mult or op) begin
      case (op[2])
         1'b0 :
            done_internal <= done_aax;
         1'b1 :
            done_internal <= done_mult;
         default :
            done_internal <= 1'bx;
      endcase
   end

   always @(posedge clk)begin
       if(!reset_n)begin
           ctrl_reg <= 16'h0;
           status_reg <= 16'h0;
           counter_reg <= 32'h0;
           id_reg <= 16'h0;
           id_reg_value[0] <= 16'h0;
           id_reg_value[1] <= 16'h1;
           id_reg_value[2] <= 16'h2;
           id_reg_value[3] <= 16'h3;
           id_reg_value[4] <= 16'h4;
           id_reg_value[5] <= 16'h5;
           id_reg_value[6] <= 16'h6;
           id_reg_value[7] <= 16'h7;
           id_reg_value[8] <= 16'h8;
           id_reg_value[9] <= 16'h9;
           mem[0] <= 16'h0;
           mem[1] <= 16'h0;
           mem[2] <= 16'h0;
           mem[3] <= 16'h0;
```

```
        mem[4] <= 16'h0;
        mem[5] <= 16'h0;
        mem[6] <= 16'h0;
        mem[7] <= 16'h0;
        mem[8] <= 16'h0;
        mem[9] <= 16'h0;
        burst_reg0 <= 16'h0;
        burst_reg1 <= 16'h0;
        burst_reg2 <= 16'h0;
        burst_reg3 <= 16'h0;
        burst_reg4 <= 16'h0;
        burst_reg5 <= 16'h0;
        burst_reg6 <= 16'h0;
        burst_reg7 <= 16'h0;
        wr_burst_num <= 8'h0;
    end
    else if(bus_valid && (bus_op == 2'b00))begin
        case(bus_addr)
            16'h8:begin
                ctrl_reg <= bus_wr_data;
            end
            16'hc:begin
                id_reg_value[id_reg_pointer] <= bus_wr_data;
            end
            16'h10:begin
                mem[0] <= bus_wr_data;
            end
            16'h11:begin
                mem[1] <= bus_wr_data;
            end
            16'h12:begin
                mem[2] <= bus_wr_data;
            end
            16'h13:begin
                mem[3] <= bus_wr_data;
            end
            16'h14:begin
                mem[4] <= bus_wr_data;
            end
            16'h15:begin
                mem[5] <= bus_wr_data;
            end
            16'h16:begin
                mem[6] <= bus_wr_data;
            end
            16'h17:begin
                mem[7] <= bus_wr_data;
            end
            16'h18:begin
                mem[8] <= bus_wr_data;
            end
```

```
                16'h19:begin
                    mem[9] <= bus_wr_data;
                end
                16'h20:begin
                    burst_reg0 <= bus_wr_data;
                end
                16'h21:begin
                    burst_reg1 <= bus_wr_data;
                end
                16'h22:begin
                    burst_reg2 <= bus_wr_data;
                end
                16'h23:begin
                    burst_reg3 <= bus_wr_data;
                end
                16'h24:begin
                    burst_reg4 <= bus_wr_data;
                end
                16'h25:begin
                    burst_reg5 <= bus_wr_data;
                end
                16'h26:begin
                    burst_reg6 <= bus_wr_data;
                end
                16'h27:begin
                    burst_reg7 <= bus_wr_data;
                end
                default:;
            endcase
        end
        else if(bus_valid && (bus_op == 2'b11) && (bus_addr == 16'h20))begin
          case(wr_burst_num)
            8'd0: burst_reg0 <= bus_wr_data;
            8'd1: burst_reg1 <= bus_wr_data;
            8'd2: burst_reg2 <= bus_wr_data;
            8'd3: burst_reg3 <= bus_wr_data;
            8'd4: burst_reg4 <= bus_wr_data;
            8'd5: burst_reg5 <= bus_wr_data;
            8'd6: burst_reg6 <= bus_wr_data;
            8'd7: burst_reg7 <= bus_wr_data;
          endcase
          wr_burst_num <= wr_burst_num + 1;
        end
        else
          wr_burst_num <= 0;

        if(ctrl_reg[1])begin
            if(A == 8'hff)
                status_reg[0] <= 1'b1;
            else
                status_reg[0] <= 1'b0;
```

```
            if(B == 8'hff)
                status_reg[1] <= 1'b1;
            else
                status_reg[1] <= 1'b0;
            if(A == 8'h00)
                status_reg[2] <= 1'b1;
            else
                status_reg[2] <= 1'b0;
            if(B == 8'h00)
                status_reg[3] <= 1'b1;
            else
                status_reg[3] <= 1'b0;
        end

        if(done_internal)
            counter_reg <= counter_reg + 1'b1;
    end

    always @(posedge clk)begin
        if(!reset_n)begin
            bus_rd_data <= 16'h0;
            id_reg_pointer <= 16'h0;
        end
        else if(bus_valid && (bus_op == 2'b01))begin
            case(bus_addr)
                16'h8:begin
                    bus_rd_data <= ctrl_reg;
                end
                16'h9:begin
                    bus_rd_data <= status_reg;
                end
                16'ha:begin
                    bus_rd_data <= counter_reg[15:0];
                end
                16'hb:begin
                    bus_rd_data <= counter_reg[31:16];
                end
                16'hc:begin
                    bus_rd_data <= id_reg_value[id_reg_pointer];
                    if(id_reg_pointer == 16'd9)
                         id_reg_pointer <= 16'd0;
                    else
                         id_reg_pointer <= id_reg_pointer + 1;
                end
                16'h10:begin
                    bus_rd_data <= mem[0];
                end
                16'h11:begin
                    bus_rd_data <= mem[1];
                end
                16'h12:begin
```

```
            bus_rd_data <= mem[2];
        end
        16'h13:begin
            bus_rd_data <= mem[3];
        end
        16'h14:begin
            bus_rd_data <= mem[4];
        end
        16'h15:begin
            bus_rd_data <= mem[5];
        end
        16'h16:begin
            bus_rd_data <= mem[6];
        end
        16'h17:begin
            bus_rd_data <= mem[7];
        end
        16'h18:begin
            bus_rd_data <= mem[8];
        end
        16'h19:begin
            bus_rd_data <= mem[9];
        end
        16'h20:begin
            bus_rd_data <= burst_reg0;
        end
        16'h21:begin
            bus_rd_data <= burst_reg1;
        end
        16'h22:begin
            bus_rd_data <= burst_reg2;
        end
        16'h23:begin
            bus_rd_data <= burst_reg3;
        end
        16'h24:begin
            bus_rd_data <= burst_reg4;
        end
        16'h25:begin
            bus_rd_data <= burst_reg5;
        end
        16'h26:begin
            bus_rd_data <= burst_reg6;
        end
        16'h27:begin
            bus_rd_data <= burst_reg7;
        end
        default:begin
            bus_rd_data <= 16'h0;
        end
    endcase
```

```
        end
        else if(bus_valid && (bus_op == 2'b10) && (bus_addr == 16'h20))begin
          case(rd_burst_num)
            8'd0: bus_rd_data <= burst_reg0;
            8'd1: bus_rd_data <= burst_reg1;
            8'd2: bus_rd_data <= burst_reg2;
            8'd3: bus_rd_data <= burst_reg3;
            8'd4: bus_rd_data <= burst_reg4;
            8'd5: bus_rd_data <= burst_reg5;
            8'd6: bus_rd_data <= burst_reg6;
            8'd7: bus_rd_data <= burst_reg7;
          endcase
          rd_burst_num <= rd_burst_num + 1;
        end
        else
          rd_burst_num <= 0;
    end

    single_cycle add_and_xor(.A(A), .B(B), .clk(clk), .op(op), .reset_n(reset_n), .start
  (start_single), .done_aax(done_aax), .result_aax(result_aax));

    three_cycle mult(.A(A), .B(B), .clk(clk), .reset_n(reset_n), .start(start_mult), .done_
  mult(done_mult), .result_mult(result_mult));

    assign result = (ctrl_reg[0])? ~result_internal : result_internal;
    assign done = done_internal;

  endmodule
```

在清楚了寄存器总线的时序功能行为及寄存器的总线地址和数据宽度之后，来看如何在验证平台中对上述这种支持突发访问的寄存器行为进行建模。

第1步，创建寄存器突发读写访问的扩展对象，使在调用寄存器读写访问方法时作为输入参数，用于指定本次突发访问的相关信息，包括突发访问的数据和长度信息。

大多数UVM提供的寄存器访问方法容许传入一个扩展对象作为输入参数，从而传递此次寄存器总线操作的额外信息，例如目标id编号、传输延迟等控制信息，这些都可以在寄存器适配器中完成解码和转换为实际总线上的事务请求数据，因此可以把寄存器突发访问的相关数据信息也存入该扩展对象内，即使用该扩展对象里的数据成员对象来对突发访问的数据和长度进行建模。

本例中扩展对象extension_object派生于UVM对象，代码如下：

```
class extension_object extends uvm_object;
  rand bit[15:0] burst_data[ $ ];
  rand bit[7:0] burst_size;

  function new(string name = "");
    super.new(name);
  endfunction
endclass
```

第2步，在寄存器适配器中对寄存器突发访问事务类型进行解码，从而完成对寄存器突发读写访问的总线事务数据类型和寄存器模型能够接受的事务数据类型之间的相互转换。

由于适配器一次只能处理一个寄存器的访问，而要实现对突发读写访问，需要使用某种方式来告诉它，实际上需要对更多的寄存器进行读写访问，而UVM中的适配器提供了两种方法，分别是reg2bus和bus2reg方法，因此需要在上述两种方法中完成对寄存器突发访问事务类型的解码和转换。

1. reg2bus()方法

其作用是在验证开发人员调用寄存器读写访问方法时使寄存器模型发出的事务请求类型转换成寄存器总线能够接受的事务数据类型。

首先需要在其中声明扩展对象，然后调用适配器的get_item方法以获取本次发起的寄存器模型的访问事务数据，接着判断该事务数据类型是否带有寄存器突发访问所需的扩展对象信息，并且判断类型是否和之前定义的一致，以及突发访问的长度是否为1，通过以上这些判断的结果来最终确定本次是单个寄存器读写访问还是突发寄存器读写访问。

如果是一般的单个寄存器读写访问，则将寄存器模型的访问事务数据类型中的访问地址、读写访问类型、访问数据信息传递并封装为寄存器总线上的事务数据类型。如果是突发寄存器读写访问，则将使用本次寄存器模型的访问事务数据类型中的访问地址、访问类型和扩展对象中的突发访问数据和长度信息进行传递并封装为寄存器总线上的事务数据类型，从而构造在寄存器总线发起对应的突发读写访问请求数据。

2. bus2reg()方法

与上面相反，其作用为当监测到总线上有对寄存器的读写访问操作时，它将收集到的总线上的事务请求类型转换成寄存器模型能够接受的事务数据类型，以便寄存器模型能够读到返回的寄存器的值。

因为需要将突发读写访问转换为多次的单个寄存器的读写访问，因此，这里判断如果是突发读写访问类型，则需要将其转换为一般的单个寄存器的读写访问类型，其他方面没什么变化，和一般情况下一样将寄存器总线上的事务数据类型信息传递并封装为寄存器模型的访问事务数据类型即可，代码如下：

```
class adapter extends uvm_reg_adapter;
    `uvm_object_utils(adapter)
...

    function uvm_sequence_item reg2bus(const ref uvm_reg_bus_op rw);
        bus_transaction bus_trans;
        uvm_reg_item item = get_item();
        extension_object ext;

        bus_trans = bus_transaction::type_id::create("bus_trans");
        if((item.extension == null) || (! $cast(ext, item.extension) || (ext.burst_size ==
1))) begin
          bus_trans.addr = rw.addr;
```

```
            bus_trans.bus_op = (rw.kind == UVM_READ)? bus_rd: bus_wr;
            if (bus_trans.bus_op == bus_wr)begin
              bus_trans.wr_data = rw.data;
            end
            bus_trans.burst_size = 'd1;
            return bus_trans;
          end
          else begin
            bus_trans.addr = rw.addr;
            bus_trans.bus_op = (rw.kind == UVM_READ)? burst_rd: burst_wr;
            if (bus_trans.bus_op == burst_wr)begin
              bus_trans.wr_data = rw.data;
              foreach(ext.burst_data[idx])begin
                bus_trans.burst_data[idx] = ext.burst_data[idx];
              end
            end
            bus_trans.burst_size = ext.burst_size;
            return bus_trans;
          end
    endfunction

    function void bus2reg(uvm_sequence_item bus_item,ref uvm_reg_bus_op rw);
          bus_transaction bus_trans;
          if (! $cast(bus_trans, bus_item)) begin
              `uvm_fatal("NOT_BUS_TYPE","Provided bus_item is not of the correct type")
              return;
          end
          case(bus_trans.bus_op)
            bus_rd,burst_rd: rw.kind = UVM_READ;
            bus_wr,burst_wr: rw.kind = UVM_WRITE;
          endcase
          rw.addr = bus_trans.addr;
          rw.data = (bus_trans.bus_op == bus_rd)? bus_trans.rd_data : bus_trans.wr_data;
          rw.status = UVM_IS_OK;
    endfunction
endclass
```

第 3 步，将之前适配器中的 reg2bus 方法转换后的寄存器访问事务请求数据驱动到寄存器总线上。

如果是突发写操作，则将转换后的突发数据队列中的值逐一驱动到寄存器写数据总线上。如果是寄存器读请求（包括单个的读操作和突发的读操作），则将读回来的寄存器值返回总线事务类型中。此外，适配器会接收来自序列器传送过来的寄存器总线读写请求，因此需要将寄存器读写数据等信息封装到寄存器模型的事务类型中，代码如下：

```
class bus_driver extends uvm_driver #(bus_transaction);
   `uvm_component_utils(bus_driver)
   virtual simple_bus_bfm bus_bfm;

   function void build_phase(uvm_phase phase);
```

```
      if(!uvm_config_db #(virtual simple_bus_bfm)::get(null, "*","bus_bfm", bus_bfm))
        `uvm_fatal("BUS DRIVER", "Failed to get BFM")
   endfunction : build_phase

   task run_phase(uvm_phase phase);
      forever begin
        bit[15:0] rd_data;
         seq_item_port.try_next_item(req);
         if(req!= null)begin
          bus_bfm.send_op(req,rd_data);
          req.rd_data = rd_data;
            `uvm_info(this.get_name(), $sformatf("drive bus item is %s", req.
convert2string),UVM_LOW)
          seq_item_port.item_done();
         end
         else begin
          @(bus_bfm.drv)
          bus_bfm.init();
         end
      end
   endtask : run_phase

   function new (string name, uvm_component parent);
      super.new(name, parent);
   endfunction : new
endclass : bus_driver

interface simple_bus_bfm(input clk, input reset_n);
   import demo_pkg::*;
   parameter tsu = 1ps;
   parameter tco = 0ps;

   bus_monitor bus_monitor_h;
   logic        bus_valid;
   logic [1:0]  bus_op;
   logic [15:0] bus_wr_data;
   logic [15:0] bus_addr;
   wire [15:0] bus_rd_data;

   clocking drv@(posedge clk);
    output #tco bus_valid;
    output #tco bus_op;
    output #tco bus_wr_data;
    output #tco bus_addr;
    output #tco bus_rd_data;
   endclocking

   clocking mon@(posedge clk);
    input #tsu bus_valid;
    input #tsu bus_op;
    input #tsu bus_wr_data;
```

```
  input #tsu bus_addr;
  input #tsu bus_rd_data;
 endclocking

task send_op(input bus_transaction req, output bit[15:0] o_rd_data);
       @(drv);
       drv.bus_valid <= 1'b1;
       case(req.bus_op.name())
        "bus_wr":   drv.bus_op <= 2'b00;
        "bus_rd":   drv.bus_op <= 2'b01;
        "burst_rd": drv.bus_op <= 2'b10;
        "burst_wr": drv.bus_op <= 2'b11;
       endcase
       drv.bus_addr <= req.addr;
       case(req.bus_op.name())
        "bus_rd":   drv.bus_wr_data <= 16'h0;
        "bus_wr":   drv.bus_wr_data <= req.wr_data;
        "burst_rd": begin
          for(int i = 0;i < req.burst_size;i++)begin
            drv.bus_wr_data <= 16'h0;
            if(i != req.burst_size - 1)
              @(drv);
          end
        end
        "burst_wr": begin
          foreach(req.burst_data[idx])begin
            drv.bus_wr_data <= req.burst_data[idx];
            if(idx != req.burst_data.size() - 1)
              @(drv);
          end
        end
       endcase

       @(drv);
       drv.bus_valid <= 1'b0;
       drv.bus_op <= 2'b00;
       drv.bus_addr <= 16'h0;
       drv.bus_wr_data <= 16'h0;

       @(mon);
       if(req.bus_op.name() == "bus_rd")begin
        o_rd_data = bus_rd_data;
       end
 endtask : send_op

 task init();
   bus_valid <= 0;
   bus_op <= 'dx;
   bus_wr_data <= 'dx;
   bus_addr <= 'dx;
 endtask
```

```
    function bus_op_t op2enum();
            case(bus_op)
                    2'b00 : return bus_rd;
                    2'b01 : return bus_wr;
                    2'b10 : return burst_rd;
                    2'b11 : return burst_wr;
                    default : $fatal("Illegal operation on bus_op bus");
            endcase
    endfunction
endinterface : simple_bus_bfm
```

第 4 步,在寄存器总线监测器中对寄存器总线上的事务请求进行监测,如果监测到是突发读写访问类型,则将其拆分并转换为多次单个寄存器的读写访问,然后逐一广播给预测器,从而使其可以正常地完成对突发访问寄存器的镜像值与实际值的更新同步。

还需要考虑寄存器的预测同步方式,通常验证平台中使用的是寄存器显示预测方式,这样可以尽可能地保证寄存器模型中的镜像值和 DUT 中实际寄存器值的同步,而该寄存器预测同步功能是由预测器来完成的,该预测器会通过 TLM 通信端口获取来自寄存器总线监测器广播过来的数据,并且通过内部的逻辑发起对目标访问寄存器的预测同步,但是,预测器只能处理一般的单个寄存器的读写访问请求,即预测器并不知道什么时候会发起突发访问,因此监测器需要将突发读写访问的事务请求类型转换为多个单个寄存器的读写访问,并广播给预测器,这样该突发读写访问操作才能被预测器进行逐一更新预测以实现寄存器模型镜像值和 DUT 中实际寄存器值的同步。

这里的预测器派生于 UVM 的 uvm_reg_predictor 类,它与寄存器总线监测器进行连接以获取总线上监测到的数据,然后匹配与目标访问寄存器有关的地址,并自动调用寄存器模型的预测同步方法,从而完成与 DUT 中实际寄存器数值的同步,代码如下:

```
class predictor extends uvm_reg_predictor #(bus_transaction);
  `uvm_component_utils(predictor)

  function new(string name,uvm_component parent);
    super.new(name,parent);
  endfunction
endclass

class bus_monitor extends uvm_monitor;
   `uvm_component_utils(bus_monitor)

   virtual simple_bus_bfm bus_bfm;
   uvm_analysis_port #(bus_transaction) ap;

   function new (string name, uvm_component parent);
      super.new(name,parent);
   endfunction

   function void build_phase(uvm_phase phase);
```

```
      if(!uvm_config_db #(virtual simple_bus_bfm)::get(null, "*","bus_bfm", bus_bfm))
`uvm_fatal("BUS MONITOR", "Failed to get BFM")
      bus_bfm.bus_monitor_h = this;
      ap   = new("ap",this);
   endfunction : build_phase

   task run_phase(uvm_phase phase);
     bus_transaction bus_trans;
     int burst_num = 0;
     bus_op_t bus_op_before;
     bit[16:0] bus_addr_before;
     bus_trans = new("bus_trans");

     forever begin
      @(bus_bfm.mon);
      case(op2enum(bus_bfm.mon.bus_op))
        burst_rd: begin
          bus_trans.bus_op = bus_rd;
          bus_trans.addr = bus_bfm.mon.bus_addr + burst_num;
          if(burst_num == 0)begin
            bus_trans.burst_data.delete();
            @(bus_bfm.mon);
          end
          bus_trans.burst_data.push_back(bus_bfm.mon.bus_rd_data);
          bus_trans.wr_data = bus_bfm.mon.bus_wr_data;
          bus_trans.rd_data = bus_bfm.mon.bus_rd_data;
          burst_num++;
        end
        burst_wr: begin
          bus_trans.bus_op = bus_wr;
          bus_trans.addr = bus_bfm.mon.bus_addr + burst_num;
          bus_trans.wr_data = bus_bfm.mon.bus_wr_data;
          bus_trans.rd_data = bus_bfm.mon.bus_rd_data;
          burst_num++;
        end
        bus_rd: begin
          bus_trans.bus_op = bus_bfm.mon.bus_op;
          bus_trans.addr = bus_bfm.mon.bus_addr;
          bus_trans.wr_data = bus_bfm.mon.bus_wr_data;
          @(bus_bfm.mon);
          bus_trans.rd_data = bus_bfm.mon.bus_rd_data;
        end
        bus_wr: begin
          bus_trans.bus_op = bus_bfm.mon.bus_op;
          bus_trans.addr = bus_bfm.mon.bus_addr;
          bus_trans.wr_data = bus_bfm.mon.bus_wr_data;
          bus_trans.rd_data = bus_bfm.mon.bus_rd_data;
        end
      endcase
      if((bus_op_before == burst_rd) && (bus_op_before != bus_bfm.mon.bus_op))begin
        @(bus_bfm.mon);
```

```
            bus_trans.bus_op = bus_rd;
            bus_trans.addr = bus_addr_before + burst_num;
            bus_trans.burst_data.push_back(bus_bfm.mon.bus_rd_data);
            bus_trans.wr_data = bus_bfm.mon.bus_wr_data;
            bus_trans.rd_data = bus_bfm.mon.bus_rd_data;
            burst_num = 0;
            bus_addr_before = 0;
            ap.write(bus_trans);
            `uvm_info("BUS MONITOR",bus_trans.convert2string(), UVM_MEDIUM);
          end
          if((bus_op_before == burst_wr) && (bus_op_before != bus_bfm.mon.bus_op))begin
            burst_num = 0;
            bus_addr_before = 0;
          end
          if((bus_bfm.mon.bus_op == burst_rd) || (bus_op_before == burst_rd))begin
            foreach(bus_trans.burst_data[idx])begin
              `uvm_info("BUS MONITOR", $sformatf("bus_op is burst_rd, burst_data[%0d] is %
0h",idx,bus_trans.burst_data[idx]),UVM_LOW)
            end
          end
          bus_op_before = bus_bfm.mon.bus_op;
          bus_addr_before = bus_bfm.mon.bus_addr;
          if(bus_bfm.mon.bus_valid)begin
            ap.write(bus_trans);
            `uvm_info("BUS MONITOR",bus_trans.convert2string(), UVM_MEDIUM);
          end
        end
      endtask

      function bus_op_t op2enum(bit[1:0] bus_op);
          case(bus_op)
              2'b00 : return bus_rd;
              2'b01 : return bus_wr;
              2'b10 : return burst_rd;
              2'b11 : return burst_wr;
              default : $fatal("Illegal operation on bus_op bus");
          endcase
      endfunction
  endclass : bus_monitor
```

第5步,在寄存器访问序列里声明例化并配置寄存器突发访问所需要的扩展对象,然后调用寄存器的 write 和 read 方法即可完成对寄存器的突发读写访问。

如果是突发写访问,则配置要写入的数据队列及数据长度,如果是突发读访问,则配置读的数据长度。发起突发读写访问操作后,寄存器模型依然会和以往的寄存器显示预测方式一样,自动完成寄存器模型镜像值与 DUT 实际寄存器值的更新同步。

综上,最终可以通过简单地调用寄存器的 write 和 read 读写访问方法来完成对寄存器的突发读写访问功能的支持,从而解决了之前提到的缺陷问题,代码如下:

```
class bus_sequence extends uvm_sequence #(bus_transaction);
   `uvm_object_utils(bus_sequence)
   `uvm_declare_p_sequencer(bus_sequencer)

   function new(string name = "bus_sequence");
      super.new(name);
   endfunction : new

   task body();
         uvm_status_e status;
         uvm_reg_data_t value;
         extension_object ext;

         ext = new();
         //突发写
         `uvm_info(this.get_name(), $sformatf("Let's start burst write, burst_size is 6"),
UVM_LOW)
         ext.burst_size = 6;
         for(int i = 0;i < ext.burst_size;i++)begin
           ext.burst_data.push_back(16'h6666 + i);
         end
         p_sequencer.reg_model_h.burst_reg_h[0].write(status, 16'h7777,.extension(ext));
         for(int i = 0;i < ext.burst_size;i++)begin
           value = p_sequencer.reg_model_h.burst_reg_h[i].get_mirrored_value();
           `uvm_info("BUS SEQ", $sformatf("burst_reg_h[%0d] mirrored value is %4h",i,
value), UVM_MEDIUM)
           value = p_sequencer.reg_model_h.burst_reg_h[i].get();
           `uvm_info("BUS SEQ", $sformatf("burst_reg_h[%0d] desired value is %4h",i,
value), UVM_MEDIUM)
           p_sequencer.reg_model_h.burst_reg_h[i].read(status, value,UVM_BACKDOOR);
           `uvm_info("BUS SEQ", $sformatf("burst_reg_h[%0d] read value is %4h",i,value),
UVM_MEDIUM)
         end
         ext.burst_data.delete();

         //突发读
         `uvm_info(this.get_name(), $sformatf("Let's start burst read, burst_size is 6, read
data should be same with write before"),UVM_LOW)
         p_sequencer.reg_model_h.burst_reg_h[0].read(status, value,.extension(ext));

         `uvm_info("BUS SEQ", $sformatf("burst_reg_h[0] read value is %4h",value), UVM_
MEDIUM)
   endtask : body
endclass : bus_sequence

class env extends uvm_env;
   ...
   bus_agent      bus_agent_h;
   reg_model reg_model_h;
   adapter adapter_h;
   predictor predictor_h;
```

```
    function void build_phase(uvm_phase phase);
        bus_agent_h    = bus_agent::type_id::create ("bus_agent_h",this);
        bus_agent_h.is_active = UVM_ACTIVE;

        reg_model_h    = reg_model::type_id::create ("reg_model_h");
        reg_model_h.configure();
        reg_model_h.build();
        reg_model_h.lock_model();
        reg_model_h.reset();
        reg_model_h.add_hdl_path("top.DUT");
        adapter_h    = adapter::type_id::create ("adapter_h");
        predictor_h = predictor::type_id::create("predictor_h",this);
        reg_model_h.add_hdl_path("top.DUT");
    endfunction : build_phase

    function void connect_phase(uvm_phase phase);
          ...
          reg_model_h.default_map.set_sequencer(bus_agent_h.sequencer_h, adapter_h);
          predictor_h.map = reg_model_h.default_map;
          predictor_h.adapter = adapter_h;
          bus_agent_h.bus_trans_ap.connect(predictor_h.bus_in);
    endfunction : connect_phase
endclass

class demo_test extends base_test;
     `uvm_component_utils(demo_test)
    reset_sequence reset_seq;
    bus_sequence bus_seq;

    function new(string name, uvm_component parent);
        super.new(name,parent);
        reset_seq = reset_sequence::type_id::create("reset_seq");
        bus_seq = bus_sequence::type_id::create("bus_seq");
    endfunction : new

    function void connect_phase(uvm_phase phase);
          env_h.bus_agent_h.sequencer_h.reg_model_h = env_h.reg_model_h;
          env_h.scoreboard_h.reg_model_h = env_h.reg_model_h;
    endfunction

    task main_phase(uvm_phase phase);
        phase.raise_objection(this);
        reset_seq.start(this.env_h.agent_h.sequencer_h);
        #100ns;

bus_seq.start(this.env_h.bus_agent_h.sequencer_h);
        #100ns;
        phase.drop_objection(this);
    endtask
endclass
```

第 39 章

基于 UVM 存储模型的寄存器突发访问的建模方法

39.1 背景技术方案及缺陷

39.1.1 现有方案

本章的现有方案和第 38 章一样,只是本章提供了另一种解决方法,因此,这里不再赘述。

39.1.2 主要缺陷

和 38.1.2 节的缺陷一样,这里不再赘述。

39.2 解决的技术问题

通过基于 UVM 存储模型的突发访问和适配器的读写操作类型转换实现对寄存器突发访问的建模,从而最终解决上述缺陷问题。

注意:本章给出的方法仅适用于 DUT 同时支持寄存器的单个访问和突发访问的情况,否则通过适配器转换后的单个寄存器读写访问不会被寄存器总线所接受,也就不能使用本章的方法。

39.3 提供的技术方案

39.3.1 结构

本章提供的基于 UVM 存储模型的寄存器突发访问的验证平台结构示意图如图 39-1 所示。

39.3.2 原理

1. 突发读寄存器访问流程及原理(图 39-1 中的标号①～⑧对应于下面的描述(1)～(8))

(1) 设置突发读访问寄存器的长度和突发读访问数据的动态数组。

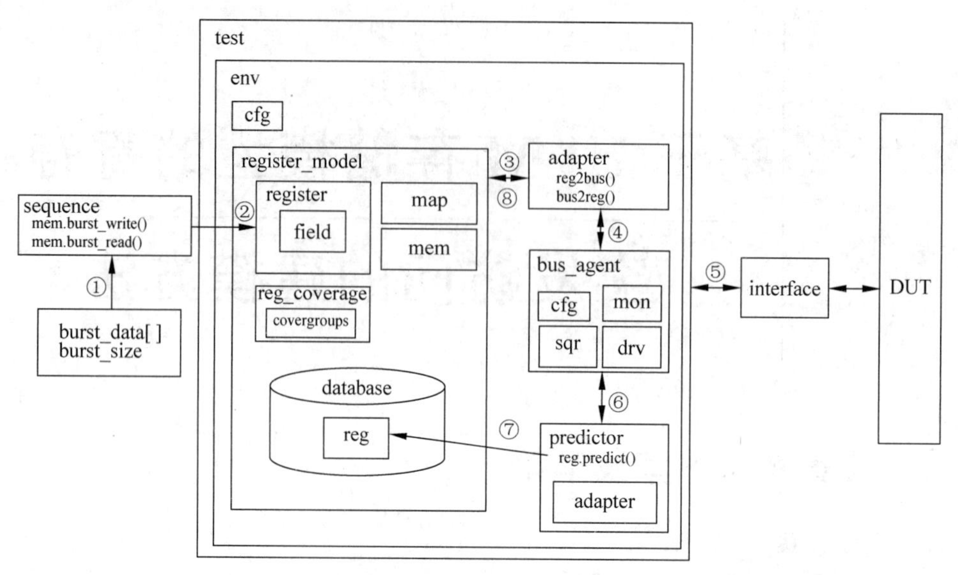

图 39-1　基于 UVM 存储模型的寄存器突发访问的验证平台结构示意图

（2）调用 UVM 提供的存储模型的存储突发读访问方法来对目标突发访问寄存器的读访问。

（3）存储模型产生请求序列，并产生存储模型数据请求类型的序列元素。

（4）调用适配器的 reg2bus 方法将上述类型的请求序列元素转换成寄存器总线事务类型的请求序列元素，这里需要将调用存储模型产生的突发读访问类型自动转换为单个的寄存器读访问类型。

（5）首先将这些单个的寄存器总线事务类型请求序列元素传送给寄存器总线序列器，接着由序列器传送给寄存器总线驱动器，然后驱动器将其驱动到寄存器总线上并依次返回读取的寄存器的值，并将返回的数值放回事务请求数据中。

（6）寄存器总线监测器监测到上述被驱动到寄存器总线上的事务请求数据，然后逐一广播给预测器。

（7）预测器根据接收的寄存器总线事务请求数据来完成对突发读访问寄存器的镜像值与实际值的更新同步。

（8）调用适配器的 bus2reg 方法将总线事务请求数据中读取的值传递给寄存器模型的事务类型中，相当于返给了寄存器模型，此时在寄存器读总线上可以依次看到突发访问寄存器的值。

2. 突发写寄存器访问流程及原理（图 39-1 中的标号①～⑧对应于下面的描述（1）～（8））

（1）设置突发写访问寄存器的长度和突发写访问数据的动态数组。

（2）调用 UVM 提供的存储模型的存储突发写访问方法来对目标突发访问寄存器的写访问。

（3）存储模型产生请求序列，并产生存储模型数据请求类型的序列元素。

(4) 调用适配器的 reg2bus 方法将上述类型的请求序列元素转换成寄存器总线事务类型的请求序列元素，这里需要将调用存储模型产生的突发写访问类型自动转换为单个的寄存器写访问类型。

(5) 首先将这些单个的寄存器总线事务类型请求序列元素传送给寄存器总线序列器，接着由序列器传送给寄存器总线驱动器，然后驱动器根据之前设置的突发写访问的动态数组和突发写访问寄存器的长度信息将其驱动到寄存器总线上。

(6) 寄存器总线监测器监测到上述被驱动到寄存器总线上的事务请求数据，然后逐一广播给预测器。

(7) 预测器根据接收的寄存器总线事务请求数据来完成对突发写访问寄存器的镜像值与实际值的更新同步。

(8) 此时在寄存器写总线上可以依次看到之前设置的突发写访问数组中的数据被依次写入目标突发访问寄存器，也可以通过再发起读访问来验证是否写成功。

39.3.3　优点

优点如下：

(1) UVM 对于寄存器的建模并没有提供突发读写访问的接口方法，但是对于存储的建模却提供了突发读写访问的接口方法，可以利用这一特点来解决寄存器突发读写访问的建模问题，该方法利用了 UVM 中存储模型现有的接口方法，使本章给出的方法更加简便易行。

(2) 利用寄存器模型的适配器来将突发寄存器访问转换为单个寄存器的读写访问，从而实现对寄存器的突发读写访问，这样一来使本章给出的方法可以和 UVM 为寄存器模型提供的显示预测机制无缝衔接，从而可以很方便地实现对突发访问的目标寄存器的镜像值和期望值的预测更新。

39.3.4　具体步骤

用于示例说明的 DUT 和寄存器总线和 38.3.4 节一样，因此这里不再赘述。

在清楚了寄存器总线的时序功能行为及寄存器的总线地址和数据宽度之后，来看如何在验证平台中对上述这种支持突发访问的寄存器行为进行建模。

第 1 步，对突发访问的目标寄存器进行建模，其派生于 uvm_reg 寄存器类，代码如下：

```
class burst_reg extends uvm_reg;
    `uvm_object_utils(burst_reg)

    rand uvm_reg_field field1;
    rand uvm_reg_field field2;

    function new(string name = "burst_reg");
        super.new(name, 16, UVM_NO_COVERAGE);
    endfunction
```

```
    function void build();
        field1 = uvm_reg_field::type_id::create("field1");
        field1.configure(this, 8, 0, "RW", 0, 8'h0, 1, 1, 0);
        field2 = uvm_reg_field::type_id::create("field2");
        field2.configure(this, 8, 8, "RW", 0, 8'h0, 1, 1, 0);
    endfunction
endclass
```

第 2 步，创建用于突发访问目标寄存器的存储模型，该存储模型的深度为 DUT 所支持的突发访问寄存器的长度，存储模型的位宽与突发访问寄存器的位宽一致，代码如下：

```
class demo_mem extends uvm_mem;
    `uvm_object_utils(demo_mem)

    function new(string name = "demo_mem");
        super.new(name, 8, 16);
    endfunction
endclass
```

第 3 步，将突发访问的目标寄存器的模型和用于突发寄存器访问的存储模型加入寄存器块，代码如下：

注意：这里使用第 1 个突发访问目标寄存器的句柄调用 get_offset 方法以获取该寄存器的物理地址作为存储模型的首地址，即相当于把突发访问的目标寄存器当作存储模型中建模的目标存储单元访问，这样就可以利用 UVM 提供的 burst_write 和 burst_read 突发读写访问方法来对寄存器进行突发访问了。

```
class reg_model extends uvm_reg_block;
...
     demo_mem demo_mem_h;
     rand burst_reg      burst_reg_h[];

    function new(string name = "reg_model");
        super.new(name, UVM_NO_COVERAGE);
    endfunction

    function void build();
        ...
        default_map = create_map("default_map", 'h0, 2, UVM_LITTLE_ENDIAN, 0);
        burst_reg_h = new[8];
        foreach(burst_reg_h[idx])begin
          burst_reg_h[idx] = burst_reg::type_id::create( $ sformatf("burst_reg[ % 0d]_h",
idx));
          burst_reg_h[idx].configure(this, null, $ sformatf("burst_reg % 0d",idx));
          burst_reg_h[idx].build();
          default_map.add_reg(burst_reg_h[idx], 16'h20 + idx, "RW");
        end
```

```
        demo_mem_h = demo_mem::type_id::create("demo_mem_h");
        demo_mem_h.configure(this, "demo_mem");

        default_map.add_mem(demo_mem_h,burst_reg_h[0].get_offset(default_map));
    endfunction
endclass
```

第 4 步，为了使用原先的预测器的寄存器显示预测机制，需要将调用存储模型产生的突发访问类型自动转换为单个的寄存器访问类型，此时利用预测器的寄存器显示预测机制自动地更新寄存器模型的期望值和镜像值，从而完成与 DUT 中实际寄存器值的同步，因此这里需要在适配器中的 reg2bus 方法完成上述寄存器总线访问类型的转换并使原先的寄存器显示预测机制可以正常工作，可参考如下代码。

本步骤对应于原理部分"突发读流程"的(4)和(8)，以及"突发写流程"的(4)。

```
class adapter extends uvm_reg_adapter;
...
    function uvm_sequence_item reg2bus(const ref uvm_reg_bus_op rw);
        bus_transaction bus_trans;
        bus_trans = bus_transaction::type_id::create("bus_trans");
        bus_trans.addr = rw.addr;
        case(rw.kind)
          UVM_READ,UVM_BURST_READ: bus_trans.bus_op = bus_rd;
          UVM_WRITE,UVM_BURST_WRITE: bus_trans.bus_op = bus_wr;
        endcase
        if (bus_trans.bus_op == bus_wr)
            bus_trans.wr_data = rw.data;
        return bus_trans;
    endfunction
endclass

class predictor extends uvm_reg_predictor #(bus_transaction);
  `uvm_component_utils(predictor)

  function new(string name,uvm_component parent);
    super.new(name,parent);
  endfunction
endclass
```

第 5 步，在验证环境里为预测器设置对应的地址映射表和适配器，同时将寄存器总线监测器监测到的寄存器总线事务数据广播端口连接到预测器的接收端口(代码中的 bus_in)，通过以上设置完成对寄存器显示预测机制的设置，从而使寄存器模型可以自动地对期望值和镜像值进行更新同步。

本步骤对应于原理部分的(7)，代码如下：

```
class env extends uvm_env;
   ...
   bus_agent      bus_agent_h;
   reg_model reg_model_h;
```

```
    adapter adapter_h;
    predictor predictor_h;

    function void build_phase(uvm_phase phase);
        ...
        bus_agent_h    = bus_agent::type_id::create ("bus_agent_h",this);
        bus_agent_h.is_active = UVM_ACTIVE;

        reg_model_h    = reg_model::type_id::create ("reg_model_h");
        reg_model_h.configure();
        reg_model_h.build();
        reg_model_h.lock_model();
        reg_model_h.reset();
        adapter_h    = adapter::type_id::create ("adapter_h");
        reg_model_h.add_hdl_path("top.DUT");
        reg_adapter_h    = adapter::type_id::create ("reg_adapter_h");
        predictor_h = predictor::type_id::create("predictor_h",this);
    endfunction : build_phase

    function void connect_phase(uvm_phase phase);
          ...
          reg_model_h.default_map.set_sequencer(bus_agent_h.sequencer_h, adapter_h);
          predictor_h.map = reg_model_h.default_map;
          predictor_h.adapter = adapter_h;
          bus_agent_h.bus_trans_ap.connect(predictor_h.bus_in);
    endfunction : connect_phase
endclass
```

第6步,构造动态数组,并设置突发访问的长度,然后调用存储模型的 burst_write 和 burst_read 方法来最终完成对突发访问的目标寄存器进行读写,此时可以调用突发访问的目标寄存器的相关期望值和镜像值获取方法,验证本章给出的方法是简便且易行的。

本步骤对应于原理部分的(1)~(3),代码如下:

```
class bus_sequence extends uvm_sequence #(bus_transaction);
    `uvm_object_utils(bus_sequence)
    `uvm_declare_p_sequencer(bus_sequencer)

    function new(string name = "bus_sequence");
        super.new(name);
    endfunction : new

    task body();
          uvm_status_e status;
          uvm_reg_data_t value;
          bit[63:0] burst_data[];
          int burst_size;

          burst_size = 6;
          burst_data = new[burst_size];
          `uvm_info(this.get_name(), $sformatf("Let's start burst write, burst_size is %0d",
burst_size),UVM_LOW)
```

```
        for(int i = 0;i < burst_size;i++)begin
          burst_data[i] = 16'h6666 + i;
        end
        p_sequencer.reg_model_h.demo_mem_h.burst_write(status,0, burst_data);
        for(int i = 0;i < burst_size;i++)begin
          value = p_sequencer.reg_model_h.burst_reg_h[i].get_mirrored_value();
          `uvm_info("BUS SEQ", $sformatf("burst_reg_h[%0d] mirrored value is %4h",i,
value), UVM_MEDIUM)
          value = p_sequencer.reg_model_h.burst_reg_h[i].get();
          `uvm_info("BUS SEQ", $sformatf("burst_reg_h[%0d] desired value is %4h",i,
value), UVM_MEDIUM)
          p_sequencer.reg_model_h.burst_reg_h[i].read(status, value,UVM_BACKDOOR);
          `uvm_info("BUS SEQ", $sformatf("burst_reg_h[%0d] read value is %4h",i,value),
UVM_MEDIUM)
        end

        //突发读
        `uvm_info(this.get_name(), $sformatf("Let's start burst read, burst_size is 6, read
data should be same with write before"),UVM_LOW)
        for(int i = 0;i < burst_size;i++)begin
          burst_data[i] = 0;
        end
        p_sequencer.reg_model_h.demo_mem_h.burst_read(status, 0, burst_data);
        for(int i = 0;i < burst_size;i++)begin
          `uvm_info(this.get_name(), $sformatf("read burst_data[%0d] is %0h",i,burst_
data[i]),UVM_LOW)
        end
    endtask : body
endclass : bus_sequence
```

第40章 寄存器间接访问的验证模型实现框架

40.1 背景技术方案及缺陷

40.1.1 现有方案

在数字芯片设计中常常需要实现寄存器间接访问(Register Indirect Access)的逻辑,对其工作原理及过程进行抽象,如图40-1所示。

可以看到,这里有索引者、被索引者和协调者,其含义如下。

(1) 索引者:用来提供索引位置。

(2) 被索引者:根据索引者提供的索引位置找到的被索引的存储单元。

(3) 协调者:即通常所讲的间接访问的寄存器,用来协调上面两者进行工作,即对协调者进行读写,最终协调者会去对被索引的存储单元进行读写操作。

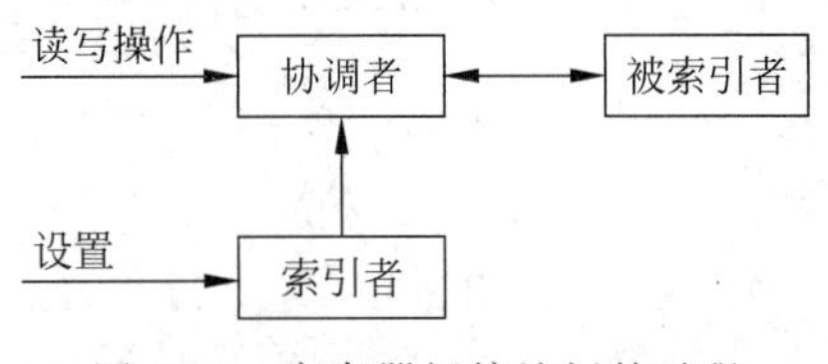

图40-1 寄存器间接访问的过程结构示意图

整个过程大致如下:

(1) 对索引者提供的索引位置进行设置,从而标识被索引者的位置。

(2) 发起对协调者的读写操作,此时相当于通过之前设置的位置索引来间接地完成对最终的被索引者的读写访问操作。

通常协调者由寄存器实现,因此在数字芯片设计中这种特殊的访问方式叫作寄存器间接访问,相应的验证平台中的寄存器模型就需要对上述这种间接访问的行为进行建模。

通常验证开发人员会基于UVM方法学来搭建验证平台,其提供了寄存器模型的一些类库文件以供验证开发人员对DUT中的寄存器进行建模。对于这种寄存器间接访问的行为,UVM针对性地提供了寄存器类uvm_reg_indirect_data作为协调者以供验证开发人员进行建模,但是索引者和被索引者必须都是寄存器类型,如图40-2所示。

可以看到,这里的索引者是一个寄存器idx,被索引者是一个寄存器数组reg_a,而协调者是寄存器uvm_reg_indirect_data。

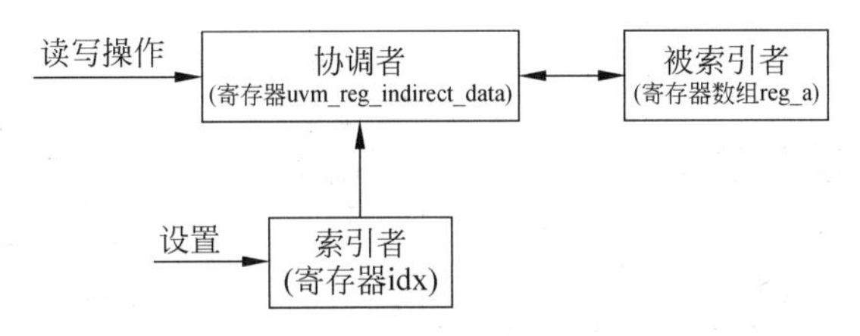

图 40-2　基于 UVM 的寄存器间接访问的现有实现方案的结构示意图

现有方案大致实现过程如下：

第 1 步，对寄存器 uvm_reg_indirect_data 进行派生，从而创建协调者，然后调用其 configure 配置方法，从而设置需要协调链接的索引者（寄存器 idx）和被索引者（寄存器数组 reg_a）。

第 2 步，对寄存器 idx 进行写操作以设置索引值。

第 3 步，对寄存器 uvm_reg_indirect_data 进行读写，从而最终实现使用寄存器 idx 的数值作为索引来对被索引的寄存器数组 reg_a 中的某个目标单元寄存器进行读写访问操作。

40.1.2　主要缺陷

采用上述 UVM 提供的现有方案在一般情况下是可行的，但这会有一个限制，即索引者和被索引者必须都是寄存器的数据类型，即 UVM 并没有向用户提供一个灵活的寄存器间接访问实现方式，即由用户去定义使用什么来作为索引者及使用什么来作为被索引者，而在实际的芯片项目中这种间接访问的场景千变万化，索引者和被索引者往往不一定是某个寄存器，其可能是寄存器中的某个域段，也可能是多个寄存器域段的组合，还可能是存储，甚至可能是直接的线网，这时现有方案就不再可行，也就导致了验证开发人员需要重新对这种间接寄存器的访问行为进行建模，存在重复性的工作。

因此需要一个可以被重用的间接寄存器访问的实现框架来使上述开发过程变得更加简单，从而提升验证人员的开发效率。

40.2　解决的技术问题

在解决上述缺陷问题的同时提升验证开发人员的开发效率。

40.3　提供的技术方案

40.3.1　结构

在 UVM 的基础上进行升级改造，以完成对之前所述三者及其对应的链接者的建模，并且自定义前门访问序列，从而完成对寄存器间接访问过程的序列转换。

本章给出的寄存器间接访问的验证模型结构示意图，如图 40-3 所示。

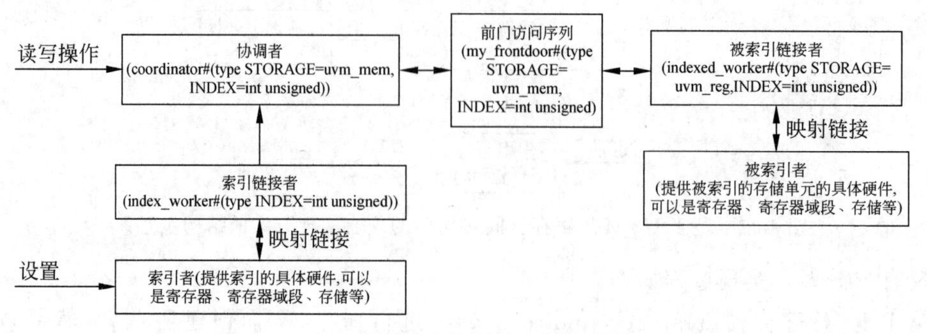

图 40-3　寄存器间接访问的验证模型结构示意图

40.3.2　原理

原理如下：

(1) 对索引链接者进行建模,使其可以将提供索引的具体硬件映射到不局限于寄存器类型的具体硬件。

(2) 对被索引链接者进行建模,使其可以将提供被索引的存储单元的具体硬件映射到同样不局限于寄存器类型的具体硬件。

(3) 通过协调者来封装协调上述两者以实现寄存器的间接访问。

(4) 由于寄存器间接访问是一种特殊的寄存器访问方式,因此很自然地会想到来创建自定义的前门访问序列,从而来完成对间接寄存器访问的过程的转换。

本章给出的方法的原理图,如图 40-4 所示。

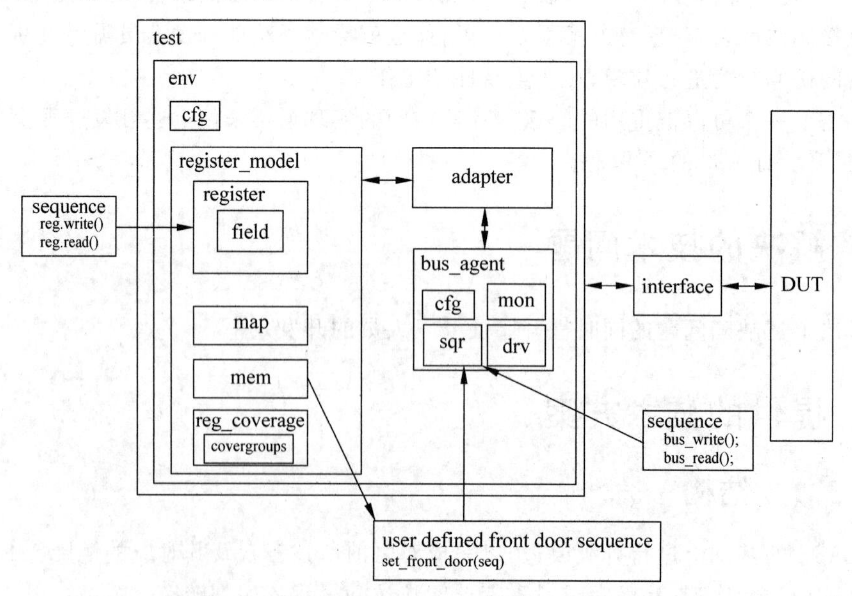

图 40-4　寄存器间接访问的验证模型结构示意图

一般情况下，调用寄存器模型的接口方法来发起对目标寄存器或存储的一次读写访问操作会被转换成一个通用的寄存器事务请求类型，包括读写访问类型、访问地址、访问数据及读写访问操作的状态信息，该通用的寄存器事务请求类型的数据信息会被适配器转换为寄存器总线上的事务类型的请求数据，然后该总线事务类型的请求数据会被相应的代理处理并驱动到 DUT 的接口上，从而完成对该目标寄存器或存储的一次读写访问。

可以看到图 40-4 上既可以通过调用寄存器模型的接口方法来直接发起对寄存器或存储的读写访问操作，又可以直接在对应的寄存器总线代理上启动寄存器或存储的读写访问序列，从而完成对寄存器或存储的读写访问操作。

但是在有些时候，上述方式变得不再可行，因为只对上述发起的寄存器事务请求数据做一次适配器类型转换不能满足实际项目的需要，可能存在一些复杂的寄存器访问情况，例如这里的寄存器间接访问，因此就需要采用自定义的寄存器访问序列，从而应对这种特殊的寄存器访问场景，即通过自定义的寄存器访问序列来构造任意复杂的寄存器访问行为。

(5) 最终实现直接对被索引的存储单元的读写操作，即在自定义的前门访问序列里相当于实现了先对提供索引的具体硬件进行设置，即给定一个要访问的索引值，然后对协调者(间接访问寄存器)进行读写，从而最终完成对被索引的存储单元目标的读写访问操作。

40.3.3　优点

优点如下：

(1) 突破了之前方案的寄存器间接访问的应用场景限制，即限制索引者和被索引者必须是寄存器类型。

(2) 提供了对于寄存器间接访问的验证模型实现框架，方便验证开发人员参照以进行开发，提升了其开发效率。

40.3.4　具体步骤

第 1 步，对索引链接者和索引者进行建模，索引链接者将索引映射到具体的硬件。具体包括以下两个小步骤：

(1) 创建参数化的抽象类 index_worker，参数即代表索引值的数据类型，默认为无符号整型，并在其中创建纯虚方法 get_index 和 set_index，分别用于获取和设定索引值，该纯虚方法将由其派生子类进行实现，即由验证开发人员根据项目的实际情况进行编写，参考代码如下：

```
virtual class index_worker #(type INDEX = int unsigned);
    pure virtual function INDEX get_index();
    pure virtual task set_index(INDEX idx);
endclass
```

(2) 对上述参数化的抽象类进行继承，从而派生出其子类 my_index_worker，在本地定义该具体硬件的变量类型，然后新增 set 方法来将索引映射到具体的硬件，并且需要根据项目的实际情况编写实现 get_index 和 set_index 方法以分别获取和设定索引值。该过程可以通过寄存器模型提供的接口方法实现，例如对于将索引映射为某个寄存器的域段的情况来讲，可以调用寄存器模型的 get_mirrored_value()方法获取该域段的值，即获取索引值，而对于设定索引值，即相当于写该寄存器域段的值，所以调用 write 方法即可完成对索引值的设置。

注意：这里为了示例，将索引映射为某个寄存器的域段，当然还可以映射为其他类型的具体的硬件，如前所述，例如可以是某个寄存器，可以是寄存器中的某个域段，也可以是多个寄存器域段的组合，还可以是存储，甚至可以是直接的线网，这里只是为了示例，验证开发人员需要根据项目的实际情况对索引与具体的硬件进行映射。

代码如下：

```
class my_index_worker extends index_worker#(int unsigned);
    local uvm_reg_field index_hdw;

    virtual function my_index_worker set(uvm_reg_field index_hdw_in);
        index_hdw = index_hdw_in;
        return this;
    endfunction

    virtual function INDEX get_index();
        return index_hdw.get_mirrored_value();
    endfunction

    virtual task set_index(INDEX index);
        uvm_status_e status;
        index_hdw.write(status,index);
    endtask
endclass
```

第 2 步，对被索引链接者和被索引者进行建模，被索引链接者将被索引者映射到具体的硬件。具体包括以下两个小步骤：

(1) 创建参数化的抽象类 indexed_worker，参数有两个，其中一个参数代表索引值的数据类型，默认为无符号整型；另一个参数代表被索引对象的数据类型，默认为寄存器类型，需要将该被索引对象声明为队列，并在其中创建纯虚方法 get_object_entry 和 get_index_of_entry，分别用于获取目标被索引的存储单元和获取目标被索引的存储单元的索引队列位置。该纯虚方法将由其派生子类进行实现，即由验证开发人员根据项目的实际情况进行实现，代码如下：

```
virtual class indexed_worker#(type STORAGE = uvm_reg, INDEX = int unsigned);
    typedef STORAGE storage[];
    pure virtual function storage get_object_entry(INDEX index);
    pure virtual function INDEX get_index_of_entry(storage storage_in);
endclass
```

(2) 对上述参数化的抽象类进行继承，从而派生出其子类 my_indexed_worker。类似地，首先新增 set 方法来将被索引对象(被索引的存储单元)映射到具体的硬件，并且需要根据项目的实际情况编写实现 get_object_entry 和 get_index_of_entry 方法以分别用于获取目标被索引的存储单元和获取目标被索引的存储单元的索引队列位置。该过程可以通过数组队列方法实现，例如对于将被索引的存储单元映射为某个存储的情况来讲，可以通过输入的 index 数值作为索引，以此来索引数组 storage 中的元素，然后将其赋值给声明的空间大小为 1 的队列，并返回，这样便可得到目标被索引的存储单元，而对于获取目标被索引的存储单元的索引队列位置，则可以通过调用数组队列方法 find_first_index，根据元素的 item 内容(输入的存储单元)来找到其对应到被索引存储单元的索引位置，代码如下：

```
class my_indexed_worker extends indexed_worker#(uvm_mem,int unsigned);
    virtual function indexed_worker#(STORAGE,INDEX) set(storage storage_in);
        storage = storage_in;
        return this;
    endfunction

    virtual function storage get_object_entry(INDEX index);
        storage t = new[1];
        t[0] = storage[index];
    return t;
    endfunction

    virtual function INDEX get_index_of_entry(storage storage_in);
        int q[$] = storage.find_first_index(item) with (item == storage[0]);
        assert(q.size()> 0);
        return q[0];
    endfunction
endclass
```

注意：这里为了示例，将被索引者映射为存储，当然还可以映射为其他类型的具体的硬件。如前所述，例如可以是某个寄存器，可以是寄存器中的某个域段，也可以是多个寄存器域段的组合，还可以是存储，甚至可以是直接的线网，这里只是为了示例，验证开发人员需要根据项目的实际情况对索引与具体的硬件进行映射。

第 3 步，对协调者进行建模，用于封装协调上述两个链接者以实现寄存器的间接访问。前面讲过协调者通常由寄存器实现，因此在数字芯片设计中这种特殊的访问方式被叫作寄存器间接访问，这里通过对寄存器模型的寄存器类型进行继承来建模，因此其派生于寄存器类 uvm_reg，并且在其中主要实现两种方法，分别是 set_indexed_worker 和 set_index_worker，用于设置索引者和被索引者，代码如下：

```
class coordinator#(type STORAGE = uvm_mem,INDEX = int unsigned) extends uvm_reg;
    local indexed_worker#(STORAGE,INDEX) storage;
    local index_worker#(INDEX) index;
```

```
    virtual function coordinator#(STORAGE,INDEX) set_indexed_worker(
        indexed_worker#(STORAGE,INDEX) storage_in);
        storage = storage_in;
        return this;
    endfunction

    virtual function coordinator#(STORAGE,INDEX) set_index_worker(
        index_worker#(INDEX) index_in);
        index = index_in;
        return this;
    endfunction

    function new(string name = "", int unsigned n_bits, int has_coverage);
        super.new(name,n_bits,has_coverage);
    endfunction
endclass
```

第4步，根据具体项目中寄存器的间接访问情况创建自定义的前门访问序列，从而完成对间接寄存器访问过程的转换，其派生于寄存器和存储的前门访问序列的父类 uvm_reg_frontdoor，然后在其中创建两种方法，具体如下。

1. 配置方法 configure

用于将传递数据的寄存器，即之前的协调者，以及索引链接者、被索引链接者还有被索引的存储单元设置传递给本地的成员变量。

2. 序列执行任务 body

主要用于完成寄存器间接访问的过程转换，大致过程为先将最终要访问的被索引存储单元写入序列，然后调用被索引链接者的 get_index_of_entry 方法以获取该被索引存储单元的索引位置，接着调用索引链接者的 set_index 方法设置要寄存器间接访问的存储队列的索引位置。以上都设置完毕后，最后根据寄存器间接访问的读写操作类型来调用协调者，即间接访问寄存器的寄存器读写访问方法来完成整个间接访问的过程转换，相当于完成了对原本 DUT 中实现的寄存器间接访问过程的建模，代码如下：

```
class my_frontdoor#(type STORAGE = uvm_mem, INDEX = int unsigned) extends uvm_reg_frontdoor;
    local uvm_reg data;
    local index_worker#(INDEX) index;
    local indexed_worker#(STORAGE,INDEX) storage;
    local STORAGE this_reg;

    virtual function void configure(uvm_reg data_reg,
                                    index_worker#(INDEX) idx,
                                    indexed_worker#(STORAGE,INDEX) storage,
                                    STORAGE this_reg);
        this.data = data_reg;
        this.index = idx;
        this.storage = storage;
        this.this_reg = this_reg;
```

```
    endfunction

    virtual task body();
        uvm_status_e status;
        STORAGE x[ $ ];
        INDEX i;
        x.push_back(this_reg);
        i = storage.get_index_of_entry(x);
        index.set_index(i);
        if(rw_info.kind == UVM_WRITE)
            data.write(status,rw_info.value[0]);
        else
            data.read(status,rw_info.value[0]);
    endtask

    function new(string name = "IregFrontdoor");
        super.new(name);
    endfunction
endclass
```

第 5 步，在测试用例里创建寄存器模型，并且对索引者和协调者进行读写以最终实现寄存器间接访问，具体有以下几个小步骤：

（1）声明例化之前编写的索引链接者、被索引链接者、索引者、被索引者和协调者，还有自定义的前门访问序列。

（2）调用索引链接者的 set()方法以设置索引。

（3）调用被索引链接者的 set 方法以设置被索引的存储单元。

（4）调用协调者，即间接访问寄存器中的 set_index_worker 和 set_indexed_worker 方法以设置索引链接者和被索引链接者。

（5）遍历被索引的存储单元，并通过调用 configure 和 set_frontdoor 方法配置其自定义的前门访问序列以完成寄存器间接访问过程的序列转换。

（6）最终即可实现直接对被索引的存储单元进行读写，从而通过自定义的前门访问序列自动发起如下操作：先调用寄存器模型的寄存器读写访问方法，对索引寄存器中提供索引值的域段进行写操作，从而确定要对被索引的存储数组队列中的哪个位置单元进行间接读写访问操作，然后调用协调者，即间接访问寄存器的读写访问方法，以此来完成对被索引的存储单元的间接读写访问操作。当然也可以直接使用间接访问的这种方式来发起对目标的读写访问操作，代码如下：

```
class demo_test extends uvm_test;
    ...
    index_reg index_reg_h;
    storage_mem storage_h[100];
    reg_model reg_model_h;

    my_index_worker idxer;
```

```
    my_indexed_worker idxeder;
    coordinator #(uvm_mem,int unsigned) data_reg;
    my_frontdoor #(uvm_mem,int unsigned) fd;

    virtual function void build_phase(uvm_phase phase);
        ...
        idxer.set(index_reg_h.xxx_field);
        idxeder.set(storage_h);
        data_reg.set_index_worker(idxer).set_indexed_worker(idxeder);

        foreach(storage_h[idx]) begin
            fd = new($sformatf("fd-%0d",idx));
            fd.configure(data_reg,idxer,idxeder,storage_h[idx]);
            storage_h[idx].set_frontdoor(fd);
        end
    endfunction

    virtual task run_phase(uvm_phase phase);
        uvm_status_e status;
        uvm_reg_data_t data;

        phase.raise_objection(this);
        index_reg_h.xxx_field.write(status,4);
        data_reg.write(status,99);

        index_reg_h.xxx_field.write(status,4);
        data_reg.read(status,data);
        phase.drop_objection(this);

        storage_h[3].write(status, 77);
        storage_h[3].read(status, data);
    endtask
endclass
```

第41章

基于UVM的存储建模优化方法

41.1 背景技术方案及缺陷

41.1.1 现有方案

对于数字芯片来讲，其内部几乎不可能没有寄存器。寄存器的作用非常重要，它是实现数字时序逻辑电路的基础，例如可以用来存储数据，用于高速计算和缓存，或者用于指示工作模式和状态。因此对于一个DUT来讲，通常验证开发人员需要配置其工作模式或需要通过寄存器中存储的数据来获知其内部的工作状态。

UVM提供了寄存器模型，用来对上述数字芯片内部的寄存器进行建模，如图37-1所示。

图37-1中寄存器模型中例化了寄存器、地址映射表、存储、覆盖率收集组件及数据库。这里的数据库包含验证平台中会用到的3种对DUT中寄存器值的模拟，包括寄存器的实际值、镜像值和期望值。验证开发人员可以根据实际项目的情况，综合使用上述对寄存器建模的3种不同值的类型，以对DUT中的寄存器的值进行复杂读写操作的建模和最终的比较，查找出DUT中可能存在的问题，从而确认DUT寄存器功能设计的正确性。

首先来看寄存器模型对寄存器建模的3种不同值类型的区别。

1. 实际值

这个很好理解，即实际DUT硬件中寄存器或存储的值。

2. 镜像值

(1) 介绍：镜像值即寄存器模型对于DUT寄存器已知值的镜像复制，即寄存器模型的数据库里存有一个DUT中寄存器值的镜像，只是通过地址映射的方式，将实际硬件DUT中寄存器的值以软件的方式映射到寄存器模型的数据库里。

由于DUT中寄存器的值可能是实时变更的，寄存器模型并不能实时地知道这种变更，因此，寄存器模型中的寄存器的值有时与DUT中相关寄存器的值并不一致。对于任意一个寄存器，寄存器模型中都会有一个专门的变量，用于最大可能地与DUT保持同步，这个变量在寄存器模型中被称为DUT的镜像值。该镜像值不能实时地保证和DUT中寄存器的值一致，因为只有通过每次对寄存器进行读写访问时才会被更新，而有可能 DUT 内部的一些操作已经对寄存器进行了修改，而寄存器模型并不能实时地知道，因此此时镜像值就不是当前 DUT 寄存器最新的值了。

(2) 作用：验证开发人员可以发起对镜像值的访问，从而直接获取寄存器模型数据库中的值来替代对 DUT 中实际值的访问，这样一来可以优化访问过程，减少总线上的访问操作，方便建模时使用，从而提升仿真运行效率，但前提是镜像值需要和 DUT 中的实际值保持实时同步。另外在仿真结束时，还可以比较镜像值和 DUT 中的实际值来验证对 DUT 寄存器读写及相关功能的正确性。

3. 期望值

(1) 介绍：顾名思义，即验证开发人员期望的目标寄存器或存储的值，寄存器模型的数据库里还存有一个与 DUT 寄存器相对应的期望值变量，用于修改 DUT 中实际寄存器的值。

(2) 作用：准备用来修改 DUT 中寄存器的值，只是还没有发出写操作进行修改。通常验证开发人员会先设置(set)期望值，然后发起更新(update)操作，以此来检查镜像值和期望值是否一致，如果不一致，则将 DUT 中的实际值更新为期望值。

综上，这里 UVM 提供了对寄存器建模的 3 种不同值类型，其功能非常强大。三者不同值的类型相互配合，再结合 UVM 提供的多种寄存器模型的接口方法，可以对寄存器进行复杂的读写操作的建模并作最终的比较，从而查找出 DUT 中可能存在的问题，从而确认 DUT 寄存器功能设计的正确性。

但由于考虑内存损耗较大带来的仿真效率低的问题，UVM 没有对存储建立相应的存储实体，即 UVM 并没有将类似于寄存器的镜像值和期望值提供给存储，因此如果 DUT 中含有存储，则需要对存储进行读写访问操作。现有的方案通常会由验证开发人员在参考模型中自行维护一个存储实体作为期望值，这里镜像值的概念就不存在了，因为这里将由用户自行对镜像值进行维护，即镜像值和期望值合一了。在每次调用存储模型的读写访问方法时，更新 DUT 中实际存储的值，同时还需要手动更新参考模型中的期望值。这里由验证开发人员在参考模型中自行维护的存储实体，通常由数组队列实现，需要保证存储值、访问地址及偏移具有一一对应关系。另外在仿真结束阶段，还需要验证开发人员对 DUT 中实际存储的值和参考模型中存储的值进行比较。

41.1.2 主要缺陷

采用上述现有方案，给验证开发人员的开发工作增加了代码工作量，使用起来较为麻烦，因为需要验证开发人员自行完成如下操作：

(1) UVM 没有对存储建立相应的存储实体，即 UVM 并没有将类似于寄存器的镜像值和期望值提供给存储，因此需要自行创建并维护存储实体。

(2) 仿真结束阶段，自行对存储实体和 DUT 中实际存储的值进行比较。

除此之外，验证开发人员不能像 UVM 中寄存器那样使用 3 种不同值的类型的接口方法，从而方便地对存储进行复杂读写操作的建模并作最终的比较，查找出 DUT 中可能存在的问题，从而确认 DUT 存储功能设计的正确性。

由于存在以上缺陷，所以需要有一种类似于 UVM 的为寄存器提供的建模方式，从而在提升验证开发人员对存储建模的开发效率的同时尽可能地避免创建存储实体所带来的内存损耗较大的仿真性能问题。

41.2 解决的技术问题

在保证仿真性能的情况下，解决现有方案的缺陷问题，提升验证开发人员的开发效率。

41.3 提供的技术方案

41.3.1 结构

本节给出的基于 UVM 的存储建模优化后的验证平台结构示意图如图 41-1 所示。

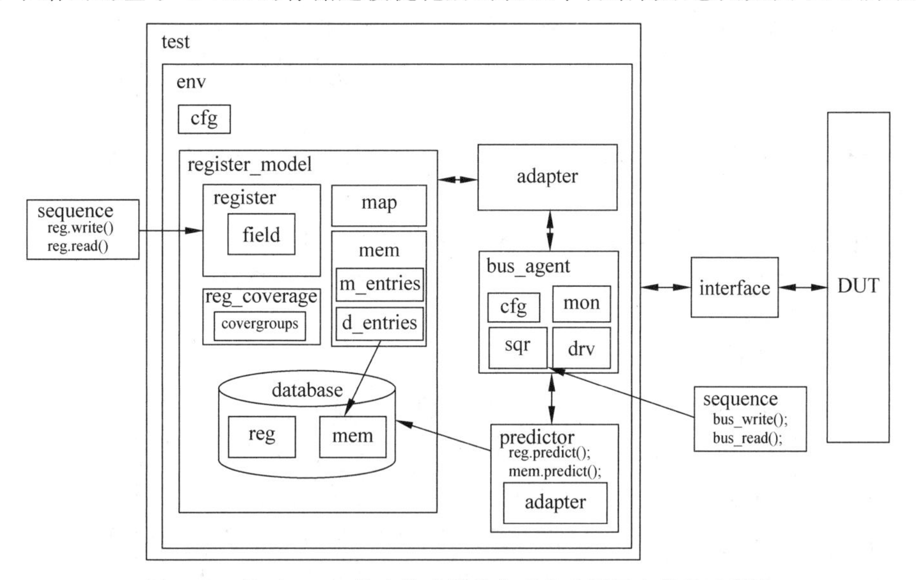

图 41-1 基于 UVM 的存储建模优化后的验证平台结构示意图

41.3.2 原理

原理如下：

(1) 尽可能地避免创建存储实体所带来的内存损耗较大的仿真性能问题，可以使用关联数组类型来减少对仿真内存的占用，即可对存储的镜像值和期望值使用关联数组类型来建模，只对测试用例中实际读写访问的存储单元进行建模，即使用稀疏矩阵，做到在可以支持很大的存储空间的同时按使用进行内存空间的占用分配，从而提升仿真性能。

(2) 对具体的存储单元进行建模，使用动态数组，根据实际存储的存储数据位宽切分成字节数组，从而避免使用统一的较大的位宽作为存储单元来存储数据，相当于按需使用以避免内存空间的无效占用，从而进一步提升仿真性能。

(3) 采用类似 UVM 寄存器显示预测的方式自动完成存储的镜像值与 DUT 实际存储值的更新同步，避免验证开发人员手动去更新同步存储的镜像值，同时也避免了由于内部寄存器存储总线的操作所导致的遗漏，降低了验证开发人员的代码编写工作量，提升了工作效率。

(4) 提供在仿真结束阶段使用的存储镜像值与 DUT 实际存储值的递归检查方法，从而进一步简化验证开发人员的代码工作量，使其不再需要自行编写相关检查代码来逐一对存储值进行检查，进一步提升了其工作效率。

(5) 不改变原先基于 UVM 的使用语法方式和使用习惯，使验证开发人员可以轻松地使用，以此来对 DUT 中的存储进行建模，降低学习成本，提升工作效率。

41.3.3 优点

避免了 41.1.2 节出现的主要缺陷问题，并且做到了以下几点：

(1) 在可以支持很大的存储空间的同时按使用进行内存空间的占用分配，从而提升仿真性能。

(2) 做到了对内存的按需使用，以此来避免内存空间的无效占用，从而进一步提升仿真性能。

(3) 做到了存储镜像值与 DUT 实际存储值的递归检查。

(4) 兼容验证开发人员现有的编码规则和工作习惯，更加易用。

41.3.4 具体步骤

第 1 步，对存储实体的存储单元进行建模，将其建模为 mem_entry_shadow 类，具体包括以下几个小步骤：

(1) 在该类被构造实例化时根据传递的存储位宽计算得到占用的字节单元数。

(2) 使用动态数组，根据实际存储的存储数据位宽切分成字节数组，并对该数组大小空间进行声明，从而避免使用统一的较大的位宽作为存储单元来存储数据，相当于按需使用以避免内存空间的无效占用，从而进一步提升仿真性能。

(3) 在该存储单元类中编写读写方法接口，用来完成对该存储单元值的写入和读取，其中包括字节类型动态数组和 uvm_reg_data_t 比特类型输出的类型转换，代码如下：

```
class mem_entry_shadow;
  int unsigned bytes_num;
  logic[7:0] entry_data[];

  function new(string name = "mem_entry_shadow", int unsigned n_bits);
```

```
    this.configure(n_bits);
  endfunction

  virtual function void configure(int unsigned n_bits);
    if(n_bits % 8 == 0)
      bytes_num = n_bits/8;
    else
      bytes_num = n_bits/8 + 1;

    entry_data = new[bytes_num];
  endfunction

  virtual task write(input uvm_reg_data_t value);
    foreach(entry_data[idx])begin
      entry_data[idx] = (value >> 8 * idx);
    end
  endtask

  virtual task read(output uvm_reg_data_t value);
    foreach(entry_data[idx])begin
      value = {entry_data[idx],value}>> 8;
    end
    value = value >> (`UVM_REG_DATA_WIDTH - n_bits);
  endtask
endclass
```

第2步，对原先UVM提供的存储模型类uvm_mem进行扩展升级，具体包括以下两步。

（1）将上述的存储单元类mem_entry_shadow声明为关联数组，从而创建存储的镜像值和期望值实体。这里使用关联数组类型来减少对内存的占用，从而尽可能地避免创建存储实体所带来的内存损耗较大的仿真性能问题。

（2）类似UVM为寄存器提供的对镜像值、期望值和DUT实际值的读写访问方法，这里需要创建或修改和存储模型相关的读写方法，包括以下几种。

write：对存储单元的实际DUT值进行写操作，并且如果写成功，则对其相应的镜像值和期望值进行更新同步。

注意：因为这里对存储单元采用的是关联数组类型进行建模，因此在对镜像值和期望值进行更新前会先判断其存储单元元素在关联数组中是否存在，如果不存在，则调用new构造函数声明构造后再进行同步，在对该存储单元的第1次读写访问操作时创建存储实体。

---

read：对存储单元的实际DUT值进行读操作，并且如果读成功，则对其相应的镜像值和期望值进行更新同步。

注意：同样地，因为这里对存储单元采用的是关联数组类型进行建模，因此在对镜像值和期望值进行更新前会先判断其存储单元元素在关联数组中是否存在，如果不存在，则调用new构造函数声明构造后再进行同步，即在对该存储单元的第1次读写访问操作时创建存储实体。

---

get_mirrored_value：用于获取存储单元的镜像值。

predict_mirrored_value：用来对存储单元的镜像值与DUT中实际存储的单元值进行更新同步。

check_mem_value：用来在仿真结束阶段，对当前存储中所有存在的存储单元的镜像值和相应的DUT中实际存储的单元值进行检查比较，其中会先遍历当前存储模型的镜像值以关联数组中已经被声明构造的存储单元，然后对其镜像值进行读取，接着发起对相应存储单元的后门读操作，最后对两者的值进行比较并输出结果。

除此之外，还有很多类似UVM为寄存器提供的对镜像值、期望值和DUT实际值的读写访问方法，这些方法都可以很容易地通过类似思路对存储进行建模实现。

get和set：用来设置和获取期望值。

update：该方法会先检查期望值和镜像值是否一致，如果不一致，则会将镜像值和实际硬件DUT中的实际值更新为期望值。这里的期望值可以由之前的set()或randomize()方法进行设置。

predict：用于更新寄存器模型的期望值和镜像值，而不影响DUT中的实际值。

mirror：将期望值和镜像值更新为DUT中的实际值。

代码如下：

```
class uvm_mem extends uvm_object;
  mem_entry_shadow d_entries[uvm_reg_addr_t];
  mem_entry_shadow m_entries[uvm_reg_addr_t];
  ...

  extern virtual task write(output uvm_status_e         status,
                            input  uvm_reg_addr_t       offset,
                            input  uvm_reg_data_t       value,
                            input  uvm_path_e           path    = UVM_DEFAULT_PATH,
                            input  uvm_reg_map          map = null,
                            input  uvm_sequence_base    parent = null,
                            input  int                  prior = -1,
                            input  uvm_object           extension = null,
                            input  string               fname = "",
                            input  int                  lineno = 0);
   extern virtual task read(output uvm_status_e         status,
                            input  uvm_reg_addr_t       offset,
                            output uvm_reg_data_t       value,
                            input  uvm_path_e           path    = UVM_DEFAULT_PATH,
                            input  uvm_reg_map          map = null,
                            input  uvm_sequence_base    parent = null,
                            input  int                  prior = -1,
                            input  uvm_object           extension = null,
                            input  string               fname = "",
                            input  int                  lineno = 0);
   extern function void get_mirrored_value(input uvm_reg_addr_t offset,
                                           output uvm_reg_data_t value);
   extern function void predict_mirrored_value(input uvm_reg_addr_t offset, input uvm_reg_
data_t value);
```

```
    extern task check_mem_value();
endclass

      task uvm_mem::write(output uvm_status_e       status,
                         input  uvm_reg_addr_t      offset,
                         input  uvm_reg_data_t      value,
                         input  uvm_path_e          path = UVM_DEFAULT_PATH,
                         input  uvm_reg_map         map = null,
                         input  uvm_sequence_base parent = null,
                         input  int                 prior = -1,
                         input  uvm_object          extension = null,
                         input  string              fname = "",
                         input  int                 lineno = 0);
         ...
         if(status == UVM_IS_OK)begin
            if(m_entries[offset] == null)begin
              string entries_name =  $sformatf("m_entries[%0d]",offset);
              m_entries[offset] = new(entries_name,m_n_bits);
            end
            m_entries[offset].write(value);
            if(d_entries[offset] == null)begin
              string entries_name =  $sformatf("d_entries[%0d]",offset);
              d_entries[offset] = new(entries_name,m_n_bits);
            end
            d_entries[offset].write(value);
         end
      endtask

    task uvm_mem::read(output uvm_status_e        status,
                       input  uvm_reg_addr_t      offset,
                       output uvm_reg_data_t      value,
                       input  uvm_path_e          path = UVM_DEFAULT_PATH,
                       input  uvm_reg_map         map = null,
                       input  uvm_sequence_base   parent = null,
                       input  int                 prior = -1,
                       input  uvm_object          extension = null,
                       input  string              name = "",
                       input  int                 lineno = 0);
       ...
       if(status == UVM_IS_OK)begin
          if(m_entries[offset] == null)begin
            string entries_name =  $sformatf("m_entries[%0d]",offset);
            m_entries[offset] = new(entries_name,m_n_bits);
          end
           m_entries[offset].read(value);
          if(d_entries[offset] == null)begin
            string entries_name =  $sformatf("d_entries[%0d]",offset);
            d_entries[offset] = new(entries_name,m_n_bits);
          end
           d_entries[offset].read(value);
       end
```

```
    endtask

        function void uvm_mem::get_mirrored_value(input uvm_reg_addr_t offset, output uvm_reg_
data_t value);
            m_entries[offset].read(value);
        endfunction

        function void uvm_mem::predict_mirrored_value(input uvm_reg_addr_t offset, input uvm_
reg_data_t value);
            if(m_entries[offset] == null)begin
                string entries_name =  $sformatf("m_entries[%0d]",offset);
                m_entries[offset] = new(entries_name,m_n_bits);
            end
            m_entries[offset].write(value);
        endfunction

        task uvm_mem::check_mem_value();
            uvm_status_e status;
            uvm_reg_data_t m_value;
            uvm_reg_data_t a_value;

            foreach(m_entries[idx])begin
                m_entries[idx].read(m_value);
                this.read(status, idx, a_value, UVM_BACKDOOR);
                if(m_value != a_value)
                    `uvm_fatal(this.get_name(), $sformatf("Mem value mismatch -> mirrored
value is %0h, actual dut value is %0h",m_value,a_value))
                else
                    `uvm_info(this.get_name(), $sformatf("memory check pass"),UVM_LOW)
            end
        endtask
```

第3步，为了实现对镜像值与实际值的更新同步，对原先UVM提供的预测器（uvm_reg_predictor）进行扩展升级，主要在其接收广播端口过来的write方法里增加对存储访问显示预测的支持功能，因为一般来讲更推荐采用显示预测的方式来对镜像值进行更新，因此这里为了示例，设定增加的默认预测方式为显示预测。

这里的预测器派生于uvm_reg_predictor类，它与寄存器存储总线上的监测器进行连接以获取来自总线上的数据，然后匹配与寄存器有关的地址，并自动调用寄存器模型的预测方法，从而完成与DUT中寄存器及存储的同步。通过外部的预测器来对总线进行监听，该预测器里的适配器将总线事务转换为寄存器事务类型，然后使用对应的地址通过地址映射表访问目标寄存器或存储，最后调用寄存器或存储的自动预测方法来更新寄存器模型中寄存器和存储的镜像值，使与DUT中的实际值进行同步。该预测器由于获取的事务请求信息是直接监测总线上对DUT寄存器及存储的操作，因此不会出现UVM提供的寄存器自动预测机制中的遗漏问题，以确保镜像值与实际值的更新同步。

要实现上面对存储自动预测更新的过程，具体包括以下几个小步骤：

（1）将从总线监测器那里通过TLM通信端口获取的寄存器存储总线操作的事务数据

信息通过适配器的 bus2reg 方法转换为通用的寄存器存储，以便访问 uvm_reg_bus_op 的事务数据类型变量。此类型变量中存储着一般寄存器存储访问所需要的访问类型(读或写)、访问的地址和数据等信息，即总线对寄存器存储的读写需要通过目标总线协议的事务数据类型来完成，因此需要适配器来将这些寄存器存储读写访问操作转换为符合目标总线协议的事务数据类型。

(2) 调用地址映射表的 get_mem_by_offset 方法，通过访问的存储单元地址来查询获取其所属的存储模型的句柄。

(3) 判断如果查询获取了该被访问的存储单元所属的存储模型的句柄，即不为空，则判断如果当前对存储单元的访问操作是写操作，则调用存储模型中创建好的 predict_mirrored_value 方法来对目标存储单元的镜像值进行同步更新。

这里需要调用存储模型的 get_offset 方法来获取其基地址，然后用实际被访问的存储单元的真实地址减去基地址得到被访问存储单元的偏移地址，需要使用偏移地址来对其镜像值进行更新同步，代码如下：

```
class uvm_reg_predictor #(type BUSTYPE = int) extends uvm_component;
    ...
    virtual function void write(BUSTYPE tr);
        ...
        uvm_mem m;
        uvm_reg_bus_op rw;
        rw.byte_en = -1;
        adapter.bus2reg(tr,rw);
        m = map.get_mem_by_offset(rw.addr);
        if(m!= null)begin
            if(rw.kind == UVM_WRITE)begin
                m.predict_mirrored_value(rw.addr - m.get_offset(),rw.data);
            end
        end
        ...
    endfunction
endclass
```

第 4 步，在寄存器模型类 uvm_reg_block 中新增 check_mem_value 方法，在其中首先调用 get_memories 以获取所有的存储模型，然后递归调用其层次之下的存储模型的 check_mem_value 方法，从而实现在仿真结束阶段对存储镜像值和 DUT 实际存储值进行检查，最终简化了验证开发人员的代码工作量，使其不再需要自行编写相关检查的代码来逐一对存储值进行检查，进一步提升了其工作效率，代码如下：

```
virtual class uvm_reg_block extends uvm_object;
    ...
    extern task check_mem_value();
endclass: uvm_reg_block

   task uvm_reg_block::check_mem_value();
```

```
        uvm_mem mem[ $ ];
        this.get_memories(mem);
        foreach(mem[idx])begin
            mem[idx].check_mem_value();
        end
    endtask

class demo_test extends base_test;
    `uvm_component_utils(virtual_sequence_test)

    reset_sequence reset_seq;
    bus_sequence bus_seq;

    function new(string name, uvm_component parent);
        super.new(name,parent);
        reset_seq = reset_sequence::type_id::create("reset_seq");
        bus_seq = bus_sequence::type_id::create("bus_seq");
    endfunction : new

    task main_phase(uvm_phase phase);
        phase.raise_objection(this);

        reset_seq.start(this.env_h.agent_h.sequencer_h);

bus_seq.start(this.env_h.bus_agent_h.sequencer_h);

        //检查存储值
        this.env_h.reg_model_h.check_mem_value();

        phase.drop_objection(this);
    endtask

    task check_phase(uvm_phase phase);
        phase.raise_objection(this);
        //检查存储值
        this.env_h.reg_model_h.check_mem_value();
        phase.drop_objection(this);
    endtask
endclass
```

第 42 章 对片上存储空间动态管理的方法

42.1 背景技术方案及缺陷

42.1.1 现有方案

对于 SoC 来讲，往往其上有多个应用在同时运行，就好比现在的笔记本电脑，在下载电影并且听着音乐的同时，还可以打开 Office 办公软件来撰写文档，这背后自然少不了存储，其用存储系统级芯片的内部应用数据来完成与用户之间的通信，而多个应用同时运行时会共享一块存储，因此为了避免应用数据占用存储空间的重叠冲突问题，往往这些同时运行的多个应用需要一个存储管理器来对存储空间进行动态分配和释放，而存储管理器是操作系统内核所使用的核心部件。

存储空间管理示意图，如图 42-1 所示。

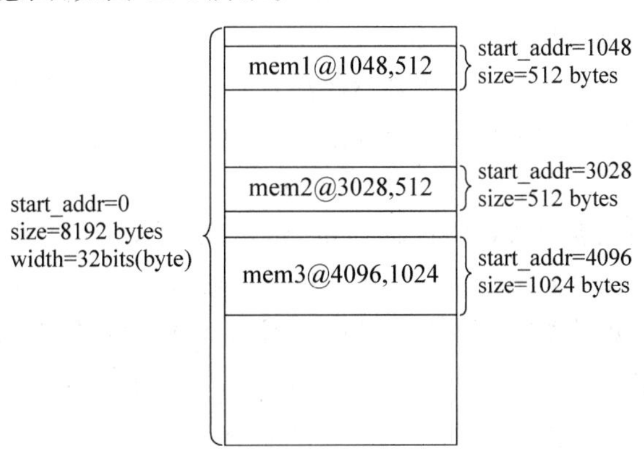

图 42-1　存储空间管理示意图

一个总空间为 8192 字节的存储空间，位宽为 32 比特，可以看到其中分配了 3 块存储 mem1～mem3，分别占据 512 字节、512 字节和 1024 字节空间大小，在被使用完且进行释放之前这 3 块存储可以被看作彼此之间相互独立的内部存储。

由于业界常用的 UVM 通用验证方法学提供了对这种存储管理过程的建模，因此通常验证开发人员会采用 UVM 实现对存储空间的动态分配和释放，其原理图如图 42-2 所示。

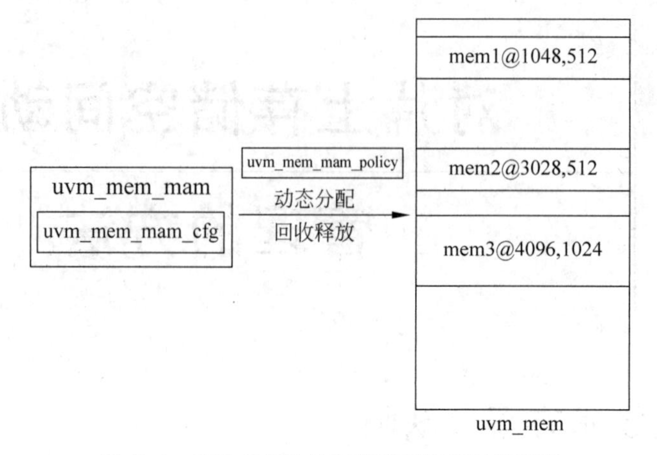

图 42-2 基于 UVM 的存储管理过程的原理图

主要包括以下一些类。

（1）uvm_mem_mam：存储管理器，用于存储空间的动态分配和释放。主要会使用其中的 request_region 方法来请求分配一定大小的存储空间，以及使用其中的 release_region 方法来对之前分配并使用完毕的存储空间进行释放以回收存储空间。

（2）uvm_mem_region：分配存储空间的描述器，用于描述分配的存储空间，并提供获取其存储空间信息的接口方法，包括起始和结束地址、存储空间大小等信息。

（3）uvm_mem_mam_policy：分配存储空间的自定义参数，用于决定分配的存储空间的起始地址，即有效分配空间范围，如果没有在调用 request_region 方法时指定，则默认会从空闲存储空间中随机分配一段空间。

（4）uvm_mem_mam_cfg：存储管理器的配置对象，用于设定存储管理器所管理的存储空间的表项的数据位宽、起始地址和结束地址、分配模式和位置模式。

现有方案的具体实施步骤主要包括以下几步。

第 1 步，声明和例化需要管理的存储 uvm_mem，以便设定其空间大小和数据宽度。

第 2 步，声明和例化对 uvm_mem 进行管理的存储管理器 uvm_mem_mam 的配置对象 uvm_mem_mam_cfg，并对其中的数据成员进行配置，以便指定数据宽度、起始和结束地址。

第 3 步，声明和例化对存储 uvm_mem 进行管理的存储管理器 uvm_mem_mam，并将其配置对象 uvm_mem_mam_cfg 和要管理的存储 uvm_mem 作为参数在例化时进行传递。

第 4 步，这一步可选，声明和例化设定分配存储空间的自定义参数 uvm_mem_mam_policy，并指定有效存储分配空间的范围，如果不指定，则会默认从 uvm_mem_mam_cfg 中指定的整个存储空间的范围中随机分配一个有效的地址作为待分配的存储空间的起始地址。

第 5 步，通过存储管理器调用 request_region 方法来请求分配设定大小的存储空间，使用完毕后调用 release_region 方法来对之前分配的存储空间进行释放回收，代码如下：

```
class demo_test extends base_test;
   ...
   task main_phase(uvm_phase phase);
     longint memory_size = 1024 * 1024 * 1024;
     uvm_mem_region alloc_region;
     uvm_mem_mam_cfg my_cfg = new();
     uvm_mem my_mem = new("my_mem", memory_size, 32);
     uvm_mem_mam my_mam = new("my_mam", my_cfg, my_mem);
     uvm_mem_mam_policy alloc = new();
     my_cfg.n_bytes = 1;
     my_cfg.start_offset = 0;
     my_cfg.end_offset = memory_size;
     alloc.min_offset = 'ha;
     alloc.max_offset = 'he;

     phase.raise_objection(this);
     alloc_region = my_mam.request_region('d100);
     alloc_region = my_mam.request_region('d100,alloc);
     my_mam.request_region(alloc_region);
     phase.drop_objection(this);
   endtask
endclass
```

42.1.2　主要缺陷

缺陷一：UVM 的存储管理算法存在 Bug。

在 UVM 的库文件存储管理器 uvm_mem_mam 中请求分配存储空间的 request_region 方法存在 Bug。

正确的逻辑应该是，当调用该方法来请求分配存储空间时，如果没有传入自定义的参数 uvm_mem_mam_policy，则默认从 uvm_mem_mam_cfg 中指定的整个存储空间的范围中随机分配一个有效的地址作为待分配的存储空间的起始地址，如果传入自定义的参数 uvm_mem_mam_policy，则应该使用传入参数中指定的地址范围中的随机值作为待分配的存储空间的起始地址，而原先的 UVM 库文件中不管是否传入自定义的参数 uvm_mem_mam_policy 都会将 uvm_mem_mam_cfg 中指定的整个存储空间的范围中随机分配一个有效的地址作为待分配的存储空间的起始地址，这会使传入的自定义参数失去意义。

在下面的代码中注释掉的部分是原先存在 Bug 的部分，没有被注释的部分是经过修正的部分。

```
//uvm_mem_mam.svh
754 function uvm_mem_region uvm_mem_mam::request_region(
          int unsigned        n_bytes,
755       uvm_mem_mam_policy    alloc = null,
756       string               fname = "",
757       int                  lineno = 0);
758    this.fname = fname;
```

```
759     this.lineno = lineno;
760
761     if (alloc == null) begin
762      alloc = this.default_alloc;
763      alloc.min_offset = this.cfg.start_offset;
764      alloc.max_offset = this.cfg.end_offset;
765      alloc.len         = (n_bytes - 1) / this.cfg.n_bytes + 1;
766      alloc.in_use      = this.in_use;
767     end
768     if (!alloc.randomize()) begin
769        `uvm_error("RegModel", "Unable to randomize policy");
770        return null;
771     end
772
773     //if (alloc == null) alloc = this.default_alloc;
774
775     //alloc.len          = (n_bytes - 1) / this.cfg.n_bytes + 1;
776     //alloc.min_offset  = this.cfg.start_offset;
777     //alloc.max_offset  = this.cfg.end_offset;
778     //alloc.in_use      = this.in_use;
779
780     //if (!alloc.randomize()) begin
781     //`uvm_error("RegModel", "Unable to randomize policy");
782     //return null;
783     //end
784
785     return reserve_region(alloc.start_offset, n_bytes);
786 endfunction: request_region
```

缺陷二：UVM 的存储管理算法不够完善。

UVM 存储管理建模提供了两种存储空间的请求分配模式，通过枚举型变量 alloc_mode_e 来表示。

(1) GREEDY：对使用前未被占用的空闲存储空间进行分配，这是默认的分配模式。

(2) THRIFTY：尽可能地使用被释放回收的空闲存储空间进行分配。

并且提供了两种分配存储空间时决定其分配所在位置的模式，通过枚举型变量 locality_e 来表示。

(1) BROAD：在空闲的存储空间中随机分配一段空间，这是默认的位置模式。

(2) NEARBY：在空闲的存储空间中分配与之前已经被分配占用的存储空间相邻的一段空间。

但是，除了默认的配置模式被实现了以外，并没有去实现其他的配置模式对应的算法，即 UVM 仅仅提供了以上这几种配置模式的枚举型变量的定义，因此说其存储管理算法不够完善。

缺陷三：UVM 的存储管理算法效率较低。

现有方案中请求分配存储空间的算法原理图，如图 42-3 所示。

UVM 中会按照地址从大到小的顺序维护一个已经被分配占用的存储空间队列，然后

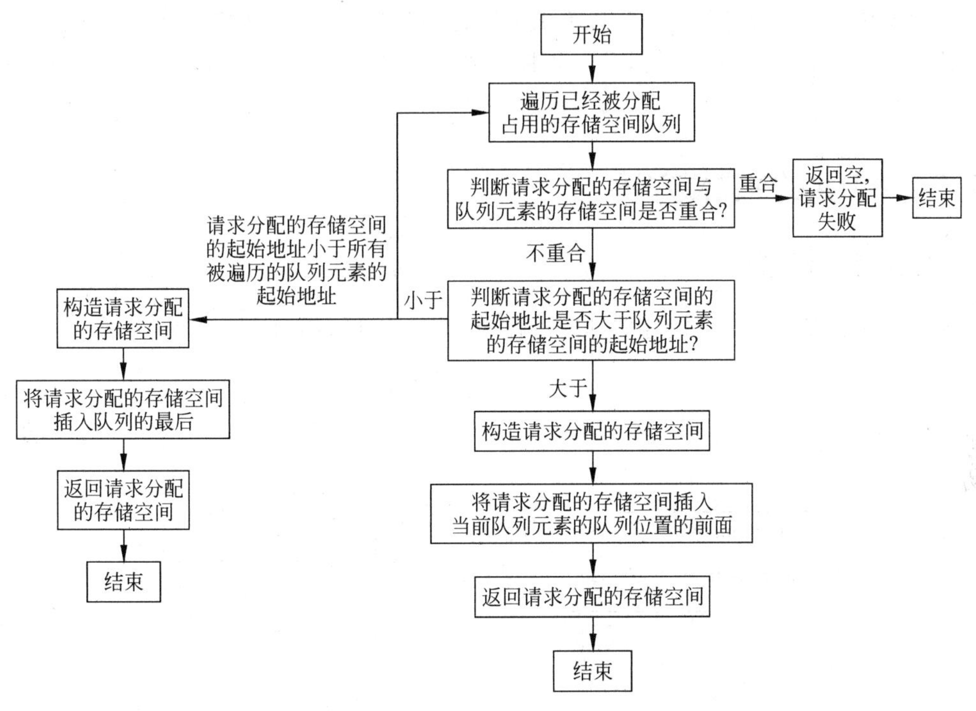

图 42-3　现有方案中请求分配存储空间的算法原理图

在调用 request_region 方法请求分配存储空间时会对该队列进行遍历,通过比较两者的起始地址和结束地址来将本次分配的存储空间分配到整个存储空间中合适的目标位置。

此种方法简单易行,但是遍历的时间会随着已经被分配占用的存储空间的数量的增加而指数级增加,并且存在很多无用的遍历和比较操作,这对于需要频繁地请求分配和释放存储空间的芯片验证场景来讲,仿真效率较低。

42.2　解决的技术问题

给出一种存储空间动态管理的算法,解决上述提到的缺陷问题,并且该方法提供的库文件可以被项目进行代码重用。

针对缺陷一:

针对缺陷一中的存储管理算法 Bug 的问题,本章已经进行了修正,具体修复内容见缺陷一中的描述和代码示例。

针对缺陷二:

针对缺陷二中的存储管理算法不够完善的问题,本章将提供全新的存储管理算法并且提供 3 种存储管理分配模式,分别是 FIRST_FIT 和 BEST_FIT 模式,以及 MANUAL_FIT 的手工指定分配存储空间位置的模式,用枚举型变量 new_alloc_mode_e 来表示。

针对缺陷三:

针对缺陷三中的存储管理算法效率低的问题，将二分搜索算法应用到 3 种存储管理分配模式的算法实现，从而加速请求分配和释放回收存储空间的匹配过程，提升了算法的执行效率。

42.3 提供的技术方案

42.3.1 结构

本节给出的基于 UVM 的存储管理过程的原理示意图，如图 42-4 所示。

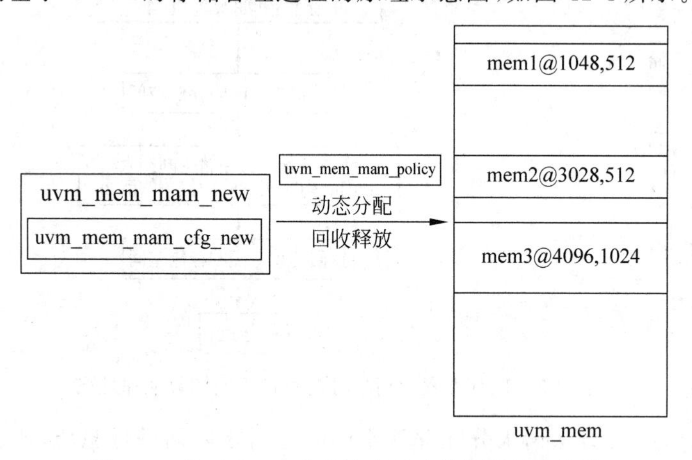

图 42-4 基于 UVM 的存储管理过程的原理示意图

42.3.2 原理

本章给出的算法的重点在于维护和使用两个按照一定顺序排列的队列并应用二分搜索算法进行加速。

这两个队列分别如下。

(1) in_free 队列：按照存储空间的大小，从小到大排列的空闲存储空间的队列。

(2) in_use 队列：按照起始地址的大小，从小到大排列的已经被占用的存储空间队列。

存储空间的动态管理分为存储空间的请求分配和存储空间的释放回收这两个过程，因此本章将对这两个过程的实现原理分别进行描述。

1. 存储空间的请求分配

对于存储空间的请求分配过程，本章通过提供 3 种分配模式实现，分别是 FIRST_FIT、BEST_FIT 和 MANUAL_FIT 模式，具体如下。

1) 第 1 种存储管理分配模式：FIRST_FIT

只要找到有满足本次请求分配的空闲存储空间，即其空间大小大于本次请求的空间大小，则取该空闲存储空间的起始地址作为本次请求分配的存储空间的起始地址。理论上来讲，由于只要找到一个空闲的存储空间即可返回结果，因此该算法速度更快，并且由于取空闲存储空间的起始地址作为请求分配的存储空间的起始地址，因此更为节约存储资源。

算法实现过程：

第 1 步，获取目标空闲存储空间。

因为 in_free 队列是按照存储空间的大小进行排列的，从队列的最后取到的空闲存储空间一定是最大的，也一定是最快能满足分配要求的空闲存储空间，因此这里取 in_free 队列的最后元素作为目标空闲存储空间。

第 2 步，比较该空闲存储空间和本次请求分配的存储空间的大小，并按照以下 3 种情形进行判断：

(1) 空闲存储空间大于本次请求分配的存储空间。

构造本次请求分配的存储空间，然后重新构造一个空闲存储空间作为去掉请求分配的存储空间之后的剩余空间，接着在 in_free 队列中剔除之前的空闲存储空间，然后调用 add_region_to_in_free 方法将剩余空间根据其大小插入 in_free 队列合适的位置，最后调用 add_region_to_in_use 方法将请求分配的存储空间按照起始地址的大小顺序插入 in_use 队列合适的位置，并返回该请求分配的存储空间。这里两次插入队列的操作都会用到二分搜索算法进行加速。

(2) 空闲存储空间小于本次请求分配的存储空间。

因为 in_free 队列是按照存储空间的大小进行排列的，从队列的最后取到的空闲存储空间一定是最大的，如果最大的空闲存储空间还不能满足要求，则其他的空闲存储空间更加不会满足，因此此时返回空，并提示分配存储空间失败。

(3) 空闲存储空间等于本次请求分配的存储空间。

构造本次请求分配的存储空间，然后在 in_free 队列中剔除该空闲存储空间，最后按照起始地址将请求分配的存储空间插入 in_use 队列合适的位置，并返回该请求分配的存储空间。同样，这里的插入队列操作会用到二分搜索算法进行加速。

2) 第 2 种存储管理分配模式：BEST_FIT

找到满足本次请求分配的最小的空闲存储空间，然后取该空闲存储空间的起始地址作为本次请求分配的存储空间的起始地址。理论上来讲，由于需要找到一个最小的空闲存储空间才可返回结果，因此该算法的速度相对来讲会比 FIRST_FIT 算法稍微慢一些，但恰恰由于取到的是最小的空闲存储空间，并且取空闲存储空间的起始地址作为请求分配的存储空间的起始地址，因此会比 FIRST_FIT 更节约存储资源或者说更能满足需要分配数量较少但存储空间较大的应用场景。

算法实现过程：

第 1 步，获取目标空闲存储空间。

使用类似的二分搜索算法从 in_free 队列中取到满足要求的最小的空闲存储空间。

第 2 步，比较该空闲存储空间和本次请求分配的存储空间的大小，并按照以下 3 种情形进行判断：

(1) 空闲存储空间大于本次请求分配的存储空间。

构造本次请求分配的存储空间,然后重新构造一个空闲存储空间作为去掉请求分配的存储空间之后的剩余空间,接着在 in_free 队列中剔除之前的空闲存储空间,然后调用 add_region_to_in_free 方法将剩余空间根据其大小插入 in_free 队列合适的位置,最后调用 add_region_to_in_use 方法将请求分配的存储空间按照起始地址的大小顺序插入 in_use 队列合适的位置,并返回该请求分配的存储空间。这里两次插入队列的操作都会用到二分搜索算法进行加速。

(2) 空闲存储空间小于本次请求分配的存储空间。

因为之前从 in_free 队列中取到的最小的空闲存储空间是满足分配要求的,因此如果这里出现空闲存储空间小于本次请求分配的存储空间是不容许发生的,因此此时返回空,并提示分配存储空间失败。

(3) 空闲存储空间等于本次请求分配的存储空间。

构造本次请求分配的存储空间,然后在 in_free 队列中剔除该空闲存储空间,最后按照起始地址将请求分配的存储空间插入 in_use 队列合适的位置,并返回该请求分配的存储空间。同样这里的插入队列操作会用到二分搜索算法进行加速。

3) 第 3 种存储管理分配模式:MANUAL_FIT

原先方案可以实现在自定义参数 uvm_mem_mam_policy 中通过指定分配存储区域的起始地址的方式来手动确定要插入的目标空闲存储空间的位置,但是在大部分应用场景下,这种指定起始地址的使用频次比较低,一般用于分配一些静态存储空间,用于存放一些较为固定的数据,另外已经有存储管理器来根据分配模式最优地避免出现存储区域的重叠现象,因此无须再由人工进行管理,因为人工管理效率低且容易导致存储空间的浪费。

虽然如此,但这里保留了对原先这种手工指定分配区域方式的支持,即通过第 3 种存储管理分配模式 MANUAL_FIT 实现与本章给出的算法之间的兼容。

算法实现过程:

第 1 步,获取目标空闲存储空间。

使用类似的二分搜索算法找到一个满足能够分配指定的起始地址及指定存储空间大小的空闲存储空间,即该空闲存储空间的大小要大于指定的大小,其起始地址要小于或等于指定的起始地址。

现有的已经被占用的存储空间队列 in_use 是按照起始地址的大小从小到大进行排列的,那么其在整个存储空间的剩余空间即是按照起始地址的大小从小到大进行排列的空闲存储队列,如图 42-5 所示。

结合二分搜索算法调用 search_free_region_handle_for_manual 方法快速地找到所指定的起始地址在 in_use 队列中的位置,即两个队列元素的起始地址之间,并且利用上面被占用存储空间队列和空闲存储空间队列之间的映射关系可以获取该目标空闲存储空间的起始地址和空间大小,然后通过该信息在 in_free 队列中再次结合二分搜索算法进行查找定位,最终获取目标空闲存储空间及其所在 in_free 队列的索引位置。

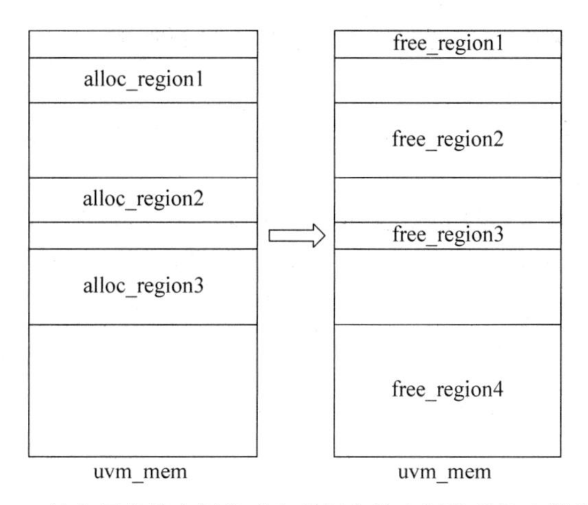

图 42-5 被占用存储空间队列和空闲存储空间队列的映射关系图

在此过程中获取的目标存储空间队列需要满足 3 个条件：

（1）空闲存储空间的大小大于或等于指定待分配的存储空间大小。

（2）空闲存储空间的起始地址小于或等于待分配的起始地址。

（3）空闲存储空间的结束地址大于或等于待分配存储空间的结束地址。

第 2 步，比较该空闲存储空间和本次请求分配的存储空间的大小，并按照以下 3 种情形进行判断：

（1）空闲存储空间大于本次请求分配的存储空间。

构造本次请求分配的存储空间，然后重新构造一个空闲存储空间作为去掉请求分配的存储空间之后的剩余空间，接着在 in_free 队列中剔除之前的空闲存储空间，然后调用 add_region_to_in_free 方法将剩余空间根据其大小插入 in_free 队列合适的位置，最后调用 add_region_to_in_use 方法将请求分配的存储空间按照起始地址的大小按顺序插入 in_use 队列合适的位置，并返回该请求分配的存储空间。这里两次插入队列的操作都会用到二分搜索算法进行加速。

注意：如果本次请求分配的存储空间的起始地址大于空闲存储空间的起始地址，则有可能出现请求分配的存储空间将一个空闲存储空间一切为二的情况，因此需要考虑到这种情况，并微调实现的算法。

（2）空闲存储空间小于本次请求分配的存储空间。

因为之前从 in_free 队列中取到的最小的空闲存储空间是满足分配要求的，因此如果这里出现空闲存储空间小于本次请求分配的存储空间是不容许发生的，因此此时返回空，并提示分配存储空间失败。

（3）空闲存储空间等于本次请求分配的存储空间。

构造本次请求分配的存储空间，然后在 in_free 队列中剔除该空闲存储空间，最后按照起始地址将请求分配的存储空间插入 in_use 队列合适的位置，并返回该请求分配的存储空间。同样这里的插入队列操作会用到二分搜索算法进行加速。

4）二分搜索算法的应用原理

这里以 add_region_to_in_free 方法为例抽象地描述一下这里的二分搜索算法的应用原理，其余类似，不再赘述。

该方法用于将空闲存储空间按照空间的大小以从小到大的顺序插入空闲存储空间队列 in_free 中合适的位置。如果采用原先遍历队列中所有元素进行逐一比较的方式，则算法效率低，仿真时间长，因此对于类似这种需要按照一定顺序插入或取出队列元素的应用场景，可以应用二分搜索算法进行加速。

在存储管理中应用二分搜索算法的原理示例图，如图 42-6 所示。

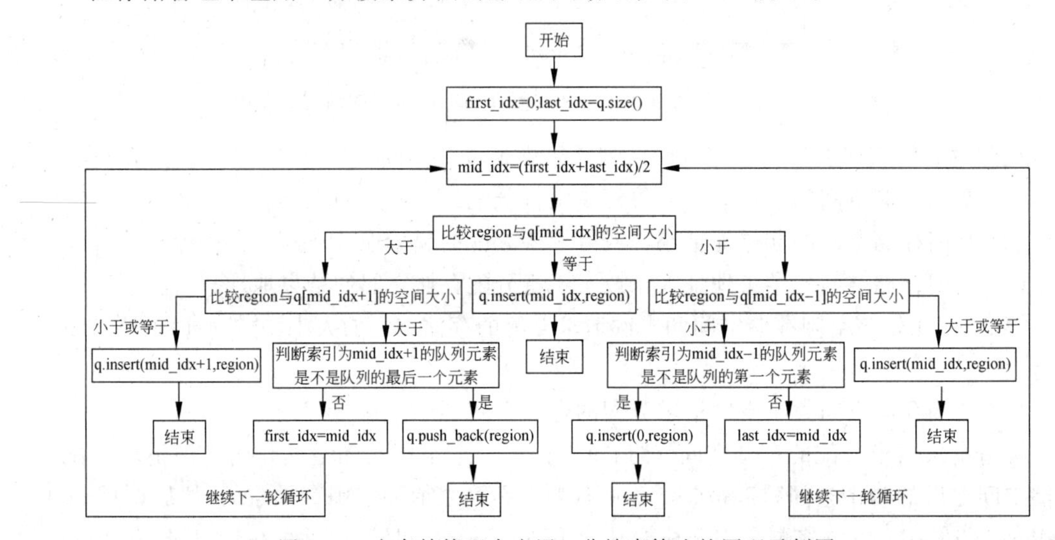

图 42-6 在存储管理中应用二分搜索算法的原理示例图

由于 in_free 队列中的元素是按照存储空间以从小到大的顺序进行排列的，因此可以先取队列中间的元素进行空间大小的比较及对应的处理，然后通过指定中间元素的索引变量来进一步缩小搜索的队列范围，以此来指数级地提升算法的执行效率。

2. 存储空间的释放回收

首先将待释放的存储空间从被占用的存储空间队列 in_use 队列中剔除，然后由于该待释放的存储空间被释放后会产生同等空间大小的空闲存储空间，因此需要被写入空闲存储队列 in_free，此外还要考虑是否需要和相邻地址的空闲存储空间进行合并。

算法实现过程如下：

第 1 步，将待释放的存储空间从已经被占用的存储空间队列中剔除，并且返回该操作需要合并的相邻的空闲存储空间的大小和起始地址。

在被占用的存储空间队列 in_use 里利用二分搜索算法根据起始地址的排列顺序快速地查找定位并剔除待释放的存储空间，同时判断是否存在与之相邻的空闲存储空间，如果存在，则还需要记录相邻的空闲存储空间的空间大小和起始地址，因为这里需要考虑由于释放存储空间带来的相邻空闲存储空间的合并情况。

第 2 步，在空闲存储空间队列中根据以下两种情形合并空闲存储空间并重新写入空闲存储空间队列。

(1) 与需要写入的被释放的存储空间相邻的空闲存储空间都为空。

在空闲存储空间队列 in_free 里利用二分搜索算法根据空间大小的排序快速地插入被释放的存储空间。

(2) 与需要写入的被释放的存储空间相邻的空闲存储空间不为空。

首先合并不为空的相邻的空闲存储空间，然后在空闲存储空间队列里 in_free 根据空间大小和起始地址参数利用二分搜索算法快速地查找定位并剔除，接着重新构造合并后的存储空间，最后利用二分搜索算法根据空间大小的排序快速地插入空闲存储空间队列 in_free 中合适的位置。

42.3.3　优点

优点如下：

(1) 针对现有方案中算法不完善的问题，本节给出了全新的存储管理算法并且提供了 3 种存储管理分配模式，分别是 FIRST_FIT、BEST_FIT 和 MANUAL_FIT 模式，可以根据实际项目需求选择适合的分配模式。

(2) 针对现有方案中算法效率低的问题，本节将二分搜索算法应用到上述存储管理分配模式的算法实现中，从而加速请求分配和释放回收存储空间的匹配过程，提升了算法的效率。

(3) 在解决了算法不完善和效率低的问题的基础上，对可以通过指定自定义参数 uvm_mem_mam_policy 来设定待分配的存储空间位置的方式予以兼容支持。

(4) 本节给出的存储空间动态管理算法被封装在 package 包文件中，与 UVM 验证方法学完全兼容且可实现代码重用。

42.3.4　具体步骤

第 1 步，对原先的存储管理器的配置对象 uvm_mem_mam_cfg 进行继承，在其子类中添加本章中给出的配置分配模式，分别是 FIRST_FIT、BEST_FIT 和 MANUAL_FIT 模式，用于不同场景下使用的存储空间请求分配和释放回收，代码如下：

```
//uvm_mem_cfg_new.svh
class uvm_mem_mam_cfg_new extends uvm_mem_mam_cfg;
  rand uvm_mem_manager_pkg::new_alloc_mode_e new_mode;
endclass
```

第 2 步，对原先的存储管理器 uvm_mem_mam 进行继承，并在其子类中添加存储管理的相关方法接口，算法实现过程见原理部分，用于实现上述不同分配模式下的存储管理。

第 3 步，将上述两个类对象封装到 package 包文件中，从而实现代码的重用，代码如下：

```
//uvm_mem_manager_pkg.sv
package uvm_mem_manager_pkg;

    `include "uvm_macros.svh"
    import uvm_pkg::*;

    typedef enum {FIRST_FIT = 0, BEST_FIT = 1, MANUAL_FIT = 3} new_alloc_mode_e;
    `include "uvm_mem_mam_cfg_new.svh"
    `include "uvm_mem_mam_new.svh"
endpackage
```

第 4 步，在具体的项目文件中导入上面封装好的 package 包文件。

第 5 步，声明和例化需要管理的存储 uvm_mem，设定其空间大小和数据宽度。

第 6 步，声明和例化对 uvm_mem 进行管理的并且本章给出的配置对象 uvm_mem_mam_cfg_new，并对其中的数据成员进行配置，指定分配模式、数据宽度、起始地址和结束地址。

第 7 步，声明和例化对存储 uvm_mem 进行管理的本章给出的存储管理器 uvm_mem_mam_new，并将其配置对象 uvm_mem_mam_cfg_new 和要管理的存储 uvm_mem 作为参数在例化时进行传递。

第 8 步，这一步可选，声明和例化设定分配存储空间的自定义参数 uvm_mem_mam_policy，并指定有效存储分配空间范围，这里对应的分配模式为本章给出的 MANUAL_FIT，用于手工指定要分配的存储空间的所在位置。

第 9 步，通过存储管理器调用本章给出的存储空间请求分配方法 request_region_new 来请求分配设定大小的存储空间，在请求的同时可选择传入自定义参数 uvm_mem_mam_policy 来手工指定要分配的存储空间的所在位置。使用完毕后调用本章给出的存储空间释放回收方法 release_region_new 来对之前分配的存储空间进行释放回收。

42.3.5 算法性能测试

为了比较本章给出的存储管理算法和原先基于 UVM 提供的存储管理算法的性能差异需要做以下测试。

存储管理器管理的整个存储空间为 1GB，请求分配存储空间 5000 次，然后对已分配的空间进行逐一释放回收，其中，当采用本章给出的存储管理算法执行测试时，分别使用所提供的 3 种分配模式，即以 FIRST_FIT、BEST_FIT 和 MANUAL_FIT 模式进行存储空间的请求分配。

运行仿真后的结果表明，使用本章给出的存储管理算法的执行效率得到了较大的提升，执行上述测试内容，仿真所消耗的时间只有 1s，而使用原先基于 UVM 提供的存储管理算法，执行同样的测试内容，仿真所消耗的时间达到了 1005s，远远超过了给出的算法执行时间。

42.3.6 备注

备注事项如下：

(1) 本章描述中的“地址”指的都是存储空间的“偏移地址”。

(2) 由于存储管理过程包含很多底层细节，所以原理部分省略了不少细节，但用于说明原理足够了，具体的细节需要结合代码才能被真正理解。

(3) 部分代码所占篇幅过长，不方便直接粘贴，如第2步的 uvm_mem_mam_new.svh，感兴趣的读者可以联系作者进行获取，从而进一步阅读理解或者以一个实际的工程项目进行参考实践。

第43章 简便且灵活的寄存器覆盖率统计收集方法

43.1 背景技术方案及缺陷

43.1.1 现有方案

通常RTL设计的内部会使用寄存器来参与完成一些逻辑功能的运算，因此对该RTL设计进行验证时需要对其内部的寄存器进行建模，以尽可能地模拟RTL内部的功能逻辑，从而达到帮助验证开发人员来判断RTL设计功能的正确性的目的。

一个典型的基于UVM验证方法学的包含寄存器覆盖率统计收集的验证平台结构示意图如图37-1所示。

使用UVM寄存器模型可以方便地对DUT内部的寄存器及存储进行建模。创建寄存器模型后，可以在序列和组件里通过获取寄存器模型的句柄，从而调用寄存器模型里的接口方法来完成对寄存器的读写访问，如图37-1左边的sequence里通过调用寄存器模型里的接口方法实现对寄存器的读写访问。也可以像右下角那里直接启动寄存器总线的sequence，即通过操作总线实现对寄存器的读写访问。

由于存在各种各样不同的寄存器总线，而UVM作为一种通用的验证方法学，因此需要能够处理各种类型的事务请求sequence_item。恰好这些要处理的sequence_item都非常相似，在综合了它们的特征后，UVM预先定义了一种sequence_item，叫作uvm_reg_item，然后通过适配器adapter的bus2reg()及reg2bus()方法实现uvm_reg_item与目标总线协议的bus_item的转换。最后由sequencer和driver驱动给DUT，从而最终完成对目标寄存器的读写。在寄存器读写的过程中，进行寄存器模型和实际DUT中寄存器值的同步和覆盖率统计收集。

衡量对芯片验证进度的一个重要的指标就是追踪其验证覆盖率，该覆盖率自然也会包括寄存器的部分，上述基于UVM搭建的验证平台同时提供了对寄存器覆盖率收集功能的支持。可以看到，在寄存器模型里会包含覆盖组封装对象，然后在每次调用寄存器模型的访问接口方法时，除了会同步更新寄存器模型和DUT寄存器的数值状态以外，还会对此次访问的信息进行监测，以对目标寄存器的访问进行覆盖率统计收集。

下面可以看个具体的例子。

第1步，在测试用例里声明要支持的覆盖率统计参数，代码如下：

```
class demo_test extends uvm_test;
    `uvm_component_utils(demo_test)
    env   env_h;
    ...

    function void build_phase(uvm_phase phase);
        env_h = env::type_id::create("env_h",this);
        uvm_reg::include_coverage(" * ", UVM_CVR_ALL);
    endfunction : build_phase
endclass
```

这里在其中设置为整个验证平台上的寄存器模型对所有的覆盖率类型都支持，其实不止这些参数，UVM提供的功能覆盖率配置参数是一个数据类型为 uvm_coverage_model_e 的枚举类型值，具体包括以下几种。

(1) UVM_NO_COVERAGE：不进行覆盖率统计。

(2) UVM_CVR_REG_BITS：对寄存器的每个比特位进行读写的覆盖率统计。

(3) UVM_CVR_ADDR_MAP：对于寄存器地址映射表中所有的地址进行读写的覆盖率统计。

(4) UVM_CVR_FIELD_VALS：对于寄存器 field 中的值进行覆盖率统计。

(5) UVM_CVR_ALL：包括对 UVM_CVR_REG_BITS、UVM_CVR_ADDR_MAP 和 UVM_CVR_FIELD_VALS 全部进行统计。

这些覆盖率统计支持的参数只是为了方便在验证平台中进行相应配置，相当于一些开关参数，其本身并不具备特殊的意义，但是需要验证开发人员根据实际工程项目的需要进行配置使用。

第2步，创建寄存器模型的覆盖组，这里被封装为一个对象，其中用来对访问的寄存器偏移地址和读写操作及两者的交叉覆盖率进行统计收集，代码如下：

```
class reg_coverage extends uvm_object;
   `uvm_object_utils(reg_coverage)

   covergroup reg_access_cov(string name) with function sample(uvm_reg_addr_t addr, bit is_
read);
       coverpoint addr {
          bins ctrl_reg = {'h8};
          bins status_reg = {'h9};
          bins counter_reg = {'ha};
          bins id_reg = {'hc};
       }

       coverpoint is_read {
          bins rd = {0};
          bins wr = {1};
```

```
        }

        cross addr, is_read;
    endgroup

    function new (string name = "reg_coverage");
        super.new(name);
        reg_access_cov = new(name);
    endfunction : new

    function void sample(uvm_reg_addr_t offset, bit is_read);
        reg_access_cov.sample(offset, is_read);
    endfunction: sample
endclass
```

第3步，在寄存器模型中主要完成以下5件事情：

(1) 声明例化上一步的覆盖组封装对象。

(2) 调用 set_coverage()方法以容许对该覆盖率类型进行采样。

(3) 调用 add_coverage()方法以增加对覆盖率类型的采样支持。

(4) 通过地址映射表 map 的 get_name()方法根据不同的 map 来开启对应的覆盖率信息的采样。

(5) 调用 reg_coverage 中的 sample()方法及 sample_value()方法，从而完成最终的寄存器模型的覆盖率采样，代码如下：

```
class reg_model extends uvm_reg_block;
    ...
    reg_coverage reg_coverage_h;

    function new(string name = "reg_model");
        super.new(name, build_coverage(UVM_CVR_ALL));
    endfunction

    function void build();
        if(has_coverage(UVM_CVR_ADDR_MAP)) begin
            reg_coverage_h = reg_coverage::type_id::create("reg_coverage_h");
            set_coverage(UVM_CVR_ADDR_MAP);
        end
        add_coverage(UVM_CVR_FIELD_VALS);
        ...
    endfunction

    function void sample(uvm_reg_addr_t offset, bit is_read, uvm_reg_map map);
        if(get_coverage(UVM_CVR_ADDR_MAP)) begin
            if(map.get_name() == "default_map") begin
                reg_coverage_h.sample(offset, is_read);
                sample_values();
            end
        end
```

```
    endfunction: sample
endclass
```

也可以直接将覆盖组写在寄存器里，然后编写 sample_values 方法以实现对某个目标寄存器的覆盖率统计收集，代码如下：

```
class ctrl_reg extends uvm_reg;
    ...
    covergroup ctrl_reg_vals;
        coverpoint invert_field.value[0];
        coverpoint border_field.value[0];
        coverpoint reserved_field.value[13:0];
    endgroup

    function new(string name = "ctrl_reg");
        super.new(name, 16, build_coverage(UVM_CVR_FIELD_VALS));
        if(has_coverage(UVM_CVR_FIELD_VALS))
            ctrl_reg_vals = new();
    endfunction

    function void sample_values();
        if (has_coverage(UVM_CVR_FIELD_VALS))
            ctrl_reg_vals.sample();
    endfunction
    ...
endclass
```

43.1.2 主要缺陷

上述方案在通常工程应用中会被采用，但是存在如下两个主要缺陷：

(1) 编写起来较为复杂，需要配置的参数较多，在实际工程应用中，往往容易出错，尤其对于工程项目中的新人来讲不够友好。

(2) 使用起来不够灵活，因为必须按照 UVM 提供的语法规则来完成对目标寄存器覆盖率的统计收集，这会损失一部分编码的灵活度，不能做到直接监测到寄存器总线上所有的行为功能。

所以需要有一种更为简便且更灵活的方法对寄存器覆盖率进行统计收集。

43.2 解决的技术问题

解决 43.1.2 节中提到的缺陷问题。

43.3 提供的技术方案

43.3.1 结构

本节给出的一种简便的寄存器覆盖率统计收集的验证平台结构示意图如图 43-1 所示。

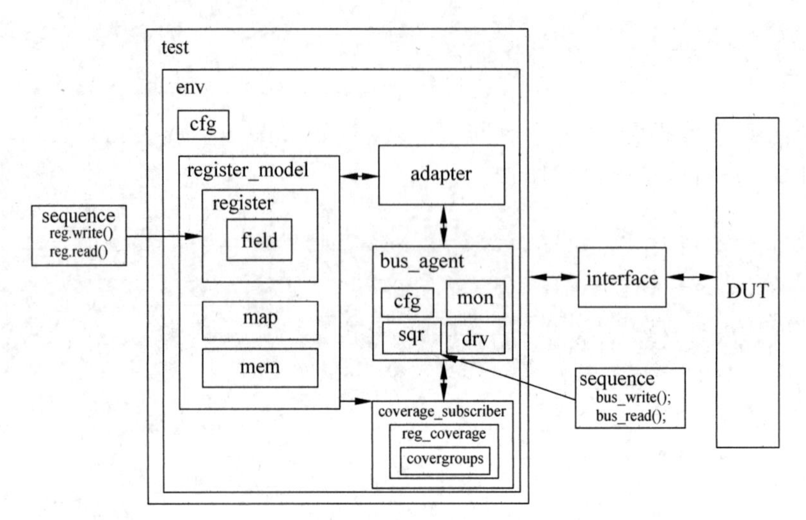

图 43-1 一种简便的寄存器覆盖率统计收集的验证平台结构示意图

43.3.2 原理

UVM 提供了强大的寄存器模型，用来对 DUT 中的寄存器进行建模，并提供了一系列支持寄存器覆盖率统计收集和相关控制方法，但同时也增加了一定的编码实现的复杂度，尤其对于工程项目中的新人来讲不够友好。而且使用 UVM 封装好的寄存器覆盖率的相关接口方法会损失一部分编码的灵活度，因为必须按照 UVM 提供的语法规则来完成对目标寄存器覆盖率的统计收集。

因此，思考是否可以不使用 UVM 封装好的寄存器覆盖率的相关接口方法，而使用最直接简单的方式来完成对寄存器覆盖率的统计收集。很自然地会想到有以下实现思路：

(1) DUT 中寄存器的访问同样会通过相应的总线接口实现，而该寄存器总线接口会被验证开发人员封装成可重用 UVC，该组件的 agent 组件层次下的 monitor 负责监测该寄存器总线上寄存器访问的数据并且封装成事务，其中包含所有总线上关于寄存器访问操作的数据信息，那么对该事务信息进行统计分析即可实现对寄存器覆盖率的统计收集。

(2) 考虑创建覆盖组订阅器，用来对上述监测器广播过来的事务进行接收，然后将该事务信息作为覆盖率采样的输入信息，调用提前创建好的寄存器覆盖组对象的采样方法来完成对目标寄存器覆盖率信息的统计收集。

综上，最终完成对寄存器覆盖率的统计收集。

43.3.3 优点

优点如下：

(1) 不使用 UVM 提供的寄存器覆盖率相关接口方法，也就避免了较为复杂的使用参数设置和编码灵活度的限制。

(2) 通过直接监测寄存器总线接口来对监测到的寄存器相关数据进行覆盖率统计收

集，增加了编码的灵活度，对于复杂的寄存器覆盖率统计收集来讲会更加方便，实现起来更加容易。

43.3.4 具体步骤

第1步，创建寄存器模型的覆盖组，这里被封装为一个对象，其中用来对访问的寄存器偏移地址和读写操作及两者的交叉覆盖率进行统计收集，还可以通过寄存器模型句柄调用相关接口方法，直接访问目标寄存器来统计收集相应的覆盖率，代码如下：

```
class reg_coverage extends uvm_object;
   `uvm_object_utils(reg_coverage)
    reg_model reg_model_h;

   covergroup reg_access_cov(string name) with function sample(uvm_reg_addr_t addr, bit is_
read);
      coverpoint addr {
         bins ctrl_reg = {'h8};
         bins status_reg = {'h9};
         bins counter_reg = {'ha};
         bins id_reg = {'hc};
      }

      coverpoint is_read {
         bins rd = {0};
         bins wr = {1};
      }

      cross addr, is_read;
   endgroup

   covergroup ctrl_reg_cov;
       coverpoint reg_model_h.ctrl_reg.get_mirrored_value();
   endgroup

   function new (string name = "reg_coverage");
      super.new(name);
      reg_access_cov = new(name);
       ctrl_reg_cov = new();
   endfunction : new

   function void sample(uvm_reg_addr_t offset, bit is_read);
      reg_access_cov.sample(offset, is_read);
       ctrl_reg_cov.sample();
   endfunction: sample
endclass
```

第2步，创建覆盖组订阅器，然后用来完成以下两件事情：

(1) 声明例化寄存器模型的覆盖组对象并且将寄存器模型传递给它，使它可以使用寄存器模型的接口方法以获取内部寄存器的相关数值或地址等状态信息，以方便统计收集对应的覆盖率数据。

(2) 编写 write 方法,用于订阅接收来自寄存器总线的监测器广播过来的寄存器总线事务数据,并在其中调用寄存器模型的覆盖组对象的覆盖率采样方法 sample 来完成对目标寄存器的覆盖率的统计收集。

可以看到,此时不再需要设置 UVM 设定的覆盖率统计支持的参数,而且也不用使用过多的寄存器覆盖率的控制方法,整个寄存器覆盖率统计收集的过程变得更加简便和灵活。

代码如下:

```
class coverage_subscriber extends uvm_subscriber #(bus_item);
    reg_coverage reg_coverage_h;
    reg_model reg_model_h;

    function void build_phase(uvm_phase phase);
        reg_coverage_h = reg_coverage::type_id::create("reg_coverage_h");
reg_coverage_h.reg_model_h = reg_model_h;
    endfunction : build_phase

    function void write(bus_item t);
        reg_coverage_h.sample(t.offset, t.is_read);
    endfunction
endclass
```

第44章 模拟真实环境下的寄存器重配置的方法

44.1 背景技术方案及缺陷

44.1.1 现有方案

一般情况下，搭建验证平台来对 DUT 进行验证的过程可以分为以下几部分：

- 上电
- 复位
- 配置寄存器以设定不同的工作模式
- 运行测试用例以完成目标测试内容
- 等待仿真结束并检查结果

在对 DUT 进行复位后，要对其中的寄存器进行配置，从而设定其工作模式，然而有些时候一种工作模式测试完毕后，需要重新配置其寄存器，使其工作在另一种工作模式下，然后在另一种模式下运行相应的测试用例来对 DUT 进行验证测试。这时，一般的做法是先复位，然后重新配置其目标模式寄存器，并对其他寄存器进行随机。

具体步骤如图 44-1 所示。

上电
复位
配置寄存器以设定不同的工作模式
运行测试用例以完成测试内容
等待仿真结束并检查结果
测试通过
测试不通过
调试问题

图 44-1 对 DUT 验证的一般过程

简单来说，就是不断地重复上面的过程，配置 DUT 寄存器，使其工作在不同的模式下，以此来验证不同模式下其功能是不是正确。如果正确，则继续配置寄存器以验证下一种工作模式；如果不正确，则对问题进行调试，判断是 DUT 的问题还是验证平台的问题，然后修复该问题。

44.1.2 主要缺陷

上述方案看起来可行，但是存在一个比较难以发现的问题。

因为芯片在实际使用环境中一般不会先自我重新复位，然后配置工作模式，而是在正常工作的过程中直接对工作模式进行修改，即验证开发人员不能对 DUT 先进行复位，然后配置其工作模式。因为这使 DUT 总是以一种已知的状态(复位后的初始状态)来开启另一种工作模式,而实际环境下芯片并不是这样工作的,而应该是从一个未知的随机状态切换到另一种工作模式,因此先复位再重新配置工作模式的方法会导致验证不够准确,因为并没有模拟最真实的使用环境,容易带来意想不到的问题,从而最终导致芯片流片后不能正常工作。

因此,需要使用一种重配置寄存器的方法,以实现在 DUT 的过程中直接对其进行配置,从而模拟芯片真实的使用环境。

44.2 解决的技术问题

模拟芯片真实的使用环境来对 DUT 进行验证,从而避免在前期验证过程中由于验证方法的不准确而导致的后期芯片流片失败的问题。

44.3 提供的技术方案

44.3.1 结构

本章给出的寄存器重配置方法后的 DUT 验证过程如图 44-2 所示。

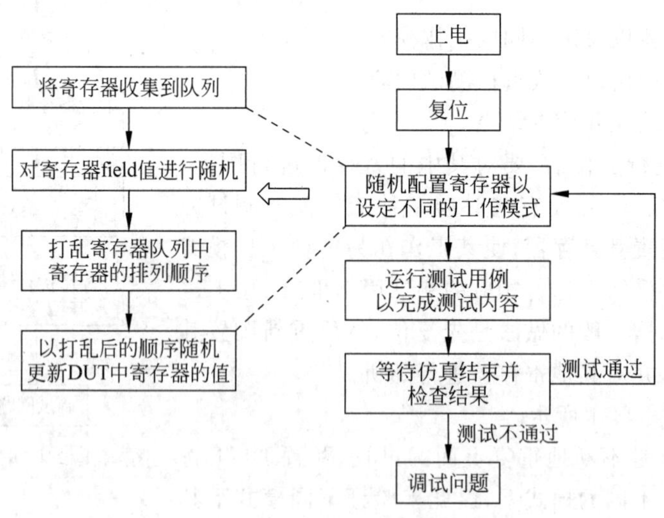

图 44-2 寄存器重配置方法后的 DUT 验证过程

44.3.2 原理

由于复位后 DUT 会恢复到一种已知的状态,然后进行寄存器配置并施加激励进行仿真验证,因此并不能模拟最真实的环境,容易给最终芯片的流片埋下隐患。

因此可以考虑不进行复位,而直接对其寄存器进行配置,使其工作在一种随机的状态,从而模拟真实的环境。要实现这一点,需要综合利用 UVM 和 SystemVerilog 提供的接口方法实现。

(1) 将寄存器收集到队列，可以通过寄存器模型句柄调用 get_registers()方法实现。

(2) 对寄存器 field 值进行随机，可以调用 randomize()方法并结合随机约束实现。

(3) 打乱寄存器队列中寄存器的排列顺序，可以通过调用数组的 shuffle()方法实现。

(4) 以打乱后的顺序来随机更新 DUT 中寄存器的值，可以通过调用寄存器的 update()方法实现。

最后重配置寄存器和施加随机激励来全面地对 DUT 进行仿真验证。

44.3.3 优点

避免 44.1.2 节中出现的缺陷问题。

44.3.4 具体步骤

第 1 步，构造用于重配置寄存器的 sequence 激励，主要包含如下 4 个小步骤：

(1) 利用寄存器模型句柄调用 get_registers()方法以将寄存器模型中所有的寄存器收集到一个队列 model_regs 中。

(2) 调用 randomize()方法对里面所有的寄存器 field 值进行随机，可以设置随机约束以将某些寄存器的 field 值在随机时进行固定。

(3) 调用数组队列的 shuffle()方法以打乱寄存器的顺序。

(4) 调用寄存器的 update()方法，从而以打乱的顺序随机地更新 DUT 中的寄存器的值。

注意：只对 RTL 设计文档中有明确配置顺序或数值要求或者有其他特殊要求的寄存器进行手工配置，其余寄存器的配置顺序和数值都是随机的。

代码如下：

```
class bus_sequence extends uvm_sequence #(bus_transaction);
   ...

   task body();
         uvm_status_e status;
         uvm_reg_data_t value;
         uvm_reg model_regs[ $ ];
         p_sequencer.reg_model_h.get_registers(model_regs);
         if(!p_sequencer.reg_model_h.randomize() with {p_sequencer.reg_model_h.ctrl_reg_h.
reserved_field.value == 14'h3fff;}) begin
              `uvm_error("BUS SEQ", "reg_model randomization failed")
         end

         model_regs.shuffle();
         foreach(model_regs[i]) begin
              model_regs[i].update(status, UVM_FRONTDOOR);
         end
```

```
    endtask : body
endclass
```

第2步,在一个测试用例中多次对寄存器重新配置,每次配置的寄存器值都不一样,配置完成后再发送执行 random_sequence,从而对随机指令进行测试。通过重复多次上述过程以碰撞出可能导致 DUT 不能正常工作的情况,从而尽可能地对 DUT 进行全面验证,代码如下:

```
class virtual_sequence extends uvm_sequence #(uvm_sequence_item);
    ...

    task body();
     //先启动复位
       reset_seq.start(sequencer_h);
     //重复多次随机配置寄存器,然后给 DUT 施加随机激励
        repeat(n)begin
           bus_seq.start(bus_sequencer_h);
           random_seq.start(sequencer_h);
        end
    endtask : body
endclass : virtual_sequence
```

第 45 章 使用 C 语言对 UVM 环境中寄存器的读写访问方法

45.1 背景技术方案及缺陷

45.1.1 现有方案

UVM 提供了 RAL 来对寄存器进行建模，可以很方便地访问待测设计中的寄存器和存储，并且在 RAL 里还对寄存器的值做了镜像，以便对待测设计中的寄存器的相关功能进行比较验证。

一个典型的基于 UVM 并包含寄存器模型的验证平台架构图，如图 37-1 所示。

使用 UVM 寄存器模型可以方便地对 DUT(Design Under Test，待测设计)内部的寄存器及存储进行建模。创建寄存器模型后，可以在序列和组件里通过获取寄存器模型的句柄，从而调用寄存器模型里的接口方法来完成对寄存器的读写访问，如图 37-1 中左边的 sequence 里通过调用寄存器模型里的接口方法实现对寄存器的读写访问，也可以像右下角那样直接启动寄存器总线的 sequence，即通过操作总线实现对寄存器的读写访问。

45.1.2 主要缺陷

上面是最常见或者说基本上在使用的方案，但是在有些情况下并不能满足对芯片验证的要求。例如，在对一块 SoC 芯片进行系统级全片验证时，通常验证开发人员会写 C 函数激励，接着编译成 CPU 能够运行的指令，然后由该 CPU 通过一系列的总线接口，最终按照一定的访问时序来完成对目标寄存器的读写。

因为一块芯片最终会给软件开发人员使用，软件人员可以用 C 语言编写一些代码，然后通过工具编译成相应的指令，以此来使用这块芯片提供的功能，因此为了更全面地对该芯片进行验证，需要在全片级层面上通过模拟软件人员使用的方式来对该芯片的使用场景进行验证。

而现有方案并不支持直接使用 C 语言来对 DUT 的寄存器进行读写访问，因此并不能满足对芯片验证的要求，而这正是本章要解决的问题。

45.2 解决的技术问题

实现直接使用C语言来对DUT的寄存器进行读写访问。

45.3 提供的技术方案

45.3.1 结构

通过DPI接口来调用UVM验证平台中寄存器模型的寄存器访问方法并借助寄存器总线对应的UVC封装组件来完成对寄存器的读写访问。

本节给出的使用C语言对UVM环境中寄存器的读写访问方法的验证平台结构示意图如图45-1所示。

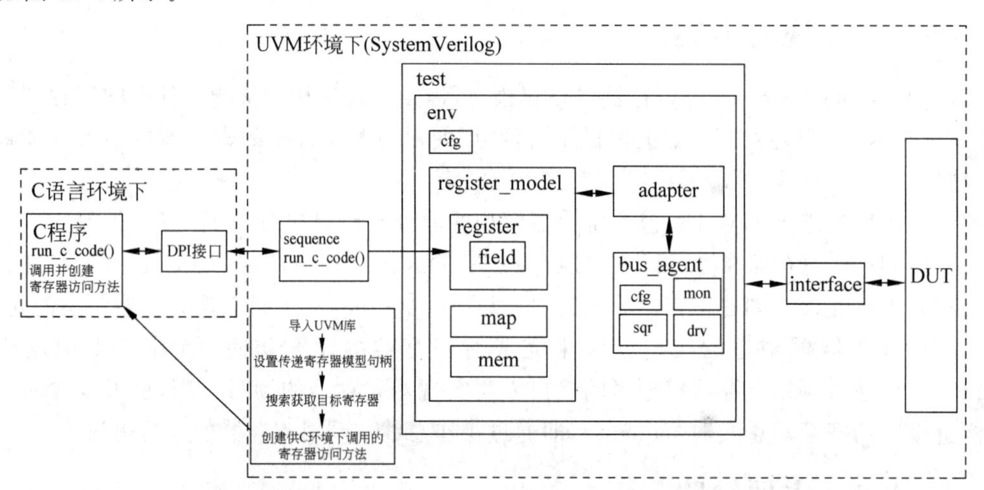

图45-1 使用C语言对UVM环境中寄存器的读写访问方法的验证平台结构示意图

45.3.2 原理

原理如下：

(1) SystemVerilog语言提供了与C语言交互的DPI接口，可以实现与C语言之间的联合编译开发。而UVM通用验证方法学是基于SystemVerilog语言进行开发的，因此可以利用DPI接口实现用C语言对在UVM环境中的寄存器进行读写访问。

(2) UVM通用验证方法学中的寄存器模型提供了一系列的对寄存器读写访问方法，因此可以在C语言环境下使用DPI接口来提供类似的访问接口，从而达到直接在UVM验证环境中调用寄存器读写访问方法一样的效果。

(3) 充分考虑本方法的通用性，将其封装成通用验证方法学的库文件，以方便在其他类似项目中使用，提升开发效率。

45.3.3 优点

优点如下：

(1) 兼容已有的 UVM 验证平台，简单易用。

(2) 具备一定的通用性，可以在其他项目中实现代码的重用。

45.3.4 具体步骤

第 1 步，在 UVM 环境下封装好供 C 语言环境下调用的寄存器访问的接口方法，并包含封装到 package 可重用组件中，具体包括以下几个小部分：

(1) 在顶部导入 UVM 提供的库文件，以便可以使用 UVM 中原生的寄存器访问方法，以此来封装供 C 语言环境下调用的寄存器访问的接口方法。

(2) 将验证环境中的寄存器模型句柄传递到本步骤中封装创建的供 C 语言环境下调用的寄存器访问的接口方法中，这里通过创建 set_c_stimulus_register_block 方法实现。

(3) 根据要访问的目标寄存器在总线上的地址来在寄存器模型中搜索，然后返回目标寄存器的句柄，从而获得目标访问寄存器，这里通过创建 get_register_from_address 方法实现。

(4) 创建供 C 语言环境下调用的寄存器读写访问方法，在其中首先调用 get_register_from_address 方法以获取目标寄存器句柄，然后使用该句柄来调用 UVM 原生的寄存器读写访问方法，从而实现对寄存器的访问。在这一步中，可以根据项目需要封装实现所有类似 UVM 环境中对寄存器访问的接口方法，从而达到直接在 UVM 验证环境中调用寄存器读写访问方法一样的效果。这些创建的寄存器读写访问方法包括以下几种。

c_reg_write：用于模拟对寄存器的写(write)访问，通过 access_type 参数来决定是前门还是后门访问。

c_reg_read：用于模拟对寄存器的读(read)访问，通过 access_type 参数来决定是前门还是后门访问。

c_reg_poke：用于模拟对寄存器的后门写(poke)访问。

c_reg_peek：用于模拟对寄存器的后门读(peek)访问。

c_reg_get：用于模拟对寄存器的期望值的获取。

c_reg_set：用于模拟对寄存器的期望值的设置。

c_reg_update：用于模拟对寄存器模型中镜像值和 DUT 中实际寄存器的值进行更新。

c_reg_get_mirrored_value：用于获取寄存器模型中的镜像值。

c_reg_randomize：用于对寄存器模型中的期望值进行随机。

c_reg_predict：用于更新寄存器模型中的期望值和镜像值。

c_reg_reset：用于将寄存器模型中的期望值和镜像值设置为配置时的复位值。

c_reg_get_reset：用于返回寄存器模型配置时的复位值。

注意：这里为了示例的方便，所有的数据类型都为整型 int，根据实际项目的需要及 DPI 接口的数据类型映射关系修改为需要的地址和数据位宽的数据类型即可。另外参考代码仅包含上述部分的寄存器读写访问方法，仅作示例，因为原理相同。

代码如下：

```
//c_stimulus.sv
import uvm_pkg::*;
`include "uvm_macros.svh"
uvm_reg_block register_model;

function void set_c_stimulus_register_block(uvm_reg_block rm);
  register_model = rm;
endfunction: set_c_stimulus_register_block

function uvm_reg get_register_from_address(int address);
  uvm_reg_map reg_maps[$];
  uvm_reg found_reg;

  if(register_model == null) begin
    `uvm_error("c_reg_read", "Register model not mapped for the c_stimulus package")
  end

  register_model.get_maps(reg_maps);
  foreach(reg_maps[i]) begin
    found_reg = reg_maps[i].get_reg_by_offset(address);
    if(found_reg != null) begin
      break;
    end
  end

  return found_reg;
endfunction: get_register_from_address

task automatic c_reg_read(input int address, input int access_type, output int data);
  uvm_reg_data_t reg_data;
  uvm_status_e status;
  uvm_reg read_reg;

  read_reg = get_register_from_address(address);
  if(read_reg == null) begin
    `uvm_error("c_reg_read", $sformatf("Register not found at address: %0h", address))
    data = 0;
    return;
  end

  if(access_type == 1)
     read_reg.read(status, reg_data, UVM_FRONTDOOR);
  else
```

```
        read_reg.read(status, reg_data, UVM_BACKDOOR);
    data = reg_data;
endtask: c_reg_read

task automatic c_reg_write(input int address, input int access_type, int data);
    uvm_reg_data_t reg_data;
    uvm_status_e status;
    uvm_reg write_reg;

    write_reg = get_register_from_address(address);
    if(write_reg == null) begin
      `uvm_error("c_reg_write", $sformatf("Register not found at address: %0h", address))
      return;
    end

    reg_data = data;
      if(access_type == 1)
          write_reg.write(status, reg_data, UVM_FRONTDOOR);
      else
          write_reg.write(status, reg_data, UVM_BACKDOOR);
endtask: c_reg_write

task automatic c_reg_peek(input int address, output int data);
    uvm_reg_data_t reg_data;
    uvm_status_e status;
    uvm_reg peek_reg;

    peek_reg = get_register_from_address(address);
      if(peek_reg == null) begin
        `uvm_error("c_reg_peek", $sformatf("Register not found at address: %0h", address))
      data = 0;
      return;
    end

    peek_reg.peek(status, reg_data);
    data = reg_data;
endtask: c_reg_peek

task automatic c_reg_poke(input int address, int data);
    uvm_reg_data_t reg_data;
    uvm_status_e status;
    uvm_reg poke_reg;

    poke_reg = get_register_from_address(address);
      if(poke_reg == null) begin
        `uvm_error("c_reg_poke", $sformatf("Register not found at address: %0h", address))
      return;
    end

    reg_data = data;
```

```
    poke_reg.poke(status, reg_data);
  endtask: c_reg_poke

  task automatic c_reg_get(input int address, output int data);
    uvm_reg_data_t reg_data;
    uvm_status_e status;
    uvm_reg get_reg;

    get_reg = get_register_from_address(address);
      if(get_reg == null) begin
        `uvm_error("c_reg_peek", $ sformatf("Register not found at address: % 0h", address))
      data = 0;
      return;
    end

    reg_data = get_reg.get();
    data = reg_data;
  endtask: c_reg_get

  task automatic c_reg_set(input int address, int data);
    uvm_reg_data_t reg_data;
    uvm_status_e status;
    uvm_reg set_reg;

    set_reg = get_register_from_address(address);
    if(set_reg == null) begin
        `uvm_error("c_reg_set", $ sformatf("Register not found at address: % 0h", address))
      return;
    end

    reg_data = data;
    set_reg.set(reg_data);
  endtask: c_reg_set

  export "DPI - C" task c_reg_write;
  export "DPI - C" task c_reg_read;
  export "DPI - C" task c_reg_poke;
  export "DPI - C" task c_reg_peek;
  export "DPI - C" task c_reg_get;
  export "DPI - C" task c_reg_set;

  import "DPI - C" context task run_c_code();
```

第 2 步，在 C 语言环境下创建相关的寄存器读写访问方法，以此来调用上一步在 UVM 环境下封装好的接口方法。

在头文件 reg_api.h 中声明 SystemVerilog 语言原生的 DPI 接口文件及在 C 语言环境下创建的与寄存器相关的读写访问方法。可以从下面示例代码中看到，在 C 语言环境下基本会调用之前在 SV 环境下写好的 c_stimulus.sv 文件中的接口方法，代码如下：

```
//reg_api.c
#include "reg_api.h"

int reg_read(int address, int access_type) {
  int data;

  c_reg_read(address, access_type, &data);
  return data;
}

void reg_write(int address, int access_type, int data) {
    c_reg_write(address, access_type, data);
}

int reg_peek(int address) {
  int data;

  c_reg_peek(address, &data);
  return data;
}

void reg_poke(int address, int data) {
  c_reg_poke(address, data);
}

int reg_get(int address) {
  int data;

  c_reg_get(address);
  return data;
}

void reg_set(int address, int data) {
  c_reg_set(address, data);
}
```

其中头文件 reg_api.h 中的代码如下：

```
//reg_api.h
#include "svdpi.h"

int reg_read(int address, int access_type);
void reg_write(int address, int access_type, int data);

int reg_peek(int address);

void reg_poke(int address, int data);

int reg_get(int address);

void reg_set(int address, int data);
```

第 3 步，可以在 C 语言环境下编写 C 程序，即调用上一步创建好的寄存器读写访问方法，以此来完成对寄存器的读写访问。

例如在下面参考示例代码的 c_test 里，先对寄存器 REG1 进行后门写访问，然后对其进行前门读访问。对寄存器 REG2 进行后门写访问，然后进行前门读访问，代码如下：

```
//c_test.c
#include "dut_regs.h"
#include "reg_api.h"

void c_test() {
  int data;

    reg_write(REG1, 0, 16);
    data = reg_read(REG1, 1);
    reg_poke(REG2, 16);
    data = reg_peek(REG2);

}

int run_c_code () {
  c_test();
  return 0;
}
```

这里需要包含头文件 dut_regs.h，用于定义寄存器的偏移地址，代码如下：

```
//dut_regs.h
#define REG1 0x8
#define REG2 0x9
```

第 4 步，在 UVM 验证平台中启动上述 C 程序，以此来完成对寄存器的读写访问，即在该测试用例里的 connect_phase 中调用 set_c_stimulus_register_block()方法以指明要访问的寄存器模型指针，然后在 main_phase 中调用 run_c_code()方法启动 C 程序 c_test()，从而执行 c_test()中对寄存器 REG1 和 REG2 的示例读写访问。

至此，已经实现了用 C 程序在 UVM 环境中对寄存器进行读写访问，代码如下：

```
//demo_test.svh
class demo_test extends base_test;
   ...
   function void connect_phase(uvm_phase phase);
       set_c_stimulus_register_block(env_h.reg_model_h);
       ...
   endfunction

   task main_phase(uvm_phase phase);

      phase.raise_objection(this);
       `uvm_info("C TEST", "running c code", UVM_LOW)
      run_c_code();
      `uvm_info("C TEST", "c code finished", UVM_LOW)
      phase.drop_objection(this);
   endtask
endclass
```

第 46 章 提高对寄存器模型建模代码可读性的方法

46.1 背景技术方案及缺陷

46.1.1 现有方案

通常验证开发人员会基于 UVM 验证方法来对 DUT 的寄存器进行建模，UVM 提供了如下寄存器模型类来供验证开发人员使用。

(1) register field：寄存器 field。寄存器里具体每位(field)的功能，其有对应的宽度(width)和偏移(offset)，以及可读写(read/write)、只读(read only)、只写(write only)属性。

(2) register：寄存器，包含一个或多个 registe field。

(3) register block：寄存器块。对应一个具体的硬件，可以理解为一个容器，这个容器包含一个或多个 register 及一个或多个 register map。

注意：这里寄存器模型实际上指的是一个 register block 的实例。

---

(4) memory：存储。由 uvm_mem 建模，包括大小(Size)和地址范围(Range)，其是 register block 的一部分，其偏移(offset)取决于 register map。同样也有可读写(read/write)、只读(read only)、只写(write only)属性，但每次读写一个地址时，读写的是该地址的整个数据，而不是针对某些位进行操作，因此其不具有类似寄存器的 register field 的概念。

(5) register map：寄存器地址映射表。用来定义对于在总线上的父模块来讲内部所包含的寄存器和存储地址空间的偏移。每个寄存器在加入寄存器模型时都有地址，uvm_reg_map 用于存储这些地址并将其转换成可以访问的物理地址。当寄存器模型使用前门访问方式实现读或写操作时，uvm_reg_map 就会将地址转换成绝对地址，启动一个读或写的 sequence，并将读或写的结果返回。在每个 reg_block 内部，至少有一个 uvm_reg_map。

下面来看个例子。

例如有一个控制寄存器 ctrl_reg，其寄存器 field，如图 46-1 所示。

对该寄存器的构建，代码如下：

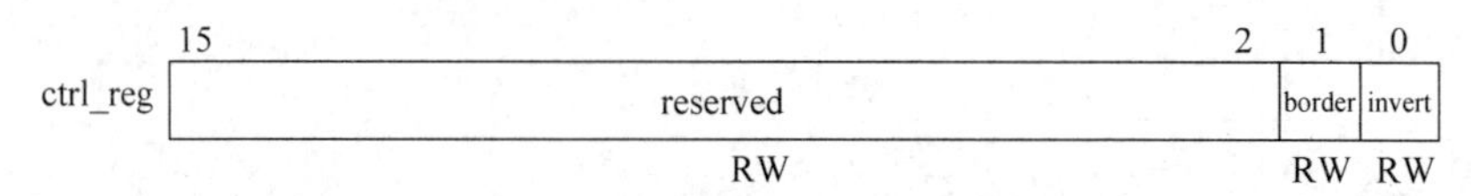

图 46-1 示例寄存器的属性及组成结构

```
class ctrl_reg extends uvm_reg;
    `uvm_object_utils(ctrl_reg)

    rand uvm_reg_field invert_field;
    rand uvm_reg_field border_field;
    uvm_reg_field reserved_field;

    function new(string name = "ctrl_reg");
        super.new(name, 16, UVM_NO_COVERAGE);
    endfunction

    function void build();
        invert_field = uvm_reg_field::type_id::create("invert_field");
        invert_field.configure(this, 1, 0, "RW", 0, 1'b0, 1, 1, 0);
        border_field = uvm_reg_field::type_id::create("border_field");
        border_field.configure(this, 1, 1, "RW", 0, 1'b0, 1, 1, 0);
        reserved_field = uvm_reg_field::type_id::create("reserved_field");
        reserved_field.configure(this, 14, 2, "RW", 0, 14'h0000, 1, 0, 0);
    endfunction
endclass
```

可以看到，首先声明其中包含的 3 个 field，分别是 invert_field、border_field 和 reserved_field，三者都派生于 uvm_reg_field 类，它们都具有可读可写的"RW"属性，并且分别位于示例寄存器 ctrl_reg 的第 0bit、第 1bit 和第 2～15bit 的位置。

然后来看如何在验证环境中来读写上述寄存器，代码如下：

```
class bus_sequence extends uvm_sequence #(bus_transaction);
   `uvm_object_utils(bus_sequence)
   `uvm_declare_p_sequencer(bus_sequencer)

   function new(string name = "bus_sequence");
      super.new(name);
   endfunction : new

   task body();
        uvm_status_e status;
        uvm_reg_data_t value;

        p_sequencer.reg_model_h.ctrl_reg_h.invert_field.write(status, 1'b1, UVM_FRONTDOOR);
          p_sequencer.reg_model_h.ctrl_reg_h.invert_field.read(status, value, UVM_
FRONTDOOR);
         `uvm_info("BUS SEQ", $sformatf("ctrl_reg value is %4h", value),UVM_MEDIUM)
   endtask : body
endclass : bus_sequence
```

可以看到，首先获取寄存器模型的句柄，然后调用该句柄中例化包含的示例寄存器 ctrl_reg 的读写方法 write 和 read，以此来完成对该寄存器中的目标 field 的读写，例如可以对其中的 invert_field 写 1'b1，然后将写入的值读出来。

46.1.2　主要缺陷

上述方案是基于 UVM 验证方法学提供的，也是通常会被采用的方案，但是存在一个缺陷，即验证开发人员并不知道寄存器中的 field 的值所代表的含义，只是一串 0 或 1bit 信号，并不直观，因此难以理解。这就导致了设计和验证开发人员必须多次来回翻阅设计文档来查看对应 field 的值所代表的含义，而且常常会忘记，大大降低了芯片设计和验证过程的工作效率。

所以需要有一种能够提升寄存器 field 可读性的编码方式，能够避免反复多次翻阅设计文档，从而节省设计和验证开发人员的时间，提升其工作效率。

46.2　解决的技术问题

提升寄存器 field 可读性的编码方式，避免反复多次翻阅设计文档，节省设计和验证开发人员的时间，提升其工作效率。

46.3　提供的技术方案

46.3.1　结构

在芯片的设计和验证工作中，通常验证开发人员会使用枚举类型变量来提升代码的可读性，例如设计文档里经常会使用该数据类型来对变量进行描述。因此，可以考虑一种将枚举型变量应用到 UVM 提供的建模方法里，对现有的寄存器模型类进行改造升级，从而提升寄存器 field 的可读性。

本章给出的提高对寄存器模型建模代码可读性的方法结构图，如图 46-2 所示。

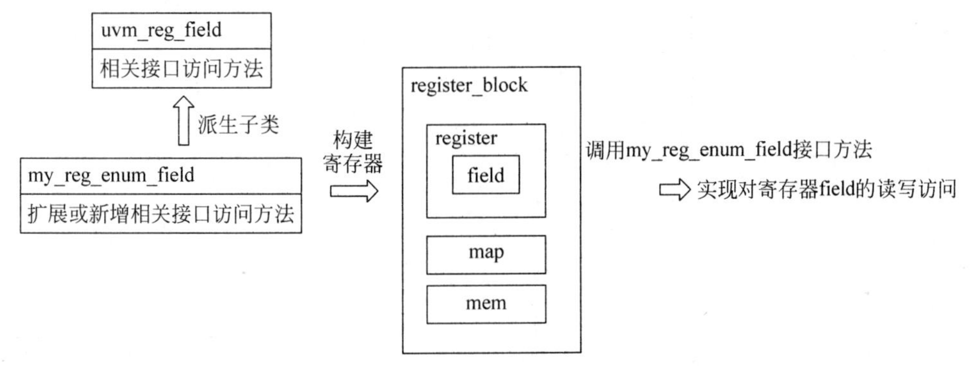

图 46-2　提高对寄存器模型建模代码可读性的方法结构图

46.3.2 原理

原理如下：

(1) 对 uvm_reg_field 进行派生并扩展和新增相关接口访问方法以支持枚举数据类型。

(2) 使用派生修改后的子类 my_reg_enum_field 来对寄存器 field 进行建模。

(3) 使用 my_reg_enum_field 的接口方法来对寄存器 field 进行读写访问。

46.3.3 优点

避免了 46.1.2 节中出现的缺陷问题，提升了代码的可读性，提升了验证开发人员的工作效率。

46.3.4 具体步骤

第 1 步，对 UVM 寄存器模型的 field 基类 uvm_reg_field 进行派生，生成需要的 my_reg_enum_field，代码如下：

```
class my_reg_enum_field #(type T) extends uvm_reg_field;
    ...
endclass
```

第 2 步，在 my_reg_enum_field 类中扩展或新增系列接口方法以使其支持枚举类型值的方法调用。

(1) 在 field 配置方法 configure 及获取 field 位宽的方法 get_n_bits 中增加对配置的宽度 size 和枚举类型 enum 的宽度的正确性检查。

(2) 在其他各个接口方法中(包括读写 write 和 read 方法)增加对枚举数据类型的转换，代码如下：

```
class my_reg_enum_field #(type T) extends uvm_reg_field;
    virtual task write (output uvm_status_e        status,
                        input  T     value,
                        input  uvm_path_e          path = UVM_DEFAULT_PATH,
                         input  uvm_reg_map        map = null,
                         input  uvm_sequence_base  parent = null,
                         input  int                prior = -1,
                         input  uvm_object         extension = null,
                         input  string             fname = "",
                         input  int                lineno = 0);
        super.write(status,
                    uvm_reg_data_t'(value),
                    path,
                    map,
                    parent,
                    prior,
                    extension,
```

```
                    fname,
                    lineno);
    endtask

    virtual task read  (output uvm_status_e        status,
                     output T     value,
                     input  uvm_path_e         path = UVM_DEFAULT_PATH,
                     input  uvm_reg_map        map = null,
                     input  uvm_sequence_base  parent = null,
                     input  int                prior =  - 1,
                     input  uvm_object         extension = null,
                     input  string             fname = "",
                     input  int                lineno = 0);
        uvm_reg_data_t super_value;
        super.read(status,
                   super_value,
                   path,
                   map,
                   parent,
                   prior,
                   extension,
                   fname,
                   lineno);
        value = T'(super_value);
    endtask
virtual function void uvm_reg_field::configure(uvm_reg          parent,
                                            int unsigned   size,
                                            int unsigned   lsb_pos,
                                            string          access,
                                            bit             volatile,
                                            T               reset,
                                            bit             has_reset,
                                            bit             is_rand,
                                            bit             individually_accessible);
        if(size !=  $bits(T))
            `uvm_fatal("ERROR","field size and enum width don't match")
            super.configure(parent,
                            size,
                            lsb_pos,
                            access,
                            volatile,
                            uvm_reg_data_t'(reset),
                            has_reset,
                            is_rand,
                            individually_accessible);
    endfunction

    virtual function int unsigned get_n_bits();
        int unsigned size = super.get_n_bits();
        if(size !=  $bits(T))
            `uvm_fatal("ERROR","field size and enum width don't match")
```

```
    endfunction

    virtual function void set_reset(T value,string kind = "HARD");
        super.set_reset(uvm_reg_data_t'(value),kind);
endfunction

    virtual function T get_reset(string kind = "HARD");
        return T'(get_reset(kind));
endfunction

    virtual function void set(T value,string fname = "",int lineno = 0);
        super.set(uvm_reg_data_t'(value),fname,lineno);
    endfunction
    ...
endclass
```

下面来看怎样对之前的示例寄存器 ctrl_reg 进行改写以提升寄存器 field 的可读性。

第 3 步，编写设定寄存器 field 所对应的枚举型变量。

以 invert_field 为例，代码如下：

```
typedef enum bit{
    INVERT_NO = 1'b0,
    INVERT_YES = 1'b1} invert_field_e;
```

例如为其设定枚举型变量 invert_field_e，分别是 INVERT_YES 和 INVERT_NO，分别代表值 1'b1 和 1'b0。

第 4 步，使用改造完成的 my_reg_enum_field 类来取代 uvm_reg_field，并用来重新构建示例寄存器 ctrl_reg，代码如下：

```
class ctrl_reg extends uvm_reg;
    `uvm_object_utils(ctrl_reg)

     rand my_reg_enum_field invert_field;
...

    function new(string name = "ctrl_reg");
        super.new(name, 16, UVM_NO_COVERAGE);
    endfunction

    function void build();
        invert_field = uvm_reg_field::type_id::create("invert_field");
        invert_field.configure(this, 1, 0, "RW", 0, INVERT_NO, 1, 1, 0);
...
    endfunction
endclass
```

可以看到，在调用寄存器 field 的配置方法 configure 时，传递的参数从原先的 1'b0 变成了 INVERT_NO，这样便清楚地知道了配置的寄存器 field 的初始值，从而提高了其可读性。

第 5 步，再来看如何在验证环境中读写上述寄存器，代码如下：

```
class bus_sequence extends uvm_sequence #(bus_transaction);
   `uvm_object_utils(bus_sequence)
   `uvm_declare_p_sequencer(bus_sequencer)

   function new(string name = "bus_sequence");
      super.new(name);
   endfunction : new

   task body();
         uvm_status_e status;
         invert_field_e value;

        p_sequencer.reg_model_h.ctrl_reg_h.invert_field.write(status, INVERT_YES, UVM_FRONTDOOR);
        p_sequencer.reg_model_h.ctrl_reg_h.invert_field.read(status, value, UVM_FRONTDOOR);
        `uvm_info("BUS SEQ", $sformatf("ctrl_reg value is %4h", value.name()),UVM_MEDIUM)
   endtask : body
endclass : bus_sequence
```

可以看到，在调用该寄存器 field 的写方法 write 时，可以直接写入枚举类型值 INVERT_YES，而不是之前的 1'b1，在调用该寄存器 field 的读方法 read 时，可以直接读取枚举类型的值，然后调用内置方法 name()来将枚举类型数值转换成字符串并打印出来，再也不是之前的一串 0 或 1 数字那样难以阅读理解的数值了。

第 47 章

兼容 UVM 的供应商存储 IP 的后门访问方法

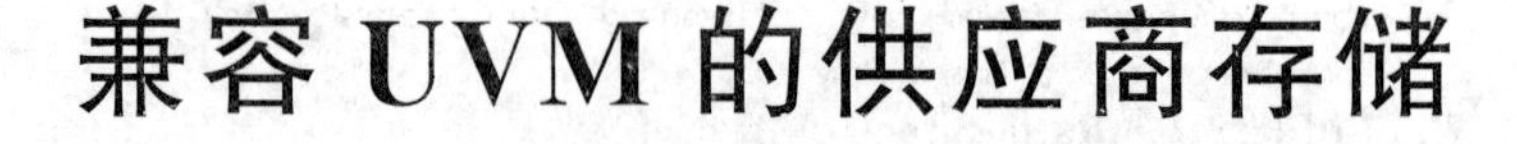

47.1 背景技术方案及缺陷

47.1.1 现有方案

一个典型的基于 UVM 验证方法学的验证平台结构示意图如图 47-1 所示。

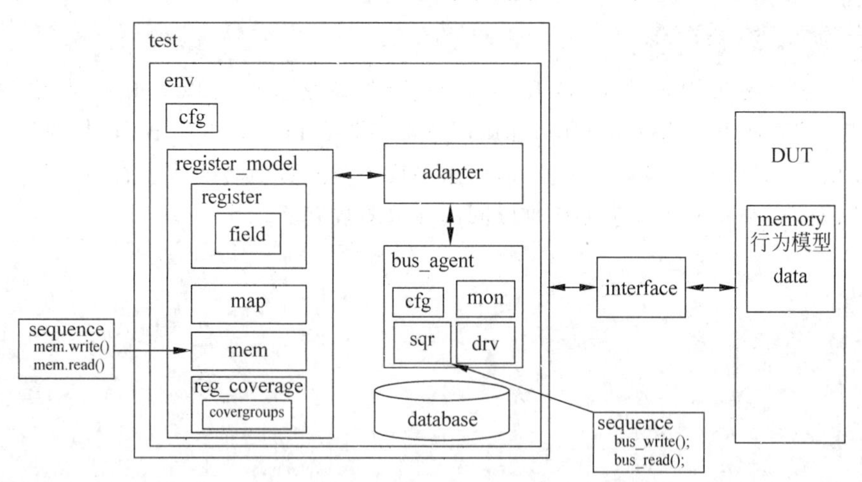

图 47-1 基于 UVM 验证方法学的验证平台结构示意图

通常在项目前期,考虑到方便仿真调试、综合评估、后端时序等因素会先使用存储 IP 的行为模型(Behavioral Model)来替代真实的供应商存储 IP 模块,以便进行仿真验证,而为了加速仿真,提升仿真效率,通常验证开发人员会将一些用户发起的配置类的存储访问修改为后门访问的方法,但这些访问需要在此前经过前门访问做验证,从而可以放心地修改为以后门访问的方法来缩短仿真时间。

为了说明现有方案及与后面本章要给出的方案的区别,下面以一个具体的示例来做较为详细的说明介绍。

首先来了解读写存储要用到的总线,这里仅作为说明本章给出的方法的示例,因此该总线较为简单,在实际项目中的总线复杂多变,需要根据具体项目的实际情况应用本章给出的方法，但方法和原理都是相同的。这里示例总线上的信号有以下几种。

（1）bus_valid：高电平时总线数据有效，低电平时无效。该有效信号只持续一个时钟，DUT 应该在其为高电平期间对总线上的数据进行采样。如果是写操作，则 DUT 应该在下一个时钟检测到总线数据有效后，采样总线上的数据并写入其内部存储。如果是读操作，则 DUT 应该在下一个时钟检测到总线数据有效后，将存储单元数据读到数据总线上。

（2）bus_op：总线读写操作。高电平时执行写操作，低电平时执行读操作。

（3）bus_addr：表示地址总线上的地址，其位宽为 16 位。

（4）bus_wr_data：表示写数据总线上的 16 位宽的数据。

（5）bus_rd_data：表示从数据总线上读取的 16 位宽的数据。

这里地址总线的宽度为 16 位，数据总线的宽度也为 16 位，这里示例的存储的位宽也为 16 位宽，深度为 10，即与总线宽度一致，为存储分配的总线地址为 16'h10～16'h19。

如果要对该存储进行访问，则只要调用寄存器模型的读写接口并发起相应的读写访问的请求序列即可，并且此时 bus_valid 信号需要为高有效电平，然后根据总线读写操作 bus_op 并根据指定的地址来完成对具体存储单元的读写。

DUT 示例代码如下：

```
module tinyalu(...);
    ...
    input              clk;
    input              reset_n;

    input              bus_valid;
    input              bus_op;
    input [15:0]       bus_addr;
    input [15:0]       bus_wr_data;
    output[15:0]       bus_rd_data;

    ...

    memory mem(.clk(clk), .reset_n(reset_n), .bus_valid(bus_valid), .bus_op(bus_op), .bus_
addr(bus_addr), .bus_wr_data(bus_wr_data), .bus_rd_data(bus_rd_data));

endmodule

module memory(clk, reset_n, bus_valid, bus_op, bus_addr, bus_wr_data, bus_rd_data);
    input              clk;
    input              reset_n;
    input              bus_valid;
    input              bus_op;
    input [15:0]       bus_addr;
    input [15:0]       bus_wr_data;
    output reg[15:0]   bus_rd_data;

    reg [10][15:0]     data;
```

```
always @(posedge clk)begin
    if(!reset_n)begin
        data[0] <= 16'h0;
        data[1] <= 16'h0;
        data[2] <= 16'h0;
        data[3] <= 16'h0;
        data[4] <= 16'h0;
        data[5] <= 16'h0;
        data[6] <= 16'h0;
        data[7] <= 16'h0;
        data[8] <= 16'h0;
        data[9] <= 16'h0;
    end
    else if(bus_valid && bus_op)begin
        case(bus_addr)
            16'h10:begin
                data[0] <= bus_wr_data;
            end
            16'h11:begin
                data[1] <= bus_wr_data;
            end
            16'h12:begin
                data[2] <= bus_wr_data;
            end
            16'h13:begin
                data[3] <= bus_wr_data;
            end
            16'h14:begin
                data[4] <= bus_wr_data;
            end
            16'h15:begin
                data[5] <= bus_wr_data;
            end
            16'h16:begin
                data[6] <= bus_wr_data;
            end
            16'h17:begin
                data[7] <= bus_wr_data;
            end
            16'h18:begin
                data[8] <= bus_wr_data;
            end
            16'h19:begin
                data[9] <= bus_wr_data;
            end
            default:;
        endcase
    end
end

always @(posedge clk)begin
```

```
        if(!reset_n)
            bus_rd_data <= 16'h0;
        else if(bus_valid && !bus_op)begin
            case(bus_addr)
                16'h10:begin
                    bus_rd_data <= data[0];
                end
                16'h11:begin
                    bus_rd_data <= data[1];
                end
                16'h12:begin
                    bus_rd_data <= data[2];
                end
                16'h13:begin
                    bus_rd_data <= data[3];
                end
                16'h14:begin
                    bus_rd_data <= data[4];
                end
                16'h15:begin
                    bus_rd_data <= data[5];
                end
                16'h16:begin
                    bus_rd_data <= data[6];
                end
                16'h17:begin
                    bus_rd_data <= data[7];
                end
                16'h18:begin
                    bus_rd_data <= data[8];
                end
                16'h19:begin
                    bus_rd_data <= data[9];
                end
                default:begin
                    bus_rd_data <= 16'h0;
                end
            endcase
        end
    end

//假设替换为真实的供应商存储 IP 模块后,提供的后门读写接口如下
    task write_api(integer offset, reg[15:0] wdata);
      data[offset] = wdata;
      $display("mem write_api offset %0d, wdata %0h",offset,wdata);
    endtask

    task read_api(integer offset, output reg[15:0] rdata);
      rdata = data[offset];
      $display("mem read_api offset %0d, rdata %0h",offset,rdata);
    endtask

endmodule
```

在清楚了总线的时序功能行为及总线地址和数据宽度之后，来看如何在验证平台中使用寄存器模型发起对存储的后门访问。

第 1 步，在寄存器模型中调用 uvm_mem 的 configure 函数时，设置好第 3 个硬件路径参数，代码如下：

```
class reg_model extends uvm_reg_block;
    ...
    mem mem_h;

    function void build();
        default_map = create_map("default_map", 'h0, 2, UVM_LITTLE_ENDIAN);
        ...

        mem_h = mem::type_id::create("mem_h");
        mem_h.configure(this, "mem.data");
        default_map.add_mem(mem_h, 'h1x);
    endfunction
endclass
```

第 2 步，当将寄存器模型集成到验证环境中时，设置好硬件的根路径，代码如下：

```
class env extends uvm_env;
   ...
   reg_model reg_model_h;
   adapter adapter_h;
   adapter reg_adapter_h;
   predictor predictor_h;

   function void build_phase(uvm_phase phase);
      ...
      reg_model_h    = reg_model::type_id::create ("reg_model_h");
      reg_model_h.configure();
      reg_model_h.build();
      reg_model_h.lock_model();
      reg_model_h.reset();
      adapter_h     = adapter::type_id::create ("adapter_h");
      reg_adapter_h    = adapter::type_id::create ("reg_adapter_h");
      reg_model_h.add_hdl_path("top.DUT");
      predictor_h    = predictor::type_id::create ("predictor_h",this);
   endfunction : build_phase

endclass
```

第 3 步，调用寄存器模型提供的读写访问接口并指定后门访问方式，从而实现对存储的读写以加速仿真，代码如下：

```
class bus_sequence extends uvm_sequence #(bus_transaction);
   ...
```

```
    task body();
        uvm_status_e status;
        uvm_reg_data_t value;

        for(int i = 0;i < 10;i++)begin
          p_sequencer.reg_model_h.mem_h.write(status, i, 16'h1111 * i, UVM_BACKDOOR);
          `uvm_info("BUS SEQ", $ sformatf("Write mem[ % 0d] -> % 4h Completed!",i,16'h1111 *
i), UVM_MEDIUM)
          p_sequencer.reg_model_h.mem_h.read(status, i, value, UVM_BACKDOOR);
          `uvm_info("BUS SEQ", $ sformatf("Read mem[ % 0d] value is % 4h",i,value), UVM_
MEDIUM)
        end

    endtask : body
endclass : bus_sequence
```

仿真结果如下：

```
UVM_INFO testbench/tb_classes/sequence/bus_sequence.svh(16) @ 910: uvm_test_top.env_h.bus_
agent_h.sequencer_h@@bus_seq [BUS SEQ] Write mem[0] -> 0000 Completed!
UVM_INFO testbench/tb_classes/sequence/bus_sequence.svh(18) @ 910: uvm_test_top.env_h.bus_
agent_h.sequencer_h@@bus_seq [BUS SEQ] Read mem[0] value is 0000
UVM_INFO testbench/tb_classes/sequence/bus_sequence.svh(16) @ 910: uvm_test_top.env_h.bus_
agent_h.sequencer_h@@bus_seq [BUS SEQ] Write mem[1] -> 1111 Completed!
UVM_INFO testbench/tb_classes/sequence/bus_sequence.svh(18) @ 910: uvm_test_top.env_h.bus_
agent_h.sequencer_h@@bus_seq [BUS SEQ] Read mem[1] value is 1111
UVM_INFO testbench/tb_classes/sequence/bus_sequence.svh(16) @ 910: uvm_test_top.env_h.bus_
agent_h.sequencer_h@@bus_seq [BUS SEQ] Write mem[2] -> 2222 Completed!
UVM_INFO testbench/tb_classes/sequence/bus_sequence.svh(18) @ 910: uvm_test_top.env_h.bus_
agent_h.sequencer_h@@bus_seq [BUS SEQ] Read mem[2] value is 2222

...

UVM_INFO testbench/tb_classes/sequence/bus_sequence.svh(16) @ 910: uvm_test_top.env_h.bus_
agent_h.sequencer_h@@bus_seq [BUS SEQ] Write mem[9] -> 9999 Completed!
UVM_INFO testbench/tb_classes/sequence/bus_sequence.svh(18) @ 910: uvm_test_top.env_h.bus_
agent_h.sequencer_h@@bus_seq [BUS SEQ] Read mem[9] value is 9999
```

可以看到，实现了对存储行为模型正确地进行了后门读写访问。

47.1.2 主要缺陷

以上方案在项目前期是可行的，但是在项目后期，需要将 DUT 中的存储 IP 的行为模型替换为真实的供应商存储 IP 模块，然后需要把之前针对 DUT 的回归测试用例重新仿真运行，以此来做功能性验证。

但这存在以下问题需要解决：

对于存储 IP 的行为模型，通常由一个简单的二维数组实现对存储单元的模拟，然后在基于 UVM 的验证环境中指定该二维数组在 DUT 中的后门路径，这样就可以使用现有方案中的寄存器模型提供的后门访问方法实现对存储的后门读写，从而加快仿真。

而对于供应商提供的存储 IP 模块，通常是由存储单元作为最小单元进行行和列的矩阵拼接而成的，其在该存储 IP 模块中以 task 形式提供用于后门调试的读写数据接口。这就存在一个难题，即由于这里是一个行列单元矩阵，而不再是此前的二维数组，存储的结构变得更复杂了，因此难以找到对应的存储后门访问路径，这样之前的方案就变得不可行了。

因此需要想办法兼容已有的 UVM 验证环境，以让验证团队和之前一样，无感知地调用寄存器模型的 read 和 write 方法并通过传参指定前门或后门的访问方式，从而轻松地完成对存储的后门读写访问，以此来加快仿真。

47.2 解决的技术问题

解决项目后期将 DUT 中的存储 IP 的行为模型替换为真实的供应商存储 IP 模块的后门访问的实现问题，从而实现对仿真加速，提升验证效率，并且要求与现有的验证环境相兼容，即不改变验证人员原有的工作习惯和使用方式。

47.3 提供的技术方案

47.3.1 结构

本节给出的兼容 UVM 的供应商存储 IP 的后门访问的验证平台结构示意图如图 47-2 所示。

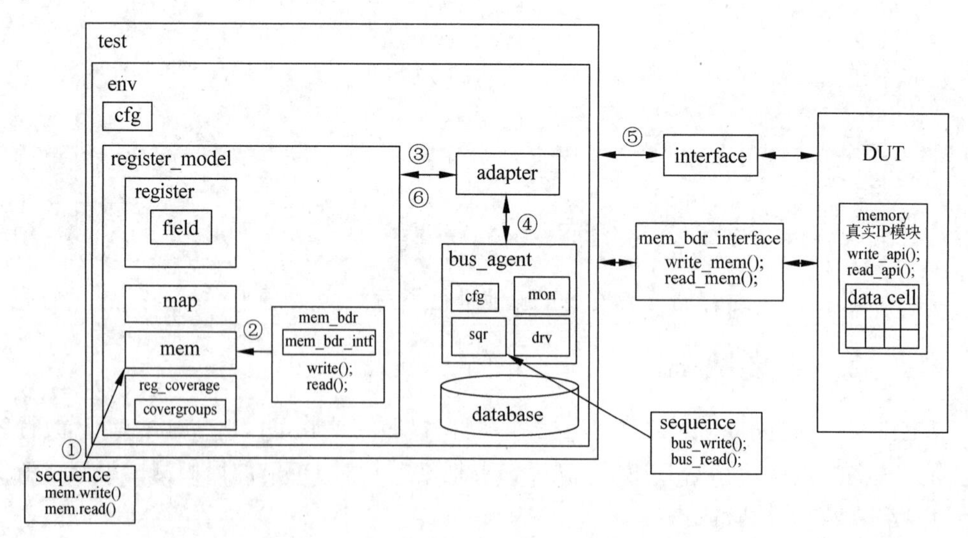

图 47-2 兼容 UVM 的供应商存储 IP 的后门访问的验证平台结构示意图

和图 47-1 相比主要做了如下几处改动：

(1) 将 DUT 中的存储行为模型替换为真实 IP 模块，并且其中提供了后门访问接口。

(2) 在寄存器模型中声明例化了与目标存储相对应的后门访问对象,用来重载后门访问方式。

(3) 添加了与目标存储相对应的后门访问 interface,用来解决直接在 package 里使用 $root 全局根目录空间不可见的问题,最终是为了在后门访问对象里获得存储 IP 模块的后门访问接口。

47.3.2 原理

对存储的后门读写访问流程及原理如下（图 47-2 中的标号①～⑥对应于下面的描述(1)～(6))：

(1) 调用 UVM 提供的寄存器模型以发起对目标存储的后门读写访问。

(2) 对目标存储设置相对应的后门访问对象,以重载该存储的后门访问方式。这里的后门访问方式实现了自定义的后门访问方法,最终调用的是存储 IP 模块内的后门访问接口。

(3) 寄存器模型产生请求序列,并产生请求序列元素。

(4) 调用适配器的 reg2bus 方法以将上述类型的请求序列元素转换成相应总线事务类型的请求序列元素。

(5) 首先将这些总线事务类型请求序列元素传送给总线序列器,接着由序列器传送给总线驱动器,然后驱动器将其驱动到总线上并依次返回读取的寄存器的值,并将返回的数值放回事务请求数据中。

(6) 如果是读操作,则调用适配器的 bus2reg 方法将总线事务请求数据中读取的值传递给寄存器模型的事务类型中,相当于返给了寄存器模型,此时在读总线上可以依次看到读到的存储的值。如果是写操作,则此时在写总线上可以看到数据被依次写入了目标存储,也可以通过再发起读访问来验证是否写成功。

47.3.3 优点

优点如下：

(1) 解决了项目后期将 DUT 中的存储 IP 的行为模型替换为真实的供应商存储 IP 模块的后门访问的实现问题,从而实现了仿真加速,提升了验证效率。

(2) 给出的方案与现有的基于 UVM 的验证环境相兼容,即不改变验证人员的原有的工作习惯和使用方式,使开发人员无感知,更加易用。

(3) 给出的方法适用于复杂的 DUT 存储结构,可以使用脚本实现自动化集成。

47.3.4 具体步骤

第 1 步,针对真实的供应商提供的所有的存储模块 IP 编写对应的后门访问 interface,具体包括以下两种方式。

(1) 由于直接在 package 里使用 $root 全局根目录空间是不可见的,因此要通过

interface 传递的方式来调用存储的后门访问接口。

编写所有存储模块 IP 对应的后门访问 interface，在其中提供读写两个任务，通过 $root 全局根目录空间来调用真实的供应商存储 IP 模块中的后门读写方法，在其中指定对存储读写的偏移地址和数据。

(2) 定义宏以备之后在测试平台层次上声明 interface 并通过配置数据库传递给验证环境中的寄存器模型里的自定义后门访问对象，以方便该对象调用 interface 里的任务实现对存储 IP 的后门访问，代码如下：

```
`define set_mem_bdr_intf \
  mem_bdr_intf mem_bdr_intf_h(); \
  initial begin \
    uvm_config_db#(virtual mem_bdr_intf)::set(null,"*",`"mem_bdr_intf`",top.mem_bdr_
intf_h); \
  end \

  interface mem_bdr_intf();

    task write_mem;
      input int unsigned offset;
      input logic[15:0] wdata;

      $root.top.DUT.mem.write_api(offset,wdata);
    endtask

    task read_mem;
      input int unsigned offset;
      output logic[15:0] rdata;

      $root.top.DUT.mem.read_api(offset,rdata);
    endtask

  endinterface
```

第 2 步，针对真实的供应商提供的所有的存储模块 IP 编写对应的后门访问对象，具体包括以下几个小步骤。

(1) 继承自 uvm_reg_backdoor 类。

(2) 声明第 1 步中编写的后门访问 interface，并通过配置数据库在验证环境中获取第 1 步传递的该 interface。

(3) 重载 write 和 read 这两个后门访问任务，在其中调用获取的后门访问 interface 中的后门读写任务以实现对存储 IP 的后门访问，在任务中传递存储的偏移地址和读写数据，代码如下：

```
class mem_bdr extends uvm_reg_backdoor;
    `uvm_object_utils(mem_bdr)
```

```
    virtual mem_bdr_intf vif;

    function new(string name = "mem_bdr");
        super.new(name);
        if(!uvm_config_db#(virtual mem_bdr_intf)::get(null,"","mem_bdr_intf",vif))
            `uvm_fatal(this.get_name(), $sformatf("Failed to get mem_bdr_intf! Please
check!"))
    endfunction

    task write(uvm_reg_item rw);
        vif.write_mem(rw.offset,rw.value[0]);
        rw.status = UVM_IS_OK;
    endtask

    task read(uvm_reg_item rw);
        vif.read_mem(rw.offset,rw.value[0]);
        rw.status = UVM_IS_OK;
    endtask

endclass
```

第 3 步，在顶层测试平台中调用第 1 步里的宏声明 interface 并通过配置数据库传递给验证环境中的寄存器模型里的自定义后门访问对象，以方便该对象调用 interface 里的任务实现对存储 IP 的后门访问，代码如下：

```
module top;
    ...
    tinyalu DUT (...);

    `set_mem_bdr_intf

    initial begin
      uvm_config_db #(virtual tinyalu_bfm)::set(null, "*", "bfm", bfm);
      uvm_config_db #(virtual simple_bus_bfm)::set(null, "*", "bus_bfm", bus_bfm);
      run_test();
    end

endmodule : top
```

第 4 步，通过在寄存器模型里使用存储模块的句柄调用 set_backdoor()方法，然后将第 2 步的后门访问对象实例化并作为参数进行传递，从而将目标存储模块的后门访问方式改变为第 2 步中自定义的方式，代码如下：

```
class reg_model extends uvm_reg_block;
    ...

    mem mem_h;

    function void build();
```

```
            default_map = create_map("default_map", 'h0, 2, UVM_LITTLE_ENDIAN);
            ...

            mem_h = mem::type_id::create("mem_h");
            mem_h.configure(this, "mem.data");
            default_map.add_mem(mem_h, 'h1x);

            begin
              mem_bdr bdr = new();
              mem_h.set_backdoor(bdr);
            end
        endfunction
    endclass
```

第 5 步，调用寄存器模型提供的读写访问接口并指定后门访问方式，从而实现对存储的读写以加速仿真。

这里和之前方案中的第 3 步一样，因此可以看到给出的方案与现有的验证环境相兼容，不改变验证人员的原有的工作习惯和使用方式，并且仿真后结果和之前是一样的。

注意：

(1) 要针对提供的所有的存储模块 IP 编写对应的后门访问 interface 和后门访问对象类，并且要为所有的存储模块 IP 重载设置相应的自定义后门访问方式，因为存储模块 IP 在 DUT 中的硬件路径是唯一且一一对应的。

(2) 对于复杂多层次的 DUT，可以将硬件路径、后门访问 interface 和后门访问对象分开编写，并整理到 filelist 列表文件中，可以使用脚本来批量生成以提升编写效率。

(3) 在实际项目中硬件层次和存储接口要比这复杂得多，这里仅以一个最简单的示例说明其原理和方法，可以将这里给出的方法应用到实际的复杂项目中。

47.3.5 备注

提供的方案中的第 2 步，如果改成下面这样。实际上就是原先的存储模型的方案所对应的后门访问方式，只是真实的存储 IP 模块不是简单的一个二维的数组变量，因此这种方式变得不可行。

所以之前的方案才会通过 interface 获取存储 IP 模块的后门访问接口，而不是直接调用 uvm_hdl_deposit 和 uvm_hdl_read 来对存储建模的二维数组变量进行后门读写，代码如下：

```
class mem_bdr extends uvm_reg_backdoor;
    `uvm_object_utils(mem_bdr)

    function new(string name = "mem_bdr");
        super.new(name);
    endfunction
```

```
    task write(uvm_reg_item rw);
        bit ok;
        //后门写
        ok = uvm_hdl_deposit( $ sformatf("top.DUT.mem.data[ % 0d]",rw.offset), rw.value[0]);
        assert(ok);
        rw.status = UVM_IS_OK;
    endtask

    task read(uvm_reg_item rw);
        bit ok;
        //后门读
        ok = uvm_hdl_read( $ sformatf("top.DUT.mem.data[ % 0d]",rw.offset), rw.value[0]);
        assert(ok);
        rw.status = UVM_IS_OK;
    endtask

endclass
```

第 48 章

应用于芯片领域的代码仓库管理方法

48.1 背景技术方案及缺陷

48.1.1 现有方案

通常芯片领域的 RTL 设计和测试平台代码版本的仓库管理会采用开源的分布式管理系统 Git 来完成，其中 RTL 设计规模包括 IP 级设计、模块级设计及系统级别设计，相应的测试平台也会包括对 IP 级的验证、对模块级的验证及对系统级的验证。

用户在最终提交到代码仓库前会运行一个最小级别的回归测试，以此来验证上述代码仓库中 RTL 设计和测试平台基本功能的正确性，即需要测试通过包括基本的编译过程及针对各个测试平台的基本仿真测试用例。在项目的早期阶段，上述编译和仿真过程通常在 10 分钟内就可以完成。随着项目的不断推进，相关代码量日益增多，仿真测试的频次和需求也会越来越多，给计算机资源带来较大压力，上述测试时间也会逐渐增长，最终甚至达到数小时之久。每次将代码提交到 Git 主线(main 分支)都需要这么久的回归测试时间是很难接受的，因此通常会通过设置 Git 客户端的 pre-push 钩子(Hooks)同时借助持续集成(Continuous Integration，CI)工具 Jenkins 的方案来保证提交到代码仓库的代码的正确性并对代码仓库的状态进行监控和维护。

现有的代码仓库管理方案的流程图，如图 48-1 所示。

现有方案的实施步骤大致分为以下两个步骤：

第 1 步，设置 Git 客户端的 pre-push 钩子。

pre-push 钩子会在用户 git push 向代码仓库提交代码时对提交的修改或新增部分的代码进行校验测试，即运行修改或新增代码所对应 RTL 设计的测试平台的基本功能测试用例，如果测试通过，则可以被推送到代码仓库，如果测试失败，则不会被推送到代码仓库。这样的好处是每次用户提交代码时不需要对代码仓库中所有的测试平台的基本测试用例进行编译仿真测试，而只需对提交部分代码所对应的 RTL 设计和测试平台的代码进行测试，这样测试更有针对性，大大减少了仿真测试的任务量，从而大大缩短了仿真时间，提升了仿真效率。

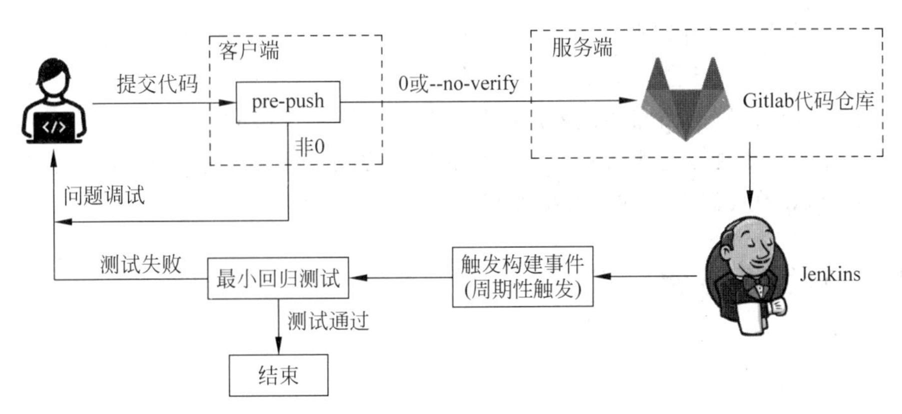

图 48-1 现有的代码仓库管理方案的流程图

以上过程会通过编写对应的具有可执行权限的 pre-push 脚本文件并将其存放在./git/hooks 目录下实现，在该脚本中主要完成对修改部分代码对应的测试平台的基本功能测试用例的编译仿真，检测仿真运行的结果，如果测试通过，则返回零并退出，用户提交的代码可以被正常推送到代码仓库，如果返回非零并退出，则用户提交的代码将不会被推送到代码仓库，并且提示测试失败信息以供用户去调试并定位出现问题的原因。

第 2 步，使用持续集成工具 Jenkins 周期性地运行最小级别的回归测试，从而实现对代码仓库的状态进行监控和维护。

这一步具体分为两个小步骤：

(1) 将 Jenkins 工具的触发构建事件(Build Triggers)设置为周期性触发(Build Periodically)。

例如，可以设定每周六晚上运行一次最小级别的回归测试，以此来测试代码仓库中所有代码的状态是否正常。

(2) 设置 Jenkins 工具的构建动作(Build)，以此来执行编写的最小回归测试的脚本。

当 Jenkins 工具监测达到设定的周期运行时间时会自动运行最小级别的回归测试，如果测试结果失败，则会通过邮件(可以通过 Jenkins 插件 Email Extension 实现)通知最后一次将代码提交到仓库的所有相关用户，告知用户关于回归测试失败的信息以供检查并定位代码出现问题的原因。

48.1.2 主要缺陷

上述方案可行，但是存在以下缺陷。

缺陷一：由于用户可以在提交代码时添加--no-verify 选项来跳过客户端的 pre-push 钩子，以此来强制推送到服务器端，因此可能会使提交代码的校验检查机制失效，所以客户端钩子的可靠性不高，通常只能作为提交代码的辅助校验手段。

缺陷二：用户每次克隆一个代码仓库时都需要在.git/hooks 目录下新增 1 个 pre-push 钩子脚本，或者用户需要先敲击一个命令以设置环境变量，以便将用户的代码仓库映射到同一个 pre-push 钩子脚本并以此作为入口，而提示用户记得执行此操作会稍显麻烦。

缺陷三：由于这里已将 Jenkins 的触发构建事件设定为周期性触发，因此 Jenkins 只能周期性地运行最小级别的回归测试来定期检查代码仓库中代码的状态，如果测试失败，则不能及时且准确地获知具体是哪次对 Git 主线的代码提交导致的测试失败，因此会给问题的定位带来不便，导致代码仓库的可维护性较差。

48.2 解决的技术问题

避免 48.1.2 节中出现的缺陷问题。

48.3 提供的技术方案

48.3.1 结构

本章给出的代码仓库管理方案的流程图，如图 48-2 所示。

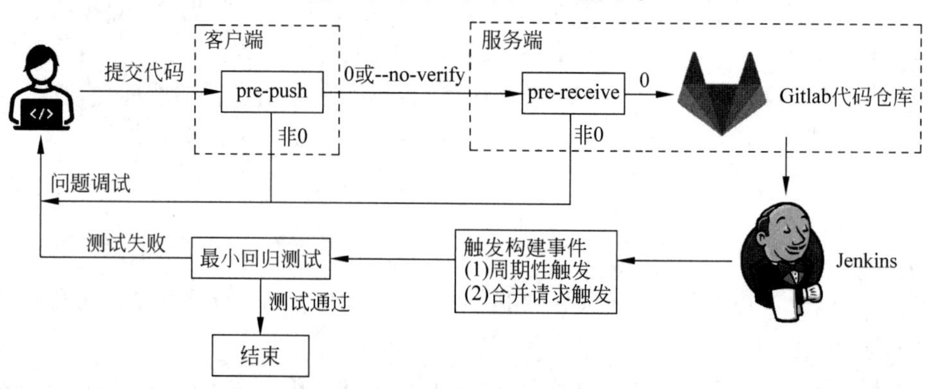

图 48-2 本章给出的代码仓库管理方案的流程图

在保留客户端 pre-push 钩子的同时，在服务器端增加 pre-receive 钩子来避免缺陷一和缺陷二。这是因为服务器端的钩子是用户不可跳过的，因为其部署在服务器端，所以用户不可简单地通过--no-verify 选项来强制推送提交代码。同时，服务器端的钩子可以根据特定项目的单一仓库部署，也可以全局部署，而且只需部署一次。

通常建议在 Git 的 branch 分支上做项目开发，并根据项目的阶段性进展将 Git 分支合并到 Git 主线上去，然后合并到 Git 主线的请求动作将会自动触发 Jenkins 构建事件，从而使其自动运行最小级别的回归测试来对合并的代码进行校验检查，这样在 Git 主线代码出现问题时可以第一时间准确地获知，以便开发人员进行问题的定位，同时保留周期性触发构建事件，从而定期地对主线代码仓库进行全方位监控和维护，因此，上述缺陷三也将得到有效避免。这里 Jenkins 的合并请求触发构建事件可以通过 Jenkins 的 Gitlab 插件并设置 Git 的网页钩子(Webhooks)实现。

48.3.2 原理

Git 支持在特定的动作发生时触发自定义脚本，其包括两组钩子。

1. 客户端的钩子

在客户端发起的代码提交或合并时进行调用。这里包含多种钩子类型，但主要会用到其中的 pre-push 钩子。

2. 服务器端的钩子

在服务器端接收用户提交的代码时进行调用。这里同样包含多种钩子类型，但主要会用到其中的 pre-receive 钩子。

Gitlab 处理流程如图 48-3 所示。

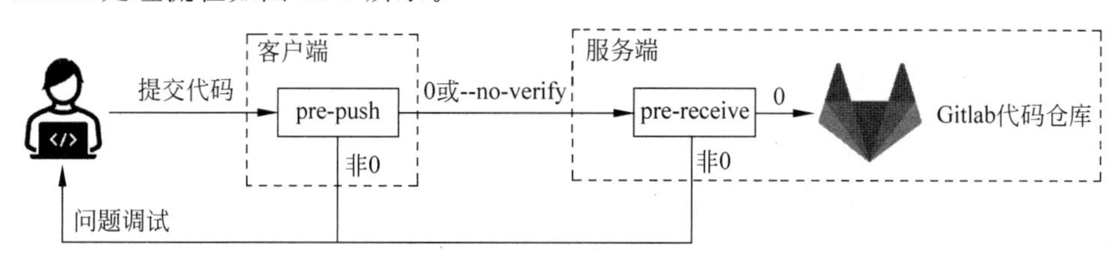

图 48-3 Gitlab 处理流程

可以看到，用户提交代码后会先经过客户端的 pre-push 钩子来决定是否将其提交给服务器端，此时通过 pre-push 脚本返回值是否为 0 来决定提交的代码是否会被推送到服务器端，或者在用户提交代码时添加--no-verify 选项来强制推送到服务器端，然后经过服务器端的 pre-receive 钩子，类似地会通过 pre-receive 脚本的返回值是否为 0 来决定来自客户端提交的代码是否最终会被 Gitlab 代码仓库所接受。

类似地，可以在 pre-receive 阶段来对提交信息进行校验，如果不符合规范要求，则直接返回非零值，该推送便不会被代码仓库所接受。

注意：

(1) 由于用户可以在提交代码时添加--no-verify 选项来跳过客户端的 pre-push 钩子并以此强制推送到服务器端，因此可能会使提交代码的校验检查机制失效，所以客户端钩子的可靠性不高，通常只能作为提交代码的辅助校验手段。要达到强制执行校验的目的，可靠的方式是通过服务器端钩子实现。通常会在项目中使用 Gitlab 作为服务器端来托管 Git 仓库，Gitlab 有自己的一套钩子，可以参照其官方文档以实现服务器端的钩子。

(2) 这里客户端和服务器端各自都包含多种类型的钩子，例如客户端除了包括 pre-push 钩子以外，还包括 pre-rebase、post-rewrite、post-checkout、post-merge、pre-auto-gc 等钩子，服务器端除了 pre-receive 钩子以外，还有 update 和 post-receive 钩子，但是通常来讲，应用 pre-push 和 pre-receive 钩子就可以满足一般项目的需求，因此其他钩子在流程图中省略了。

以上设置 Git 钩子仅用于对用户提交的代码进行校验测试，即作为推送到代码仓库前

的第一重保障。除此之外，还应该结合 Gitlab 和 Jenkins 设置定期触发及合并请求触发的自动构建事件来对仓库代码进行自动回归功能测试，从而进一步加强对已经推送到代码仓库中的代码状态进行监控和维护，以作为代码仓库的第二重保障。

其中需要添加 Jenkins 的合并请求触发构建事件选项，这是由 Git 的网页钩子实现的。当相应的构建事件触发时，例如用户推送代码或合并分支等操作时，就会触发网页钩子下面的脚本执行。

下面来看 Git 网页钩子的合并请求触发构建的处理流程及其原理，如图 48-4 所示。

图 48-4 基于 Git 网页钩子的合并请求触发构建的处理流程图

用户通过 git merge 将 Git 分支合并到 Git 主线上，此时该合并请求事件消息会被 Gitlab 的服务器端发送到服务器端代码仓库中提前设置好的链接（URL）并携带密钥（Secret Token），而该链接和密钥信息是在 Jenkins 对应 item 配置中和生成的，因此只要 Gitlab 服务器端和 Jenkins 这两者的链接和密钥匹配就会触发在 Jenkins 中提前设置好构建事件，从而对代码仓库进行最小级别的回归测试。

48.3.3 优点

优点如下：

（1）充分利用 Git 的客户端和服务器端钩子的特点，将用户提交的代码校验检查分为服务器端的必须强制执行的部分和客户端的可灵活跳过的部分，可以在具体项目中根据实际情况，充分利用两种类型的钩子以实现对用户提交的代码进行检查校验，从而满足灵活多变的项目需求。

（2）应用 Jenkins 中针对 Gitlab 的插件及 Git 对网页钩子的支持来增加合并请求触发构建事件的触发选项，从而做到及时准确地获知代码仓库的状态，同时保留了周期性触发构建事件的触发选项，从而加强对主线代码仓库状态的监控和维护。

（3）提供了基于 Python 语言开发的钩子脚本的实现思路来将 Git 用户端和服务器端的钩子特性与 Jenkins 的持续集成特性相结合，从而解决了芯片领域的代码仓库管理问题。

48.3.4 具体步骤

第 1 步，新建文件夹以指定 Gitlab 服务器端的钩子目录，然后在配置文件 gitlab.rb 中配置该目录，代码如下：

```
#/etc/gitlab/gitlab.rb
gitaly['custom_hooks_dir'] = "opt/gitlab/hooks"
```

Git 服务器端钩子可以针对特定项目的单一仓库进行部署，也可以全局进行部署，这里仅以全局部署服务器钩子为例进行示例说明，针对特定项目的单一仓库部署的原理与此类似，参照官方文档进行设置即可，这里不再赘述。

第 2 步，在自定义钩子目录下进一步针对不同的服务器端钩子类型创建对应的子目录 pre-receive. d、post-receive. d 和 update. d。

第 3 步，重新配置 Gitlab 服务器端以使配置信息生效，重启后需要稍微等待一段时间，一般不超过 5 分钟，代码如下：

```
gitlab-ctl reconfigure
gitlab-ctl restart
```

第 4 步，在之前新建好的 pre-receive. d、post-receive. d 和 update. d 目录中各自开发钩子脚本文件，例如这里在 pre-receive. d 中采用 Python 语言开发 pre-receive 可执行脚本文件。

该脚本一般需要实现以下子步骤：

(1) 从标准输入获取 Git 提交代码的参数，包括旧版本号、新版本号及分支名称，同时还可以获取 Gitlab 服务器端提供的环境变量参数，具体可以参考 Gitlab 的官方文档。

(2) 通过获取的 Git 参数，利用 git diff --name-only 命令及字符搜索匹配命令获取提交修改的扩展名为. v、. sv 和. svh 等的代码文件路径，因为通常 RTL 设计文件和测试平台文件都会以上述几种扩展名作为文件名的结尾。

(3) 通过获取的提交修改的代码文件路径，然后使用 Python 的正则匹配查找去获取所对应的 RTL 设计模块名称及对应的测试平台名称。

例如可以规划如下结构的代码管理目录：

```
|-- $WORK_SPACE
    |-- module_name
        |-- sim:#存放 testbench 相关代码
        |-- src: #存放 RTL 设计相关代码
```

使用获取的代码文件路径，然后往上级目录做正则匹配查找，从而获取目录 module_name，即模块名称。

(4) 判断该模块名称对应的测试用例目录下是否存在对应的基本功能测试用例，如果不存在，则仅做编译测试，如果存在，则做基本功能测试用例的编译和仿真测试。

关于通过获取模块名称后来执行编译和仿真测试，可以通过仿真环境管理脚本实现，该仿真环境管理脚本的详细实现可以联系笔者获取，这里不作赘述。

另外，除了可以做上述基本功能的测试用例的编译仿真测试以外，还可以做一些其他的校验测试，例如代码中不能出现类似 Git 标识符，如“＜＜＜＜＜＜|＞＞＞＞＞＞＞”等字样，还例如代码头部内容需要标识清楚修改时间日期及基本的代码说明内容等，这些根据具体的项目需求都可以做相应的校验测试。

(5) 检测基本功能编译仿真测试的结果，如果测试通过，则返回零并退出，用户提交的代码可以正常地被代码仓库所接受，如果返回非零并退出，则用户提交的代码将不会被代码仓库所接受。

(6) 如果测试失败，则需要将测试失败的相关信息(例如测试结果、测试平台名称、测试用例名称、编译仿真日志信息或路径信息等)输出到屏幕，从而提示开发人员对导致代码问题的原因进行调试定位。

(7) 对脚本文件赋予可执行权限，否则钩子脚本文件不会被执行生效。

第5步，这一步骤可选，即在.git/hooks目录下编写pre-push脚本，对客户端Git做约束，可以对用户提交的代码做一些非必须强制要求的校验测试，因为在客户端，用户可以通过--no-verify进行跳过。

该脚本开发思路和过程和上一步类似，这里不再赘述。

第6步，在Git服务器端配置网页钩子，以此来增加Jenkins的主线合并请求的自动触发构建事件选项，同时根据项目需要可以选择编写Jenkinsfile脚本以实现Jenkins流水线构建测试。

具体包括以下几个小步骤：

(1) 在Jenkins中搜索安装Gitlab插件，从而开启对Gitlab网页钩子功能的支持。

(2) 在Gitlab服务器端仓库项目中设置好Jenkins对应item配置中的链接和生成的密钥。

(3) 在Jenkins触发构建选项栏里勾选并添加合并请求触发及周期性触发。

(4) 可选地，编写Jenkinsfile脚本以实现流水线构建测试，在该脚本中主要用于调用执行编写的最小回归测试的脚本，从而完成对代码仓库中全测试平台的最小回归功能测试，然后对测试结果进行收集并通过邮件推送提醒。

最后，贴上pre-receive伪代码以供参考，代码如下：

```
#!/usr/bin/python3
import os,sys,re
import subprocess

class Githook():
    def __init__(self):
        #get git args
        self.args = input()
        self.parent_commit_id = self.args.split()[0]
        self.current_commit_id = self.args.split()[1]
        self.branch = self.args.split()[2]
        self.username = os.environ.get('GL_USERNAME')
        self.commit_files = ''

    def get_shell_output(self, cmd):
        status, ret = subprocess.getstatusoutput(cmd)
        return status, ret
```

```
    def check_conflict_markers(self):
        status, ret = self.get_shell_output("git diff %s %s | grep -qE '^\+(<<<<<<<|>>>>>>>)'" % (self.parent_commit_id, self.current_commit_id))
        if status == 0:
            print(f'GL-HOOK-ERR: Hi {self.username}, your code has conflict markers. Please resolve and retry.')
            exit(1)

    def get_commit_files(self):
        status, ret = self.get_shell_output("git diff %s %s --name-only" % (self.parent_commit_id, self.current_commit_id))
        self.commit_files = ret

    def run_basic_test_for_commit_files_corresponding_tb(self):
        # run smoke testcase of testbench
        pass

    def report_log_info(self):
        # report compile and simulation log
        pass

    def exit_pre_receive(self):
        if test_success:
            exit(0)
        else:
            exit(1)

    def run_pre_receive_flow(self):
        self.get_commit_files()
        self.check_conflict_markers()
        self.run_basic_test_for_commit_files_corresponding_tb()
        self.report_log_info()
        self.exit_pre_receive()

def main():
    githook = Githook()
    githook.run_pre_receive_flow()

if __name__ == '__main__':
    main()
```

第 49 章

DPI 多线程仿真加速技术

49.1 背景技术方案及缺陷

49.1.1 现有方案

通常验证开发人员会使用记分板来检查 DUT 的行为功能是不是符合预期，它是上述基于 UVM 验证平台的组件之一，派生于 uvm_scoreboard 类。

记分板的组成结构示意图如图 9-3 所示，它由两部分组成：

(1) 预测器，即参考模型，用于完成和 DUT 相同的功能。

通过对 monitor 的 analysis_port 进行订阅，从而获取发送给 DUT 的 transaction 数据事务激励及 DUT 输出的 transaction 数据事务结果，然后将该激励施加给参考模型来产生期望的结果，最后与 DUT 实际的输出结果进行分析和比较。简单来说，这里参考模型 predictor 和 DUT 接收同样的测试激励，运算完成后把各自输出的结果送入评估器 evaluator 进行分析比较，从而帮助验证 DUT 功能的正确性。该部分一般用 C、C++、SystemVerilog 或 SystemC 来编写。

(2) 评估器，即用于将期望值和实际值进行比较并输出结果的部分。

predictor 没有专门的基类，一般派生于 uvm_component，通常验证开发人员可以用 C、C++、SystemVerilog 或 SystemC 语言来编写其中的计算期望值的接口方法。通常对算法类的芯片来讲会使用 C 语言来编写参考模型，然后使用 SystemVerilog 的 DPI(Direct Programming Interface) 接口来调用使用 C 语言编写的参考模型中的接口方法，从而计算得到期望值。

添加 C 语言参考模型(c_model)之后的记分板组成结构如图 49-1 所示。

图 49-1　添加 C 语言参考模型(c_model)之后的记分板组成结构

以下是现有方案的具体实现步骤：

第 1 步，编写 C 函数方法以实现参考模型，以此供验证环境中 SystemVerilog 侧的组件

(predictor)进行调用。

注意：

(1) C语言和SystemVerilog语言之间数据类型的映射关系，例如示例中的C语言侧的svBitVecVal数据类型与SystemVerilog侧的bit[31:0]数据类型之间的映射转换，除此之外，还需要注意端口数据类型的映射。

输入端口：const svBitVecVal data → input bit[31:0] data。

输出端口：svBitVecVal * result → output bit[31:0] result。

(2) 导入SystemVerilog与C语言的接口文件svdpi.h。

代码如下：

```
//c_model.c
#include "svdpi.h"
svBitVecVal predict_result(const svBitVecVal data)
{
    //这里只是简单地返回期望结果 0,仅作示例作用
    //实际上根据项目的需要,应该在这里实现对应的计算期望结果的逻辑
    svBitVecVal result = 0;
    return result;
}
```

第2步，在predictor中获取来自monitor监测到的输入激励，然后调用上述C函数计算期望的结果，计算完成后通过TLM通信端口传送给evaluator进行分析比较，代码如下：

```
//predictor.sv
import "DPI" function bit[31:0] predict_result(input bit[31:0] data);
class predictor extends uvm_subscriber #(item);
    uvm_analysis_port #(item) ap;
    function void write(item it);
        item it_out;
        $cast(it_out, it.clone());
        it_out.data = predict_result(it.data);
        ap.write(it_out);
    endfunction
endclass
```

第3步，在evaluator中获取来自DUT输出端口monitor监测到的实际输出结果，以及获取上一步predictor调用c_model运算完成的期望结果，然后进行比较，从而判断DUT功能的正确性，代码如下：

```
//evaluator.sv
class evaluator#(type T = item) extends uvm_component;
    uvm_analysis_imp_predict #(T, evaluator) predict_export;
    uvm_analysis_imp_actual #(T, evaluator)  actual_export;

    virtual function void write_predict(T it);
```

```
        ...
    endfunction
    virtual function void write_actual(T it);
        ...
    endfunction
endclass
```

49.1.2 主要缺陷

上述的现有方案可行，但是当调用该C语言编写的参考模型的接口方法时仿真的性能会下降。

这是因为调用参考模型的C接口方法后，仿真工具会停下来，等待被调用的接口方法运算返回的结果，当获取返回的运算结果之后才可以继续执行验证环境中的代码，以此来继续后面的仿真。如果仿真过程中需要调用很多这种C接口方法，就需要在整个仿真过程中多次中断等待运算结果的返回，因此会导致整个仿真过程变慢。

49.2 解决的技术问题

本章给出一种DPI多线程仿真加速技术，以此来避免出现上述缺陷问题，起到对上述调用C接口方法过程的加速作用，即利用多线程并行地执行C模型方法，从而避免每次调用C模型方法都要中断仿真并等待所导致的仿真效率低下的问题，最终实现对仿真过程的加速。

49.3 提供的技术方案

49.3.1 结构

改为使用C++语言并通过线程池来解决这个问题，即将需要执行的C函数任务加入一个队列中，然后由空闲的线程来执行这个任务。当执行完成后，异步地返回运算结果，相当于实现了仿真过程和调用C模型方法的并行执行，从而解决当需要多次调用C模型方法时的中断等待的缺陷。

本章给出的DPI多线程仿真加速方案后的记分板组成结构示意图如图49-2所示。

49.3.2 原理

原理如下：

（1）构造线程池thread_pool类来对C++多线程任务进行管理。

（2）利用std::future模板类提供的访问异步操作结果的机制实现对此前调用C模型接口方法的异步结果的运算和返回。

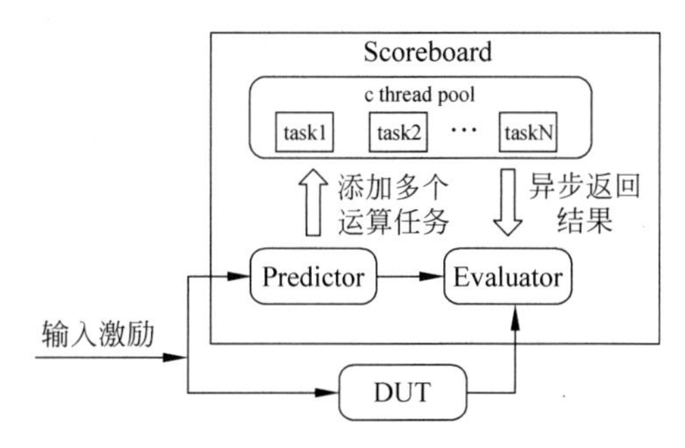

图 49-2 DPI 多线程仿真加速方案后的记分板组成结构示意图

(3) 利用 std::queue 模板类提供的队列方法来保证运算结果的顺序，从而方便 evaluator 组件调用相关队列方法并将结果按顺序取出以进行分析比较。

49.3.3 优点

优点如下：

(1) 原先每次调用 C 模型方法都必须等待运算完成并返回结果，改进后的方案可以实现多次调用 C 模型方法的多线程并行执行，并且异步地返回运算结果，从而减少原先方案的中断等待时间，从而提高仿真效率。

(2) 使用 C++高级模板类方法结合 UVM 验证方法学根据项目的需要，将原先直接通过 DPI 接口调用 C 模型方法切分为两个异步的过程，即一个过程是由 predictor 组件调用 predict_call_by_predictor 方法将需要调用的 C 模型方法送入线程池以进行并行运算，另一个过程是由 evaluator 组件调用 get_result_call_by_evaluator 方法将在线程池中运算完成的结果取回以进行比较分析。

49.3.4 具体步骤

第 1 步，创建线程池 thread_pool 类，然后采用单例模式(singleton)对 thread_pool 进行声明例化，并且提供 get_instance 接口方法来供验证平台中的组件进行获取，代码如下：

```
//thread_pool.c
class thread_pool {
    public:
        static thread_pool& get_instance()
        {
            static thread_pool inst;
            return inst;
        }
    private:
        thread_pool() = default;
}
```

第 2 步，使用 C++提供的 std::future 和 std::queue 类模板及其方法，将需要调用的 C

模型方法通过线程池 thread_pool 进行管理，此时不再需要在每次调用 C 模型方法时都中断仿真并等待其运算完成，因为此时多余的 C 模型方法将会在多线程内并行地执行，从而提升仿真效率，然后通过 std::future 类模板提供的访问异步操作结果的机制实现对此前调用 C 模型接口方法的异步结果的运算和返回。

具体分为以下几个小步骤：

(1) 需要编写 predict_call_by_predictor 方法来供后面的 predictor 调用，从而将需要调用 C 模型运算的任务添加到 std::queue 声明的队列 c_tasks 里，即添加到 thread_pool 中以在多线程内并行地执行，这可以通过 C++ 中 std::future 类模板的 add_job 方法将需要调用的 C 方法作为参数传入。

因为此时会有多个 C 模块接口方法在多个线程中被执行，因此必定有的运算较快，而有的运算较慢。为了保证结果按照一定的顺序返回，这里可以使用 std::queue 类，它是容器适配器，提供了一个队列，调用该队列提供的 emplace 方法将异步线程写入该队列，然后后面按照顺序再取出即可。

(2) 需要编写 get_result_call_by_evaluator 方法来供后面的 evaluator 调用，即从队列 c_tasks 中通过 std::queue 队列方法取出运算返回的结果，代码如下：

```
//thread_pool.c
#include "svdpi.h"
std::queue < std::future < svBitVecVal >> c_tasks;

svBitVecVal predict_result(const svBitVecVal data)
{
    //这里只是简单地返回期望结果 0,仅作示例作用
    //实际上根据项目的需要,应该在这里实现对应的计算期望结果的逻辑
    svBitVecVal result = 0;
    return result;
}

void predict_call_by_predictor(const svBitVecVal data);
{
    thread_pool& pl = thread_pool::get_instance();
    c_tasks.emplace(pl.add_job(predict_result, data));
}

svBitVecVal get_result_call_by_evaluator();
{
    svBitVecVal result = c_tasks.front().get();
    c_tasks.pop();
    return result;
}
```

第 3 步，在 predictor 中获取来自 monitor 监测到的输入激励，将 predict_call_by_predictor 方法通过 DPI 接口导入 predictor，然后调用该方法计算期望结果，代码如下：

```
//predictor.sv
import "DPI" function void predict_call_by_predictor(input bit[31:0] data);
class predictor extends uvm_subscriber #(item);
    function void write(item it);
        item it_out;
        $cast(it_out, it.clone());
        predict_call_by_predictor(it.data);
    endfunction
endclass
```

第 4 步，在 evaluator 中获取来自 DUT 输出端口 monitor 监测到的实际输出结果，将 get_result_call_by_evaluator 方法通过 DPI 接口导入 evaluator，然后调用该方法获取上一步计算完成的期望结果并与 DUT 实际输出的结果进行比较，从而判断 DUT 功能的正确性，代码如下：

```
//evaluator.sv
import "DPI" function bit[31:0] get_result_call_by_evaluator();
class evaluator #(type T = item) extends uvm_component;
    uvm_analysis_imp_actual #(T, evaluator)  actual_export;

    virtual function void write_actual(T it);
        bit[31:0] actual_data = it.data;
        bit[31:0] predict_data = get_result_call_by_evaluator();
        if(actual_data != predict_data)
            `uvm_error("Evaluator","ERROR -> actual_data is not same with predict_data")
    endfunction
endclass
```

第50章 基于UVM验证平台的硬件仿真加速技术

50.1 背景技术方案及缺陷

50.1.1 现有方案

通常验证开发人员在对复杂的RTL设计进行验证时，仿真时间会非常长，甚至可以达到以天数为单位，大大降低了验证开发人员的工作效率，极大地影响了项目的进度。因此往往会采用硬件仿真加速的方案来对仿真过程进行加速，从而成数十倍数量级地缩短仿真时间，从而达到项目可以接受的程度。

业界广泛使用UVM验证方法学来对数字芯片进行验证，即在项目初期基于UVM验证方法学来搭建验证平台，随着逻辑门电路数量的激增，往往以亿为单位，则需要在现有UVM验证平台的基础上向硬件加速平台进行迁移，但是现有的基于UVM验证方法搭建的验证平台往往并不能很好地适应硬件加速平台的要求，也就不能最大限度地实现对仿真过程的加速。而本章给出了向硬件加速平台进行迁移的方法，可以在保证原有验证平台代码的可重用性的同时最大限度地释放硬件加速平台的潜力以实现对仿真进行加速的作用。

50.1.2 主要缺陷

现有方案不能最大限度地利用硬件加速平台的能力，而本章给出的改进后的方案可以更好地利用硬件加速平台的仿真加速能力，从而实现更优的仿真加速效果。

50.2 解决的技术问题

在基于UVM方法学的验证平台中应用本章给出的系列方法来进一步提升仿真硬件加速的效果。

50.3 提供的技术方案

50.3.1 结构

具体见50.3.4节，这里不再赘述。

50.3.2 原理

通常仿真时间的长短由以下三部分来构成：

第一部分，仿真验证平台（基于 UVM 验证方法学来搭建）的运行时间。

包括对验证平台中配置对象和输入激励的随机约束的求解过程、配置和构建编译的过程、驱动随机输入激励的过程、检查功能正确性的过程、覆盖率收集分析的过程等，通常配置和构建编译的过程所占时长相对较短，主要是仿真运行的时间较长。

第二部分，硬件部分（主要是 RTL 设计）的运行时间。

由于硬件加速平台的运行时间相比仿真验证平台部分要快得多，因此需要尽可能地把较多的验证平台中的逻辑迁移到硬件加速平台中，但是需要以可综合的方式进行迁移，这一部分通常对于总体仿真时间性能的影响最多。

第三部分，软硬件交互同步的延迟时间。

仿真验证平台（软件）和 RTL 设计（硬件）之间数据信号交互的地方需要通过事件进行同步，每次交互都会带来一些仿真时间的延迟。

现在来通过一个例子，简单地计算一下总共需要的仿真时间。

如果上面第二部分的运行时间占比为 90%，第三部分的时间占比为硬件部分的 10%，则总共硬件部分的运行时间为 90%＋90%×10%＝99%。如果将以上部分的逻辑迁移到硬件加速平台中，则所需要的仿真时间基本可以忽略不计，这样就可以将总体仿真时间缩短为 100%－99%＝1%，相当于加速了 100 倍。

通常对于复杂的数十亿门的设计来讲，第二和第三部分的时间占比会比较高，因此当将这两部分的逻辑迁移到硬件加速平台中之后，所能获得的加速效果就会比较好。

因此，本章给出的仿真加速技术即通过更优的验证平台的开发方法来对以上三部分的时间性能进行提升，从而缩短总体的仿真运行时间，以此提升验证工作的效率。

主要包括以下 5 个系列方法来进一步提升仿真硬件加速的效果，其原理分别如下：

方法一，将可综合部分代码（如 interface、DUT 及其他一些可综合的验证组件）单独写入一个模块里，而将验证平台部分代码写入另一个模块里，从而将二者切分开来，以方便将可综合逻辑部分的模块迁移到硬件加速平台中实现加速。

方法二，将 monitor 中对 interface 上信号进行监测并封装成事务数据（transaction）后向验证环境中的其他组件进行广播的功能剥离为收集器（collector），其余部分功能保留继续作为监测器。其余部分功能一般包括一些功能检查和覆盖率收集，其中 collector 更偏向于信号级数据的处理，其与 DUT 接口信号会有较多的交互，因此可以将其单独封装成一个组件，而 monitor 剩下的部分功能则是对 collector 收集封装完成的事务级数据的处理，更偏向于软件层面，因此单独封装成另一个组件，这样从代码可重用性和方便管理的角度上来讲会更优，应用仿真加速方法也会更加方便。

方法三，尽量减少 DUT 和验证平台之间的访问交互，从而减少软硬件交互同步的延迟时间。主要在交互同步频繁的时钟和复位产生控制上进行优化，所有的对时钟和复位信号及时钟延迟的产生控制都将由启动相应的控制序列实现。

方法四，将 transaction 驱动到 interface 和对 interface 上信号进行监测并封装成 transaction 的这两个过程分别使用 task 任务在可综合硬件部分 interface 里实现，并供 driver 和 collector 来调用。

方法五，优化对 transaction 的随机化过程，即去掉一些无意义的随机化方法调用，这主要是减少仿真验证平台中对随机值进行约束求解的运行时间。

50.3.3 优点

具体见 50.3.4 节，这里不再赘述。

50.3.4 具体步骤

1. 方法一

左图为现有方案，右图为本节给出的方案，如图 50-1 所示。

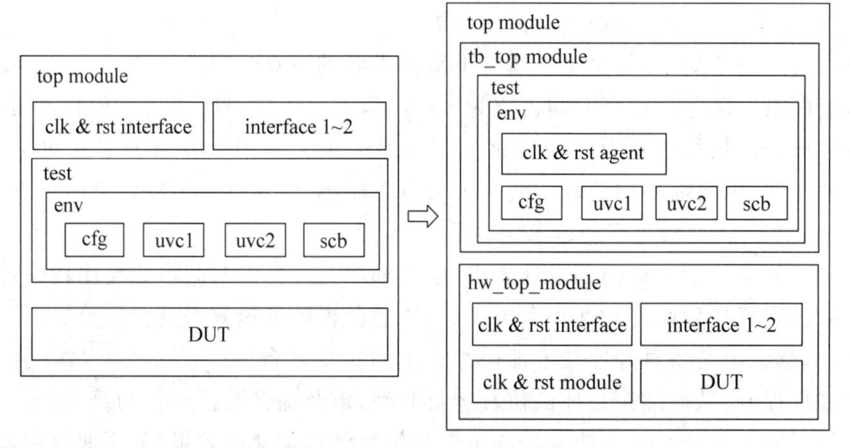

图 50-1 现有方案(左图)与本节给出的方案(右图)

1) 现有方案

在同一个 top 模块里编写实现以下部分：

(1) 产生时钟和复位的 interface，见图 50-1 中的 clk 和 rst interface。

(2) 用于连接 RTL 设计和验证平台的 interface，见图 50-1 中的 interface1～2。

(3) 导入 UVM 方法学的 package 和宏定义文件，图 50-1 中的测试用例 test 及其层次下的 UVM 组件对象的编写需要用到该库文件。

(4) 导入 UVC 的 package，见图 50-1 中的 UVC1～2。

(5) 在 initial 程序块中通过 UVM 的配置数据库向验证环境中传递 interface。

(6) 在 initial 程序块中调用 run_test 方法来启动需要仿真运行的测试用例，见图 50-1 中的测试用例 test，其内部还会包含 env，而 env 的内部又会包含配置对象 cfg、UVC 和记分板 scb 等分析组件。

(7) RTL设计，见图50-1中的DUT。

2) 本节给出的方案

需要将top模块划分为两个模块，一个是仿真验证平台模块，即图50-1中的tb_top模块，另一个是可综合部分模块，即硬件加速平台模块，即图50-1中的hw_top模块。

需要在仿真验证平台模块tb_top里编写实现以下部分：

(1) 导入UVM方法学的package和宏定义文件，图50-1中的测试用例test及其层次下的UVM组件对象的编写需要用到该库文件。

(2) 导入UVC的package，见图50-1中的UVC1～2。

(3) 导入时钟和复位模块所对应的package，见图50-1中时钟和复位模块所对应的例化在env中的agent封装组件clk和rst agent。

(4) 在initial程序块中通过UVM的配置数据库向验证环境中传递interface。

(5) 在initial程序块中调用run_test方法来启动需要仿真运行的测试用例，见图50-1中的测试用例test，其内部还会包含env，而env的内部又会包含cfg、UVC和scb等分析组件。需要在可综合硬件部分模块hw_top里编写实现以下部分：

① 产生时钟和复位的interface及其对应的可综合的产生模块，分别见图50-1中的clk和rst interface、clk和rst module。

② 用于连接RTL设计和验证平台的interface，见图50-1中的interface1～2。

③ RTL设计，见图50-1中的DUT。

2. 方法二

左图为现有方案，右图为本节给出的方案，如图50-2所示。

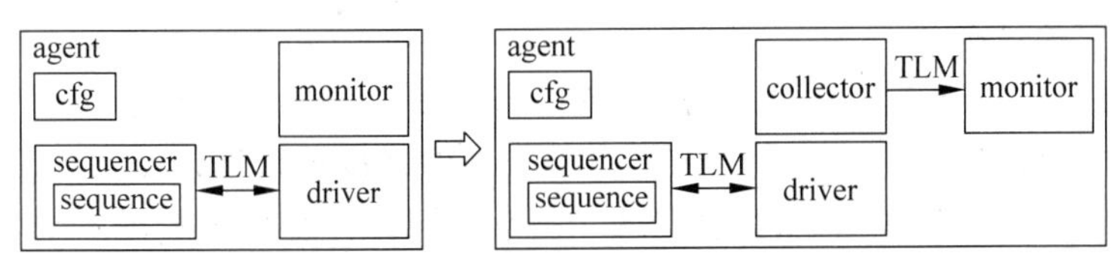

图50-2 现有方案(左图)与本节给出的方案(右图)

1) 现有方案

通常UVC中包含的代理agent用于对一些与DUT协议相关的UVM组件进行封装。一个典型的agent包括一个用于管理激励序列的sequencer，一个用于将激励施加到DUT接口的driver，以及一个用于监测DUT输入/输出端口信号的monitor，另外还可能包括一些组件，如覆盖率收集、协议检查等。

2) 本节给出的方案

主要是对agent中的monitor的功能进行切分，将monitor中对interface上的信号进行监测并封装成事务数据后向验证环境中的其他组件进行广播的功能剥离为collector，其余部分功能保留以继续作为监测器。

3. 方法三

第三部分，即软硬件交互同步的延迟时间会影响仿真时间的长短。因为仿真验证平台

(软件)和RTL设计(硬件)之间数据信号交互的地方需要通过事件进行同步，每次交互都会带来一些仿真时间延迟，因此，尽量要减少两者之间的交互同步次数。可以在一些原先交互比较频繁的地方减少这两者之间的交互同步，例如时钟和复位产生控制和同步部分来减少上述软硬件交互同步的次数。

左图为现有方案，右图为本节给出的方案，如图50-3所示。

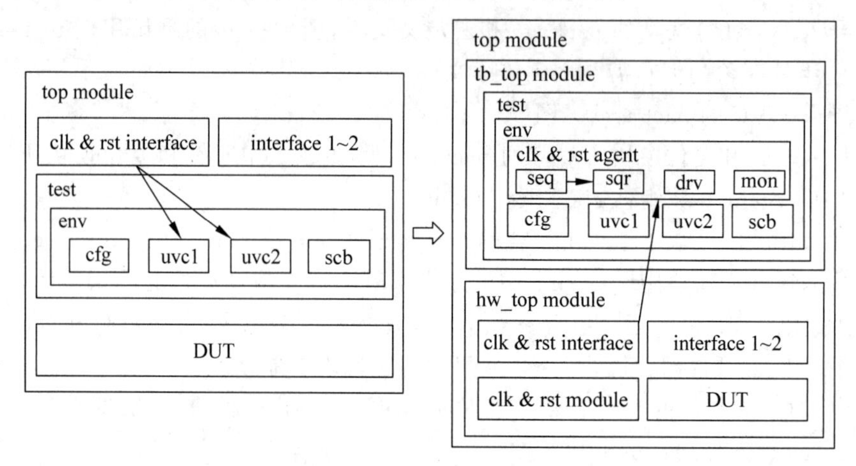

图50-3 现有方案(左图)与本节给出的方案(右图)

1) 现有方案

clk和rst interface通过配置数据库直接传递给UVC中，然后其内部例化包含的组件并直接使用该virtual interface的句柄来调用相应的方法，以此对时钟和复位信号及时钟延迟等待进行产生和控制。

现有方案还是基于在信号级数据下对interface信号进行产生和控制，因此每次interface信号的变化都可能需要产生相应的同步事件来执行软硬件交互同步，而时钟和复位相关的信号变化是非常频繁的，这就导致了过多的软硬件交互同步，从而增加了仿真延迟时间。

2) 本节给出的方案

在仿真验证模块(tb_top模块)里需要实现时钟和复位产生器所对应的封装agent，即clk和rst agent。

在硬件加速平台模块(hw_top模块)里的时钟和复位信号产生模块和在相应的clk和rst interface里需要实现具体的时钟产生、延迟和复位接口方法。

具体过程分为以下几个小步骤：

(1) 编写时钟和复位信号产生控制的sequence_item激励序列，里面包含对时钟信号和复位信号及时钟延迟等待的控制选项。

(2) 启动clk和rst agent中的控制时钟和复位信号的sequence。

(3) 在clk和rst agent中例化的driver里从配置数据库中获取相应的clk和rst interface句柄。

（4）在上述 driver 的 run_phase 里获取上面的 sequence_item 激励序列，然后根据其中包含的时钟和复位控制信息，再通过上面获取的 interface 句柄来调用内部编写好的控制方法，以此来对时钟和复位及延迟等待信号进行产生和控制。

这里基于在事务级数据下对 interface 信号进行产生和控制，在硬件这一侧已经完成了很多信号级内部的交互，因此大大减少了软硬件交互同步的次数，从而缩短了仿真延迟时间，以此来达到进一步加速仿真的目的。

4. 方法四

图 50-4 的左图为现有方案，右图为本节给出的方案。

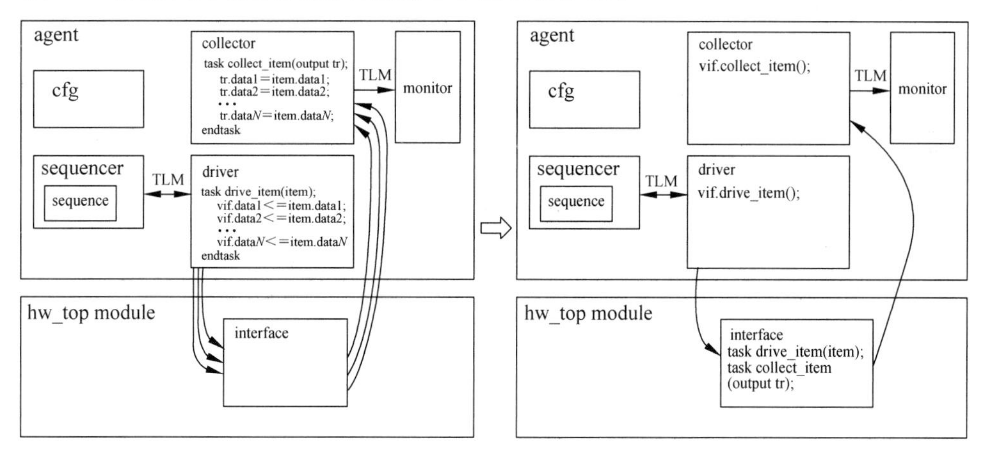

图 50-4　现有方案（左图）与本节给出的方案（右图）

1）现有方案

将 interface 通过配置数据库直接传递给相应的 UVC 中，然后其内部例化包含的组件并直接在其内部的方法 drive_item 和 collect_item 中使用该 virtual interface 的句柄获取内部的数据信号成员，以此来完成对 sequence_item 激励的驱动及对 interface 上信号的监测封装。

但是同样地，现有方案还是基于信号级数据下对 interface 信号进行产生和控制，因此每次 interface 中信号的变化都可能需要产生相应的同步事件来执行软硬件交互同步，而需要监测的 interface 上的数据端口信号的变化也是比较频繁的，这同样导致了过多的软硬件交互同步，从而增加了仿真延迟时间。

2）本节给出的方案

可以将 transaction（这里的 item，即派生于 sequence_item 的子类对象）驱动到 interface 和对 interface 上信号进行监测并封装成 transaction 的这两个过程分别使用 task 任务在可综合硬件部分 interface 里实现，并供 driver 和 collector 来调用。

这里基于在事务级数据下来完成对 sequence_item 激励的驱动及对 interface 上信号的监测封装，在硬件这一侧已经完成了很多信号级内部的交互，因此大大减少了软硬件交互同步的次数，从而缩短了仿真延迟时间，以此来达到进一步加速仿真的目的。

5. 方法五

1）现有方案

不管是否有必要，在默认情况下都可能会对需要启动的 sequence 调用 randomize 方法进行随机化，然后在其内部的 transaction 中也被自动进行从上至下的随机化，这增加了之前的第一部分，即仿真验证平台的运行时间。

2）本节给出的方案

减少没有必要的对启动的 sequence 的随机化求解过程，从而减少第一部分（仿真验证平台）的运行时间来达到减少总体仿真时间的效果。

图书推荐

书　　名	作　　者
深度探索 Vue.js——原理剖析与实战应用	张云鹏
前端三剑客——HTML5+CSS3+JavaScript 从入门到实战	贾志杰
剑指大前端全栈工程师	贾志杰、史广、赵东彦
Flink 原理深入与编程实战——Scala+Java(微课视频版)	辛立伟
Spark 原理深入与编程实战(微课视频版)	辛立伟、张帆、张会娟
PySpark 原理深入与编程实战(微课视频版)	辛立伟、辛雨桐
HarmonyOS 移动应用开发(ArkTS 版)	刘安战、余雨萍、陈争艳 等
HarmonyOS 应用开发实战(JavaScript 版)	徐礼文
HarmonyOS 原子化服务卡片原理与实战	李洋
鸿蒙操作系统开发入门经典	徐礼文
鸿蒙应用程序开发	董昱
鸿蒙操作系统应用开发实践	陈美汝、郑森文、武延军、吴敬征
HarmonyOS 移动应用开发	刘安战、余雨萍、李勇军 等
HarmonyOS App 开发从 0 到 1	张诏添、李凯杰
JavaScript 修炼之路	张云鹏、戚爱斌
JavaScript 基础语法详解	张旭乾
华为方舟编译器之美——基于开源代码的架构分析与实现	史宁宁
Android Runtime 源码解析	史宁宁
数字 IC 设计入门(微课视频版)	白栎旸
数字电路设计与验证快速入门——Verilog+SystemVerilog	马骁
鲲鹏架构入门与实战	张磊
鲲鹏开发套件应用快速入门	张磊
华为 HCIA 路由与交换技术实战	江礼教
华为 HCIP 路由与交换技术实战	江礼教
openEuler 操作系统管理入门	陈争艳、刘安战、贾玉祥 等
5G 核心网原理与实践	易飞、何宇、刘子琦
恶意代码逆向分析基础详解	刘晓阳
深度探索 Go 语言——对象模型与 runtime 的原理、特性及应用	封幼林
深入理解 Go 语言	刘丹冰
Vue+Spring Boot 前后端分离开发实战	贾志杰
Spring Boot 3.0 开发实战	李西明、陈立为
Flutter 组件精讲与实战	赵龙
Flutter 组件详解与实战	[加]王浩然(Bradley Wang)
Dart 语言实战——基于 Flutter 框架的程序开发(第 2 版)	亢少军
Dart 语言实战——基于 Angular 框架的 Web 开发	刘仕文
IntelliJ IDEA 软件开发与应用	乔国辉
Python 量化交易实战——使用 vn.py 构建交易系统	欧阳鹏程
Python 从入门到全栈开发	钱超
Python 全栈开发——基础入门	夏正东
Python 全栈开发——高阶编程	夏正东
Python 全栈开发——数据分析	夏正东
Python 编程与科学计算(微课视频版)	李志远、黄化人、姚明菊 等
Python 游戏编程项目开发实战	李志远
编程改变生活——用 Python 提升你的能力(基础篇·微课视频版)	邢世通
编程改变生活——用 Python 提升你的能力(进阶篇·微课视频版)	邢世通

续表

书　名	作　者
Python 数据分析实战——从 Excel 轻松入门 Pandas	曾贤志
Python 人工智能——原理、实践及应用	杨博雄 主编
Python 概率统计	李爽
Python 数据分析从 0 到 1	邓立文、俞心宇、牛瑶
从数据科学看懂数字化转型——数据如何改变世界	刘通
FFmpeg 入门详解——音视频原理及应用	梅会东
FFmpeg 入门详解——SDK 二次开发与直播美颜原理及应用	梅会东
FFmpeg 入门详解——流媒体直播原理及应用	梅会东
FFmpeg 入门详解——命令行与音视频特效原理及应用	梅会东
FFmpeg 入门详解——音视频流媒体播放器原理及应用	梅会东
Python Web 数据分析可视化——基于 Django 框架的开发实战	韩伟、赵盼
Python 玩转数学问题——轻松学习 NumPy、SciPy 和 Matplotlib	张骞
Pandas 通关实战	黄福星
深入浅出 Power Query M 语言	黄福星
深入浅出 DAX——Excel Power Pivot 和 Power BI 高效数据分析	黄福星
从 Excel 到 Python 数据分析：Pandas、xlwings、openpyxl、Matplotlib 的交互与应用	黄福星
云原生开发实践	高尚衡
云计算管理配置与实战	杨昌家
虚拟化 KVM 极速入门	陈涛
虚拟化 KVM 进阶实践	陈涛
边缘计算	方娟、陆帅冰
LiteOS 轻量级物联网操作系统实战(微课视频版)	魏杰
物联网——嵌入式开发实战	连志安
HarmonyOS 从入门到精通 40 例	戈帅
OpenHarmony 轻量系统从入门到精通 50 例	戈帅
动手学推荐系统——基于 PyTorch 的算法实现(微课视频版)	於方仁
人工智能算法——原理、技巧及应用	韩龙、张娜、汝洪芳
跟我一起学机器学习	王成、黄晓辉
深度强化学习理论与实践	龙强、章胜
自然语言处理——原理、方法与应用	王志立、雷鹏斌、吴宇凡
TensorFlow 计算机视觉原理与实战	欧阳鹏程、任浩然
计算机视觉——基于 OpenCV 与 TensorFlow 的深度学习方法	余海林、翟中华
深度学习——理论、方法与 PyTorch 实践	翟中华、孟翔宇
HuggingFace 自然语言处理详解——基于 BERT 中文模型的任务实战	李福林
Java+OpenCV 高效入门	姚利民
AR Foundation 增强现实开发实战(ARKit 版)	汪祥春
AR Foundation 增强现实开发实战(ARCore 版)	汪祥春
ARKit 原生开发入门精粹——RealityKit+Swift+SwiftUI	汪祥春
HoloLens 2 开发入门精要——基于 Unity 和 MRTK	汪祥春
巧学易用单片机——从零基础入门到项目实战	王良升
Altium Designer 20 PCB 设计实战(视频微课版)	白军杰
Cadence 高速 PCB 设计——基于手机高阶板的案例分析与实现	李卫国、张彬、林超文
Octave 程序设计	于红博
Octave GUI 开发实战	于红博
全栈 UI 自动化测试实战	胡胜强、单镜石、李睿